彩图 1　紫花苜蓿

彩图 2　白三叶草

彩图 3　红三叶草

彩图 4　苕子

彩图 5　黄香草木犀

彩图 6　沙打旺

彩图 7　紫云英

彩图 8　多年生黑麦草

彩图 9　苏丹草

彩图 10　饲用玉米

彩图 11　饲用甜高粱

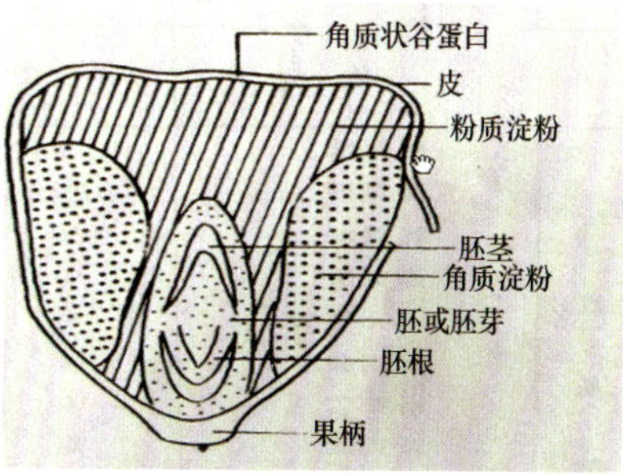

彩图 12　马齿玉米断面

彩图 13　玉米粒

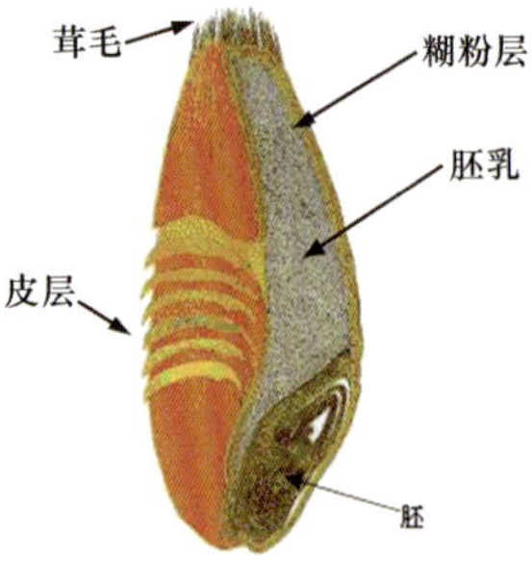

彩图 14　小麦种子结构

彩图 15　小麦粒

彩图 16　大麦粒

彩图 17　稻谷粒

彩图 18　粗小麦麸皮

彩图 19　细小麦麸皮

彩图 20　次粉

彩图 21　米糠粉

彩图 22　米糠颗粒

彩图 23　大豆饼

彩图 24　大豆粕

彩图 25　菜籽粕

彩图 26　棉籽粕

彩图 27　花生饼

彩图 28　花生粕

彩图 29　向日葵粕

彩图 30　亚麻粕

彩图 31　玉米蛋白粉

彩图 32　干酒精糟

彩图 33　可溶干酒精糟

彩图 34　鱼粉

彩图 35　秘鲁鱼粉

彩图 36　肉粉

彩图 37　肉骨粉

彩图 38　血粉 1

彩图 39　血粉 2

彩图 40　喷雾干燥血球蛋白粉

彩图 41　酶解羽毛粉

彩图 42　膨化羽毛粉

彩图 43　饲料酵母

彩图 44　饲料酵母粉

高等职业教育“十四五”规划教材
江苏省优秀(精品)课程教材

动物营养与饲料

第3版

任善茂　杨玉能　主编

中国农业大学出版社
·北京·

内容简介

本教材注重培养学生的实际应用能力和基本技能训练，将畜牧兽医专业的饲料营养方面的岗位能力需求的相关要求融入其中；在对畜禽生产、饲料生产过程的岗位工作任务进行调研的基础上，将动物营养与饲料的典型工作任务进行教学分析，按照认知规律、同质化原则，以职业能力训练项目为驱动，进行归类和学习情境(任务)设计，划分为六大学习情境。每个学习情境下设若干个学习任务。每个学习任务都是若干个理论与实践一体化的学习情景，要求全部在实训室、饲料厂、养殖场实施。对教材中重点难点知识部分和实训项目配备了视频、动画等数字资源，各任务后的习题配备了答案，在学习目标中增加思政目标，并将思政元素较好地融入正文内容中。本教材文字简洁，图文并茂，内容通俗易懂、深入浅出，与时俱进，突出思想性、科学性、实用性和启发性。本教材既可作为职业院校畜牧、畜牧兽医、动物营养与饲料等专业的教材，也可作为本科院校现代畜牧专业教材，也是畜牧生产、饲料生产及各种类型养殖场的从业人员，以及从事宠物营养与宠物食品加工人员的参考用书。

图书在版编目(CIP)数据

动物营养与饲料 / 任善茂，杨玉能主编. --3 版. --北京：中国农业大学出版社，2023.9
ISBN 978-7-5655-3046-3

Ⅰ.①动… Ⅱ.①任…②杨… Ⅲ.①动物营养－营养学②动物－饲料 Ⅳ.①S816

中国国家版本馆 CIP 数据核字(2023)第 162046 号

书　名　动物营养与饲料　　第 3 版
作　者　任善茂　杨玉能　主编

策划编辑　康昊婷　　**责任编辑**　康昊婷
封面设计　李尘工作室
出版发行　中国农业大学出版社
社　　址　北京市海淀区圆明园西路 2 号　　**邮政编码**　100193
电　　话　发行部 010-62733489，1190　　读者服务部 010-62732336
　　　　　　编辑部 010-62732617，2618　　出　版　部 010-62733440
网　　址　http://www.caupress.cn　　**E-mail** cbsszs@cau.edu.cn
经　　销　新华书店
印　　刷　涿州市星河印刷有限公司
版　　次　2023 年 9 月第 3 版　　2023 年 9 月第 1 次印刷
规　　格　185 mm×260 mm　　16 开本　　23 印张　　571 千字　　彩插 2
定　　价　69.00 元

图书如有质量问题本社发行部负责调换

第3版 编审人员

主　编　任善茂　江苏农牧科技职业学院
　　　　杨玉能　遵义职业技术学院

副主编　马　黎　云南农业职业技术学院
　　　　支　锐　贵州农业职业学院
　　　　曹　云　江苏农牧科技职业学院
　　　　李　艳　江苏农牧科技职业学院
　　　　程光民　山东畜牧兽医职业学院

参　编　王彩霞　伊犁职业技术学院
　　　　魏莲清　新疆农业职业技术学院
　　　　吴长金　浙江大北农农牧科技有限公司
　　　　汤永明　正大集团泰州正大饲料有限公司
　　　　张苗苗　湖北生物科技职业学院
　　　　张海俊　正大水产(南通)有限公司

主　审　李春梅　南京农业大学

数字资源建设人员

任善茂　周根来　殷洁鑫

朱爱萍　陈　明　李　艳

第2版
编审人员

主　编　张　力　江苏畜牧兽医职业技术学院
　　　　杨孝列　甘肃畜牧工程职业技术学院

副主编　尤明珍　江苏畜牧兽医职业技术学院
　　　　周淑芹　黑龙江农垦科技职业学院
　　　　郭爱英　黑龙江农垦科技职业学院
　　　　刘庆华　郑州牧业工程高等专科学校
　　　　陈　明　江苏畜牧兽医职业技术学院
　　　　李　桉　新疆农业职业技术学院

参　编　岳增华　黑龙江农业职业技术学院
　　　　赵毅牢　乌兰察布职业学院
　　　　徐　英　云南农业职业技术学院
　　　　任善茂　江苏畜牧兽医职业技术学院
　　　　张国庆　新疆伊犁职业技术学院
　　　　汤永明　正大集团泰州正大饲料有限公司
　　　　程宁宁　东方希望集团杭州希望饲料厂

审稿人　林家栋　中国农业大学

第1版编审人员

主　编　张　力　江苏畜牧兽医职业技术学院

杨孝列　甘肃畜牧工程职业技术学院

副主编　顾洪娟　辽宁农业职业技术学院

陈松明　永州职业技术学院

参　编　（按姓氏笔画排序）

任善茂　江苏畜牧兽医职业技术学院

孙　蕾　辽宁医学院畜牧兽医学院

张和平　南通正大饲料有限公司

汪晏伊　黑龙江生物科技职业学院

陈　明　江苏畜牧兽医职业技术学院

陈　明　江苏农林职业技术学院

赵希彦　辽宁农业职业技术学院

徐　英　云南农业职业技术学院

董　滢　杨凌职业技术学院

薛晓霜　河北旅游职业学院

审　稿　林家栋　中国农业大学

第3版前言

党的二十大报告指出，坚持面向世界科技前沿、面向经济主战场、面向国家重大需求、面向人民生命健康，加快实现高水平科技自立自强。近年来，我国畜牧养殖业已从机械化、规模化养殖向自动化、智能化养殖方向发展，现代信息技术与养殖业逐步地深度融合。动物营养需要和饲料原料营养价值研究均取得了新进展。在饲料产业快速发展的同时，也面临着饲料原料，尤其是蛋白质饲料短缺、抗生素不合理使用产生的在动物产品中的残留及细菌耐药性以及由于饲料非精准配制所导致的养殖环境污染等问题。面对以上饲料资源、环保、食品安全等一系列问题，国家相继出台了一系列政策。2017 年农业部 2625 号公告即饲料添加剂安全使用规范，要求在养殖业可持续发展和环境保护的背景下降低微量元素的使用量。2019 年 7 月 9 日，农业农村部第 194 号公告发布了"禁抗"令，要求从 2020 年 1 月 1 日起，退出除中药外的所有促生长类药物饲料添加剂品种；从 2020 年 7 月 1 日起，饲料生产企业停止生产促生长类药物饲料添加剂（中药类除外）的商品饲料。为了广辟饲料原料来源，保障饲料原料有效供给，提升饲料原料利用水平，构建适合中国国情的新型日粮配方结构，2021 年 4 月农业农村部发布了由农业农村部畜牧兽医局和全国动物营养指导委员会联合制定的《猪鸡饲料玉米豆粕减量替代技术方案》。我国动物营养正向精准营养方向发展。

面对动物营养与饲料这 10 年来的发展，为了保证《动物营养与饲料》教材内容的与时俱进，出版社组织了教材的修订工作。本次修订邀请了全国 6 所高等职业院校从事本门课程多年教学的教师及 3 家饲料企业具有多年工作经验的资深员工参加。教材修订以第 2 版为基础，对基本框架未做大的调整，仍保持了原教材的学习情境和学习任务，只将原学习情境二任务 1 饲料原料采样与制样调整到学习情境六任务 1 饲料样品采集与分析试样制备。教材内容变化较大的主要是学习情境一畜禽营养素的利用与异常症状识别，学习情境二饲料原料识别、品质检验与利用，学习情境六饲料样品采集制备与实验室常规分析。在以上三个部分增加了 10 年来动物营养与饲料方面的新知识、新技术。教材资源上也有较大变化，对教材中重难点知识部分和实训项目配备了视频、动画等数字资源，增加任务后的习题解答，并以扫描二维码形式获得。为了发挥教材在课程中的育人作用，尝试将课程思政内容融入教材中，在学习目标中增加思政目标，并将思政元素内容融入教材的正文内容、习题和知识拓展等部分。

在教材修订中，尤明珍教授对教材修订方案提出了宝贵意见，在此表示由衷的感谢。参与此次教材修订的各位编者及参与教材数字资源制作的各位老师及学生均付出了大量的时间与精力，参与调研的企业及个人给予了大力支持并提出了许多宝贵意见，在此一并致以衷心的感谢！

由于编者水平所限，时间仓促，书中不妥之处，敬请读者批评指正。

编　者

2023 年 5 月

第2版前言

本教材是中国农业大学出版社根据《教育部加强高职高专教育人才培养工作的意见》组织编写的“十二五”规划教材之一，也是江苏畜牧兽医职业技术学院国家示范(骨干)院校建设的核心教材之一。主要为畜牧兽医专业和动物生产类专业专科教学而编写，也可以作为饲料和畜牧生产企业技术人员的参考书。

本教材注重培养学生的实际应用能力和基本技能训练，将畜牧兽医专业的饲料营养方面的岗位能力需求以及畜禽饲养工、饲料检验化验员职业资格标准的相关要求融入其中；在对畜禽生产、饲料生产过程的岗位工作任务进行调研的基础上，将动物营养与饲料的典型工作任务进行教学分析，按照认知规律、同质化原则，以职业能力训练项目为驱动，进行归类和学习情境(任务)设计，划分为六大学习情境，每个学习情境下设若干个学习任务。学习任务来源于畜禽饲养和饲料生产过程，任务涵盖了畜禽生产中所需的动物营养与饲料的关键技能和相关知识，每个学习任务都是若干个理论与实践一体化的学习情景，要求全部在实训室、饲料厂、养殖场实施。教学方法以理论实践一体化教学，实践操作为主，边操作、边学习，边理解、边记忆，涉及的相关理论知识在操作中讲授。本教材打破了原有教材的单一理论知识模块，理论知识虽然没有单独、完整、系统的描述，但每一部分的理论知识却在实践操作中体现，其余相关理论知识通过“超级链接”等形式来拓展训练。每个学习任务下的“查阅资料完成习题”有饲料检验化验员、畜禽饲养工职业工种技能鉴定的训练题目，有基本知识、专业技能的训练题目，内容丰富，着力培养学生就业创业能力。

本教材按照“以能力为目标，以学生为主体，以教师为主导，以项目为载体”的要求，“教、学、做”一体化的体例安排贯穿于教材始终，推进学生学习的行动力。每个学习任务前有“任务描述”与“任务实施”，教师据此布置学习任务，学生在完成任务的过程中，通过了解相关信息、学习相关理论知识及实训方法完成相关题目，积极思考并提出问题；教师启发、引导、检查学生学习情况，采用集中或个别讲解的方式及时解决问题，改变了以往课堂上满堂灌，知识集中讲解，学生只听、看、想、记、背，而不做的现象，有效地提高了学习效果。

编者在进行企业岗位工作任务及岗位能力的调研时，得到许多企业的大力支持，并提出了许多宝贵意见，在此表示由衷的感谢。也邀请企业相关人员参加了编写工作，使教材内容更加贴近企业，增加了教材的适用性。教材内容涉及动物营养、饲料、饲料加工、饲料监测等众多课程，由于作者水平有限，时间仓促，书中不妥之处，敬请同行专家和使用者批评指正。

编　者

2012 年 6 月

第1版前言

本教材是依据《教育部加强高职高专教育人才培养工作的意见》，由中国农业大学出版社组织编写的高职高专教育“十一五”规划教材之一，主要为畜牧兽医专业、动物养殖专业、动物科学专业等高职高专教学而编写。

近年来，我国畜牧业生产发生了跨越式发展，畜牧业已经成为农民致富的主要产业，而饲料是畜禽生长繁育的基础，饲料科学技术是现代畜牧生产工艺的关键技术之一。为了满足现代畜牧业发展对应用型专业人才的知识结构的要求，《动物营养与饲料》把动物营养学和饲料学两门课程合为一门课程，作为畜牧兽医专业、动物养殖专业所必不可少的基础知识和专业知识课教材。本教材主要讲授动物营养学的基本知识、基本方法和基本技能，各类饲料的化学组成、营养特性、营养价值评定和合理使用技术，饲料科学配制原理、方法和全价配合饲料的加工技术，以及日粮配方效果检查和饲养效果分析技术。为了提高学生的实际运用能力，编写了有代表性的十七个实验实训，力争做到既能反映学科和生产发展的新成就和现实需要，又把握好应用型技术人才的知识水平和技能要求，以达到学生应具备的知识水平和专业技能的需要。

教材编写组由 14 位富有教学和实践经验的教师和企业技术人员组成。编写大纲是在查阅有关教材和文献的基础上，经过编写组成员的广泛讨论、修改和专家审定后制订的。教材初稿承蒙审稿者的逐章逐句认真审阅，提出许多宝贵意见，对此表示由衷的感谢。

本教材的思想性、科学性、实用性、启发性还要在教学实践过程中检验，恳请相关老师在教学实践中提出修改意见，以便补充和完善。

由于编写组水平有限，时间仓促，书中不妥之处，敬请同行专家和使用者批评指正。

编　者

2007 年 5 月 6 日

目　录

学习情境一　畜禽营养素的利用与异常症状识别 …… 1

【营养素相关知识】…… 3

一、动物与饲料 …… 3

二、动植物体的化学组成 …… 5

三、动物对饲料的消化吸收 …… 8

【查阅资料完成习题】…… 9

学习任务1　蛋白质、糖类、脂类、能量的利用与异常症状识别 …… 11

学习任务1.1　蛋白质的利用与异常症状识别 …… 11

【蛋白质相关知识】…… 11

一、蛋白质的组成及营养作用 …… 11

二、蛋白质缺乏与过量对畜禽生产的影响 …… 13

三、单胃动物蛋白质营养特点及其应用 …… 14

四、反刍动物蛋白质营养特点及其应用 …… 17

五、蛋白质、氨基酸的质量 …… 20

【查阅资料完成习题】…… 23

【拓展知识】…… 24

学习任务1.2　糖类的利用与异常症状识别 …… 25

【糖类相关知识】…… 26

一、糖类组成及分类 …… 26

二、糖类的营养生理功能 …… 27

三、动物对饲料中糖类的消化、吸收与利用 …… 28

四、粗纤维的合理利用 …… 30

【查阅资料完成习题】…… 31

【拓展知识】…… 32

学习任务1.3　脂类的利用与异常症状识别 …… 33

【脂类相关知识】…… 34
一、脂类的营养知识…… 34
二、脂类的营养生理作用…… 35
三、必需脂肪酸…… 36
四、动物对饲料中脂肪的消化、吸收及利用 …… 37
五、饲料脂肪对动物产品品质的影响…… 40
六、动物饲粮中添加油脂的应用…… 40
【查阅资料完成习题】…… 41
【拓展知识】…… 42
学习任务 1.4 能量的利用与异常症状识别 …… 43
【能量相关知识】…… 43
一、动物能量需要的意义…… 43
二、饲料能量在动物体内的转化…… 44
【查阅资料完成习题】…… 46
学习任务 2 矿物质元素的利用与异常症状识别 …… 48
【矿物质元素相关知识】…… 48
一、动物体内矿物质元素…… 48
二、矿物质元素的利用…… 49
学习任务 2.1 常量矿物质元素的利用与异常症状识别 …… 50
【常量矿物质元素相关知识】…… 51
一、钙与磷…… 51
二、镁…… 51
三、钠、钾、氯…… 52
四、硫…… 52
【查阅资料完成习题】…… 53
学习任务 2.2 微量矿物质元素的利用与异常症状识别 …… 54
【微量矿物质元素相关知识】…… 55
一、铁…… 55
二、铜…… 55
三、锰…… 56
四、锌…… 56
五、钴…… 57
六、碘…… 57
七、硒…… 58
【查阅资料完成习题】…… 58
学习任务 3 维生素的利用与异常症状识别 …… 61
【维生素相关知识】…… 61

一、维生素的概念…… 61
二、维生素的分类…… 61
学习任务 3.1　脂溶性维生素的利用与异常症状识别 …… 61
【脂溶性维生素相关知识】…… 62
一、维生素 A …… 62
二、维生素 D …… 63
三、维生素 E …… 64
四、维生素 K …… 66
【查阅资料完成习题】…… 66
学习任务 3.2　水溶性维生素的利用与异常症状识别 …… 69
【水溶性维生素相关知识】…… 69
一、维生素 B_1 …… 69
二、维生素 B_2 …… 70
三、维生素 B_3 …… 71
四、维生素 B_6 …… 71
五、泛酸…… 72
六、维生素 B_{12} …… 73
七、叶酸…… 73
八、生物素…… 74
九、胆碱…… 75
十、维生素 C …… 76
十一、B 族维生素之间的相互关系…… 76
【查阅资料完成习题】…… 77
【拓展知识】…… 79
学习任务 4　水的利用与异常症状识别 …… 82
【水相关知识】…… 82
一、水的性质和作用…… 82
二、动物体内水的代谢…… 83
三、动物的需水量…… 85
四、动物缺水的后果…… 86
【查阅资料完成习题】…… 87
【拓展知识】…… 87
学习情境二　饲料原料识别、品质检验与利用 …… 89
学习任务 1　饲料原料识别利用 …… 91
学习任务 1.1　国际、国内饲料分类操作 …… 91
【饲料分类相关知识】…… 91
一、国际饲料分类方法…… 91

二、我国饲料分类方法 …… 92
【查阅资料完成习题】 …… 94
【拓展知识】 …… 94
学习任务 1.2　粗饲料识别利用 …… 96
【粗饲料相关知识】 …… 96
一、青干草类饲料 …… 96
二、稿秕类饲料 …… 97
【查阅资料完成习题】 …… 98
学习任务 1.3　青绿饲料识别利用 …… 99
【青绿饲料相关知识】 …… 99
一、新鲜青绿牧草类饲料 …… 99
二、青饲作物类饲料 …… 101
【查阅资料完成习题】 …… 101
学习任务 1.4　能量饲料识别利用 …… 102
【能量饲料相关知识】 …… 102
一、谷实类饲料 …… 102
二、糠麸类饲料 …… 104
三、油脂类饲料 …… 106
四、淀粉质的块根、块茎及瓜类 …… 106
【查阅资料完成习题】 …… 107
学习任务 1.5　蛋白质饲料识别利用 …… 108
【蛋白质饲料相关知识】 …… 108
一、植物性蛋白质饲料 …… 108
二、动物性蛋白质饲料 …… 112
三、单细胞蛋白质饲料 …… 114
【查阅资料完成习题】 …… 114
【拓展知识】 …… 116
学习任务 1.6　矿物质饲料识别利用 …… 121
【常量元素矿物质饲料相关知识】 …… 121
一、钙源饲料 …… 121
二、磷源饲料 …… 122
三、食盐 …… 122
【查阅资料完成习题】 …… 123
【拓展知识】 …… 124
【任务实施效果评价】 …… 125
学习任务 2　饲料添加剂特性与识别利用 …… 126
【饲料添加剂相关知识】 …… 126

一、饲料添加剂的定义 …… 126
二、饲料添加剂的基本条件 …… 126
学习任务 2.1 营养性饲料添加剂识别利用 …… 127
【营养性饲料添加剂相关知识】…… 127
一、氨基酸饲料添加剂 …… 127
二、微量元素饲料添加剂 …… 128
三、维生素饲料添加剂 …… 132
【查阅资料完成习题】…… 135
学习任务 2.2 非营养性饲料添加剂识别利用 …… 136
【非营养性饲料添加剂相关知识】…… 136
一、酶制剂 …… 137
二、微生物饲料添加剂 …… 138
三、多糖和寡糖 …… 138
四、其他非营养性饲料添加剂 …… 139
【查阅资料完成习题】…… 141
【拓展知识】…… 142
【任务实施效果评价】…… 146
学习任务 3 饲料原料品质检验 …… 147
学习任务 3.1 饲料原料感官检验与物理检验 …… 147
【饲料原料感官检验与物理检验方法】…… 147
一、饲料原料感官检验方法 …… 147
二、饲料原料物理检验方法 …… 148
【查阅资料完成习题】…… 149
【任务实施效果评价】…… 150
学习任务 3.2 饲料原料显微定性检验 …… 151
【饲料原料显微镜检查方法】…… 151
一、原理 …… 151
二、仪器设备 …… 151
三、试剂和溶液 …… 151
四、对照样品 …… 152
五、直接感官检查 …… 153
六、试样制备 …… 153
七、立体显微镜检查 …… 154
八、生物显微镜检查 …… 154
九、主要无机组分的鉴别 …… 154
十、鉴别试验 …… 154
十一、结果表示 …… 155

【查阅资料完成习题】…… 155
【任务实施效果评价】…… 156
学习任务 3.3 饲料原料质量化学检验 …… 157
【饲料原料质量化学检验相关知识】…… 157
一、饲料原料中掺假物快速定性分析检测 …… 157
二、饲料原料定量分析检测 …… 159
【查阅资料完成习题】…… 159
【任务实施效果评价】…… 161
【拓展知识】…… 162
学习情境三 饲料原料加工调制与利用 …… 163
学习任务 1 粗饲料的加工调制 …… 165
学习任务 1.1 农作物秸秆氨化饲料的制作与品质鉴定 …… 165
【氨化的方法与步骤】…… 165
一、氨化的基本原理 …… 165
二、氨化设施设计 …… 166
三、加工方法步骤 …… 166
【查阅资料完成习题】…… 167
【任务实施效果评价】…… 168
学习任务 1.2 青干草的调制、品质鉴定 …… 168
【查阅资料完成习题】…… 169
学习任务 1.3 农作物秸秆物理处理 …… 169
【查阅资料完成习题】…… 170
学习任务 1.4 农作物秸秆微生物处理 …… 170
【查阅资料完成习题】…… 170
学习任务 2 青绿饲料青贮的加工调制 …… 171
【青贮饲料相关知识】…… 171
一、概念 …… 171
二、青贮过程中各种微生物的作用 …… 171
三、青贮发酵过程 …… 173
四、制作优质青贮饲料成功的条件 …… 173
五、青贮的方法步骤 …… 174
【查阅资料完成习题】…… 180
【任务实施效果评价】…… 181
【拓展知识】…… 182
学习任务 3 精饲料的加工调制 …… 183
【精饲料加工相关知识】…… 183

一、机械处理 …… 183
二、发酵处理 …… 185
学习情境四　配合饲料日粮配方设计 …… 187
学习任务1　畜禽饲养标准的合理应用 …… 189
【饲养标准相关知识】…… 190
一、畜禽营养需要的表述 …… 190
二、维持需要 …… 190
三、生产动物的营养需要 …… 191
四、饲养标准的概念 …… 194
五、饲养标准的基本特性 …… 194
六、饲养标准应用 …… 195
七、常用饲料原料营养成分、营养价值表及其应用 …… 196
【查阅资料完成习题】…… 197
【任务实施效果评价】…… 198
学习任务2　全价配合饲料日粮配方设计 …… 199
【全价配合饲料日粮配方设计相关知识】…… 200
一、配合饲料的概念与种类 …… 200
二、日粮和饲粮的概念 …… 201
三、饲料配方的概念 …… 201
四、日粮配方设计原则 …… 201
五、常用饲料原料在不同动物配方中的适用量和合理搭配技巧 …… 203
六、日粮配方计算的方法步骤 …… 204
【查阅资料完成习题】…… 213
【任务实施效果评价】…… 215
【拓展知识】…… 216
学习任务3　反刍动物日粮配方设计 …… 218
【反刍动物日粮配方设计相关知识】…… 218
一、成年牛饲料设计特点 …… 218
二、案例展示 …… 218
【查阅资料完成习题】…… 221
【任务实施效果评价】…… 222
学习情境五　配合饲料加工与质量管理 …… 223
学习任务1　配合饲料加工 …… 225
【配合饲料加工相关知识】…… 225
一、配合饲料加工的基本工艺流程 …… 225
二、全价配合饲料的加工工序与工艺 …… 227

三、全价配合饲料加工的常用设备 …… 236
四、浓缩饲料使用技术 …… 240
五、添加剂预混料使用技术 …… 241
【查阅资料完成习题】…… 241
【任务实施效果评价】…… 243
学习任务2　配合饲料质量管理 …… 244
【配合饲料质量管理相关知识】…… 245
一、企业配合饲料的质量管理 …… 245
二、饲料产品质量标准 …… 248
三、饲料标签标准 …… 249
四、配合饲料加工质量测定方法 …… 249
【查阅资料完成习题】…… 253
学习任务3　日粮饲喂效果检查 …… 255
【日粮饲喂效果检查相关知识】…… 256
一、饲养试验设计的方法 …… 256
二、市场调查畜禽饲养效果的方法和程序 …… 260
【查阅资料完成习题】…… 265
【任务实施效果评价】…… 267
【拓展知识】…… 268
学习情境六　饲料样品采集制备与实验室常规分析 …… 277
学习任务1　饲料样品采集与分析试样制备 …… 279
【饲料样品采集】…… 280
一、采样与分样 …… 280
二、采样与分样的基本方法 …… 281
三、常用采样工具及用途 …… 282
四、不同产品采样的具体步骤 …… 284
五、采样标签及采样记录 …… 289
【分析试样制备】…… 291
一、制样 …… 291
二、制样方法 …… 291
【留样及留样观察】…… 292
一、留样 …… 292
二、留样观察 …… 292
【查阅资料完成习题】…… 292
【任务实施效果评价】…… 294
学习任务2　饲料实验室常规分析 …… 295
【饲料分析相关知识】…… 295

一、饲料分析与检测的任务 …… 295
二、饲料分析与检测的内容 …… 296
三、饲料概略养分分析概述 …… 297
四、饲料法规及饲料工业标准化 …… 297
学习任务 2.1 饲料中水分的测定 …… 299
一、饲料中水分的测定方法(GB/T 6435—2014) …… 299
二、原始记录及检验报告单的填写 …… 302
学习任务 2.2 饲料中粗蛋白的测定 …… 303
一、饲料中粗蛋白的测定方法(GB/T 6432—2018) …… 303
二、原始记录及检验报告单的填写 …… 307
学习任务 2.3 饲料中粗脂肪的测定 …… 308
一、饲料中粗脂肪的测定方法(GB/T 6433—2006) …… 308
二、原始记录及检验报告单的填写 …… 312
学习任务 2.4 饲料中粗纤维的测定 …… 313
一、饲料中粗纤维的含量测定方法(GB/T 6434—2022) …… 313
二、原始记录及检验报告单的填写 …… 317
学习任务 2.5 饲料中粗灰分的测定 …… 318
一、饲料中粗灰分的测定方法(GB/T 6438—2007) …… 318
二、原始记录及检验报告单的填写 …… 320
学习任务 2.6 饲料中无氮浸出物的计算 …… 321
一、计算原理 …… 321
二、计算方法 …… 321
学习任务 2.7 饲料中钙的测定 …… 321
一、饲料中钙的测定方法(GB/T 6436—2018) …… 321
二、原始记录及检验报告单的填写 …… 324
学习任务 2.8 饲料中总磷的测定 …… 325
一、饲料中总磷的测定方法(GB/T 6437—2018) …… 325
二、原始记录及检验报告单的填写 …… 327
学习任务 2.9 饲料中水溶性氯化物的测定 …… 329
一、饲料中水溶性氯化物的测定方法(GB/T 6439—2007) …… 329
二、原始记录及检验报告单的填写 …… 331
【任务实施效果评价】 …… 332
【拓展知识】 …… 334
参考文献 …… 344

教学视频索引

1.碳水化合物在单胃动物体内的消化代谢 / 28
2.碳水化合物在反刍动物体内的消化代谢 / 29
3.单胃动物脂类消化与吸收 / 37
4.动物体内能量的转化 / 44
5.维生素 A 维持动物弱光下的视力 / 62
6.常用饲料原料感官鉴定 / 147
7.能量饲料玉米容重的测定 / 148
8.常用饲料原料显微镜检验 / 151
9.氨化饲料制作技术 / 165
10.青贮饲料制作技术 / 169
11.计算青贮窖所需体积 / 176
12.青贮饲料品质鉴定 / 179
13.饲料加工工艺流程展示 / 227
14.饲料产品混合均匀度的测定——氯离子选择电极法 / 251
15.套管式采样器的使用 / 282
16.液体饲料原料的采样过程 / 288
17.分析试样的制备 / 291
18.饲料中水分的测定 / 299
19.饲料中粗蛋白的测定 / 303
20.饲料中粗脂肪的测定 / 308
21.饲料中粗纤维的含量测定 / 313
22.饲料中粗灰分的测定 / 318
23.饲料中钙的含量测定 / 321
24.饲料中总磷的含量测定 / 325
25.饲料中水溶性氯化物的测定 / 329

学习情境一

畜禽营养素的利用与异常症状识别

Learning situations 1

Learning situations 1
Learning situations 1
Learning situations 1

知识目标

1. 了解营养物质的种类、概念、影响各营养物质消化率的因素。

2. 了解饲料蛋白质、糖类、脂肪的生理功能、消化吸收和代谢。

3. 了解维生素、矿物质元素的概念、种类和生理功能。

4. 了解水的性质、作用及不同动物体内水分的来源和排出途径。

5. 掌握蛋白质、氨基酸、必需脂肪酸、能量在体内的转化。

6. 掌握动物需水量及影响动物需水量的因素。

技能目标

1. 能判别畜禽蛋白质、氨基酸、糖类、脂肪、能量、水供给不适的情况下发生的典型异常症状，并提出改进措施。

2. 能判别畜禽矿物质元素的典型缺乏症或中毒症，并且能在生产中合理供给动物需要的矿物质、治疗动物矿物质元素中毒症。

3. 能判别维生素的典型缺乏症，并且能在生产中合理供给动物需要的维生素。

4. 能说出动物饮水不足或缺乏的不良后果，在生产中能合理供给各种动物所需要的水。

思政目标

1. 培养学生遵守国家规范、规程和标准的习惯。

2. 培养学生节能减排、保护环境意识。

3. 引导学生理解量变与质变的辩证关系，把握适度原则。

学习任务

1. 蛋白质、糖类、脂类、能量的利用与异常症状识别。

2. 矿物质元素的利用与异常症状识别。

3. 维生素的利用与异常症状识别。

4. 水的利用与异常症状识别。

营养素相关知识

动物为了维持自身的生命活动和生产，必须从外界环境中摄取所需要的各种营养物质，而饲料是各种营养物质的载体。植物及其产品是动物饲料的主要来源，因此，了解动物与饲料，特别是植物性饲料的化学组成与动物之间的相互关系，是学习动物营养学的重要基础。

一、动物与饲料

（一）动物与植物

动物和植物是自然界生态系统中两个重要组成部分，植物和大多数微生物能利用土壤和大气中的无机物合成自身所需要的有机物，属自养生物，动物则直接从外界环境中获得所需要的有机物，属异养生物。异养生物与自养生物是生物界生态系统内物质循环的两大主要生物群落，它们之间相互制约，相互依存，共同保持着生态系统内的物质平衡。

高等动物属于异养生物，其食物直接或间接来源于植物。高等动物在生命活动过程中的排泄物和死后尸体，经微生物分解，最后转化为无机物还原于自然界。绿色植物及少数具有光合作用的微生物是自然界有机营养物质的生产者，它们利用二氧化碳、水及各种无机物，通过光合作用生产各种有机物。同时也贮藏能量，释放氧气，为动物生存提供条件。由此看出，生物界中动物和植物，以营养为纽带，构成各种不同的食物链，把生物与生物，生物与环境紧密地联系在一起。

经过人类长期驯化的家养动物，无论杂食动物、草食动物或肉食动物，都是不同食物链中的主要消费者。这种以营养为纽带的生态系统，不停地进行着能量和物质的交换，从而构成了自然界的物质循环。动物与植物则是物质循环的两个主要方面。

在生产领域中，动物生产与植物生产是农业生产的两大支柱。植物生产除为人类生存提供食物外，也为动物生产提供饲料，特别是人类不能直接利用的农作物副产物，可以通过动物转化成优质的动物产品——肉、奶、蛋，供人类食用。而动物生产又为植物生产提供有机肥料，有利于农作物增产。因此，动物生产和植物生产，不仅是人类生存的条件，而且它们之间也是相互依存、相互促进的。

（二）饲料中的营养物质

动物为了生存、生长、繁衍后代和生产，必须从外界摄取的食物称为饲料。一切能被动物采食、消化、利用，并对动物无毒无害的物质，皆可作为动物的饲料。饲料中凡能被动物用以维持生命、生产产品的化学成分称为营养物质，简称养分或营养素。饲料中养分可以是简单的化学元素，如 Ca、P、Mg、Na、Cl、K、S、Fe、Cu、Mn、Zn、Se、I、Co 等，也可以是复杂的化合物，如蛋白质、脂肪、糖类及各种维生素等。动物对不同养分的需要量有显著差异，需要量少的养分每头每天不到 1 μg，需要量多的则每头每天达几千克以上。饲料一方面供作养分的来源，另一方面作为养分的载体，以增进动物饲养的效果。

饲料养分可概括为六大类，即水分、糖类、脂肪、蛋白质、维生素和矿物质。从分析角度，国际上通常采用德国 Hanneberg 1864 年提出的常规饲料分析方案，即概略养分分析方案，进行分类(图 1-1),此分析方案可测定出饲料中六种概略养分(即水分、粗灰分、粗蛋白质、粗脂肪、粗纤维、无氮浸出物)的含量。其测定的是饲料中的概略养分(或称为粗略养分),每种成分均包括多种物质,而且不完整(没有维生素),但目前世界各国仍在采用。

- 饲料
  - 水分
  - 干物质
    - 无机物质(粗灰分或矿物质)
    - 有机物质
      - 含氮化合物(粗蛋白质)
      - 无氮化合物
        - 乙醚浸出物(粗脂肪)
        - 糖类
          - 粗纤维
          - 无氮浸出物

图 1-1 概略养分与饲料组成之间的关系

1. 水分

各种饲料均含有水分,其含量差异很大,最高可达 95%以上,最低可低于 5%。水分含量越多的饲料,干物质含量越少,营养浓度越低,相对而言,营养价值也越低。同一种饲料植物,收割期不同、部位不同,水分含量也不一样。幼嫩时含水较多,成熟后水分含量减少;枝叶中水分较多,茎秆中水分较少。青绿多汁饲料和各类鲜糟渣饲料中水分含量较多,谷物籽实和糠麸类饲料中水分含量较少。水分含量多不利于饲料的贮藏和运输,一般保存饲料的水分以不高于 14%为宜。

饲料中的水分常以两种状态存在:一种是含于动植物体细胞间、与细胞结合不紧密、容易挥发的水,称为游离水或自由水;另一种是与细胞内胶体物质紧密结合在一起、形成胶体水膜、难以挥发的水,称结合水或束缚水。构成动植物体的这两种水分之和,称为总水分。

2. 粗灰分

粗灰分是饲料有机物质完全氧化后剩余的残渣。主要为矿物质氧化物或盐类等无机物质,有时还含有饲料收获、干制、流通等环节中产生的杂质,故称粗灰分。

植物部位不同,灰分含量也不同,茎叶灰分含量较多。同种矿物质元素在不同植物品种中的含量也有较大差异。以钙为例,禾本科植物钙含量较低,而豆科植物钙含量较高。

3. 粗蛋白质

粗蛋白质是常规饲料分析中用以估计饲料中一切含氮物质的指标,是饲料中一切含氮物质的总称。它包括真蛋白质和氨化物两部分。氨化物即非蛋白质含氮物(NPN),如氨、酰胺、游离氨基酸和某些肽、氯化铵、硫酸铵、硝酸盐、尿素等。

同一种饲料植物由于生长阶段的不同,蛋白质含量也不同,幼嫩时含量多,开花后含量迅速下降。部位不同蛋白质含量也有差异,一般来讲,籽实>叶茎>茎秆。

4. 粗脂肪

粗脂肪是饲料中油脂类物质的总称。常规饲料分析是用乙醚浸提饲料样品所得的乙醚浸出物。粗脂肪中除真脂肪外还含有其他溶于乙醚的有机物质,如叶绿素、胡萝卜素、有机酸、树脂、脂溶性维生素等物质,故称粗脂肪或乙醚浸出物。粗脂肪包括真脂肪(中性脂肪)和类脂肪两大类。真脂肪由脂肪酸和甘油结合而成。类脂肪是指含磷或其他含氮物的脂肪,它虽不属真脂肪,但它在结构上或性质上却与真脂肪相似,主要有磷脂、糖脂、固醇及蜡质。

饲料中脂肪含量差异较大，高者在10%以上，低者不及1%，部位不同含脂量也不同，籽实＞茎叶＞根。

5. 糖类

糖类在常规饲料分析中包括粗纤维和无氮浸出物。

(1)粗纤维(CF)。粗纤维是植物细胞壁的主要组成成分，包括纤维素、半纤维素、木质素及角质等成分，也是饲料中最难消化的营养物质。

粗纤维含量随植物生长而有差异，幼嫩时含量低，成熟时含量高。部位不同，粗纤维的含量不同，茎部＞叶部＞果实、块根。粗饲料中粗纤维含量较高，粗纤维中的木质素对动物没有营养价值。反刍动物能较好地利用粗纤维中的纤维素和半纤维素，非反刍动物借助盲肠和大肠微生物的发酵作用，也可利用部分纤维素和半纤维素。

(2)无氮浸出物(NFE)。饲料有机物质中无氮物质除去脂肪及粗纤维外，总称为无氮浸出物。无氮浸出物主要由易被动物利用的淀粉、多糖、双糖、单糖等可溶性糖类组成。

常用饲料中无氮浸出物含量一般在50%以上，植物性饲料中均含有较多的无氮浸出物，特别是在植物籽实和块根、块茎饲料中含量高达70%～85%。植物性饲料中无氮浸出物含量高，适口性好，消化率高，是动物能量的主要来源。动物性饲料中无氮浸出物含量很少。

6. 维生素

维生素是一类机体维持正常代谢和生理机能所必需的、且需要量很少的低分子有机化合物。在饲料中含量不多，对动物来说既不提供能量，也不构成组织和器官，但它是动物体内物质代谢过程中必不可少的活化剂和加速剂，不能用其他任何物质来代替。维生素含量不能通过饲料常规概略养分分析方案分析确定。

(三)饲料中各种营养物质的基本功能

饲料中各种营养物质的基本功能可归结为三个方面。

1. 作为动物体的结构物质

营养物质是动物机体每一个细胞和组织的构成物质，构成如骨骼、肌肉、皮肤、结缔组织、牙齿、羽毛、角、爪等组织器官。所以，营养物质是动物维持生命和正常生产过程中不可缺少的物质。

2. 作为动物生存和生产的能量来源

在动物生命和生产过程中，维持体温、随意活动和生产产品，所需能量皆来源于营养物质。糖类、脂肪和蛋白质都可以为动物提供能量，但以糖类供能最经济。脂肪除供能外还是动物体贮藏能量的最好形式。

3. 作为动物机体正常机能活动的调节物质

营养物质中的维生素、矿物质以及某些氨基酸、脂肪酸等，在动物机体内起着不可缺少的调节作用。如果缺乏，动物机体正常生理活动将出现紊乱，甚至死亡。

除以上功能外，营养物质在动物机体内，经一系列代谢过程后，还可以形成各式各样的体外产品。

二、动植物体的化学组成

动物与植物虽然营养方式不同，但在化学组成上却十分相近。目前已知的109种化学元素中,动植物体内已发现60多种,其中绝大多数元素分布于元素周期表中第Ⅰ族和第Ⅷ族,多数处于第1～4周期内,原子序数较小,是比较轻的元素。这些元素中,以C、H、O、N含量最多,占总量95%以上。矿物质元素的含量较少,约占5%。动植物体的绝大部分化学元素,并不是以游离状态存在的,而是相互结合成复杂的有机或无机化合物,构成各种组织器官及其产品。

(一)动物体的化学成分

1. 水分

水分是动物机体内各种器官、组织的重要成分,其含量一般可达体重的一半。动物随着年龄和营养状况的不同,所含水分有显著变化,幼龄时水分含量多,随年龄的增长而逐渐降低;动物营养状况不同,水分含量也有差异,脂肪沉积越多,则水分含量越低。以牛为例,胚胎期含水分高达95%,初生犊牛含水分75%～80%,5月龄幼牛含水分66%～72%,成年牛体内含水分仅40%～60%,相对稳定。动物体内水分随年龄增长而大幅度降低的主要原因是体内脂肪的增加。如猪从体重8 kg生长到100 kg,水分从73%下降到49%,脂肪则从6%上升到36%。

水分是动物体成分之一,不同器官和组织因机能不同,水分含量也不同。血液含水分90%～92%,肌肉含水分72%～78%,骨骼组织含水分约45%,牙齿珐琅质含水分仅5%。

2. 有机物质

脂肪和蛋白质是动物体内两种重要的有机物质。动物体内糖类含量极少。

蛋白质是构成动物体各组织器官重要的组成成分。动物体内各种酶、抗体、内外分泌物、色素以及对动物有机体起消化、代谢、保护作用的一些特殊物质多为蛋白质。动物体内的蛋白质是由各种氨基酸按一定顺序排列构成的真蛋白质,含量较为稳定(12%～18%)。

脂肪是动物体内主要能量贮藏形式,对动物体也具有保护作用。动物种类不同体内的脂肪含量不同。一般说来,猪体内脂肪贮量最高,牛、羊次之,鸡、兔、鱼等动物体内脂肪贮量较少。脂肪的含量与营养水平、采食量密切相关。同一种动物用高营养水平,特别是高能量水平饲喂,体脂的贮量则高。动物随年龄和体重的增加,体内脂肪含量上升。

动物体内无氮浸出物含量少于1%,主要以肝糖原和肌糖原形式存在,也含有少量的葡萄糖。肝糖原占肝鲜重的2%～8%,总糖原的15%。肌糖原占肌肉鲜重的0.5%～1%,总糖原的80%。其他组织中糖原约占5%。葡萄糖是重要的营养性单糖,肝、肾是体内葡萄糖的贮藏库。

3. 灰分(矿物质)

动物体内灰分主要由各种矿物质组成,其中钙、磷占65%～75%。90%以上的钙、约80%的磷和70%的镁分布于动物骨骼和牙齿中,其余钙、磷、镁则分布于软组织和体液中。除此之外,含量仅为动物体十万分之几至千万分之几的Fe、Cu、Zn、Mn、Co、Se、Mo、F、Cr、Ni、V、Sn、Si、As等元素,是动物必需的微量元素。

(二)植物体的化学成分

植物不同部位,化学成分相对比例变异较大。植物整体水分含量随植物从幼龄至老熟,逐渐减少。糖类是植物的主要组成成分。其中,粗纤维是植物细胞壁的构成物质,在植物茎秆中含量较高。淀粉是植物糖类营养贮藏形式，广泛存在植物种子、块茎、块根中。蛋白质、脂肪、矿物质的含量随植物种类不同差异很大，如豆科植物含蛋白质较多，矿物质也相对较多。一般说来，动物体内蛋白质含量较高，植物体内糖类含量较高。

植物不同部位的成分差异较大。植物成熟后，将大量营养物质输送到籽实中贮藏，因而籽实中蛋白质、脂肪和无氮浸出物含量皆高于茎叶，粗纤维含量则低于茎叶。植物叶片是制造养分的主要器官，叶片中蛋白质、脂肪、无氮浸出物含量比茎秆高，粗纤维含量则比茎秆低。在动物生产上，叶片保存完整的植物饲料营养价值也相对较高。

(三)动植物体组成成分的比较

19 世纪初期，科学工作者利用化学分析方法对动植物体化学成分进行研究，并做了比较，发现二者所含化学元素种类基本相同，数量略有差异。植物因种类不同，化学元素含量差异很大。不同种类动物体化学元素含量差异不显著。无论植物或动物所含化学元素，皆以氧为最多，碳和氢次之，钙和磷较少。动物体内的钙、磷、钠含量，大大超过植物，钾含量则低于植物。其他微量元素的含量相对较稳定。植物组成成分受土壤、肥料、气候条件和收获、贮藏时间等因素影响而变化。

动物从饲料中摄取由各种化学元素组成的化合物后，在体内代谢过程中，经一系列化学变化合成特定的无机和有机化合物。这些化合物大致可分为三类：第一类是构成机体组织的成分，如蛋白质、脂肪、糖类、水和矿物质；第二类是合成或分解的中间产物，如氨基酸、脂肪酸、甘油、氨、尿素、肌酸等；第三类是生物活性物质，如酶、激素、维生素和抗体等。比较这些化合物可以看出，动植物体虽含有水分、粗灰分、粗蛋白、粗脂肪、糖类和维生素六种同名营养物质，但是，动物与植物的某些同名营养物质在组成成分上又有明显不同。

1. 糖类

糖类是植物体的结构物质和贮备物质。植物体中可溶性糖类分布比较集中，如芸薹属植物根的液泡中葡萄糖含量较高。甘蔗、甜菜等茎中蔗糖含量特别高。豆科籽实中棉籽糖、水苏糖含量高。块根块茎和禾谷类籽实干物质中淀粉等营养性多糖含量高达 80%以上。一些木质化程度很高的茎叶、秕壳中，可溶性糖类含量很低。动物体内的糖类含量却少于 1%，主要为糖原和葡萄糖。

粗纤维是植物细胞壁的主要构成，但不同种类、不同生长阶段的植物，粗纤维中各种组成成分的种类和含量有差异。纤维素含量 20%～40%，也可高达 60%；半纤维素含量 10%～20%；果胶含量 1%～10%；木质素是植物生长成熟后才出现在细胞壁中的物质，含量 5%～10%。动物体内完全不含这一类物质，只含有少量葡萄糖、低级羧酸和糖原。

2. 蛋白质

蛋白质是动物体的结构物质。构成动植物体蛋白质的氨基酸种类相同，但植物体内能自身合成全部的氨基酸，动物体内则不能全部合成，一部分氨基酸必须从饲料中获得。植物除含真蛋白外，还含有较多的氨化物；动物主要含有真蛋白和少量游离氨基酸、激素和酶，无其他氨化物；动物蛋白质含量高，变异小，品质也优于植物蛋白质。

3. 脂类

脂类是动物体的贮备物质。植物除含真脂肪外，还有其他脂溶性物质，如脂肪酸、色素、树脂、蜡质；油料植物中脂类含量较多，一般植物脂类含量较少。脂类是动物体的贮备物质，动物脂类主要含真脂肪、脂肪酸及脂溶性维生素，不含树脂和蜡质；动物因种类、品种、肥育程度等不同，脂肪含量差异大，动物脂肪含量高于除油料作物外的其他植物。

此外，植物体内水分含量变异范围很大，成年动物体内水分相对稳定。动物体内灰分含量比植物体内多(以干物质计)。特别是钙、磷、镁、钾、钠、氯、硫等常量矿物质元素的含量远高于植物体。植物干物质中主要为糖类，而动物则主要为蛋白质。

综上所述，动植物体组成成分既有相同的地方，也有很多差别，这就初步揭示了二者之间的相互关系：动物从饲料中摄取6种营养物质后，必须经过动物的消化代谢过程，才能将饲料中营养物质转变为机体成分、动物产品或提供能量。二者关系可概括为动物体水分来自饲料水、代谢水和饮水；动物体蛋白来自饲料中的蛋白质和氨化物；动物体脂肪来自饲料中的粗脂肪、无氮浸出物和粗纤维；动物体中的糖分来自饲料中的糖类；动物体中的矿物质来自饲料、饮水和土壤中的矿物质；动物体中的维生素来自饲料中的维生素和动物体内合成的维生素。但这并不是绝对的，因为饲料中各种营养物质在动物体内的代谢过程中存在着相互协调、相互代替或相互拮抗等复杂关系。

三、动物对饲料的消化吸收

(一)动物对饲料营养物质的消化

饲料中的营养物质进入动物消化管后，经过物理、化学、微生物的复杂作用，将大分子的有机化合物分解为简单的在生理条件下可溶解的物质，才能被动物机体吸收利用。饲料在动物消化道内这种复杂的变化过程，称为消化。

动物的种类不同，消化道结构和功能也不尽相同，但它们对饲料中营养物质的消化却具有许多共同的规律，其消化方式主要归纳为物理性消化、化学性消化和微生物消化。

1. 物理性消化

由动物摄取饲料开始，指饲料在口腔中的咀嚼和胃肠运动中的消化。靠动物的牙齿和消化道管壁的肌肉运动把饲料压扁、撕碎、磨烂，从而增加饲料的接触面积，易于与消化液充分混合，并把食糜从消化道的一个部位运送到另一个部位。家禽肌胃的研磨作用也属于物理性消化。

物理性消化后食物只是颗粒变小，没有化学性变化，其消化产物不能吸收，但它为化学性消化与微生物消化做好准备。

对各类动物均不提倡将精饲料粉得过细，因咀嚼及消化器官的肌肉运动受饲料粒度的机械刺激，若没有这种刺激，消化液分泌减少，进而不利于化学性消化。

2. 化学性消化

主要在动物的胃和小肠中，靠酶的催化作用进行，非反刍动物主要靠这种方式消化。动物对饲料中的蛋白质、脂肪和糖类的消化，主要依靠消化器官分泌相应的蛋白酶、脂肪酶、淀粉酶等进行的。动物体内消化酶的分泌受到年龄的影响。如幼年动物由于胃肠道发育还不完善，消化酶的分泌受到影响。

3. 微生物消化

对反刍动物十分重要，瘤胃是反刍动物微生物消化的主要场所。瘤胃中寄居着数量巨大的细菌、真菌和纤毛虫，这些微生物能分泌淀粉酶、蔗糖酶、蛋白酶、纤维素酶、半纤维素酶等，这些酶可将饲料中的糖类、蛋白质，尤其是动物消化液中的酶不能消化的纤维素、半纤维素等物质逐级分解，最终产生挥发性脂肪酸等物质，同时产生大量二氧化碳、甲烷等气体，通过嗳气排出体外。

瘤胃微生物能直接利用饲料蛋白质分解的氨基酸合成菌体蛋白，还可利用氨气合成菌体蛋白，还能合成必需氨基酸、必需脂肪酸和 B 族维生素等供宿主利用。

草食单胃动物（如马、兔等）的微生物消化主要在盲肠和结肠，其微生物消化与反刍动物瘤胃的微生物消化类似。猪的大肠、家禽的嗉囊也能进行少量的微生物消化。

总之，微生物消化对反刍动物饲料中粗纤维以及非蛋白氮的利用非常重要。

动物的物理性消化、化学性消化和微生物消化过程，并不是彼此孤立的，而是相互联系共同作用的，只是在消化道某一部位和某一消化阶段，某种消化过程才居于主导地位。

（二）动物对饲料营养物质的吸收

饲料被消化后，其分解产物经消化道黏膜上皮细胞进入血液或淋巴液的过程称为吸收。

1. 吸收的部位

消化道的部位不同，吸收程度不同。消化道各段都能不同程度地吸收无机盐和水分。非反刍动物胃的吸收有限，只能吸收少量水分和无机盐。成年反刍动物的前胃（瘤胃、网胃和瓣胃）能吸收大量的挥发性脂肪酸。小肠是各种动物吸收营养物质的主要场所，其吸收面积最大，吸收的营养物质也最多。肉食动物的大肠对有机物的吸收作用有限，而草食动物和猪的盲肠和结肠中，还存在较强烈的微生物消化，对其消化产物，盲肠和结肠的吸收能力也较强。

2. 吸收方式

动物对营养物质的吸收方式有三种：被动吸收、主动吸收和胞饮吸收。

被动吸收是通过滤过、渗透、简单扩散和易化扩散（需要载体）等几种形式，将经消化的营养物质吸收进入血液和淋巴系统；这种吸收形式不需要消耗机体能量；一些分子量低的物质，如简单多肽、各种离子、电解质和水等的吸收即为被动吸收。

主动吸收与被动吸收相反，必须通过机体消耗能量，是依靠细胞壁“泵蛋白”来完成的一种逆电化学梯度的物质转运形式；这种吸收形式是高等动物吸收营养物质的主要方式，如葡萄糖和氨基酸吸收。

胞饮吸收是细胞通过伸出伪足或与物质接触处的膜内陷，从而将这些物质包入细胞内；以这种方式吸收的物质，可以是分子形式，也可以是团块或聚集物形式；初生哺乳动物对初乳中免疫球蛋白的吸收是胞饮吸收，这对初生动物获取抗体具有十分重要的意义。

查阅资料完成习题

（一）填空题

1. 概略养分分析方案中，将饲料中的营养物质分为________、________、________、________、________、________。

2. 口腔的咀嚼、胃肠道蠕动等属于________消化方式，酶对于饲料中大分子有机物质的降解属于________消化方式，反刍动物瘤胃内主要存在的是________消化方式。

3. 粗蛋白质是指____________，植物性饲料中的粗蛋白质包括__________和__________。

4. 植物性饲料中糖类含量丰富，其中结构性糖类指构成细胞壁的__________，贮藏性糖类是指在谷物种子、块根、块茎中存在的__________。

(二)选择题

1. 下列脂肪形式中对动物不具有营养作用的是(　　)。

A. 真脂肪　　B. 磷脂　　C. 蜡　　D. 糖脂

2. 动物性饲料中含量最高的有机营养物是(　　)。

A. 脂肪　　B. 糖类　　C. 蛋白质　　D. 维生素

3. 动物对营养物质吸收的主要方式是(　　)。

A. 胞饮吸收　　B. 被动吸收　　C. 主动吸收

4. 下列动物中对粗纤维消化力最强的是(　　)。

A. 鸡　　B. 牛　　C. 猪　　D. 兔

5. 一头猪每天喂 2 kg 干物质，每千克干物质含 150 g 蛋白质。粪中排出 0.4 kg 干物质，每千克含 175 g 蛋白质。则蛋白质的消化率为(　　)。

A. 76.67%　　B. 78.89%　　C. 67.76%　　D. 68.89%

(三)问答题

查阅资料完成影响动物对饲料消化率以下因素的总结：动物(年龄及个体差异、动物种类)；饲料(饲料种类、生长期、化学成分、饲料中的抗营养物质)；饲料加工调制；饲养水平。

(四)讨论题

饲料在养猪生产中占总成本的大约 60%，提高饲料利用率即意味着降低生产成本。对育肥猪生产中影响饲料消化率的因素进行讨论。

(五)分析题

物理性消化方式中，只存在大块饲料颗粒变成小颗粒的过程，对大分子的营养物质不存在任何的降解作用，试分析物理性消化方式在消化过程中所起的作用。

二维码 1-1　习题参考答案

学习任务1
蛋白质、糖类、脂类、能量的利用与异常症状识别

学习任务1.1 蛋白质的利用与异常症状识别

【任务描述】

通过任务相关知识阅读、完成任务的相关题目，制定完成任务计划、实施方案，获得蛋白质营养利用的知识与技能，提出蛋白质不适的改进措施，进一步了解它们的用途，掌握使用技巧，达到学习的目的。

【任务实施】(任务单)

1. 查阅相关信息，分组讨论分析，完成相关题目、相关知识拓展，增强实际应用能力。

2. 走访养殖场，调研畜禽蛋白质营养状况，总结其对畜禽健康和生产水平发挥的作用。

3. 调研养殖场畜禽蛋白质营养状况及其供给不足的案例，总结分析其对生产性能的影响及其症状表现，并提出改进措施。

4. 调研养殖场畜禽蛋白质营养状况及其供给过量的案例，总结分析其对生产及性能影响，并提出改进措施。

【信息途径】

养殖场、图书馆、网络、教学视频、教师。

蛋白质相关知识

一、蛋白质的组成及营养作用

蛋白质是一种复杂的高分子有机化合物，它是体现生命现象的物质基础。一切生命活动均与蛋白质密切相关。因此，蛋白质在动物机体生命活动过程中具有特殊而重要的作用。蛋白质是由氨基酸组成的一类数量庞大的物质的总称。通常所讲的饲料蛋白质包括真蛋白质和非蛋白质类含氮化合物，因此统称为粗蛋白。

(一)蛋白质的组成与分类

1. 组成蛋白质的元素

蛋白质的主要组成元素是碳、氢、氧、氮，大多数的蛋白质还含有硫，少数含有磷、铁、铜和碘等元素。比较典型的蛋白质元素组成：碳 51.0%～55.0%；氢 6.5%～7.3%；氧 21.5%～23.5%；氮 15.5%～18.0%；硫 0.5%～2.0%；磷 0～1.5%。

各种蛋白质的含氮量虽不完全相等，但差异不大。一般蛋白质的含氮量按 16%计。动物组织和饲料中真蛋白质含氮量的测定比较困难，通常只测定其中的总含氮量，并以粗蛋白质表示。

2. 氨基酸

氨基酸是组成蛋白质的基本单位，它的组成决定着蛋白质营养价值的高低。由于构成蛋白质的氨基酸的数量、种类和排列顺序不同而形成了各种各样的蛋白质。因此蛋白质的营养实际上是氨基酸的营养。目前，各种生物体中发现的氨基酸已有 180 多种，但常见的构成动植物体蛋白质的氨基酸只有 20 种。

氨基酸的结构式可表示为一个短链羧酸的 α-碳原子上结合一个氨基，即 R—CH—COOH，通常根据氨基酸所含 R 基团的种类以及氨基、羧基的数目，按酸碱性进行分类。R 基团无环状结构，一般称脂肪族氨基酸；有分枝的称为支链氨基酸，如缬氨酸、亮氨酸和异亮氨酸；带有苯环结构的称为芳香族氨基酸。

氨基酸有 *L* 型和 *D* 型两种构型。除蛋氨酸外，*L* 型的氨基酸生物学效价比 *D* 型高，而且大多数 *D* 型氨基酸不能被动物利用或利用率很低。天然饲料中仅含易被利用的 *L* 型氨基酸。微生物能合成 *L* 型和 *D* 型两种氨基酸。化学合成的氨基酸多为 *D* 型、*L* 型混合物。

3. 蛋白质的分类

蛋白质通常按照其结构、形态和物理特性进行分类。一般可分为纤维蛋白、球状蛋白和结合蛋白三大类。纤维蛋白包括胶原蛋白、弹性蛋白和角蛋白；球状蛋白包括清蛋白、球蛋白、谷蛋白、醇溶蛋白、组蛋白、鱼精蛋白；结合蛋白包括核蛋白、磷蛋白、金属蛋白、脂蛋白、色蛋白、糖蛋白。

(二)蛋白质的营养生理功能

1. 蛋白质是动物机体及动物产品的重要组成部分

动物机体各种组织器官如肌肉、皮肤、内脏、血液、神经、精子和卵子等，均是由蛋白质作为基本物质而形成的。蛋白质是动物体内除水分外含量最高的物质，通常可占到 50%左右。某些组织器官如肌肉、肝脏、脾脏等蛋白质含量可高达 80%。各种组织器官之所以具有特异性的生理功能，主要是因组成该组织器官的蛋白质种类和存在形式不同所致。如球蛋白是构成体组织的主要组分，白蛋白是构成体液的主要组分，角蛋白与胶质蛋白则是构成筋腱、韧带、毛发和蹄角等的主要组分。因此，动物的妊娠、生长、泌乳、产毛、产蛋等过程均以特定的蛋白质作为物质基础。

2. 蛋白质是更新组织的必需物质

在新陈代谢过程中，动物体组织细胞通过蛋白质的不断分解与合成而更新，这种更新过程正是生命的最基本特征。即使成年动物在其体蛋白含量基本恒定的情况下，也需要不断摄入蛋白质以补充体组织蛋白合成之需，这是因为组织蛋白质在更新过程中分解生成的氨基酸并不能全部用于再合成蛋白质，其中有一小部分氨基酸经一系列变化而分解为尿素、尿酸及其他代谢产物而排出体外。据实验测定，动物体蛋白总量中每天有 0.25%～0.30%进行更新，若按此比例计算则每经 12～14 个月体组织蛋白质即全部更新一次。

3. 蛋白质是机体的调节物质

蛋白质对于生命的重要意义不仅在于它是生命的组成成分，更重要的是为机体提供了多种具有特殊生物学功能的物质。例如，催化和调节代谢过程的酶和激素，增强防御机能和提高抗病力的免疫球蛋白，运输脂溶性维生素和其他脂肪代谢产物的脂蛋白，运载氧气的血红蛋白，维持机体内环境酸碱平衡的缓冲物质等都与蛋白质有关。

4. 蛋白质可氧化供能

蛋白质的主要营养作用不是氧化供能，但在分解过程中，可氧化产生部分能量，尤其是当食入蛋白质过量或蛋白质品质不佳时，多余的氨基酸经脱氨基作用后，不含氮的部分——酮酸可以氧化供能或转化为体脂肪贮藏起来，以备能量不足时动用。

5. 蛋白质是遗传物质的基础

动物的遗传物质 DNA 与组蛋白结合成为一种复合体——核蛋白。而以核蛋白的形式存在于染色体上，将本身蕴藏的遗传信息，通过自身的复制过程传递给下一代。DNA 在复制过程中，涉及 30 多种酶和蛋白质参与协同作用。

二、蛋白质缺乏与过量对畜禽生产的影响

(一)蛋白质缺乏对动物的影响

日粮中缺乏蛋白质对于动物的健康、生产性能和产品品质均会产生不良影响。动物体储备蛋白质的能力极其有限，在最良好的营养条件下，动物体储备量也不超过体蛋白的 5%～6%，当进食蛋白质减少时，储备蛋白质将很快被动物消耗殆尽。所以必须经常通过日粮供给动物适宜数量和品质的蛋白质，否则很快会出现氮的负平衡，从而危害动物健康和降低生产性能，其后果主要表现为以下几方面。

1. 消化机能紊乱

日粮蛋白质缺乏会首先影响胃肠黏膜及其分泌消化液的腺体组织蛋白的更新，从而影响消化液的正常分泌，引起消化功能紊乱。此外，在反刍动物瘤胃中微生物的正常发酵过程也需一定数量的蛋白质，如蛋白质缺乏则会导致微生物发酵作用减弱，瘤胃消化功能减退。所以当日粮缺乏蛋白质时，动物将出现食欲下降，采食量减少，营养吸收不良及慢性腹泻等异常现象。

2. 幼龄动物生长发育受阻

日粮中如果缺乏蛋白质，幼龄动物蛋白质合成代谢障碍而使体蛋白质沉积减少甚至停滞，因而生长速度明显减缓，甚至停止生长。成年动物则会因体组织器官尤其是肌肉和脏器的蛋白质合成和更新不足，而使体重大幅度减轻，并且这种损害很难恢复正常。

3. 易患贫血及其他疾病

动物缺少蛋白质，体内就不能形成足够的血红蛋白而患贫血。并因血液中免疫抗体数量

的减少，使动物抗病力减弱，容易感染各种疾病。

4. 影响繁殖功能

日粮中若缺乏蛋白质，会影响控制和调节生殖机能的重要内分泌腺——脑垂体的作用，抑制其促性腺激素的分泌。其有害影响对于公畜表现为睾丸的精子生成作用异常，精子数量和品质降低，对于母畜则表现为影响正常的发情、排卵、受精和妊娠过程，导致难孕、流产、弱胎和死胎等。

5. 生产性能下降

各种畜产品如乳、肉、蛋和毛等其基本组分均为蛋白质，故当日粮缺乏蛋白质时，将严重影响动物生产潜力的发挥，产品数量将骤然减少，品质也明显降低。

(二)蛋白质过量的危害

日粮中蛋白质过剩一般不会对动物机体造成持久的不良影响，因为机体具有氮代谢平衡的调节机制。当日粮蛋白质含量超过机体实际需要时，过剩的蛋白质分子中的含氮部分，可通过一系列变化而转变为尿素或尿酸由尿排出体外，无氮部分则作为能源而被利用。然而这种调节机制的作用是有限的，当蛋白质大量过剩以致超过了机体的调节能力时，则会造成有害的后果，主要表现为代谢机能紊乱，肝脏结构和功能损伤，加重肾脏负担，严重时引起肝肾的疾患。另外，我国蛋白饲料资源相对匮乏，日粮中过量的蛋白质，不仅造成了含氮饲料的严重浪费、生产成本升高，还使大量含氮物质不能被机体利用而排出体外，造成对环境的污染。有研究表明，夏季饲喂蛋白质过量会加剧热应激。

三、单胃动物蛋白质营养特点及其应用

(一)蛋白质在单胃动物体内的消化吸收代谢过程(图 1-2)

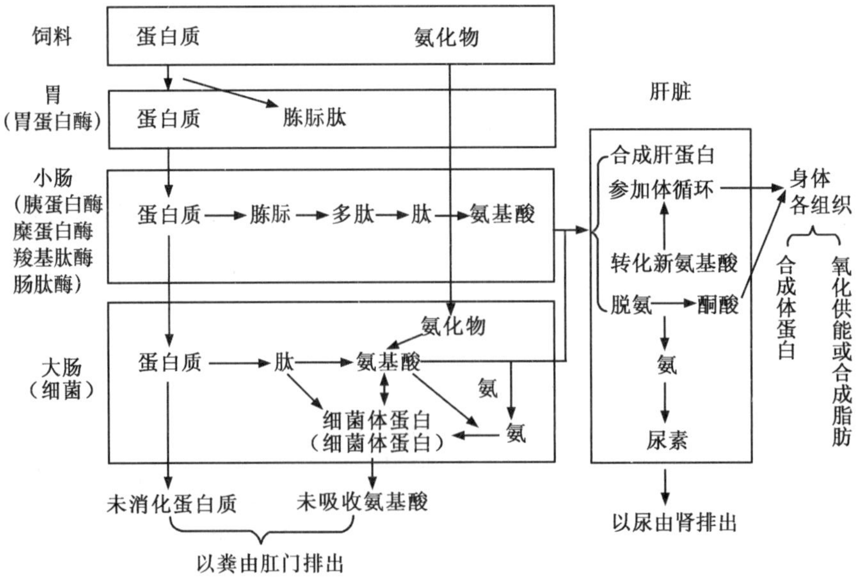

图 1-2　蛋白质消化吸收代谢过程简图

1. 消化

动物进食的饲料蛋白质进入胃，在胃酸和胃蛋白酶的作用下，部分蛋白质(20%左右)被分解为分子较小的胨与胨，然后随同未被消化的蛋白质一同进入小肠继续进行消化，蛋白质和大分子肽在小肠中经胰蛋白酶和糜蛋白酶的作用下消化，分解生成大量游离氨基酸(占食入蛋白质的60%以上)和小分子肽(寡肽)，2～3个肽键的寡肽能被肠黏膜直接吸收或经二肽酶等水解为氨基酸后被吸收。这类酶的作用需要 Mg^{2+}、Zn^{2+}、Mn^{2+} 等金属离子参与。在胃和小肠未被消化的饲料蛋白质经由大肠以粪的形式排出体外，其中部分蛋白质和氨化物在腐败细菌作用下可降解为吲哚、粪臭素、酚、NH_3 等有毒物质，一部分经肝脏解毒后随尿排出。在大肠中，部分蛋白质和氨化物还可以在细菌利用下，不同程度地降解为氨基酸和氨，其中部分可被细菌利用合成菌体蛋白，但合成的菌体蛋白绝大部分随粪排出，只有少部分被再度降解为氨基酸后，能由大肠吸收的也为数甚少。

对于马、驴、骡等草食动物的盲肠结构较为发达，利用氨化物的能力比猪强，主要方式是微生物发酵。

2. 吸收

单胃动物主要以氨基酸的形式吸收利用蛋白质，其吸收部位在小肠，而且主要在十二指肠，也可吸收少量寡肽。

饲料蛋白质消化的终产物氨基酸并非全部被小肠吸收，各种氨基酸的吸收率不尽相同。一般情况下，动物对苯丙氨酸、丝氨酸、谷氨酸、丙氨酸、脯氨酸、甘氨酸的吸收率较其他氨基酸高。小肠对不同构型的同一氨基酸吸收率也不同，通常 *L* 型氨基酸的吸收率比 *D* 型氨基酸高。被吸收的氨基酸主要经门静脉运送到肝脏，只有少量的氨基酸经淋巴系统转运。新生的幼猪、幼驹、幼犬、犊牛及羔羊等哺乳动物的血液内几乎不含 γ-球蛋白。但在出生后 24～36 h 内可依赖肠黏膜上皮的胞饮作用，直接吸收初乳中的免疫球蛋白，以获取抗体得到免疫力。因此，给新生幼畜及时吃上初乳，可保证获得足够的抗体，对幼畜的健康非常重要。

3. 代谢

蛋白质在体内不断发生分解和合成，由于蛋白质无论是外源性蛋白质还是内源性蛋白质，均是首先分解为氨基酸，然后进行代谢，因此，蛋白质的代谢实质上是氨基酸的代谢。通常将饲料蛋白质在消化酶作用下分解产生的氨基酸称“外源性氨基酸”，而将体组织在组织蛋白酶作用下分解产生的氨基酸和由非蛋白质物质在体内合成的氨基酸称“内源性氨基酸”，二者联合共同进行代谢，二者均经血液循环，而到达机体的各个器官，并进入各种组织细胞进行代谢。在代谢过程中，氨基酸可用于合成组织蛋白质，供机体组织的更新、生长、形成动物产品，还可用于合成酶类和某些激素以及转化为核苷酸、胆碱等含氮的活性物质。没有被利用的氨基酸，在肝脏中脱氨，脱掉的氨基生成氨又转变为尿素等，由肾脏以尿的形式排出体外。非含氮部分(酮酸)则氧化分解为 CO_2 和 H_2O，并释放能量或转化为脂肪作为能源贮备。

(二)单胃动物蛋白质消化吸收代谢特点

猪:蛋白质消化吸收的主要场所是小肠，并在酶的作用下，最终以大量氨基酸和少量寡肽的形式被机体吸收、利用，而大肠的细菌虽然可利用少量氨化物合成菌体蛋白质，但最终绝大部分还是随粪便排出，因此，猪能大量利用饲料中蛋白质，而不能大量利用氨化物。

禽：腺胃容积小，饲料停留时间短，消化作用不大，而肌胃又是磨碎饲料的器官，因此，家禽蛋白质消化吸收的主要场所是小肠，其特点大致与猪相同。

马属动物和兔等单胃草食动物：盲肠与结肠相当发达，它们在蛋白质消化过程中起着重要作用，这一部位消化蛋白质过程类似反刍动物，而胃和小肠蛋白质的消化过程与猪类似，因此草食动物不仅能利用饲料中蛋白质还能利用饲料中氨化物。

(三)提高单胃动物蛋白质转化效率的措施

目前，蛋白质饲料既短缺又昂贵，为了合理地利用有限的蛋白质资源，应采取各种措施，以提高饲料蛋白质转化效率。

1. 配合日粮时饲料应多样化

饲料种类不同，蛋白质中所含必需氨基酸的种类、数量也不同，多种饲料搭配，能起到氨基酸的互补作用，改善饲料中氨基酸的平衡，提高蛋白质的转化效率。

豆饼中赖氨酸含量高，芝麻饼中蛋氨酸含量高，将二者混合饲喂雏鸡，比单独喂豆饼或芝麻饼效果好。又如，用猪做试验，单独饲喂时，玉米蛋白质的生物学价值为 51%，肉骨粉为 42%。若用两份玉米和一份肉骨粉混合喂猪，则蛋白质的生物学价值提高到 61%。

2. 补饲氨基酸添加剂

饲粮中直接添加所缺少的限制性氨基酸，力求氨基酸的平衡。有人用仔猪做试验：喂给以豆饼为蛋白质饲料、粗蛋白质含量为 18%、第一限制性氨基酸为蛋氨酸的日粮，平均日增重为 290 g。若在此日粮中加入 0.15%的蛋氨酸，并将粗蛋白质含量降到 12%时，平均日增重为 285 g，取得相似的增重效果。

在合理利用饲料资源的基础上，参照饲养标准向饲粮中添加所缺乏的限制性氨基酸，从而使氨基酸达到平衡。目前，生产中广泛应用的有赖氨酸、蛋氨酸、色氨酸、苏氨酸、精氨酸等。

3. 日粮中蛋白质与能量要有适当比例

正常情况下，被吸收的蛋白质 70%～80%被畜禽用以合成体组织或产品，20%～30%分解供能，当供给能量的糖类和脂肪不足时，必然会加大蛋白质的供能部分，减少合成体蛋白质和畜禽产品的部分，导致蛋白质转化效率降低。因此，必须合理确定日粮中蛋白质与能量之间的比例，最大限度地减少蛋白质分解供能的部分。

4. 控制饲粮中的粗纤维水平

单胃动物饲粮中粗纤维过多，会加快饲料通过消化道的速度，不仅使其本身消化率降低，而且影响蛋白质及其他营养物质的消化，大约粗纤维每增加 1%，蛋白质消化率降低 1.0%～1.5%，因此要严格控制猪、禽饲粮中粗纤维的水平。

5. 掌握好饲粮中蛋白质的水平

饲粮蛋白质数量适宜，品质好则蛋白质转化效率高，喂量过多，蛋白质转化效率下降，多余蛋白质只能做能源，既不经济而且还增加肝肾的负担。面对我国豆粕和鱼粉资源短缺的现状，目前生产中提倡配制低蛋白日粮，即与传统粗蛋白水平相比降低粗蛋白 2%～4%，按理想蛋白质和可消化氨基酸配制，可取得相似的生产效果。

6. 豆类饲料的湿热处理或微生物发酵处理

生豆类与生豆饼等饲料中含有多种抗营养因子。如其中的抗胰蛋白酶会抑制胰蛋白酶和糜蛋白酶等的活性，影响蛋白质消化吸收，采取浸泡，蒸煮，常压或高压蒸汽处理的方法破坏抑制素。但加热时间不宜过长，否则会使蛋白质变性，氨基酸被破坏。据试验，生大豆和生豆饼在 128 ℃、0.15 MPa 下，只需处理 5 min，即可使约 90%的胰蛋白酶抑制素失活。微生物发酵处理大豆粕可将大分子蛋白质降解为小分子肽，还可去除大豆中的植物抗原，如大豆球蛋白、β-伴大豆球蛋白，提高仔猪饲料中大豆粕的使用效果。

7. 按标准补给维生素和矿物质

保证与蛋白质代谢有关的维生素 A、维生素 D、维生素 B_{12}及铁、铜、钴等供应。

四、反刍动物蛋白质营养特点及其应用

(一)蛋白质在反刍动物体内的消化吸收代谢过程(图 1-3)

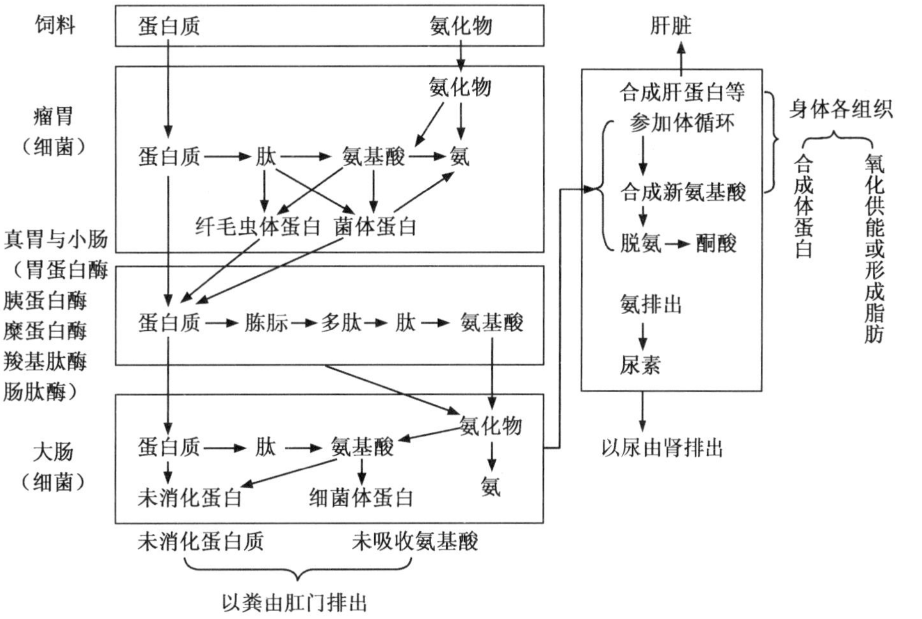

图 1-3　蛋白质在反刍动物体内消化吸收代谢过程简图

1. 消化

进入瘤胃的饲料蛋白质中，约有 70%(60%～80%)经细菌分解，约有 30%(20%～40%)的蛋白质未经变化而进入消化道的下一部分。

瘤胃：饲料蛋白质在瘤胃微生物蛋白质水解酶的作用下，首先分解为肽，进一步分解为游离氨基酸。蛋白质消化分解产物——肽和氨基酸，部分被微生物用于合成菌体蛋白质，部分氨基酸也可在细菌脱氨酶的作用下经脱氨基进一步降解为 NH_3、CO_2 和挥发性脂肪酸。饲料中非蛋白氮(NPN)化合物也可在细菌尿素酶的作用下分解为 NH_3 和 CO_2，NH_3 可被细菌用于合成微生物蛋白质(MCP)也称菌体蛋白质。在瘤胃中被发酵而分解的蛋白质称为瘤胃降解蛋白质(RDP)。在瘤胃中，只有细菌能利用氨化物，纤毛虫只能利用现成的，由细菌分解而来的肽和氨基酸，合成纤毛虫体蛋白，具有改善饲料蛋白质品质的作用。

皱胃和小肠:未经瘤胃微生物降解的饲料蛋白质直接进入后部胃肠道,通常称这部分饲料蛋白质为过瘤胃蛋白质(RBPP),也称未降解蛋白质(UDP)。过瘤胃蛋白质与瘤胃微生物蛋白质一同由瘤胃转移至皱胃,随后进入小肠,其蛋白质的消化过程和单胃动物相近,靠胃肠道分泌的蛋白质酶水解。

2. 吸收

反刍动物对蛋白质消化产物的主要吸收部位是小肠。

瘤胃壁对 NH_3 的吸收能力极强,瘤胃蛋白质的降解产物——NH_3,除用于合成菌体蛋白质外,瘤胃壁黏膜扩散吸收进入门静脉,大量氨被瘤胃壁所吸收,被吸收的 NH_3 随血液循环进入肝脏合成尿素,所生成的尿素大部分进入肾脏随尿排出,部分可进入唾液腺随唾液返回瘤胃,再次被微生物合成菌体蛋白质,由于这一过程是反复循环的,称之为“瘤胃—肝脏的氮素循环”(或称“尿素循环”)。

小肠对蛋白质的吸收形式同单胃动物一样,也是氨基酸。进入盲肠和结肠的含氮物质主要是未消化的蛋白质和来自血液的尿素,在此降解和合成的氨基酸几乎完全不能被吸收,最终以粪的形式排出。

3. 代谢特点

反刍动物蛋白质消化吸收的主要场所是瘤胃,靠微生物的降解,其次是在小肠,在酶的作用下进行;反刍动物不仅能大量利用饲料中的真蛋白质,而且也能很好地利用氨化物;饲料蛋白质在瘤胃进行较大改组,通过微生物合成饲粮中不曾有的氨基酸;反刍动物的小肠可消化蛋白质中来源于瘤胃合成的微生物蛋白质和饲料过瘤胃蛋白质;瘤胃微生物蛋白质品质好,仅次于优质动物蛋白质,与豆饼、苜蓿叶蛋白质相当,而优于大多数谷物蛋白质。

(二)反刍动物对非蛋白含氮物(NPN)的利用

非蛋白含氮物(NPN)一般是指简单的非蛋白含氮化合物,如尿素、二缩脲、铵盐等,可代替植物或动物来源的蛋白质饲料。

1. 反刍动物利用非蛋白氮的机制

以尿素为例:

$$\text{尿素} \xrightarrow{\text{细菌脲酶}} \text{氨} + \text{二氧化碳}$$

$$\text{糖类} \xrightarrow{\text{细菌酶}} \text{酮酸} + \text{挥发性脂肪酸}$$

$$\text{氨} + \text{酮酸} \xrightarrow{\text{细菌酶}} \text{氨基酸} \xrightarrow{\text{细菌酶}} \text{细菌体蛋白} \xrightarrow{\text{消化酶}} \text{氨基酸}$$

瘤胃内的细菌利用尿素作为氮源,以可挥发性糖类作为碳架和能量的来源,合成微生物蛋白质。进而和饲料蛋白质一样在动物体消化酶的作用下,被动物体消化利用。

尿素含氮量为 42%～46%,若按尿素中的氮 70%被合成菌体蛋白计算,1 kg 尿素经转化后,可提供相当于 4.5 kg 豆饼的蛋白质。

2. 反刍动物日粮中使用非蛋白含氮物(NPN)的目的

在日粮蛋白质不足的情况下,补充非蛋白氮,提高采食量和生产性能;或代替高价格的动植物性蛋白质饲料，在不影响生产性能的前提下，降低饲料成本，提高经济效益；用于平衡日粮中可降解与过瘤胃蛋白，以充分发挥瘤胃的功能，促进整个日粮的有效利用。

3. 提高尿素利用率的措施

通常尿素在进入瘤胃后经过 2 h 几乎完全被水解成氨，由于尿素在瘤胃中水解十分迅速，以致瘤胃细菌对氨不能充分吸收利用，其中有相当一部分被吸收进入血液，并转运至肝脏合成尿素，肝脏所合成的尿素可经肾脏随尿排出。肝脏将氨转化为尿素的能力是有一定限度的。因此，为使尿素氮能为反刍动物高效地利用和避免 NH_3 中毒，一是要为菌体蛋白质合成创造有利的条件，即创造瘤胃中 NH_3 的生成与利用之间的动态平衡；二是要减缓 NH_3 在瘤胃中的生成速度。

(1)为菌体蛋白质合成创造有利的条件

①补加尿素的日粮必须有一定量易消化的糖类。瘤胃细菌在利用 NH_3 合成菌体蛋白质的过程中，需要同时供给可利用能量和碳架。淀粉的降解速度与尿素分解速度相近，能源与氮源释放趋于同步，有利于菌体蛋白质的合成，因此粗饲料为主的日粮中添加尿素时应适当增加淀粉质的精料。通常每 100 g 尿素至少应供给 1 000 g 易溶性糖类，其中 2/3 应为淀粉，1/3 为可溶性糖。

②补加尿素的日粮中蛋白质水平要适宜。有些氨基酸，如赖氨酸、蛋氨酸是细菌生长繁殖所必需的营养，它们不仅作为成分参与菌体蛋白质的合成，而且还具有调节细菌代谢的作用从而促进细菌对尿素的利用。为提高尿素的利用率，日粮中蛋白质水平要适宜，一般为 9%～12%。

③保证供给微生物生命活动所需的矿物质。瘤胃细菌可利用硫酸盐作为合成含硫氨基酸的原料，日粮添加尿素的牛可按照每 100 kg 体重给予硫酸钠 5～8 g，绵羊则按每日每头给予硫酸钠 10～16 g。此外微量元素中的 Ca、Zn、Cu、Mn 等对瘤胃细菌吸收利用氮素过程有良好影响，应按标准补给。

④控制喂量，注意喂法。

a)喂量：日粮粗蛋白质的 20%～30%或不超过日粮干物质的 1%。成年牛每头每天饲喂 60～100 g，成年羊 6～12 g；出生 2～3 个月内的犊牛和羔羊，由于瘤胃尚未发育完全，严禁饲喂。如果日粮中有含非蛋白氮高的饲料(如青贮饲料)，尿素用量可减半。

b)喂法：必须将尿素均匀地搅拌到精饲料中混喂，最好先用糖蜜将尿素稀释，精料拌尿素后再与粗料拌匀。还可将尿素加到青贮原料中，青贮后一起饲喂。1 t 玉米青贮原料中，均匀加入 4 kg 尿素，2 kg 硫酸钠。开始少喂，逐渐加量，使动物有 5～7 d 适应期。1 d 喂量分几次喂。生豆类、苜蓿草籽等含脲酶的饲料不要掺在加尿素的动物饲料中一起饲喂。严禁单独饲喂或溶于水中饮用，应在饲喂尿素 3～4 h 后饮水。

(2)减缓尿素分解速度

为减缓尿素在瘤胃的分解速度，使细菌有充足的时间利用氨合成菌体蛋白，提高尿素的利用率和饲用安全性，在饲用尿素时可采取下列措施。①向尿素饲粮中加入脲酶抑制剂，如醋酸氧肟酸、脂肪酸盐、四硼酸钠等，以抑制脲酶的活性。②包被尿素。用煮熟的玉米糊或高粱面糊拌尿素后饲喂，据试验，包被尿素颗粒在 35 ℃的温水中，经过 2 h 后只有 50% 被溶解，而未包被尿素 9 min 就全部溶解。③制成颗粒凝胶淀粉尿素。此产品在降低氨释放速度的同时，加快淀粉的发酵速度，保持氮能同步释放，提高了细菌蛋白的合成效率。④尿素舔块。将尿素、糖蜜、矿物质等压制成自然凝固块状物，让牛羊舔食，这样控制了尿素的食入速度，从而提高了尿素的利用率。⑤饲喂尿素衍生物，如磷酸脲、脂肪酸脲等。与尿素相比，其降解速度减慢，饲用效果和安全性均更高。

(三)过瘤胃蛋白的保护技术

对于饲料中的优质蛋白如鱼粉等，为了保护这些蛋白质，形成过瘤胃蛋白，通常采用过瘤胃蛋白保护技术。

1. 物理处理法

干制、加热降低溶解度，从而降低降解率，但效果可能不太明显，另外过度加热降低蛋白质在下段肠道的降解度。

2. 化学处理法

(1)甲醛处理

甲醛处理饲料蛋白降低溶解度，甲醛与蛋白质形成的复合物在 pH 6.0 时稳定，不能被瘤胃微生物降解，但在真胃和小肠的酸性条件下易降解。

(2)单宁处理

单宁与蛋白质形成的复合物在酸性条件下可逆，其价值还需研究。

(3)金属离子

锌可抑制蛋白质分解酶，200～500 mg/kg 时有明显效果；铜、镍对微生物有较强的直接抑制作用。

3. 包被处理

用富含抗降解蛋白的物质如血粉包被，血粉降解度低，是很好的天然过瘤胃蛋白。将血粉或全血撒在蛋白质补充料上，然后干燥，效果取决于干燥的温度和时间。

4. 抗生素

瘤胃素可抑制革兰氏阳性菌的脱氨作用，氯霉素也有降低瘤胃中氨水平的作用。

五、蛋白质、氨基酸的质量

蛋白质的质量是指饲料蛋白质被消化吸收后，能满足动物新陈代谢和生产对氮、氨基酸需要的程度。饲料蛋白质越能满足动物的需要，其质量就越高。其实质是指氨基酸的组成比例(模式)和数量，特别是必需氨基酸的比例和数量，越与动物所需一致，其质量越高。因此，准确评定、了解饲料蛋白质的质量具有重要的意义，长期以来一直是动物营养研究的热点。

对蛋白质质量的认识，从 19 世纪初开始，首次证实体氮来源于饲粮含氮化合物、无氮饲粮不能维持动物生存以来，经历了一个漫长的过程。直到 21 世纪初，才相继提出了一系列评定蛋白质质量的方法，确定了氨基酸与蛋白质营养的关系，提出了必需氨基酸、非必需氨基酸以及限制性氨基酸等概念。近年来又提出了理想蛋白质氨基酸模式及可消化或可利用氨基酸(家禽)的概念，从而使需要与供给的精确统一成为可能。目前，对蛋白质质量的认识和评定已达到较理想的程度。

(一)必需氨基酸、非必需氨基酸及限制性氨基酸

1. 必需氨基酸

组成蛋白质的氨基酸有20多种,对动物来说都是必不可少的,但并非都需由饲料直接提供。某些种类氨基酸在动物体内不能合成,或者合成速度慢,数量少,不能满足机体需要,必须由饲料供给,这类氨基酸称为必需氨基酸。对成年动物必需氨基酸有8种:赖氨酸、蛋氨酸、色氨酸、缬氨酸、亮氨酸、苯丙氨酸、苏氨酸、异亮氨酸;对生长动物有10种,上述8种加上精氨酸、组氨酸;对雏鸡有13种,上述10种加上甘氨酸、胱氨酸、酪氨酸。反刍动物自身同样不能合成必需氨基酸,但瘤胃微生物能合成宿主所需的几乎全部的必需和非必需氨基酸。对于产奶量高或生长快速的反刍动物,瘤胃合成氨基酸的数量和质量则不能完全满足需要,必须以过瘤胃蛋白的形式由饲粮补充。

2. 非必需氨基酸

某些种类氨基酸在动物体内可以合成,或者可由其他种类氨基酸转化而来,不是必须通过饲料直接提供的氨基酸称非必需氨基酸,如丙氨酸、谷氨酸、丝氨酸等。

从饲料供应角度分,氨基酸有必需与非必需之分,但从营养角度考虑,二者都是动物合成体蛋白和合成产品所必需的,且它们之间的关系密切,某些必需氨基酸是合成某些特定非必需氨基酸的前体,如果饲粮中某些非必需氨基酸不足时则会动用必需氨基酸来转化代替。这点在饲养实践中不可忽视,必须要供给充足的非必需氨基酸,防止必需氨基酸转化为非必需氨基酸。研究表明蛋氨酸脱甲基后可转变为胱氨酸和半胱氨酸。猪和鸡对胱氨酸需要量的30%可由蛋氨酸来满足。若给猪和鸡充分提供胱氨酸,即可节省蛋氨酸;提供充足的酪氨酸可节省苯丙氨酸;丝氨酸和甘氨酸在吡哆醇的参与下,可相互转化。丝氨酸可完全代替甘氨酸参与体内的合成反应,而对雏鸡生长速度及饲料转化率均无影响。

3. 限制性氨基酸

动物对各种必需氨基酸的需要量有一定的比例,但不同种类、不同生理状态等情况下所需要的比例不同,饲料或日粮缺乏一种或几种必需氨基酸时,就会限制其他氨基酸的利用,致使整个日粮中蛋白质的利用率下降,故称它们为该日粮的限制性氨基酸。必需氨基酸的供给量与需要量相差越多,则缺乏程度越大,限制作用越强。根据饲料或日粮中各种必需氨基酸缺乏程度的大小,分别称为第一、第二、第三……限制性氨基酸。

饲料种类不同,所含必需氨基酸的种类和数量有显著差别。动物则由于种类和生产性能等不同,对必需氨基酸的需要量也有明显差异。因此,同一种饲料对不同动物或不同种饲料对同一种动物,限制性氨基酸的种类和顺序不同。谷实类饲料中赖氨酸均为猪和肉鸡的第一限制性氨基酸,蛋白质饲料中蛋氨酸一般比较缺乏。大多数玉米-豆粕(饼)型日粮,蛋氨酸和赖氨酸分别是家禽和猪的第一限制性氨基酸。

(二)蛋白质质量的评定

评价蛋白质的质量应从以下三方面考虑:蛋白质的必需氨基酸组成;蛋白质的消化率;蛋白质能提供畜体必需氨基酸需要量的能力。蛋白质质量的评定经历了100多年的历史,方法较多。

1. 粗蛋白质(CP)

粗蛋白质是使用较早的蛋白质质量评定指标;仅能反映饲料或饲粮总含氮物的多少,是生物学评定的基础。

2. 可消化粗蛋白质(DCP)

饲料可消化粗蛋白质可由其粗蛋白质含量乘以粗蛋白消化率而得,或用食入的蛋白质减去粪中的蛋白质。同一种动物对不同饲料蛋白质的消化率不同,不同的动物对同一饲料蛋白质的消化率也不完全相同。饲料可消化蛋白质可粗略地反映饲料蛋白质的质量。

3. 蛋白质的生物学价值(BV)

生物学价值指动物利用的氮占吸收氮的百分比。蛋白质的 BV 值越高,说明其质量越好。饲料蛋白质的 BV 值一般在 50%～80%。

4. 净蛋白利用率(NPU)

净蛋白利用率是指动物体内沉积的蛋白质或氮占食入的蛋白质或氮的百分比。NPU 以某种饲料或饲粮蛋白质被利用的程度来表示其质量的好坏,同时它也可用于研究动物对蛋白质的需要量。

5. 蛋白质效率比(PER)

PER 是动物食入单位蛋白质或氮的体增重。显然,PER 越大,其蛋白质品质越好。

6. 必需氨基酸指数(EAAI)

必需氨基酸指数定义为饲料蛋白质中的必需氨基酸含量与标准蛋白质(常用鸡蛋蛋白)中相应必需氨基酸含量之比的几何平均数。

EAAI 只能说明必需氨基酸总量与标准蛋白质相比接近的程度,没有考虑限制性氨基酸这一因素。它可粗略预测几种饲料配合饲用时氨基酸互补的总效果,但几种饲料氨基酸组成差异很大时可能会有相同或接近的 EAAI。

7. 可消化、可利用和有效氨基酸

(1)可消化氨基酸

可消化氨基酸是指食入的饲料蛋白质经消化后被吸收的氨基酸。可消化氨基酸可通过消化试验测得。对于猪,由于大肠微生物的干扰,传统的肛门收粪法测得的氨基酸消化率比其真实消化率高 5%～10%。测定猪对饲料氨基酸的消化率,常采用回肠末端收取食糜的方法,更能准确地反映动物对饲料氨基酸的消化和吸收程度。

(2)可利用氨基酸

可利用氨基酸是指食入蛋白质中能够被动物消化吸收可用于蛋白质合成的氨基酸。

(3)有效氨基酸

有效氨基酸有时是对可消化、可利用氨基酸的总称,有时特指用化学方法测定的有效赖氨酸,或者用生物方法测定的饲料中的可利用氨基酸。

(三)理想蛋白质

所谓理想蛋白质,是指这种蛋白质的氨基酸在组成和比例上与动物所需蛋白质的氨基酸的组成和比例一致，包括必需氨基酸之间以及必需氨基酸和非必需氨基酸之间的组成和比例，动物对该种蛋白质的利用率应为100%。

理想蛋白质实质是将动物所需蛋白质氨基酸的组成和比例作为评定饲料蛋白质质量的标准，并将其用于评定动物对蛋白质和氨基酸的需要。按照理想蛋白质的定义，也只有可消化或可利用氨基酸才能真正与之相匹配。以猪为例，猪的营养需要就是先确定维持、沉积及泌乳蛋白质的理想氨基酸模式，然后直接与饲料的回肠真可消化氨基酸结合，确定动物氨基酸需要，充分体现了理想蛋白质和可消化氨基酸的真正意义和实际价值。

(四)饲粮的氨基酸平衡

氨基酸的平衡是指日粮中各种必需氨基酸在数量和比例上同动物特定需要量相符合，即供给与需要之间是平衡的，一般是指与最佳生产水平的需要量相平衡。平衡饲粮的氨基酸时，应重点考虑和解决以下几方面问题。

1.氨基酸缺乏

动物饲粮中一种或几种氨基酸不能满足需要。

2.氨基酸失衡

日粮必需氨基酸总量较多，但相互间比例与动物体需要不相适应，一种或几种氨基酸数量过多或过少则会出现氨基酸平衡失调。氨基酸不平衡主要是比例问题，氨基酸缺乏则主要是氨基酸供给量不足。

3.氨基酸过量

在自然条件下几乎不存在氨基酸中毒，只有在使用合成氨基酸大大过量时才有可能发生，且不能以补加其他氨基酸加以消除，尤以蛋氨酸的毒性较大，过量摄食可引起动物生长抑制，降低蛋白质的利用率。

4.氨基酸间的相互关系

相互转化代替：雏鸡饲粮中，胱氨酸可代替1/2的蛋氨酸，丝氨酸可完全代替甘氨酸。酪氨酸不足，可以由苯丙氨酸来满足等。

相互拮抗：赖氨酸与精氨酸、苏氨酸与色氨酸、亮氨酸与异亮氨酸、亮氨酸与缬氨酸、蛋氨酸与甘氨酸、苯丙氨酸与缬氨酸、苯丙氨酸与苏氨酸之间在代谢中都存在一定的拮抗作用。

雏鸡试验表明，赖氨酸过多时，会干扰肾小管对精氨酸的重吸收，造成精氨酸不足。为消除不良影响，应向饲粮中添加精氨酸，鸡饲粮中赖氨酸与精氨酸的适宜比例为1∶1.2。亮氨酸过量时，会激活肝脏中异亮氨酸氧化酶和缬氨酸氧化酶，致使异亮氨酸和缬氨酸大量氧化分解而不足。生产中常遇到亮氨酸超量的问题，这是因为玉米、高粱中亮氨酸较多，以至常引起小鸡对异亮氨酸和缬氨酸需要量提高。拮抗作用只有在两种氨基酸的比例相差较大时影响才明显。

查阅资料完成习题

(一)选择题

1.家畜吸收营养物质的主要部位是(　　)。

A.胃　　B.小肠　　C.大肠　　D.口腔

2. 反刍动物的真胃是指(　　)。

A. 瘤胃　　B. 网胃　　C. 瓣胃　　D. 皱胃

3. 生长家畜的必需氨基酸在成年畜禽的八种必需氨基酸的基础上，还需添加(　　)。

A. 精氨酸和组氨酸　　B. 蛋氨酸和亮氨酸

C. 色氨酸和甘氨酸　　D. 甘氨酸和亮氨酸

(二)填空题

1. 填写必需AA的数量：仔猪________种，仔鸡________种，产仔母猪________种，种公鸡________种，小孩________种，成年人________种。

2. 反刍动物对必需氨基酸的需要来源由__________提供，__________供给。高产反刍动物最主要的限制性氨基酸是__________。

(三)简答题

1. 解释概念：必需氨基酸、非必需氨基酸、限制性氨基酸、瘤胃氮素循环、理想蛋白质。

2. 在生产实践中，如何使猪、鸡将食入的蛋白质更多地转变为肉、蛋等畜产品？

3. 蛋白质在反刍动物体内的消化代谢特点有哪些？

4. 我国奶牛养殖业的氮素利用率还普遍较低，大量未被利用的氮素随粪尿排放到环境中，对水体和空气都造成了很大的污染。如何有效提高奶牛对氮素的利用，减少氮素对环境的污染已成为当今畜牧业向环境友好型转变时必须解决的问题。请查阅资料，对提高氮素利用率进行讨论。

二维码 1-2　习题参考答案

拓展知识

小　　肽

一、小肽的概念

肽是蛋白质分解成氨基酸过程中的中间产物。动物营养学上通常把含50个以上氨基酸残基的肽链称为蛋白质，把含几个至几十个氨基酸残基的肽链统称为寡肽，更长的肽链称为多肽，而把由2～3个氨基酸组成的肽链称为小肽。小肽又叫纳米胶原蛋白，也称寡肽、微肽、短肽。有些小肽是天然的，有些则是通过水解蛋白而产生的。传统蛋白质消化、吸收理论一般认为蛋白质在肠道内被分解成小肽和游离氨基酸，游离氨基酸可被直接吸收，而小肽则在肽酶作用下进一步水解成游离氨基酸才能被吸收进入血液循环。实际上蛋白质在消化道中的消化终产物往往大部分是小肽而非游离氨基酸，小肽也能完整地被吸收并以二、三肽形式进入血液循环，小肽作为蛋白质的主要消化产物，在氨基酸消化、吸收以及动物营养代谢中起着重要的作用。

二、小肽的营养及生理作用

1.促进氨基酸吸收，提高蛋白质沉积率

血液循环中的小肽能直接参与组织蛋白质的合成，此外肝脏、肾脏、皮肤和其他组织也能完整地利用小肽。小肽和氨基酸具有相互独立的吸收机制，二者互不干扰，而且部分游离氨基酸可能主要依靠小肽的形式吸收进入体内。研究表明，以寡肽形式作为氮源时，整体蛋白质沉积率高于相应氨基酸日粮或完整氨基酸日粮。

2.提高矿物元素的吸收利用率

有些小肽具有与金属结合的特性，从而可以促进金属元素的被动转运过程及在体内的贮藏。例如酪蛋白磷酸肽能在动物的小肠环境中与 Ca、Cu、Zn 等二价离子结合，防止产生沉淀，增强肠内可溶性矿物质的浓度，从而促进其吸收利用。

3.提高动物生产性能

蛋白质在消化酶的作用下降解形成的小肽可能具有特殊的生理活性，能够直接被动物吸收，参与机体生理活性和代谢调节，从而提高动物生产性能。断奶仔猪添加小肽制品，能极显著提高猪的日增重和饲料转化率。

4.对瘤胃微生物的调控作用

饲料蛋白质迅速分解成肽以后，大部分被微生物利用。小肽对瘤胃微生物有重要的调控和营养作用。尽管大多数瘤胃微生物能利用氨和氨基酸作为氮源生长，但是肽合成微生物蛋白质的效率高于氨基酸。肽对瘤胃微生物生长的主要效应是加快微生物的繁殖速度、缩短细胞分裂周期，瘤胃细菌的生长速度在有肽时比有氨基酸时快70%。

5.小肽在动物机体免疫中的作用

小肽具有参与机体免疫调节的作用，能促进巨噬细胞的吞噬作用，能促进淋巴细胞和未成熟脾细胞的增殖。

6.小肽的生理调节作用

小肽可以直接作为神经递质，间接刺激肠道受体激素或酶的分泌而发挥作用。饲料蛋白中的某些肽有类似于激素的活性，被称为生物活性肽。这些肽可以被完整地吸收，并且可以与特殊受体相结合来调节消化、食欲以及分泌代谢。

7.其他

小肽能阻碍脂肪的吸收，并能促进“脂质代谢”，因此，在保证摄入足够量的肽的基础上，可将饲料其他能量组分减至最低。另外，体内小肽可促进葡萄糖的转运且不增加肠组织的氧消耗。

学习任务1.2　糖类的利用与异常症状识别

【任务描述】

通过任务相关知识阅读、完成任务的相关题目，制定完成任务计划、实施方案，获得糖类利用的知识与技能，提出糖类不适的改进措施，进一步了解它们的用途，掌握使用技巧；达到学习的目的。

【任务实施】(任务单)

1. 查阅相关信息,分组讨论分析,完成相关题目、相关知识拓展,增强实际应用能力。

2. 走访养殖场,调研畜禽糖类营养状况,总结其对畜禽健康和生产水平发挥的作用。

3. 调研养殖场畜禽糖类营养状况及其供给不足的案例,分析总结其缺乏对生产性能影响及其症状表现,并提出改进措施。

4. 调研养殖场畜禽糖类营养状况及其供给过量的案例,分析总结其过量对生产及性能影响,并提出改进措施。

【信息途径】

养殖场、图书馆、网络、教学视频、教师。

糖类相关知识

一、糖类组成及分类

糖类是自然界存在最多、分布最广的一类重要的有机化合物,主要由绿色植物经光合作用而形成,包含多羟基醛、酮及酸,还包括它们的简单衍生物和一些能够水解生成这些物质的化合物。一般来说,糖类含有碳、氢和氧元素,某些还含有硫、氮或磷元素,其中 H 和 O 的比例通常为 2∶1,与水分子中的比例一样,故又称为碳水化合物,可用通式 $C_m(H_2O)_n$ 表示。但是后来的发现证明了许多糖类并不合乎上述分子式,如:鼠李糖($C_6H_{12}O_5$);而有些物质符合上述分子式但不是糖类,如甲醛(CH_2O)等。所以,碳水化合物这个名称并不确切,但因使用已久,迄今仍在沿用。

常规营养分析中,糖类包括无氮浸出物和粗纤维。糖类按结构可分为单糖、低聚糖或寡糖、多聚糖及复合糖。单糖如葡萄糖、果糖、半乳糖。低聚糖是由 2～10 个单糖分子以糖苷键连接形成的,如蔗糖、乳糖、麦芽糖、棉子糖等。多聚糖包括由同种单糖组成的同质糖以及由单糖和其他物质组成的杂多糖,同质糖如糖原、淀粉、纤维素、木聚糖等,杂多糖如半纤维素、果胶、黏多糖等。复合糖是由糖类和非糖类组成的复合分子,如糖脂、糖蛋白、几丁质、木质素等。

(一)无氮浸出物

无氮浸出物包括各种单糖、低聚糖及淀粉等。无氮浸出物中淀粉作为糖类贮备存在于多种植物中,广泛分布于种子、水果、块茎和块根中。常见饲料无氮浸出物含量见表 1-1。

表 1-1　常见饲料无氮浸出物含量　%

饲料来源	无氮浸出物含量
禾本科籽实	60～70
豆科籽实	30～55
糠麸类	47～61
饼粕类	24～33
禾本科干草	40～50

糖原存在于肝脏、肌肉和其他器官中,结构上类似于支链淀粉,也被称为动物淀粉。糖原是动物体内主要的糖类贮藏形式,在动物体内含量小于 1%,但在动物能量代谢过程中却起着基础性作用。

(二)粗纤维

粗纤维是构成植物细胞壁的主要成分,由纤维素、半纤维素、果胶、木质素等组分组成。

纤维素是植物界中含量最为丰富的单一多聚物,它是构成植物细胞壁的基本结构,以紧密的聚合形式存在。

半纤维素是一种溶于碱的细胞壁多糖,与纤维素关系密切。

果胶物质是细胞壁的重要成分和高等植物的细胞间物质,在软组织中的分布很广。例如,在柑橘类水果的皮和甜菜渣中,其代表物质为胶质,溶于热水。果胶物质有相当大比例的凝胶成分,商业上一般用于制作果酱。

木质素并不是糖类,但是与糖类有着密切的联系,能够增强细胞壁的化学和生物抵抗力,增加植物的机械强度。从严格意义上讲,木质素并不是指单一的、明确的化合物,而是一个集合名词,包含一系列相互联系的化合物,来源于三种苯丙烷的衍生物。木质素在动物营养方面是很重要的,因为它在化学降解方面有很强的抵抗性。由于木质素与植物纤维紧密嵌合,可以阻止能够降解它们的酶的接触。木质素和许多植物的多糖、细胞壁蛋白质之间存在强大的化学键可以使这些化合物无法被消化利用。木材制品、成熟的干草和稻草中含有丰富的木质素,因此很难消化,除非使用化学方法断开木质素和其他糖类之间的化学键。

二、糖类的营养生理功能

(一)糖类是体组织的构成物质

糖类普遍存在于动物体各种组织中,例如:核糖及脱氢核糖是核酸的组成成分,黏多糖参与形成结缔组织基质;糖脂是神经细胞的组成成分;糖类还与蛋白质结合成糖蛋白质,是细胞膜的组成成分。

(二)糖类是动物体内能量的主要来源

糖类在动物体内的主要作用是氧化供能,而且在通常情况下是主要的供能物质。糖类产热量虽然低于同等重量脂肪所产生的热能,但因它在植物饲料中含量丰富,故动物体主要依靠糖类氧化分解供能以满足生理上的需要。某些重要器官(如大脑),必须依赖糖类中的葡萄糖供能,方能维持正常的生理功能。

(三)糖类可作为动物体的能量储备物质

饲料糖类除供动物所需的养分外,有多余时可转变为糖原和脂肪储存起来。糖原存在于肝脏和肌肉中,分别称为肝糖原和肌糖原。肝脏和肌肉等组织由于合成糖原的能力十分有限,故不可能无限制地合成糖原,当动物采食的糖类在合成糖原之后仍有剩余时,将合成脂肪储备于体内。

(四)糖类是合成乳脂和乳糖的重要原料

单胃动物主要利用葡萄糖合成乳脂,而反刍动物则利用糖类在瘤胃中发酵产生的乙酸合成乳脂中的脂肪酸,乳脂中的甘油则主要由血液中的葡萄糖合成。乳中的乳糖由葡萄糖合成,其葡萄糖可来源于血液的葡萄糖及糖类在瘤胃中发酵产生的丙酸所合成的葡萄糖。

(五)糖类可作为前体物质为合成其他物质提供原料

糖类可为反刍动物瘤胃利用非蛋白氮合成菌体蛋白、重组合成菌体蛋白以及动物体内合成非必需氨基酸提供碳架。

三、动物对饲料中糖类的消化、吸收与利用

(一)单胃动物糖类的消化、吸收与利用

1. 无氮浸出物的消化、吸收与利用

单胃动物对饲料中无氮浸出物的消化起始于口腔，猪、兔、灵长目和人等哺乳动物唾液中含有淀粉酶，当食物摄入口腔后可将淀粉分解成糊精和麦芽糖，此过程可持续到食团进入胃内前。当食团进入胃内在胃内酸性环境下，淀粉酶失去活性。猪胃内无淀粉酶，因而胃部分对淀粉的消化甚微。

十二指肠是糖类消化吸收的主要部位。当淀粉和麦芽糖到达后，在胰淀粉酶的作用下，淀粉水解为麦芽糖，麦芽糖在麦芽糖酶的作用下再水解为葡萄糖。其他的糖类则由相应的酶作用水解成单糖。小肠吸收的单糖主要是葡萄糖、少量的果糖和半乳糖。果糖在肠黏膜细胞内可转化为葡萄糖。葡萄糖可被肠壁吸收进入血液，其中大部分经体循环输送至各组织，氧化供能。一部分葡萄糖在体内合成糖原，再有过多的葡萄糖时，则在体内合成体脂肪作为储备。

小肠内未被吸收的葡萄糖在微生物作用下分解产生有机酸，其中一半以上为乳酸，其余为挥发性脂肪酸（如乙酸、丙酸、丁酸等）。至小肠末端，食糜由小肠排入盲肠时，有机酸中几乎全为挥发性脂肪酸。小肠内未被消化的淀粉和葡萄糖到达盲肠、结肠后在微生物作用下产生挥发性脂肪酸和气体（如二氧化碳、甲烷等）。气体随粪便排出体外，挥发性脂肪酸则被肠壁吸收，参与体内代谢。

2. 粗纤维的消化、吸收与利用

饲料中的纤维性物质在盲肠之前不发生变化，到达盲肠、结肠后，经微生物发酵作用，被分解为挥发性脂肪酸和二氧化碳。部分挥发性脂肪酸可被肠壁吸收，进入血液被细胞利用，二氧化碳可经氢化作用形成甲烷，随粪便排出体外。单胃动物对糖类的主要消化过程见图 1-4。

二维码 1-3　碳水化合物在单胃动物体内的消化代谢

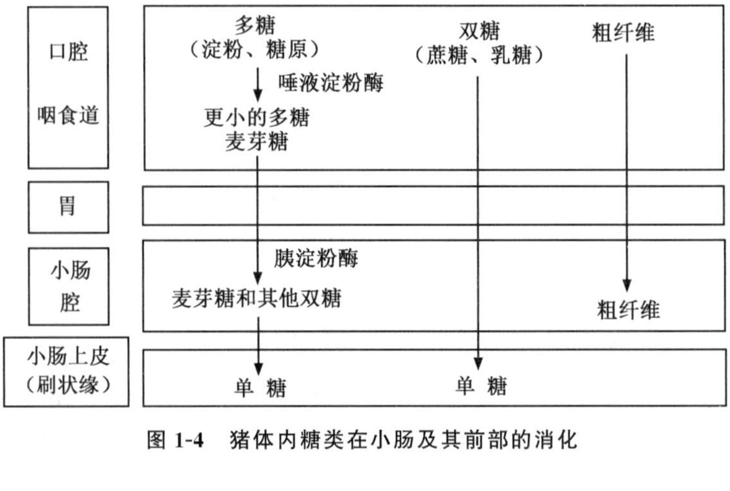

图 1-4　猪体内糖类在小肠及其前部的消化

因而单胃动物对饲料中糖类的利用主要是对无氮浸出物的利用，是以酶的消化方式进行，最终分解产物为各种单糖，在小肠部位吸收后以葡萄糖的形式参与机体代谢；能少量利用的是饲料中的粗纤维，对粗纤维的利用是通过后肠微生物的发酵作用，最终将粗纤维分解成各种挥发性脂肪酸。因而对于单胃动物的饲养过程需要控制日粮中的粗纤维含量，以防粗纤维过高之后促进排空，降低其他养分的利用。猪鸡配合饲料中粗纤维(CF)最高限量见表 1-2。

表 1-2　猪鸡配合饲料中粗纤维最高限量　　%

种　类	前期	中期(产蛋高峰期)	后期
仔猪饲料	4.0	—	5.0
生长肥育猪	7.0	—	8.0
肉用仔鸡饲料	5.0	5.0	5.0
产蛋后备鸡饲料	5.5	6.0	7.0
产蛋鸡饲料	5.5	5.0	6.0

(二)反刍动物糖类的消化、吸收与利用

糖类在口腔不发生消化，前胃是消化糖类的主要场所。前胃内每天消化的糖类占摄入糖类量的 70%～90%，占总采食量的 50%～55%。进入前胃的淀粉、纤维素、半纤维素等在瘤胃微生物的作用下最终分解产生乙酸、丙酸、丁酸等挥发性脂肪酸，同时产生甲烷、氢气和二氧化碳等气体。奶牛瘤网胃 24 h 挥发性脂肪酸产量为 3～4 kg，绵羊为 300～400 g。反刍动物体内糖类在瘤胃内的消化见图 1-5。

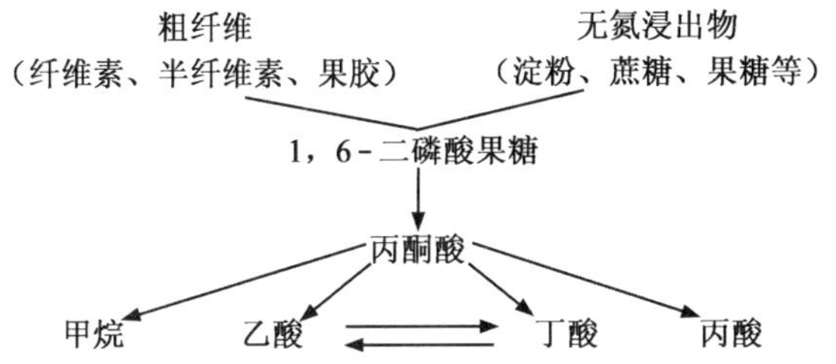

图 1-5　反刍动物体内糖类在瘤胃内的消化

二维码 1-4　碳水化合物在反刍动物体内的消化代谢

瘤胃中形成的挥发性脂肪酸约 75%通过瘤胃壁扩散进入血液，约 20%经皱胃和瓣胃壁吸收，约 5%经小肠吸收。碳原子含量越多，吸收速度越快。三种挥发性脂肪酸的吸收速度依次为丁酸>丙酸>乙酸。部分挥发性脂肪酸在通过前胃壁过程中可转化形成酮体，其中丁酸的转化可占吸收量的 90%，乙酸转化量甚微。转化量超过一定限度，会使奶牛发生酮血症，这是高精料饲养反刍动物存在的潜在危险。

瘤胃中产生的三种挥发性脂肪酸，可产生能量供家畜利用。奶牛组织中可将 50%乙酸、2/3 丁酸、1/4 丙酸氧化，其中乙酸提供的能量占总能量需要量的 70%。同时乙酸与丁酸可合成乳脂中的短链脂肪酸，也可合成体脂；丙酸可合成葡萄糖，合成的葡萄糖又可合成乳糖；丁酸也可合成乳糖。

在瘤胃中未被降解的粗纤维，在小肠中未发生降解，而瘤胃中未被降解的淀粉在小肠部位的降解同单胃动物，未被降解的粗纤维及淀粉到达盲肠、结肠后在微生物作用下，分解产生挥

发性脂肪酸和二氧化碳，二氧化碳有一部分变为甲烷，两种气体都由肠道排出体外，挥发性脂肪酸被肠壁吸收后进入肝脏，参与体内代谢。最终未被消化的粗纤维由粪便排出。大肠产生并被动物利用了的挥发性脂肪酸为瘤网胃量的10%左右。

反刍动物瘤胃内产生的挥发性脂肪酸的比例会受到日粮因素的影响，如日粮中精粗料比例、饲料的物理形式(颗粒大小)、采食量和饲喂次数等。一般来说，当日粮中精料比较多时，瘤胃发酵产生的丙酸比例增多，乙酸比例减少。反之，当日粮中粗料比例较多时，乙酸、丙酸的比例相反。因此，当奶牛日粮中精料比例增高，而粗料比例减少时，则瘤胃中乙酸比例下降，血液中乙酸的供应减少，结果乳腺内脂肪的合成下降，从而使乳脂率降低。而对于肉牛，相应提高饲料中精料比例或将粗料磨成粉状饲喂，以及饲料的蒸汽处理、制粒、使用瘤胃素添加剂等，都会使瘤胃中产生的乙酸减少，丙酸增多，有利于合成体脂肪，提高增重，改善肉质。

四、粗纤维的合理利用

粗纤维是各种动物，尤其是草食动物不可缺少的营养物质。

(一)粗纤维在动物饲养中的作用

粗纤维的负面作用是众所周知的，比如饲粮粗纤维水平增高，会加快食糜在消化道中的流通速度，从而降低动物对淀粉、蛋白质、脂肪和矿物质的消化率；粗纤维不仅本身消化率低，而且影响其他营养物质的消化吸收，降低饲粮可利用能值；饲粮粗纤维水平增高，将增加动物消化道内蛋白质、脂肪和矿物质的损失等。因此，设计动物(尤其是单胃动物)饲料配方时，往往把粗纤维作为限制因素，即规定动物饲料中的粗纤维含量不得超过最高量。对于粗纤维，也要看到它对动物有利的一面，以便在动物饲养中合理利用。

1. 营养作用

(1)粗纤维是草食动物的主要能源物质，它所提供的能量可满足该种动物的维持能量消耗。粗纤维在瘤胃及盲肠中经微生物发酵产生挥发性脂肪酸，除用其合成脂肪或葡萄糖外，还可氧化供能。

(2)可刺激消化道黏膜，促进胃肠蠕动和粪便排出，保证消化机能正常。

(3)日粮中完全没有粗纤维反倒有害，特别是草食动物会导致机能紊乱，出现消化疾病。

2. 填充作用

由于粗纤维吸水量大，进入胃肠后，其体积膨胀增大，可起到填充胃肠道的作用，使动物食后有饱腹感。

3. 阻碍消化作用

粗纤维中的木质素是难以消化吸收且没有营养价值的物质。它与纤维素、半纤维素一同存在，不易分开。由于木质素的存在，妨碍细菌分解纤维素，并阻碍其他营养物质与酶的接触，故消化率降低。此外，木质素尚有便秘性，动物食用过多则产生便秘，如稻壳、花生壳等都是这样。

(二)影响粗纤维利用的因素

1. 动物的种类和年龄

反刍动物消化粗纤维的能力最强，高达50%～90%，其次是马、兔、猪，鸡对粗纤维的消化能力最差。成年动物对粗纤维的消化率高于同种幼龄动物。生产实践中，将一些含粗纤维多的饲料饲喂草食动物，而猪、禽只能适当喂给优质粗饲料。

2. 饲料种类

同种动物对不同种饲料的粗纤维消化率也不同。家兔对甘蓝叶粗纤维消化率为 75%，对胡萝卜为 65.3%，对秸秆为 22.7%，对木屑为 20.0%。粗纤维组成中木质素含量高的消化率低，木质素含量低的粗纤维饲料消化率高。

3. 日粮蛋白质水平

反刍动物日粮中蛋白质营养水平是改善瘤胃对粗纤维消化力的重要因素。蛋白质可为细菌正常生长繁殖提供营养，还可调节细菌代谢。用劣质草(含粗蛋白 3.28%～4.51%)饲喂绵羊时，粗纤维消化率为 43%，若添加 10 g 氨化物或非蛋白含氮物(NPN)，粗纤维的消化率提高 12.8%。

4. 日粮粗纤维含量

日粮中粗纤维含量越高，粗纤维本身的消化率就越低，而且还能使其他养分的消化率也降低。其原因是日粮中的粗纤维能刺激胃肠蠕动，使食糜在肠道内停留时间减少，并且妨碍消化酶对营养物质的接触，因此可影响饲料中蛋白质、糖类、脂肪和矿物质的消化和吸收。每增加 1%粗纤维，反刍动物对有机物的消化率降低 0.65%～0.70%，单胃动物降低 1.35%～1.40%。

5. 添加矿物质

在反刍动物日粮中，添加适量的食盐、钙、磷、硫等，可促进瘤胃微生物的繁殖，提高对粗纤维的消化率。

6. 饲料的加工调制

粗纤维饲喂前进行加工调制，可改变原来的理化特性，改善其适口性，提高粗纤维的消化率和饲料的营养价值。如秸秆经碱化处理，粗纤维消化率可提高 20%～40%。但粗饲料粉碎过细，反刍动物对粗纤维的消化率可降低 10%～15%，其原因主要是加速了饲料通过瘤胃速度，从而减少了微生物作用于饲料的时间。

查阅资料完成习题

(一)填空题

1. 糖类主要存在于__________来源的饲料中，其存在形式包括概略养分中的__________和__________。

2. 常规畜禽饲料组成中，糖类含量丰富，其主要营养生理作用包括：

(1)三大有机物的共同作用__________。

(2)结构性糖类粗纤维的作用__________等。

(3)糖类其他特殊作用(提示：从寡糖、糖苷、糖蛋白、糖脂等糖类形式考虑)__________。

3. 反刍动物消化糖类与单胃动物不同，表现在：消化方式、消化部位和消化产物三方面。

前者分别为__________、__________、__________；后者分别为__________、__________、__________。

4. 单胃动物能大量利用的糖类形式为__________，只能少量利用的糖类形式为__________。反刍动物能大量利用的糖类形式为__________。

5. 饲粮的组成、加工方法、饲喂方法影响挥发性脂肪酸的组成和瘤胃的发酵类型，日粮糖类中含大量粗纤维时，趋于__________发酵，含大量淀粉时，趋于__________发酵。

(二)分析题

反刍动物能大量利用无氮浸出物，日粮中无氮浸出物过少会降低反刍动物生产性能，但无氮浸出物过多也会产生反刍动物的酸中毒，请查阅相关资料，解释什么是酸中毒，反刍动物酸中毒的表现，怎样通过日粮的合理配制防止酸中毒的产生。

二维码 1-5　习题参考答案

拓展知识

寡　糖

一、寡糖的定义、分类与基本特性

寡糖是一类包括 2～10 个单糖基团的糖类，或是由 3～19 个单糖单元构成的糖类。目前，根据寡糖的功能分为普通寡糖和功能性寡糖两类。普通寡糖则是能被机体消化吸收并为机体提供能量的一类物质，如海藻糖和麦芽糖。而功能性寡糖是一类低聚合度、低分子量的糖类，其糖苷键的空间构型可以抵抗肠道消化酶的水解作用，但是大肠微生物产生的酶可以将寡糖发酵成单糖，最终转变成短链脂肪酸和气体，为机体间接提供能源，同时参与调节细胞的代谢、促进细胞的增殖与分化。目前用于食品、饲料添加剂的主要是功能性寡糖，包括大豆寡糖、果寡糖、低聚木糖、壳寡糖、甘露寡糖和半乳寡糖等。

二、饲用寡糖的生理功能

1. 促进生长

饲用寡糖可以促进机体生长相关激素的合成与分泌，提升脂类和糖类代谢，增加机体氨基酸与蛋白质利用，发挥促生长作用。在饲料中添加一定剂量的饲用寡糖能够改善动物的生长性能，提高养殖动物的平均日增重和采食量。研究发现，在断奶仔猪饲料中添加壳寡糖，显著提高仔猪的平均日增重；在肉鸡日粮中添加甘露寡糖，显著提高肉仔鸡的平均日增重和平均日采食量。

2. 调节免疫力

寡糖糖链分子作为重要的免疫调节活性物质，可以促进动物免疫器官发育，改善免疫微环境，激活机体免疫系统，增强机体特异性和非特异性免疫功能。

3. 增加肠道吸收功能

肠道健康对养殖动物生长和抗病至关重要。饲用寡糖增加肠道吸收功能主要体现在以下几方面：①饲用寡糖促进动物肠道发育；②饲用寡糖可以改善肠道形态和屏障功能；③饲用寡糖可以被肠道特定菌群转变为短链脂肪酸，引起肠道 pH 改变，将难以消化吸收的矿物质转换成可吸收的离子，同时短链脂肪酸和酸性环境有利于肠道上皮细胞增殖，促进营养物质的吸收。

4. 平衡肠道菌群

正常而稳定的肠道菌群有利于保护肠黏膜，有效地抑制病原菌在肠道的定植，保障动物的健康。饲用寡糖对肠道菌群的作用如下：①寡糖被微生物作为营养物质降解利用，促进肠道有益菌增殖；②寡糖被微生物代谢后降低了整个肠道的 pH，抑制有害菌增殖。

5. 抗氧化功能

动物在应激或病理状态时，产生过多的活性氧、羟基等强氧化自由基，损伤机体细胞膜、蛋白质、DNA 等，甚至引起细胞死亡。此外，脂质过氧化物和丙二醛等毒性物质，会对机体产生二次氧化损伤。饲养动物添加寡糖后，机体过氧化氢酶和谷胱甘肽过氧化物酶活力增加，丙二醛含量降低，肝脏抗氧化能力明显增加，有效地缓解氧化应激损伤。

6. 抗炎功能

炎症是机体抵御外界有害病菌侵袭产生的防御反应，过度炎症反应将诱发多种严重疾病。养殖过程中伴随着多种炎症产生，特别是病原菌侵染、断奶应激和热应激等情况。大量研究表明，饲用寡糖具有较好的抗炎功效。

学习任务 1.3　脂类的利用与异常症状识别

【任务描述】

通过任务相关知识阅读、完成任务的相关题目，制定完成任务计划、实施方案，获得脂类营养利用的知识与技能，提出脂类不适的改进措施，进一步了解它们的用途，掌握使用技巧；达到学习的目的。

【任务实施】（任务单）

1. 查阅相关信息，分组讨论分析，完成相关题目、相关知识拓展，增强实际应用能力。

2. 走访养殖场，调研畜禽脂类的营养状况，总结其对畜禽健康和生产水平发挥的作用。

3. 调研养殖场畜禽脂类营养状况及其供给不足的案例，分析总结其缺乏对生产性能影响及其症状表现，并提出改进措施。

4. 调研养殖场畜禽脂类营养状况及其供给过量的案例，分析总结其过量对生产及性能影响，并提出改进措施。

【信息途径】

养殖场、图书馆、网络、教学视频、教师。

脂类相关知识

一、脂类的营养知识

（一）脂类的组成、结构与分类

脂类是存在于动植物组织中的物质，不溶于水，溶于普通的有机溶剂，如苯、醚和氯仿等。常规饲料分析中，它们属于醚浸出物，也统称为粗脂肪。广义的脂肪即指脂类，包括中性脂肪和类脂。狭义的脂肪仅指中性脂肪即甘油三酯，由三分子脂肪酸和一分子甘油组成。脂类的分类见图 1-6。植物脂类有两种类型：结构脂类和贮藏脂类。结构脂类作为各种膜的组成成分，保护表层，高等植物叶中大约含 7%。表层脂主要是蜡和相对较少的长链烃、脂肪酸和角质。膜脂存在于线粒体、内质网和质膜中，主要是糖脂（40%～50%）和磷酸甘油酯。植物贮藏脂类存在于果实和种子中，主要是三酰甘油。植物组织中有 300 多种不同的脂肪酸，但是只有 7 种是常见的。分布最广的是 α-亚麻酸，最常见的饱和脂肪酸是棕榈酸，最常见的单不饱和脂肪酸是油酸。

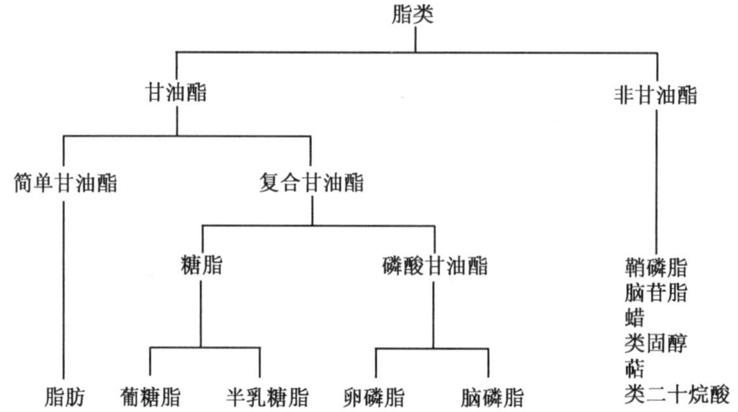

图 1-6 脂类的分类

脂类是动物的主要能量贮藏形式，主要以脂肪的形式贮藏在动物的脂肪组织中，脂肪的含量可达 97%。脂肪在体内含量随饲料摄入热能和活动消耗热能的不同而变化较大，又称为“动脂”。脂肪贮藏能量的能力是糖原的 6 倍。动物组织中的结构脂类是磷酸甘油酯，占肌肉和脂肪组织的 0.5%～1.0%，在肝脏中为 2%～3%。动物组织中最重要的非甘油酯中性脂肪是胆固醇及其酯所构成的，它们加起来占肌肉和脂肪组织的 0.06%～0.09%。

（二）脂类的主要性质

1. 水解酸败

脂类可在酸或碱的作用下水解为甘油和脂肪酸。动植物体内脂肪的水解在脂肪酶的催化下进行，微生物产生的脂肪酶也可催化脂肪水解，这类水解所产生的游离脂肪酸大多数无臭无味，对脂肪营养价值没有影响，但水解产生的某些低级脂肪酸，特别是 4～6 个碳原子的脂肪酸，如丁酸和乙酸具有特殊异味或酸败味，可能影响动物适口性。脂肪酸碳链越短，异味越浓。动物营养中把这种水解看成是影响脂肪利用的因素。

多种细菌和霉菌均产生脂肪酶，当饲料保管不善时，其所含脂肪易于发生水解而使饲料品质下降。

脂肪水解时，如有碱类存在，则脂肪酸皂化而成肥皂，脂肪酸皂化时所需的碱量，叫皂化价。脂肪酸皂化时，每分子脂肪酸与1原子钠或其他相当碱元素化合，脂肪酸的分子量越小，则在一定重量中分子数越多，所能化合的碱元素也越多，其皂化价越高；脂肪酸分子量越大则皂化价越低。所以脂肪酸分子量的大小及脂肪酸分子中碳原子的多少可用皂化价的大小来测定。

2. 氧化酸败

脂肪暴露在空气中，经光、热、湿气和空气的作用，或者经微生物的作用，氧化生成过氧化物，再继续分解产生低级的醛、酮、酸等化合物，同时产生不适宜气味，这种现象就是氧化酸败，分为自动氧化和微生物氧化。

油脂初始氧化产生的过氧化物不稳定，很容易二次氧化分解，产生带有不良风味和危害动物健康的醛、酮、醇等化合物，不仅具有刺激性气味，而且在氧化过程中所生成的过氧化物还使一些脂溶性维生素发生破坏，降低脂肪和饲料的营养价值。

脂肪的酸败程度用酸价表示，所谓酸价指中和1 g脂肪的游离脂肪酸所需的KOH的毫克数，通常酸价大于6的脂肪即可能对动物体健康造成不良影响。

3. 氢化作用

在催化剂或酶的作用下，不饱和脂肪酸的双键可与氢发生加成反应变为双键，不饱和脂肪酸变成饱和脂肪酸，脂肪的这种性质称为氢化作用。氢化使脂肪硬度增加，熔点增高，不易氧化酸败，有利于贮藏，但氢化过程同时又损失了必需脂肪酸。

不饱和脂肪酸与碘原子加成反应，每个不饱和的双键能结合2 mol的碘原子，脂肪的不饱和程度可由它所能结合的碘的多少测定，100 g脂肪所能吸收碘的克数为碘价。碘价越高，脂肪的不饱和程度越高。

反刍动物可利用进食的饲料脂肪在瘤胃微生物的作用下发生某种程度的氢化作用而使其体脂肪饱和脂肪酸含量较高。

二、脂类的营养生理作用

1. 脂肪是动物能量的重要原料

脂肪的主要功能是供给动物机体能量，脂肪含能量高，1 g脂肪在体内分解成二氧化碳和水并产生37.8 kJ能量，是1 g糖类或1 g蛋白质的2倍多。

2. 脂肪是贮备能量的最好形式

动物摄入过多糖类时，可以以体脂肪的形式将能量贮备起来，而体脂肪能以较小体积蕴含较多的能量，是动物贮备能量的最佳方式。

3. 脂肪是构成动物体组织的重要原料

动物体各组织器官，如神经、肌肉、骨骼、皮肤及血液的组成中均含有脂肪，主要为磷脂和固醇等。各种组织的细胞膜并非完全由蛋白质所组成，而是由蛋白质和磷脂按一定比例所组成；脑和外周神经组织都含有鞘磷脂；磷脂对动物生长发育非常重要，固醇是体内合成固醇类激素的重要物质。因此，脂肪也是组织细胞增殖、更新及修补的重要原料。

4. 脂肪是脂溶性维生素的溶剂

饲料中的脂溶性维生素 A、维生素 D、维生素 E、维生素 K 等均须溶于脂肪后才能被吸收，而且吸收过程还需有脂肪作为载体。因而若无脂肪参与将不能完成脂溶性维生素的吸收过程，从而导致脂溶性维生素代谢障碍。

5. 脂肪可为幼小动物提供必需脂肪酸

动物体组织不能合成某些脂肪酸，如亚油酸、亚麻酸和花生四烯酸，而这些脂肪酸却又对幼龄动物健康和生长发育至关重要。因此，这些脂肪酸必须由饲料中所含脂肪提供，缺乏时幼龄动物生长停滞，甚至死亡。

6. 脂肪对动物具有保护作用

脂肪不易传热，皮下脂肪能够防止体热的散失，寒冷的季节有利于维持体温的恒定和抵御寒冷，脂肪充填在脏器周围，具有固定和保护器官及缓和外力冲击的作用。

7. 脂肪是畜产品的组成成分

动物产品肉、蛋、奶、皮毛、羽绒等，均含有一定数量的脂肪。肉品中含脂肪 16%～29%，乳汁中为 1.6%～6.8%，一个鸡蛋中含脂肪约 5 g。因此，饲料中缺乏脂肪时，动物产品的形成和品质会受到很大影响。

三、必需脂肪酸

（一）必需脂肪酸的概念

通常将具有两个或两个以上双键的脂肪酸称为高度不饱和或多不饱和脂肪酸。凡是体内不能合成的，必须由饲粮供给或通过体内特定的前体物质形成，对机体正常机能和健康具有重要保护作用的不饱和脂肪酸称为必需脂肪酸（EFA）。长期以来认为有 3 种多不饱和脂肪酸，即亚油酸、亚麻酸和花生四烯酸是动物的必需脂肪酸。近年研究指出，对于多数哺乳动物包括人类，亚油酸乃是一种最重要的必需脂肪酸，必须由外源供给；其次重要的必需脂肪酸是亚麻酸；花生四烯酸则可由亚油酸在动物体内通过碳链加长和双键形成而生成。

必需脂肪酸的概念不适用于成年反刍动物，反刍动物如牛、羊的瘤胃微生物能合成上述必需脂肪酸，无须依赖饲料供给，至于幼龄反刍动物因瘤胃功能尚不完善，故也需在饲料中摄取必需脂肪酸。

（二）必需脂肪酸的营养生理功能及缺乏症

（1）必需脂肪酸参与磷脂的合成，并以磷脂形成作为细胞生物膜的组成成分。必需脂肪酸缺乏将影响磷脂代谢，使生物膜磷脂含量降低而致结构异常，从而引发许多病变，如皮肤细胞因通透性改变，不能阻断水分透过而出现皮下水肿，使细胞血管壁因脆性增强易于破裂出血等。家禽缺乏亚油酸时细胞膜失去完整性，其典型症状是需水量增加，粪便变软，对疾病抵抗力下降，羽毛粗劣，水肿，生长率下降。

(2)必需脂肪酸与类脂胆固醇的代谢密切相关。胆固醇必须与必需脂肪酸结合才能在动物体内进行转运;但若缺乏必需脂肪酸,则胆固醇将完全与饱和必需脂肪酸形成难溶性胆固醇脂,从而影响胆固醇正常转运而致代谢异常。

(3)必需脂肪酸在动物体内可代谢转化为一系列长链多不饱和脂肪酸,这些多不饱和脂肪酸可形成强抗凝结因子,它们具有显著抗血栓形成和抗动脉粥样硬化的作用。

(4)必需脂肪酸与动物生殖有关。日粮中长期缺乏,可导致动物繁殖机能降低,公猪精子形成受到影响,母猪出现不孕症,公鸡睾丸变小,第二性征发育迟缓,产蛋鸡所产的蛋变小,种鸡产蛋率降低,受精率和孵化率下降,胚胎死亡率上升。

(5)必需脂肪酸是前列腺素合成的原料。前列腺素可控制脂肪组织中甘油三酯的水解过程,必需脂肪酸缺乏时,影响前列腺素的合成,导致脂肪组织中脂解作用加快。

四、动物对饲料中脂肪的消化、吸收及利用

二维码 1-6　单胃动物脂类消化与吸收

(一)单胃动物脂肪的消化、吸收与利用

1. 消化

单胃动物对脂肪的消化主要是在小肠中通过脂肪酶的作用进行的。胃黏膜虽能分泌少量具有水解作用的脂肪酶,但因为脂肪须先经乳化才便于水解,且胃中的酸性环境不利于脂肪的乳化,所以在胃中也不易消化。饲料脂肪进入小肠后与大量胰液和胆汁混合,在肠蠕动影响下,脂肪乳化便与胰脂酶在油—水交界面上充分接触,胰脂酶将脂肪水解为游离脂肪酸和甘油一酯。磷脂由磷脂酶水解为溶血性卵磷脂。胆固醇由固醇酯酶水解为胆酸和脂肪酸。甘油一酯、脂肪酸和胆酸均具有极性和非极性基团,三者可聚合在一起形成水溶性的适于吸收的混合乳糜微粒。混合乳糜微粒既有极性基团又有非极性基团,极性基团向外排列与水紧密接触,非极性基团向内,它的一个重要特性是其内部的非极性的脂质部分可携带大量的非极性化合物如固醇、脂溶性维生素、类胡萝卜素等,否则这些物质不能被吸收。

2. 吸收

在小肠内形成的混合乳糜微粒,可携带脂肪的消化产物到达小肠黏膜细胞供吸收。当这种混合乳糜微粒到达十二指肠和空肠等主要吸收部位,并与肠绒毛膜接触时即可破裂,胆盐滞留于肠道中,而游离脂肪酸、甘油一酯、溶血性卵磷脂、胆酸等透过细胞膜被吸收,并在黏膜上皮细胞内重新合成甘油三酯、磷脂和固醇等。胆盐吸收的情况各异。猪等哺乳动物主要在回肠以主动方式吸收,能溶于细胞膜中脂肪的未分解胆酸在空肠以被动方式吸收,禽整个小肠都能主动吸收胆盐,但回肠吸收相对较少。各种动物吸收的胆汁,经门脉血到肝脏再分泌重新进入十二指肠,形成胆汁肠肝循环。

饲粮脂类在消化道后段的消化与瘤胃类似。不饱和脂肪酸在微生物产生的酶作用下可变成饱和脂肪酸,胆固醇变成胆酸。单胃动物脂肪在小肠的消化吸收可见图 1-7。

3. 代谢

黏膜上皮细胞内合成的甘油三酯、磷脂和固醇可与特定蛋白质结合,形成直径为 0.1~0.6 μm 的乳糜微粒和极低密度脂蛋白,并通过淋巴系统进入血液循环,沉积于脂肪组织或产品中。

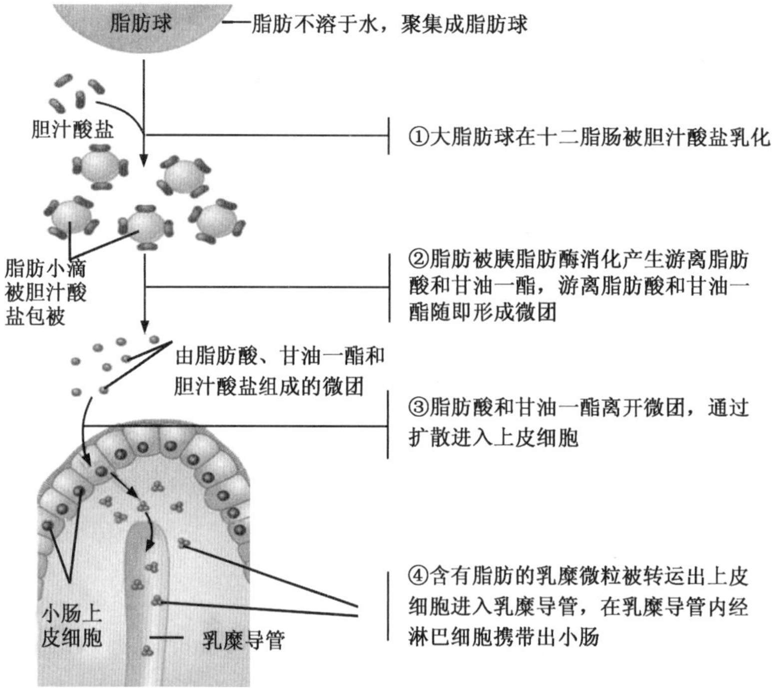

图 1-7　单胃动物脂肪在小肠的消化吸收

4. 特点

来自饲料的不饱和脂肪酸在猪禽体内不经氢化可直接沉积在体脂肪中，猪采食的饲料中脂肪性质直接影响到体脂肪品质。在猪的催肥期，如饲喂植物脂肪含量高的饲料，可使其体内的不饱和脂肪酸含量也显著升高，导致猪的体脂变软，容易酸败，肉的品质下降，不适宜做腌肉和火腿等肉制品。因此，在猪的肥育期间应少喂脂肪含量高的饲料，多喂麦类、薯类等富含淀粉的饲料，这样既可保证猪肉的优良品质，又可降低饲养成本。试验证明，鸡采食饲料中的脂肪也直接影响产蛋率、孵化率及蛋黄脂肪的品质。据分析，蛋黄中脂肪酸的组成与日粮中脂肪酸的组成相似。

马、兔消化道后段具有与瘤胃相似的微生物，虽同样可将来自饲料的不饱和脂肪酸大量氢化为饱和脂肪酸，但由于饲料脂肪在进入消化道后段之前，大部分已在小肠被消化吸收，故马、兔体脂肪的饱和程度仍受饲料脂肪较大的影响。

(二)反刍动物脂肪的消化、吸收与利用

一般认为，幼龄(断奶前)反刍动物对乳脂的消化吸收与单胃动物相似，然而随着断奶后食物的改变和瘤胃微生物的逐渐成熟，脂类的消化与非反刍动物出现较大差异。

1. 消化

反刍动物日粮中含有比例较高的不饱和脂肪酸，其主要是粗饲料和谷物中的甘油三酯、半乳糖甘油酯和磷脂。这些饲料进入瘤胃后，在微生物作用下发生水解。甘油三酯和半乳糖甘油酯水解生成游离脂肪酸、甘油和半乳糖。它们可进一步经微生物发酵生成挥发性脂肪酸。由于瘤胃是一个高度还原的环境，饲料脂肪在瘤胃可发生氢化作用。大部分不饱和脂肪酸经

微生物的完全氢化作用或部分氢化作用转化为饱和脂肪酸或异构化脂肪酸，其中主要是硬脂酸(C18:0)，因此必需脂肪酸减少。此外，瘤胃细菌和纤毛虫还能将丙酸、戊酸等合成奇数碳链脂肪酸(如 C15:0)，也可利用异丁酸、异戊酸以及支链氨基酸(缬氨酸、亮氨酸和异亮氨酸)等的碳骨架合成支链脂肪酸。脂肪在瘤胃内的消化见图 1-8。

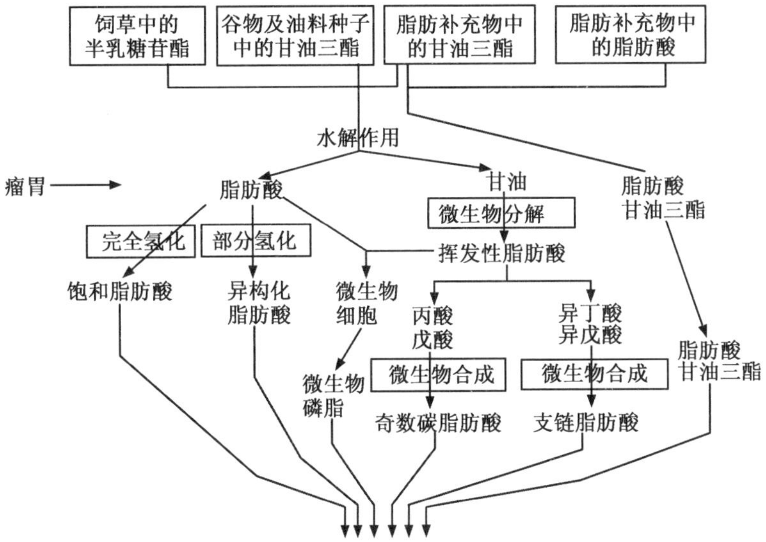

图 1-8　反刍动物脂肪在瘤胃内的消化

饲料脂肪经过瓣胃和网胃时，基本上不发生变化；在皱胃，饲料脂肪、微生物与胃液混合，其消化与非反刍动物类似。饲料脂肪在盲肠、结肠的消化与瘤胃类似。

进入十二指肠后，小肠胰脂酶主要将甘油三酯水解为游离脂肪酸和甘油一酯；半乳糖甘油酯先被水解为半乳糖、脂肪酸和甘油，后者再转化为挥发性脂肪酸。由于脂肪中的甘油在瘤胃中被大量转化为挥发性脂肪酸，所以反刍动物十二指肠中缺乏甘油一酯，消化过程形成的混合乳糜微粒构成与单胃动物不同。成年反刍动物小肠中混合微粒由溶血性卵磷脂、脂肪酸及胆酸构成；链长小于或等于 14 个碳原子的脂肪酸可不形成混合乳糜微粒而直接被吸收。混合乳糜微粒中的溶血性卵磷脂由来自胆汁和饲料磷脂在胰脂酶作用下形成。此外，由于成年反刍动物小肠中不吸收甘油一酯，其黏膜细胞中甘油三酯通过磷酸甘油途径重新合成。

2. 吸收

瘤胃中产生的短链脂肪酸主要通过瘤胃壁吸收。小肠中产生的混合微粒中的长链脂肪酸主要在呈酸性环境的空肠前段吸收，混合微粒中的其他脂肪酸主要在中后段空肠吸收；溶血磷脂酰胆碱也在中、后段空肠被吸收，胰液分泌不足时，磷脂酰胆碱可能在回肠积累。

反刍动物对各种脂肪酸的吸收不同于非反刍动物。非反刍动物对长链脂肪酸和饱和脂肪酸的吸收率较差，而反刍动物对长链脂肪酸与饱和脂肪酸，尤其是对硬脂酸却能较好地吸收。

3. 代谢

通过瘤胃壁吸收的挥发性脂肪酸代谢与糖类代谢相同；通过小肠吸收的游离脂肪酸、甘油一酯、溶血性卵磷脂、胆酸等代谢与非反刍动物脂类代谢一致。

4. 特点

反刍动物所采食的不饱和脂肪酸在瘤胃内大量氢化形成饱和脂肪酸，下移到小肠经消化吸收以饱和脂肪酸的形态沉积为体脂，另外，瘤胃微生物合成的高级脂肪酸也多为饱和性质。因此，无论反刍动物所采食的饲料脂肪饱和程度高还是低，它们的体脂肪依然可保持硬度大、熔点高、饱和脂肪酸含量多的特点。可见，反刍动物体脂肪品质受饲草脂肪性质影响极小。但是饲料脂肪对乳脂的合成有重要影响。饲料脂肪在一定程度上可直接进入乳腺，饲料脂肪的某些成分，也可不经变化用以形成乳脂肪。因此，饲料脂肪性质与乳脂品质密切相关。

五、饲料脂肪对动物产品品质的影响

(一)饲料脂肪对肉类脂肪的影响

1. 单胃动物

单胃动物体组织沉积脂肪的不饱和脂肪酸多于饱和脂肪酸，这是由于植物性饲料中的不饱和脂肪酸含量较高，被猪、鸡采食吸收后，不经氢化即直接转变为体脂肪，故猪、鸡体脂肪内不饱和脂肪酸高于饱和脂肪酸。马虽是草食动物，但其没有瘤胃，虽有发达的盲肠，但饲料中不饱和脂肪酸进入盲肠之前，在小肠中经胰液和胆汁的作用，未经转化为饱和脂肪酸就被吸收，所以马的体脂肪中也是不饱和脂肪酸多于饱和脂肪酸，因此单胃动物体脂肪的脂肪酸组成受饲料脂肪性质的影响较大。

2. 反刍动物

反刍动物瘤胃微生物作用，可将饲料中不饱和脂肪酸氢化为饱和脂肪酸，因此反刍动物的体脂肪组成中饱和脂肪酸比例明显高于不饱和脂肪酸，这说明反刍动物体脂肪品质受饲料脂肪性质的影响较小。

(二)饲料脂肪对乳脂肪品质的影响

饲料脂肪在一定程度上可直接进入乳腺，饲料脂肪的某些成分，可不经变化地用以形成乳脂肪，因此，饲料脂肪性质与乳脂品质密切相关。奶牛饲喂大豆时黄油质地较软，饲喂大豆饼时黄油较为坚实，而饲喂大麦粉、豌豆粉和黑麦麸时黄油坚实。添加油脂对乳脂率影响较小，一般不能通过添加油脂的办法改善奶牛乳脂率。

(三)饲料脂肪对蛋黄脂肪的影响

将近 1/2 的蛋黄脂肪是在卵黄发育过程中，摄取经肝脏而来的血液脂肪而合成的，这说明蛋黄脂肪的质和量受饲料影响较大。添加油脂(主要为植物油)可促进蛋黄的形成，继而增加蛋重，并可能生产富含亚油酸的营养蛋。

六、动物饲粮中添加油脂的应用

饲粮中添加油脂，除供能外，可改善适口性，增加饲料在肠道的停留时间，有利于其他营养成分的消化吸收和利用，即具有“增能效应”，高温季节可降低动物的应激反应。研究表明，添加油脂还能显著提高生产性能并降低饲养成本，尤其对于生长发育快、生产周期短或生产性能高的动物效果更为明显。

为了满足肉鸡对高能量饲粮的要求，通常需在饲粮中添加油脂。研究表明，日粮中添加适量油脂能显著提高肉鸡日增重和饲料转化率，改善肉质，缩短饲养周期，经济效益显著。肉鸡体内脂肪沉积绝大部分在育肥阶段，从减少腹脂和提高生产性能两方面考虑，建议在肉鸡前期饲粮中添加 2%～4%的猪油等油脂，以提高生产性能；而在后期饲粮中添加必需脂肪酸含量高的玉米油、豆油等油脂，以改善肉质。奶牛精饲料中油脂添加量为 3%～5%；蛋鸡饲粮中油脂添加量为 3%左右；肉猪饲粮中油脂添加量为 4%～6%，仔猪为 3%～5%。添加植物油优于动物油，而椰子油、玉米油、大豆油为仔猪的最佳添加油脂。

查阅资料完成习题

(一)不定项选择题

1. 下列常用原料保存过程中需要防止酸败的是(　　)。

A. 全脂大豆　　B. 玉米　　C. 豆粕　　D. 大麦
E. 鱼粉　　F. 米糠　　G. 饲用油脂

2. 脂肪的物理和化学结构由脂肪酸的性质决定。(　　)脂肪酸一般具有化学稳定性和物理坚固性，(　　)脂肪酸一般具有化学活泼性和物理柔软性。

A. 饱和　　B. 不饱和

3. 脂肪的理化特性中不利于脂肪贮藏的特性为(　　)，有利于脂肪贮藏的特性为(　　)，但其会导致必需脂肪酸的含量的降低。

A. 水解作用　　B. 酸败作用　　C. 氢化作用

4. 你认为下列措施中可以保护脂肪的措施有(　　)。

A. 低温、避光保存　　B. 添加抗氧化剂如维生素 E
C. 密封保存　　D. 在铜制的容器中保存

5. 猪、禽对于必需脂肪酸的需要包括(　　)。

A. 亚油酸　　B. 亚麻酸　　C. 花生油酸　　D. 油酸

(二)填空题

1. 单胃动物对脂类的消化、吸收主要发生的部位为__________，首先通过__________的作用使脂肪变成溶解于水的状态，然后在__________的作用下发生分解。

2. 反刍动物对脂类的消化、吸收开始于瘤胃，瘤胃内发生了两个重要的作用，一是__________作用，二是__________作用。由于__________作用使得离开瘤胃的脂肪酸主要是硬脂酸。

3. 必需脂肪酸是指______________________________。

(三)分析题

根据猪对脂肪消化吸收特点，考虑到猪肉品质和生产成本请策划育肥期猪的育肥营养方案。

二维码 1-7　习题参考答案

拓展知识

反式脂肪酸

一、反式脂肪酸的定义

反式脂肪酸是所有含反式双键的不饱和脂肪酸的总称，分子中只含有C、H、O三种元素，其碳链一端为羧基，链中含有双键，并各自再连接一个H原子，处于双键的两端，结构上处于反式，若两个H原子位于双键的同侧，则为顺式，天然脂肪酸中的双键多为顺式。顺式脂肪酸和反式脂肪酸最大的区别在于熔点的不同，一般情况下反式脂肪酸的熔点要远远高于顺式脂肪酸，如油酸的熔点为13.5 ℃，在常温下为液态油状，而反式油酸的熔点为46.4 ℃，在常温下为固态脂状。反式脂肪酸在国产食品配方中具有一系列别名，如氢化油、氢化植物油、人造奶油、人造脂肪、起酥油、植脂末、奶精等。

二、反式脂肪酸的来源

反式脂肪酸分为天然存在和人工制造两种类型。

1.自然界天然存在

天然存在的反式脂肪酸主要指反刍动物的肉及乳制品中含有的反式脂肪酸。反刍动物在消化不饱和脂肪酸时，瘤胃中的微生物在酶作用下将其转化为饱和脂肪酸，在多不饱和脂肪酸(亚油酸、亚麻酸)转变为硬脂酸的过程中有大量中间体产生，其中包括反式脂肪酸。以牛为例，牛脂肪中反式脂肪酸的含量为2.5%～4.0%，其在乳脂中的含量为5.0%～9.7%。

2.人工制造

过度加热或反复煎炸是反式脂肪酸产生的主要来源。日常人们习惯等到油“冒烟”后再进行烹调，但一般食用油“冒烟”时油的中心温度均超过200 ℃，温度过高是促使反式脂肪酸产生的原因。

为了克服天然动植物油脂的热不稳定性、易氧化性以及容易被微生物腐蚀等缺点，人们常常将动植物油脂进行氢化，使得其中的不饱和脂肪酸双键加氢后饱和化，能够提高油脂的熔点和饱和度，增加油脂中固体脂肪的含量，提高油脂的抗氧化性、热稳定性，并能延长油脂的保质期。而油脂氢化是指在Ni等催化剂的作用下，将H加到不饱和脂肪酸的双键处，在此过程中部分油脂的不饱和双键发生异构化，生成反式脂肪酸。

另外，在植物油的精炼提纯过程中，油脂在真空、高温条件下，其中顺式脂肪酸由于高温、金属离子等因素的影响发生异构化反应也能生成多种不同的反式脂肪酸。

三、反式脂肪酸的危害

反式脂肪酸的摄入能诱导心血管疾病。有研究表明，过多的脂肪摄入有可能促使脂肪被氧化成脂质过氧化物，影响血液中脂质和脂蛋白。反式脂肪酸能够增加体内低密度脂蛋白含量，减少高密度脂蛋白含量，造成动脉硬化。另外，反式脂肪酸能够增加血液黏稠度和凝聚力，从而为创造血栓形成环境。

反式脂肪酸的摄入会抑制生长发育。有研究表明，反式脂肪酸通过胎盘转运给胎儿，母乳喂养使婴儿被动摄入造成新生儿必需脂肪酸缺乏、中枢神经系统受损，从而影响生长发育。

反式脂肪酸的摄入会引起2型糖尿病。反式脂肪酸提高人体内胰岛素水平，降低红细胞对胰岛素的反应，可导致糖尿病的发生。有研究表明，反式脂肪酸能够使脂肪细胞对胰岛素的敏感性降低，从而增加机体对胰岛素的需要量，增大胰腺的负荷，容易诱发2型糖尿病。

学习任务1.4　能量的利用与异常症状识别

【任务描述】

通过任务相关知识阅读、完成任务的相关题目，制定完成任务计划、实施方案，获得能量利用的知识与技能，提出能量不适的改进措施，进一步了解它们的用途，掌握使用技巧；达到学习的目的。

【任务实施】(任务单)

1. 查阅相关信息，分组讨论分析，完成相关题目、相关知识拓展，增强实际应用能力。

2. 走访养殖场，调研畜禽能量营养状况，总结其对畜禽健康和生产水平发挥的作用。

3. 调研养殖场畜禽能量营养状况及其供给不足的案例，分析总结其缺乏对生产性能影响及其症状表现，并提出改进措施。

4. 调研养殖场畜禽能量营养状况及其供给过量的案例，分析总结其过量对生产及性能影响，并提出改进措施。

【信息途径】

养殖场、图书馆、网络、教学视频、教师。

能量相关知识

一、动物能量需要的意义

能量最初的定义是指做功的潜力，而动物营养学对能量的界定是一切生物存在和发展的重要前提，是指饲料中有机化合物的氧化所提供的化学能和热能。动物为了必要的肌肉活动、各种组织器官的生理活动、生长、生产产品和使役等都需要能量。动物所需要的能量主要来自饲料三大养分中的化学能。在体内，化学能可以转化为热能(脂肪、葡萄糖或氨基酸氧化)或机械能(肌肉活动)，也可以蓄积在体内。饲料提供的超出维持需要的能量将用于不同形式的生产，幼年生长动物主要在它新生的组织蛋白中贮藏能量，而成年动物将在脂肪中贮藏更多的能量，泌乳动物将饲料能量转化成乳中的能量。一些其他形式的生产，如肌肉做功及羊毛和蛋的形成。因此，能量是饲料的重要营养组成部分，一种饲料提供能量的能力也决定了其营养价值的高低。饲料能量浓度起着决定动物采食量的重要作用，动物营养需要或营养供给均可以能量为基础表示。饲料中的能量不能完全被动物利用，其中可被动物利用的能量称为有效能。饲料中的有效能含量即反映了饲料能量的营养价值，简称为能值。

饥饿动物的能量需要是靠机体贮备的能量分解作用而获得的，首先是糖原，其次是脂肪和蛋白质。处于维持状态的动物利用饲料的化学能仅是用于维持肌肉活动和做功时，所有的能量都转化为热量。由于热能对动物的作用仅在于维持机体的温度，认为此种能量的利用是一种浪费。

二、饲料能量在动物体内的转化

(一)饲料的总能(GE)

动物从饲料中获得能量，可将饲料中的化学能转化为热能后确定产热量的值。这种转化是通过燃烧饲料将其氧化而实现的。单位重量的饲料完全在体外氧化得到的热量称为饲料的总能。饲料所含的总能可以通过氧弹式测热计进行测定。

有机物总能含量的高低主要取决于它的氧化程度，可表示为碳加氢与氧的比率。所有的糖类都有相似的比率，因此有相同的总能含量(约 17.5 MJ/kg DM)。脂肪含有相对少的氧，因此总能值比糖类高得多(约 39 MJ/kg DM)。各种脂肪酸系列的成员因碳链的长短不同而在总能含量上有所差异，短链脂肪酸的能量含量低。蛋白质因含有额外可氧化的元素硫，因而比糖类含有较高的能值。甲烷完全由碳和氢所组成因而含有较高的能量。表 1-3 给出了一些饲料原料的总能值。

表 1-3　一些饲料原料的总能值　　MJ/kg DM

淀粉	酪蛋白	乳脂	玉米粒	燕麦粒	燕麦秸秆	亚麻油饼	干牧草
17.7	24.5	38.5	18.5	19.6	18.5	21.4	18.9

可见富含糖类的饲料在总能值上几乎没什么差异。只有富含脂肪的饲料才有很高的能值；而那些富含灰分的饲料，所含能量比平均值低很多。在饲料总能中，不是所有的能量都对动物有效和有用。动物以固态、液态和气态的排泄方式损失掉一些能量，另一部分以热的形式损失掉。因而总能接近的饲料对同一种动物其能量营养价值可以差异很大。饲料中的三大有机物在动物体内的代谢过程伴随着能量的转换，其能量在动物体内的分配如图 1-9 所示。

二维码 1-8　动物体内能量的转化

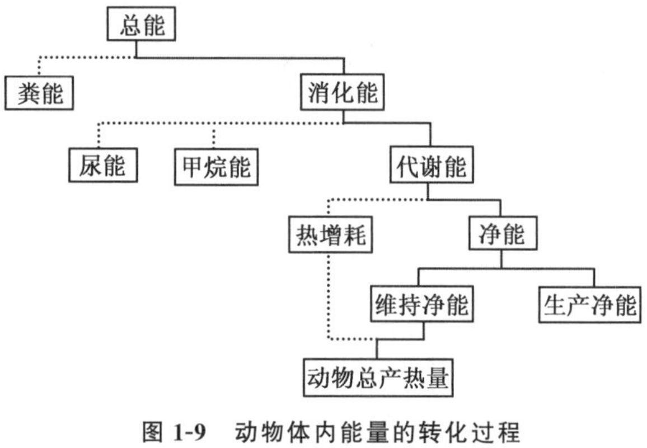

图 1-9　动物体内能量的转化过程

(能量的损失由左边虚线部分方框中表示)

(二)消化能(DE)

饲料的表观消化能是单位重量饲料的总能减去其所产生的粪中总能的大小。

消化能(DE)＝总能(GE)－粪能(FE)

(三)代谢能(ME)

饲料中的代谢能是消化能减去尿和可燃气体中损失的那部分能量。

代谢能(ME)＝消化能(DE)－尿能(UE)－甲烷能(Eg)
＝总能(GE)－粪能(FE)－尿能(UE)－甲烷能(Eg)

尿能存在于含氮物质中(如尿素、尿酸、肌酸酐和尿囊素),也存在于非含氮化合物中(如葡糖醛酸和柠檬酸)。

从瘤胃损失的可燃气体几乎全部是甲烷。甲烷产量与饲料摄入密切相关,当营养在维持水平时,以甲烷形式损失掉的能量占饲料总能的7%～9%(占消化能的11%～13%)。饲养水平较高时甲烷损失降到了6%～7%。对于发酵饲料(如发酵谷物),甲烷产量低,约占总能的3%。

(四)净能(NE)

净能是指饲料总能中,完全用来维持动物生命和生产产品的能量,即代谢能减去热增耗。

净能(NE)＝代谢能(ME)－热增耗(HI)
＝消化能(DE)－尿能(UE)－甲烷能(Eg)－热增耗(HI)
＝总能(GE)－粪能(FE)－尿能(UE)－甲烷能(Eg)－热增耗(HI)

1. 饲料的热增耗(HI)

HI过去又称为特殊动力作用或食后增热,是指绝食动物在采食饲料后短时间内,体内产热高于绝食代谢产热的那部分热能。热增耗以热的形式散失。热增耗对处于寒冷环境的动物来说,可以维持体温,但在环境温度不是特别冷的情况下,对动物来说就没有任何价值,甚至成为动物的负担。

2. 净能的组成

净能包括维持净能(NE_m)和生产净能(NE_p)。动物处于维持状态下(在此状态下,动物体重保持不变,体内分解代谢和合成代谢处于动态平衡,处于为了保证身体健康所必需的消耗运动中)所需的净能值即为维持净能,维持净能是用于基础代谢、维持体温恒定和随意活动所消耗的能量。其中基础代谢是指健康正常的动物在适温环境条件下处于空腹、绝对安静及放松状态时,维持自身生存所必需的最低限度的能量代谢。从生产角度考虑,维持净能不产生产品,因而是一种无效损耗,但维持净能是动物从事生产的基础。生产净能是用于生长、肥育、繁殖、产奶、产蛋、产毛等生产活动所消耗的能量,包括增重净能、产奶净能、产毛净能、产蛋净能等。

(五)动物能量需要的表示

最简单的能量需要表示方法包括动物的能量需要和饲料的能量值,理论上要求用相同的术语来表示。另外,由于评定饲料能值比较复杂,大多数饲料的能量值是通过使用一些更易测定的饲料特征指标来预测。

1. 反刍动物的能量

我国反刍动物饲养标准中能量需要量和饲料原料营养价值表中所含能量牛用净能表示，羊用消化能、代谢能和(或)净能表示。为了应用方便，除净能表示外，对奶牛还采用奶牛能量单位来表示，1 个奶牛能量单位相当于 1 kg 含脂率为 4%的标准乳所含的能量，即 3 138 kJ 产奶净能，汉语拼音的缩写为 NND。对肉牛还采用肉牛能量单位来表示，1 个肉牛能量单位相当于 1 kg 中等玉米(二等饲料用玉米，干物质 88.5%、粗蛋白 8.6%、粗纤维 2.0%、粗灰分 1.4%、消化能 16.40 MJ/kg DM)所含的能量，即 8.08 MJ 产肉净能，汉语拼音的缩写为 RND。

2. 猪的能量

我国猪饲养标准中能量需要以消化能、代谢能和净能表示。饲料原料营养价值表中所含能量猪以总能、消化能、代谢能和净能表示。

3. 家禽的能量

我国家禽饲养标准中能量需要和饲料原料营养价值表中所含能量以氮校正代谢能、代谢能和净能表示。

(六)饲料的能量利用效率

饲料能量在动物体内经过一系列转化后，最终用于维持动物生命和生产。动物利用饲料能量转化为产品净能，投入能量与产出能量的比率关系称为饲料能量效率。下面介绍两个常用的能量效率的计算方法。

1. 能量总效率

能量总效率指产品中所含的能量与摄入饲料的有效能(指消化能或代谢能)之比，计算公式为：

$$能量总效率=\frac{产品能量}{摄入的有效能量(包括用于维持的能量)}\times 100\%$$

2. 能量净效率

能量净效率指产品能量与摄入饲料中扣除用于维持需要后的有效能(指消化能或代谢能)之比。计算公式为：

$$能量净效率=\frac{产品能量}{摄入的有效能量-维持需要有效能量}\times 100\%$$

查阅资料完成习题

(一)填空题

1. 动物能量的来源主要是__________、__________、__________。其中考虑到价格、来源的广泛程度等因素常规畜禽饲养中主要以__________提供能量。

2. 饲料能量在转化过程中发生的损失包括________、________、________、________等。

3. 我国动物的能量体系中，反刍动物用__________表示，猪用__________表示，家禽用

__________表示。

4. 消化能是指________________________;代谢能是指____。

(二)多选题

以下可有效提高动物能量利用率的措施有(　　)。

A. 反刍动物甲烷能占食入总能的6%～8%,为了降低甲烷的产量可通过在饲料中加入不饱和脂肪酸(相应提高丙酸产量)或加 CH_4 抑制剂,如氯仿、水合氯醛、铜盐等,总体上抑制微生物生长

B. 增加动物的运动量

C. 夏季在饲料中添加油脂

D. 给动物提供适宜的环境温度

E. 饲料适度地粉碎

F. 增加日粮中粗纤维的比例

G. 给动物提供合适的蛋白质、能量、矿物质、维生素营养

H. 根据环境温度调整能量蛋白质相应比例

(三)问答题

1. 什么是HI? HI的来源有哪些? 影响HI的因素有哪些?

2. 影响动物能量利用效率的因素有哪些?

二维码1-9　习题参考答案

学习任务2

矿物质元素的利用与异常症状识别

矿物质元素相关知识

一、动物体内矿物质元素

(一)必需矿物质元素

矿物质是一类无机营养物质。除碳、氢、氧和氮四种元素以有机化合物的形式存在外,其余各种元素,无论含量多少都称为矿物质或矿物质元素。动物体组织中含有45种不同数量和浓度的化学元素。但并非动物体内的所有矿物质元素都在体内起营养代谢作用。对于一些动物体内各个组织中均存在且含量相近,在动物生理过程和体内代谢中必不可少的,日粮供给不足或缺乏时可重复引起生理功能和结构异常,并导致缺乏症的发生,补给相应的元素,缺乏症即可消失的矿物质元素就是营养学上常说的必需矿物质元素。

目前已证明动物必需的矿物质元素有27种,另有30种元素存在于动植物体内,但其作用不明。

(二)常量矿物质元素与微量矿物质元素

根据矿物质元素在动物体内含量或日粮中的需要量将其分为常量矿物质元素和微量矿物质元素。

(1)常量矿物质元素一般指在动物体内含量高于0.005%或日粮中高于0.01%的元素,主要包括:钙、磷、钾、钠、氯、镁、硫共7种。

(2)微量矿物质元素一般指在动物体内含量低于0.005%或日粮中低于0.01%的元素,主要包括:铁、铜、钴、锰、锌、碘、硒、钼、铬、氟、砷、矾、硅、镍、锡等20种。

(三)矿物质元素在体内的含量与分布特点

动物体内矿物质元素含量约为4%,其中5/6存在于骨骼和牙齿中,其余1/6分布于身体的各个部位,动物肝脏中的微量矿物质元素含量普遍比其他器官含量高。体内矿物质元素的含量分布特点如下。

(1)按100 g无脂干物质含量表示,多种成年哺乳动物之间含量相近。

(2)体内钠、钾、氯含量从胚胎到发育结束的各个阶段均是恒定的，而镁、钙、磷在胚胎中含量(无脂干物质)只有成年期含量的一半。

(3)不同组织器官中元素含量，依其功能不同而异。

(4)血清中的钙、镁、钾、氯水平维持在一个狭窄的范围内，不管日粮提供量有多少，但血中微量元素变化很小，没有一个机制来调节食物中的进食量。

二、矿物质元素的利用

(一)矿物质元素的功能

矿物质在动物体内虽然不产生能量，但对动物的生长、繁殖和健康有重要作用，是不可缺少的营养物质。在食物的消化过程中，能量的转换和活组织的构成都要依赖矿物质。

(1)几乎所有的矿物质元素都具有细胞内的催化功能。体内矿物质元素与酶蛋白紧密结合或以螯合形式存在于辅基中。

(2)矿物质元素如钠、钾和氯可以参与维持酸碱平衡、膜通透性以及渗透压平衡。

(3)一些矿物质元素具有结构作用。如钙和磷是骨骼的重要组成部分，硫参与结构蛋白的合成。

(4)一些矿物质元素在细胞的复制和分化中起调控作用。如锌通过影响转录过程发挥以上作用。

需要注意的是一种矿物质元素可能会具有多种功能，许多矿物质元素会拥有其独特的功能。

(二)矿物质元素的营养特点

1. 剂量-反应曲线

矿物质元素剂量与效应之间符合伯特兰德最适营养浓度定律。图 1-10 用图解法表示了这一定律。

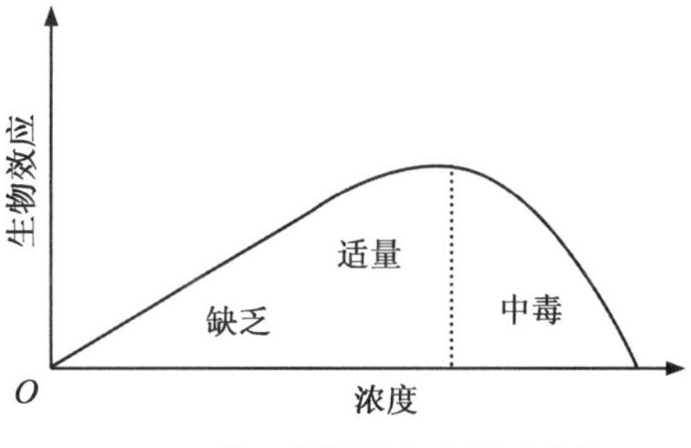

图 1-10　一种必需微量元素最适营养浓度规律示意图

(1)缺乏到一定低限后，出现临床症状或亚临床症状。

(2)生理稳衡区，其低限为最低需要量，高限为最大耐受量。

(3)超过最大耐受量出现中毒症状。

(4)矿物质不能相互代替，必须由饲料中供给。在动物日粮中矿物质不足或缺乏时，即使其他营养物质再充足，也会引起缺乏症，影响动物的正常生长，严重时还会造成死亡。

2. 化学食物链

动物的矿物质元素营养与环境之间存在密切关系：岩石、土壤、大气、水、植物、动物和人之间构成一个不可分割的整体食物链，而气候、季节、施肥与田间管理、耕作、制作和环境污染等则会间接地影响动物矿物质营养。因此，动物矿物质有关疾病及矿物质营养本身都带有明显的地区性，有些还有季节性，人的微量元素疾病大都属于地方病。

(三)自然界中的矿物质元素与动物的关系

在自然界存在的矿物质元素有100种以上，但在动物体内含有的矿物质元素约45种。动物体内的矿物质元素主要从饮水和饲料中来。天然饲料和饮水中的矿物质元素对动物的生产和健康有重要影响。

天然植物饲料中的矿物质元素来源于生长环境中的土壤和水。植物从土壤和水中吸收的矿物质元素受许多因素影响。土壤和水中的矿物质元素含量、矿物质元素的存在形式、肥料中的矿物质元素含量和植物的吸收力是主要的影响因素。调查发现：在世界上不同地区土壤中矿物质元素含量差异很大。有些元素普遍缺乏；有些元素存在地区性缺乏，如世界上有一些地区明显缺硒(如我国四川的西昌)、钼、氟；有些元素中毒存在地区性，如某些地区的土壤或水中含有大量硒(如湖北恩施等)、氟和钼等，这些元素过量后很容易使人和动物出现中毒症状。

对一般的天然饲料而言，由于动物对矿物质元素的需要量和矿物质元素在饲料中的含量不同，动物缺乏程度也不同。非反刍动物钙、磷、钠、氯不足，铁、锌、铜、锰、碘处于临界缺乏或缺乏，硒、氟和钼缺和不缺具有地区性；反刍动物通常是钙、磷、钠、钾、镁和硫不足，铁、铜、碘、钴、锰处于临界缺乏或不缺，硒、氟和钼缺或不缺具有地区性。在现代动物生产中，由天然饲料配制成的日粮不能满足需要的部分，一般都用矿物质饲料或微量元素添加剂来补足。

水中的矿物质元素含量对动物的健康和生产影响很大，最容易导致动物矿物质元素摄入过量，出现中毒，严重者导致死亡。水中最容易出现中毒的矿物质元素是动物需要量极低或不需要的元素，这些元素主要是硒、砷、铅、汞、氟。因此，保证饲养动物的水质非常重要。

学习任务2.1　常量矿物质元素的利用与异常症状识别

【任务描述】

通过任务相关知识阅读、完成任务的相关题目，制定完成任务计划、实施方案，获得常量矿物质元素营养利用的知识与技能，提出常量矿物质元素不适的改进措施，进一步了解它们的用途，掌握使用技巧；达到学习的目的。

【任务实施】(任务单)

1.查阅相关信息，分组讨论分析，完成相关题目、相关知识拓展，增强实际应用能力。

2.走访养殖场，调研畜禽常量矿物质元素营养状况，总结其对畜禽健康和生产水平发挥的作用。

3.调研养殖场畜禽常量矿物质元素的营养状况及其供给不足的案例，分析总结其缺乏对生产性能影响的症状表现，并提出改进措施。

4.调研养殖场畜禽常量矿物质元素的营养状况及其供给过量的案例，分析总结其过量对生产及性能影响，并提出改进措施。

【信息途径】

养殖场、图书馆、网络、教学视频、教师。

常量矿物质元素相关知识

一、钙与磷

1. 含量与分布

钙与磷是体内含量最多的矿物质元素，平均占体重 1%～2%，其中 98%～99%的钙和 80%的磷存在于骨和牙齿中，其余存在软组织和体液中。骨中含水 45%、蛋白质 20%、脂肪 10%、灰分 25%、灰分中钙占 36%、磷 18%、镁 0.5%～1.0%，钙磷比例为 2∶1。

2. 生物学功能

钙：作为动物体结构组成物质参与骨骼和牙齿的组成，起支持保护作用；通过控制神经传递物质释放，调节神经兴奋性；通过神经体液调节，改变细胞膜通透性；激活多种酶的活性；促进胰岛素、儿茶酚胺、肾上腺皮质固醇，甚至唾液等的分泌；具有自身营养调节功能。

磷：参与骨骼、牙齿组成；参与体内能量代谢，是 ATP 和磷酸肌酸的组成成分；以磷脂的方式促进脂类物质和脂溶性维生素的吸收；保证生物膜的完整；作为重要生命遗传物质 DNA、RNA 和一些酶的结构成分。

3. 缺乏症特征性症状

钙、磷缺乏在临床上以消化紊乱、异嗜癖、跛行、骨骼弯曲变形、生长减慢为主要特征。幼龄生长动物易患“佝偻病”；成年动物出现“软骨症”和“骨质疏松症”；高产奶牛出现“产后瘫痪”（又名产褥热）；产蛋家禽出现蛋壳变薄、粗糙、脆弱，甚至产软壳蛋，产蛋量明显下降的现象。

4. 过量症特征性症状

动物对钙、磷有一定程度的耐受力。过量直接造成中毒的少见，但超过一定限度，会降低动物的生产性能。反刍动物食入过量钙，可抑制瘤胃微生物作用而导致消化率降低。单胃动物食入过量钙，可降低脂肪消化率，磷、镁、铁、锰和碘代谢紊乱。

5. 来源

植物饲料含钙少，含磷多，但磷有一半左右为植酸磷，非反刍动物对植酸盐的利用率较低，因此饲料总磷利用率一般较低，猪 20%～60%，鸡 30%，所以猪禽日粮至少 30%磷应是无机磷。反刍动物可较好利用植酸磷。生产中一般使用石粉、磷酸氢钙来补充钙和磷。

二、镁

1. 含量与分布

动物体内含镁 0.05%，其中 60%～70%在骨骼中，镁占骨灰分的 0.5%～1.0%，其余 30%～40%存在于软组织中。

2. 生物学功能

镁的主要生理功能是参与骨骼和牙齿组成；作为酶的活化因子或直接参与酶组成；参与 DNA、RNA 和蛋白质合成；调节神经肌肉兴奋性，保证神经肌肉的正常功能。

3. 缺乏症特征性症状

动物缺镁时主要表现为厌食、生长受阻、过度兴奋、痉挛和肌肉抽搐，严重的导致昏迷，甚至死亡。反刍动物的需镁量一般是非反刍动物的 4 倍左右，成年产奶期的母牛由于体内镁贮藏量低、青草中的镁含量和吸收率低，在采食大量青草后出现“草痉挛”，表现为神经过敏，肌肉发抖，呼吸弱，心动过速，抽搐甚至死亡。

4. 过量症特征性症状

镁的过量会引起动物的中毒，表现为昏睡，运动失调，拉稀，采食量和生产力下降，严重时可引起死亡。

5. 来源

常用饲料含镁丰富，不易缺乏，糠麸、饼粕和青饲料含镁丰富，块根和谷实含镁多。缺镁时，可用硫酸镁、氯化镁、碳酸镁补饲。国外研究表明，补镁有利于防止过敏反应和集约化饲养时咬尾巴的现象。

三、钠、钾、氯

1. 含量与分布

无脂体干物质含钠 0.15%，钾 0.30%，氯 0.10%～0.15%，主要分布在体液和软组织中。钠主要分布在细胞外，大量存在于体液中，少量存在于骨骼中；钾主要存在于肌肉和神经细胞内；氯存在于细胞内外。

2. 生物学功能

作为电解质维持渗透压、酸碱平衡和水的代谢；刺激唾液分泌及激活消化酶的作用；钠对神经冲动的传导和营养物质的吸收起着重要作用；细胞内的钾与很多物质的代谢有关；氯是胃酸的主要成分，保持胃液呈酸性，有杀菌作用。

3. 缺乏症特征性症状

钠、钾、氯任何一个元素的缺乏均会导致动物食欲差、生长慢、体重减轻、生产力下降和饲料利用率低等，同时可导致血浆中含量和粪尿中含量降低。猪缺钠可能出现相互咬尾、咬耳等现象。产蛋鸡缺钠，易形成异食癖，产蛋率下降，蛋重减轻等现象。

4. 过量症特征性症状

一般情况下，各种动物对食盐的耐受力都比较强，食盐中毒表现为腹泻，口渴，产生类似脑膜炎的神经症状。钾过量，干扰镁吸收和代谢，出现低镁性痉挛。

5. 来源

各种饲料含钠、氯少，以食盐补充。饲料饼粕含钾高，玉米酒糟、甜菜渣含钾少。

四、硫

1. 含量与分布

动物体内约含 0.15%的硫，大部分以有机硫形式存在，如组成含硫氨基酸、维生素 B_1、生物素。羽毛和毛中含硫量高达 4%。

2. 生物学功能

硫的作用主要是通过体内的含硫有机物实现的，是蛋白质化学组成中的重要元素；是硫胺素、生物素和胰岛素的组成成分；作为黏多糖的成分参与胶原蛋白及结缔组织的代谢等。

3. 缺乏症特征性症状

硫的缺乏通常在动物缺乏蛋白质时才会发生，表现为消瘦，角、蹄、爪、毛、羽生长缓慢，反刍动物利用纤维素的能力降低，采食量下降。

4. 过量症特征性症状

硫过量很少发生，无机硫添加剂用量大于 0.3%时可能导致动物厌食、体重下降、便秘、腹泻等症状，严重时可导致死亡。

5. 来源

蛋白质饲料含硫高，鱼粉、肉粉、血粉含硫 0.35%～0.85%，饼粕 0.25%～0.40%，禾谷类及糠麸 0.15%～0.25%，块根块茎作物缺乏，不足时可用硫酸盐或硫化物补充。

查阅资料完成习题

(一)选择题

1. 日粮中缺钙时不会造成（　　）。

A. 异嗜癖　　B. 鸡产软壳蛋　　C. 生长受阻　　D. 泌乳量下降

2. 下列不属于常量元素的是(　　)。

A. 钙　　B. 磷　　C. 钾　　D. 碘

3. 除产蛋期家禽外，常规畜禽全价日粮中钙与磷的比例应该是（　　）。

A. (0.5～0.8)∶1　　B. (1～2)∶1　　C. (2～3)∶1　　D. (3～4)∶1

4. (　　)对矿物质钙的需要量最高。

A. 肉用仔鸡　　B. 乳牛　　C. 产蛋鸡　　D. 种公猪

5. 鸡产软壳蛋，可能与缺乏(　　)有关。

A. 钙　　B. 维生素 A　　C. 氟　　D. 蛋白质

6. 能够促进肌肉和神经兴奋性的矿物质元素是(　　)。

A. 钙　　B. 磷　　C. 钾　　D. 铁

7. 下列属于常量元素的是(　　)。(多选)

A. 钙　　B. 磷　　C. 钾　　D. 锌　　E. 碘

(二)盈缺案例、图片判断、讨论题目

仔细观察图 1-11，请判断图中羊、猪患什么常量矿物质元素的缺乏症？造成该元素缺乏症的原因是什么？如何治疗和预防？

图 1-11　羊、猪常量矿物质元素缺乏的症状

(三)判断题

1. 生长动物日粮中,矿物质钙和磷的适宜比例为1.5∶1。(   )
2. 动物日粮中钙适量,磷过量时,会造成钙的不足。(   )
3. 实际饲养中,镁缺乏症主要见于单胃动物。(   )

(四)讨论题

1. 查阅资料叙述仔猪佝偻病、母猪软骨病的临床表现症状,提出解决办法。
2. 查阅资料叙述影响畜禽钙磷营养的因素,提出解决办法。
3. 查阅资料叙述家禽食盐中毒临床症状,提出解决办法。

二维码 1-10　习题参考答案

学习任务2.2　微量矿物质元素的利用与异常症状识别

【任务描述】

通过任务相关知识阅读、完成任务的相关题目,制定完成任务计划、实施方案,获得微量矿物质元素营养利用的知识与技能,提出微量矿物质元素不适的改进措施,进一步了解它们的用途,掌握使用技巧;达到学习的目的。

【任务实施】(任务单)

1. 查阅相关信息,分组讨论分析,完成相关题目、相关知识拓展,增强实际应用能力。

2. 走访养殖场,调研畜禽微量矿物质元素营养状况,总结其对畜禽健康和生产水平发挥的作用。

3. 调研养殖场畜禽微量矿物质元素的营养状况及其供给不足的案例,分析总结其缺乏对生产性能影响的症状表现,并提出改进措施。

4. 调研养殖场畜禽微量矿物质元素的营养状况及其供给过量的案例,分析总结其过量对生产及性能影响,并提出改进措施。

【信息途径】

养殖场、图书馆、网络、教学视频、教师。

微量矿物质元素相关知识

一、铁

1. 含量与分布

各种动物体内含铁 60～70 mg/kg，其中 60%～70%存在于血红蛋白中，3%存在于肌球蛋白中，26%为贮备，不足 1%为铁转运化合物。

2. 生物学功能

铁元素的主要生理功能是构成血红蛋白、肌红蛋白、细胞色素和多种氧化酶的重要成分；具有预防机体感染疾病的作用。

3. 缺乏症特征性症状

动物缺铁首先引起缺铁性贫血或营养性贫血，表现为生长缓慢、昏睡、黏膜苍白，严重时引起死亡。一般成年动物不易缺铁，这是因为代谢过程中的铁大部分可被重复吸收利用，但幼龄畜禽则不能再吸收利用。

4. 过多症特征性症状

畜禽对过量的铁有一定的耐受性，但过多也会导致中毒现象的发生，如腹泻、生长受阻等。

5. 来源

青草、干草及糠麸、动物性饲料(奶除外)均含铁，但利用率差。仔猪常在 3 日龄左右补铁，可用补铁饲料添加剂补充，但缺维生素 E 时，补铁可引起部分死亡。

二、铜

1. 含量与分布

动物体内平均含铜 2～3 mg/kg，主要存在于肝、大脑、肾、心、被毛，肝是主要的贮铜器官，肝铜含量比血铜含量作为铜状况指标更可靠。

2. 生物学功能

铜的主要生理功能是参与血红蛋白的合成及某些氧化酶的合成和激活；在红细胞和血红素的形成过程中起催化作用；促进骨骼的正常发育，使钙、磷在软骨基质上沉积；有助于维持血管的弹性和血管的正常功能；参与被毛色素的形成；维持中枢神经系统正常活动和正常的繁殖功能。

大部分铜从粪中排出，粪铜少部分是从胆汁来的内源铜。

3. 缺乏症特征性症状

缺铜时，影响动物正常的造血功能，当血铜低于 0.2 μg/mL 时可引起贫血，缩短红细胞的寿命，降低铁的吸收率与利用率；猪和禽出现骨折或骨畸形现象；动物出现神经症状，羔羊表现共济失调，表现为“摆腰症”；毛、羽，特别是黑色和灰色毛、羽褪色；绵羊缺铜，毛弯曲度消失；牛缺铜可引起腹泻；牛、羊均可因缺铜而降低繁殖性能。

4. 过多症特征性症状

铜过量可中毒，猪对铜中毒耐受力高。牛、羊最差，中毒症状是由于肝铜积聚，铜不得不从肝释放入血，从而导致溶血。

5. 来源

牧草、谷实糠麸和饼粕饲料含铜较高，玉米和秸秆含铜低，但与土壤铜、钼状况有关，缺铜地区可施硫酸铜肥，或直接给家畜补饲硫酸铜。采用高铜（日粮中铜含量 125 mg/kg）可显著提高 30 kg 以前仔猪的增重。

三、锰

1. 含量与分布

动物体内锰比其他元素含量低，总量 0.2～0.5 mg/kg，主要集中在肝、骨骼、肾、胰腺及脑垂体。

2. 生物学功能

锰是骨骼正常发育所必需的，参与形成骨骼基质中的硫酸软骨素；与动物的正常繁殖有关；参与碳水化合物及脂肪代谢；保护细胞膜完整性（过氧化物歧化酶的成分）。

3. 缺乏症特征性症状

动物缺锰时，采食量下降、生长减缓、饲料利用率降低、骨异常、共济失调和繁殖功能异常；禽类缺锰产生“滑腱症”。

4. 过多症特征性症状

过量的锰会导致动物生长受阻，贫血和胃肠道损害，其中家禽耐受力最高，猪最差。

5. 来源

植物饲料特别是牧草、糠麸含锰丰富，动物饲料含锰少，一般情况不需补充，幼年动物常用硫酸锰补充。

四、锌

1. 含量与分布

动物体平均含锌 30 mg/kg，其中 50%～60%在骨中，其余广泛分布于身体各部位。

2. 生物学功能

锌的主要生理功能包括构成动物体各种酶的主要成分，如红细胞中的碳酸酐酶即有锌的成分；构成激素、胰岛素的成分，参与蛋白质、糖类和脂类的代谢；维持生物膜正常结构与功能，与毛的生长、皮肤的健康、创伤的愈合等有关；参与机体免疫。

3. 缺乏症特征性症状

锌的缺乏会导致动物食欲降低、采食量和生产性能下降、皮肤和被毛损害、雄性生殖器官发育不良、母畜繁殖性能降低和骨骼异常等临床症状，易患皮肤“不完全角化症”。

4. 过多症特征性症状

动物对过量锌均有较强耐受力，但过量锌会干扰铁、铜吸收，使动物出现厌食、贫血和生长不良现象。

5. 来源

锌的来源广泛，幼嫩植物、酵母、鱼粉、麸皮、油饼类及动物性饲料中含锌均丰富。猪、鸡易缺乏，常用硫酸锌、碳酸锌和氧化锌补饲，若采用蛋氨酸螯合物效果更好。仔猪断奶后前 2 周主要以氧化锌形式补充，高剂量的氧化锌（锌的添加量为 1 600 mg/kg）具有降低仔猪腹泻的效果。

五、钴

1. 含量与分布

钴在体内分布较均匀。正常健康绵羊和牛肝中含钴 0.2～0.3 mg/kg，按干物质基础，肝中含钴低于 0.08 mg/kg 时，表明钴缺乏。

2. 生物学功能

钴是维持机体健康不可缺少的无机元素，是维生素 B_{12} 的组成成分；具有活化磷酸葡萄糖变位酶和精氨酸酶等酶类的功能，与蛋白质、糖类的代谢有关。

3. 缺乏症特征性症状

动物缺钴表现为食欲不振、生长停滞，成年动物消瘦，伴有贫血现象。

4. 过多症特征性症状

动物对钴耐受力较强，达 10 mg/kg，超过需要量 300 倍将导致中毒，出现红细胞增多，采食量与体重下降，消瘦，贫血。

5. 来源

各种饲料均含微量的钴，一般都能满足动物的需要。缺钴地区，可给动物补饲硫酸钴、碳酸钴和氯化钴。

六、碘

1. 含量与分布

动物体内含碘 0.2～0.3 mg/kg，其中 80%存在于甲状腺中，甲状腺素是唯一含无机元素的激素。

2. 生物学功能

碘参与甲状腺组成，与动物的基础代谢密切相关，几乎参与所有的物质代谢过程，对繁殖、生长、发育、红细胞生成和血液循环等起调控作用；体内一些特殊蛋白质（如角蛋白）的代谢和胡萝卜素转变成维生素 A 都离不开甲状腺素。

3. 缺乏症特征性症状

动物缺碘，甲状腺代偿性实质增生而表现肿大，生长受阻，繁殖力下降；妊娠动物缺碘可导致胎儿死亡和重吸收，产死胎（如猪、羊）或新生胎儿无毛（猪、牛、羊）、体弱、重量轻、生长慢和成活率低；犊牛、羔羊缺碘，甲状腺明显肿大；母牛缺碘发情无规律，甚至不育；猪缺碘表现无毛、皮厚、颈粗；禽、鱼缺碘也明显影响生长和繁殖。

4. 过多症特征性症状

碘过量时，猪出现血红蛋白下降，鸡产蛋率下降，奶牛产奶量降低。反刍动物对过量碘的耐受力比单胃动物差。

5. 来源

碘的分布具有明显的地区性。沿海地区植物中含碘量高于内陆地区，各种饲料均含碘，一般不易缺乏，但妊娠和泌乳动物可能不足。

七、硒

1. 含量与分布

动物体内含硒 0.05～0.2 mg/kg，主要集中在肝、肾及肌肉中，体内硒一般与蛋白质结合存在。

2. 生物学功能

硒的主要生理作用是参与谷胱甘肽过氧化物酶的组成，它可以将脂质过氧化物还原，防止这类物质在体内的积累，保护细胞膜结构完整和功能正常；对胰腺组成和功能有重要影响；保证肠道脂肪酶活性，促进乳糜微粒正常形成，从而促进脂肪及脂溶性物质消化吸收。

3. 缺乏症特征性症状

猪、兔缺硒主要表现肝坏死；鸡缺硒主要表现渗出性素质病和胰腺变性；牛、羊缺硒主要表现肌肉营养不良或白肌病；硒缺乏明显影响繁殖性能。

4. 过多症特征性症状

硒过量易中毒，5～10 mg/kg 的摄入量可导致中毒，典型症状为“碱病”和“瞎撞病”，硒中毒量约为需要量的 20 倍。

5. 来源

饲料含硒量取决于土壤 pH，碱性土壤生长的饲料含硒高，家畜采食后易中毒，酸性土壤地区的家畜易患缺乏症，缺硒时用亚硒酸钠补充。

查阅资料完成习题

(一)选择题

1. 下列元素中(　　)缺乏时会导致白肌病。

A. 碘　　B. 硒　　C. 铁　　D. 钙

2. 硒在仔猪每千克日粮中含量(　　)可满足需要。

A. 50 mg　　B. 5 mg　　C. 1 mg　　D. 0.1 mg

3. 仔猪贫血可能与缺乏(　　)有关。

A. 钙　　B. 磷　　C. 铁　　D. 锌

4. 雏鸡发生滑腱症是由于日粮中缺乏微量元素(　　)。

A. 锰　　B. 铁　　C. 锌　　D. 氯

5. 动物患“粗颈症”或甲状腺肿大，是由于日粮缺乏微量元素(　　)。

A. 锰　　B. 镁　　C. 锌　　D. 碘

6. 微量矿物质元素硒在畜禽日粮缺乏时不会引起的缺乏症是(　　)。

A. 不孕　　B. 渗出性素质病　　C. 佝偻病　　D. 肝(细胞)坏死

(二)盈缺案例、图片判断、讨论题目

1. 仔细观察图 1-12,请判断图中禽患什么微量矿物质元素的缺乏症？造成缺乏症的原因是什么？如何治疗和预防？

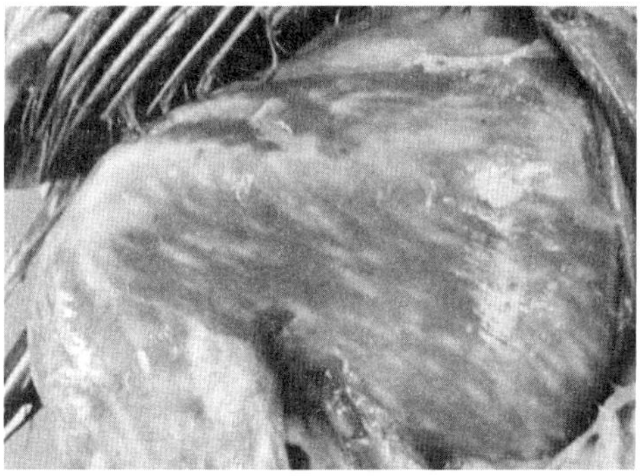

图 1-12a　病鸡腿部肌肉出现灰白色斑点

(汤承、岳华)

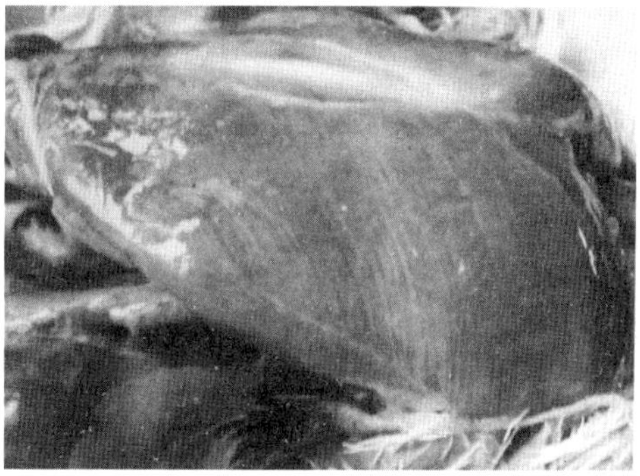

图 1-12b　病鸡胸部肌肉出现灰白色条纹

(汤承、岳华)

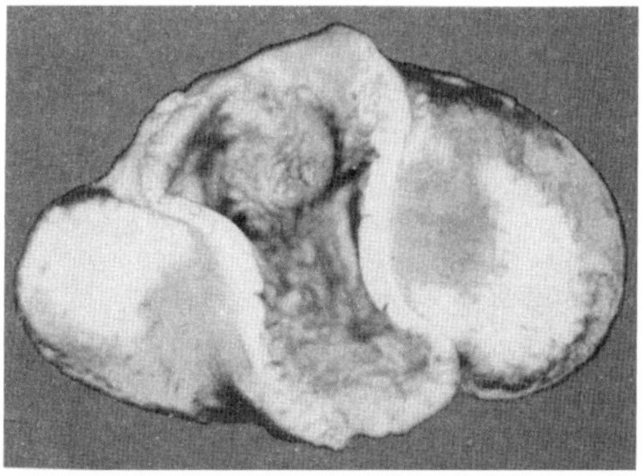

图 1-12c　鹅肌胃出现白色斑块状病变

(邓桦)

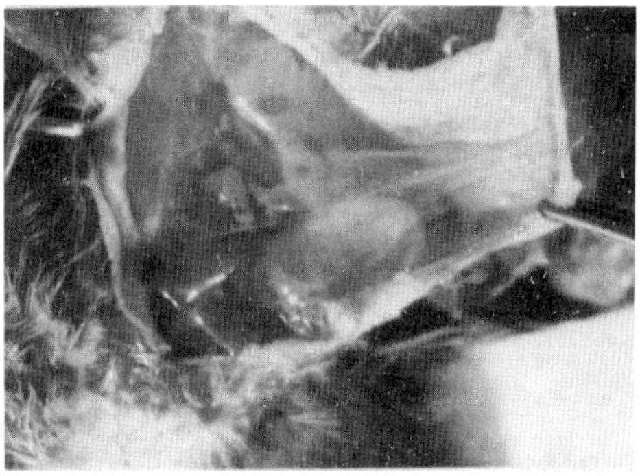

图 1-12d　鸡颈部皮下积有淡黄色水肿液

(崔恒敏)

2. 仔细观察图 1-13 和图 1-14 请判断图中鸡患什么微量矿物质元素的缺乏症？造成缺乏症的原因是什么？如何治疗和预防？

图 1-13　鸡左侧跗关节受损,左腿胫爪部向内侧,向外伸展

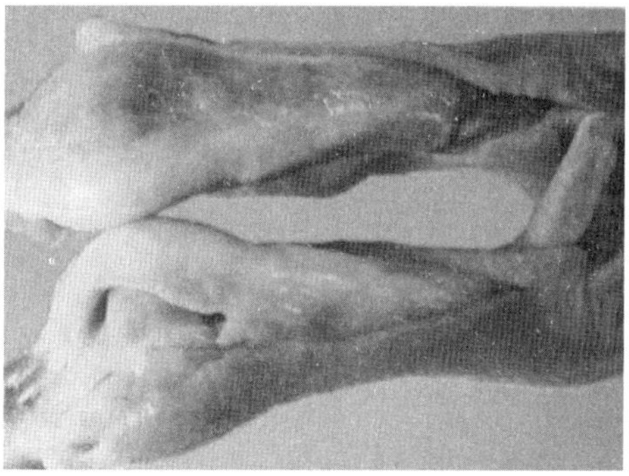

图 1-14　跗关节肿大,双侧腓肠肌腱滑

(上为正常对照)(汤承、岳华)

(三)判断题

1. 微量矿物质元素硒缺乏,会导致白肌病。(　　)

2. 动物患“粗颈症”,是由于日粮缺乏微量元素锌。(　　)

3. 动物日粮中锌适量,钙过量时,可能会造成锌的不足。(　　)

4. 仔猪出生后 2～3 d 及时注射铁钴合剂,可有效预防哺乳仔猪溶骨症。(　　)

5. 微量矿物质元素铜缺乏,出现神经症状,羔羊共济失调,表现为“摆腰症”。(　　)

(四)讨论题

1. 某肉鸡群饲喂某饲料厂生产的配合饲料,7～10 d 出现病例,死亡率为 10%,病鸡表现为站立时两腿叉开,不愿活动,站立不稳,食欲稍减。病死鸡剖检腿部、腹部、颈部、胸部皮下可见弥漫蓝绿色胶冻样水肿物或淡黄绿色纤维蛋白凝结物。腹腔蓄积大量淡黄色液体,心包积液,心脏扩张。肝脏呈鲜红色,表面散布针尖大出血点,肠道呈出血性肠炎变化。试分析该鸡群发病的原因,并提出实际解决办法。

2. 综合分析仔猪贫血症发生的原因,并提出实际解决办法。

二维码 1-11　习题参考答案

学习任务3 维生素的利用与异常症状识别

维生素相关知识

一、维生素的概念

维生素是维持动物正常生理功能所必需的低分子有机化合物。维生素既不是动物体能量的来源，也不是构成动物组织器官的物质，但它是动物新陈代谢的必需参加者，有三个特点：需要量少，通常以 μg、mg 计；是有机物，与微量元素不同；参与代谢调节，在体内起催化作用，促进主要营养素的合成与降解，其中有些维生素是辅酶的组成部分。

二、维生素的分类

维生素可以分为脂溶性维生素和水溶性维生素两大类。

脂溶性维生素包括维生素 A、维生素 D、维生素 E 和维生素 K，它们易溶于脂肪及有机溶剂，难溶于水，可随脂肪为动物吸收并在体内储存。如果脂溶性维生素摄入过多则可引起中毒，摄入过少则可缓慢出现其缺乏所引起的临床症状。

水溶性维生素包括 B 族维生素（维生素 B_1、维生素 B_2、维生素 B_3、维生素 B_5、维生素 B_6、维生素 B_7、维生素 B_{11}、维生素 B_{12} 等）和维生素 C，它们易溶于水而难溶于脂肪及有机溶剂，除维生素 B_{12} 外，在体内储存很少，因此需从日粮中不断供应。如果水溶性维生素摄入不足，易出现缺乏症。水溶性维生素一般无毒性，但大量摄入也可引起中毒。

类维生素物质：肌酸、肉毒碱、硫辛酸、钴、乳清酸、芦丁、对氨基苯甲酸、黄蝶呤、潘氨酸。

学习任务 3.1　脂溶性维生素的利用与异常症状识别

【任务描述】

通过任务相关知识阅读、完成任务的相关题目，制定完成任务计划、实施方案，获得脂溶性维生素营养利用的知识与技能，提出脂溶性维生素不适的改进措施，进一步了解它们的用途，掌握使用技巧；达到学习的目的。

【任务实施】(任务单)

1. 查阅相关信息,分组讨论分析,完成相关题目、相关知识拓展,增强实际应用能力。

2. 走访养殖场,调研畜禽脂溶性维生素的营养状况,总结其对畜禽健康和生产水平发挥的作用。

3. 调研养殖场畜禽脂溶性维生素的营养状况及其供给不足的案例,分析总结其缺乏对生产性能影响的症状表现,并提出改进措施。

4. 调研养殖场畜禽脂溶性维生素的营养状况及其供给过量的案例,分析总结其过量对生产及性能影响,并提出改进措施。

【信息途径】

养殖场、图书馆、网络、教学视频、教师。

脂溶性维生素相关知识

一、维生素 A

1. 特性和效价

维生素 A(视黄醇、抗干眼症维生素)为 β-白芷酮环的不饱和一元醇。维生素 A_2 较维生素 A_1 在环上第 3～4 碳原子间多一个双键,其生理功能较维生素 A_1 低,约为维生素 A_1 的 40%。维生素 A 有视黄醇、视黄醛、视黄酸三种衍生物。维生素 A 只存在于动物体内。植物饲料不含维生素 A,含有类胡萝卜素,包括 β-胡萝卜素、α-胡萝卜素、γ-胡萝卜素和玉米黄素等,通常称为维生素 A 原,饲料中胡萝卜素的 90%是 β-胡萝卜素,其他含量甚少,玉米黄素主要存在于玉米中。在饲料中各种类胡萝卜素含量以 β-胡萝卜素计。β-胡萝卜素在肠壁细胞和肝脏内可转变为维生素 A,1 分子 β-胡萝卜素可转化为 2 分子维生素 A,其余只转化为 1 分子维生素 A,在动物体内,胡萝卜素的吸收转化率很低,并因动物种类而异,其中禽转化效率最高,大鼠、禽:0.6 μg β-胡萝卜素=1 IU 维生素 A,牛、羊:2.5 μg β-胡萝卜素=1 IU 维生素 A,猪:2 μg β-胡萝卜素=1 IU 维生素 A=0.3 μg 视黄醇。因此,在计算饲料中维生素供应盈缺时必须考虑这一因素,首先计算为有效维生素 A 的量,然后考虑添加多少商品维生素。维生素 A 在无氧时对热稳定,温度高至 120～130 ℃也基本不变,有氧时则易氧化,尤其是在湿热和有微量元素及酸败脂肪存在时,在无氧黑暗处稳定。

二维码 1-12 维生素 A 维持动物弱光下的视力

2. 生物学功能与缺乏症

(1)维持动物在弱光下的视力。维生素 A 是视觉细胞内的感光物质——视紫红质的成分,而视紫红质具有维持暗视觉的功能。缺乏时,在弱光下,视力减退或完全丧失,患"夜盲症"。

(2)维持上皮组织的健康。缺乏时,上皮组织干燥和过度角质化,易受细菌侵袭而感染多种疾病。泪腺上皮组织角质化,发生"干眼症",严重时角膜、结膜化脓溃疡,甚至失明;呼吸道或消化道上皮组织角质化,易引起生长动物肺炎或下痢;泌尿系统上皮组织角质化,易产生尿道结石。

(3)调节糖类、脂肪、蛋白质及矿物质代谢。缺乏时，影响体蛋白合成及骨组织的发育，造成幼龄动物精神不振，食欲减退，内脏器官萎缩，严重时死亡。

(4)参与性激素的形成。缺乏时，繁殖力下降，种公畜性欲差，睾丸及附睾退化，精液品质下降，严重时出现睾丸硬化；母畜发情不正常，不易受孕；妊娠母畜流产，难产，产弱胎、死胎或仔猪瞎眼症。

(5)维持骨骼的正常发育，维生素 A 与成骨细胞活性有关，影响骨骼的合成。缺乏时，破坏软骨骨化过程，骨骼造型不全，骨弱且过分增厚，压迫中枢神经，出现运动失调、痉挛、麻痹等神经症状。牛、羊、猪运动不协调，步态蹒跚。

(6)增强机体免疫力和抗感染能力。缺乏时，免疫器官和细胞的生长与分化、黏膜免疫、体液免疫、细胞免疫受损，如胸腺(鸡为法氏囊)萎缩，鸡法氏囊过早消失；动物的免疫应答下降，黏膜免疫系统机能减弱，病原体易于入侵等。

3. 过量的危害

长期或突然摄入过量维生素 A 均可引起动物中毒。对于非反刍动物及禽类，维生素 A 的中毒剂量是需要量的 4～10 倍，反刍动物为需要量的 30 倍。如来航小公鸡，当饲粮中维生素 A≥300 mg/kg 时，表现为精神沉郁，采食量下降或拒食。猪中毒表现被毛粗糙，触觉敏感，粪尿带血，发抖，最终死亡。

4. 来源与需要

为了保证动物对维生素 A 的需要，应饲喂富含维生素 A 或胡萝卜素的饲料，也可补饲维生素 A 添加剂。动物性饲料如鱼肝油、肝、乳、蛋黄、鱼粉中均含有丰富的维生素 A。青绿饲料和胡萝卜中胡萝卜素最多，红心甘薯、黄心甘薯、南瓜与黄色玉米中也较多。冬季，优质干草和青贮饲料是胡萝卜素的良好来源。

二、维生素 D

1. 特性和效价

维生素 D(抗佝偻病维生素)为固醇类衍生物，常见维生素 D_2 和维生素 D_3。维生素 D_2 为麦角钙化醇，维生素 D_3 是胆钙化醇，二者侧链不同，分别由麦角固醇及 7-脱氢胆固醇经紫外线照射而得。7-脱氢胆固醇主要分布于皮下、胆汁、血液及许多组织中，在紫外线波长 290～320 nm 下转变为维生素 D_3。麦角固醇存在于植物中，在紫外线波长 280～330 nm 时，一部分麦角固醇转变为维生素 D_2。泌乳动物维生素 D_2 与维生素 D_3 效价相当，但禽的维生素 D_3 的效价比 D_2 高 20～40 倍。1 IU＝0.25 μg 维生素 D_3＝1 美国药典单位。维生素 D 相当稳定，不易被酸、碱、氧化剂及加热所破坏。

2. 生物学功能与缺乏症

维生素 D 被吸收后，在肝内羟化为 25-羟胆钙化醇，再运至肾脏进一步羟化成 1,25-双羟胆钙化醇(活性维生素 D)，此物质进入肠黏膜细胞后促进特异 mRNA 的生成，指导合成一种与钙结合的蛋白质，起主动吸收钙的作用。

维生素 D 的功能是促进肠道钙和磷(主要是钙)的吸收，使血钙、磷浓度增加，有利于钙、磷沉积于骨和牙。

缺乏时，钙、磷吸收减少，血钙、磷浓度降低，向骨骼沉积的能力也降低，幼龄动物出现佝偻病，成年动物软骨病，母鸡产软壳蛋，蛋壳变薄，种蛋孵化率下降。维生素 D 过量可使大量钙从骨中转移出来，沉积于动脉管壁、关节、肾小管、心脏等处。

3. 过量的危害

鸡每千克饲粮中含 4×10^5 IU 维生素 D，猪每天每头摄入 25×10^3 IU 并持续 30 d，会使早期骨骼钙化加速，后期钙从骨组织中转移出来，造成骨质疏松，血钙过高，致使动脉管壁、心脏、肾小管等软组织钙化。当肾脏严重损伤时，常死于尿毒症。短期饲喂，多数动物可耐受 100 倍的剂量。维生素 D_3 的毒性比维生素 D_2 大 10～20 倍，由于中毒需很大剂量，故生产中少见中毒现象。

4. 来源与需要

动物对维生素 D 的需要量用 IU 表示。为保证动物对维生素 D 的需要可采取如下措施。

(1)饲喂富含维生素 D 的饲料。动物性饲料如鱼肝油、肝粉、血粉、酵母中都含有丰富的维生素 D。经阳光晒制的干草含有较多的维生素 D_2。

(2)加强动物的舍外运动，多晒太阳，促使动物皮肤中 7-脱氢胆固醇大量转变为维生素 D_3，或在饲粮中补饲维生素 D_3。对雏鸡，维生素 D_3 的效能比维生素 D_2 高 20～40 倍，因此雏鸡更应强调日光照射。在密闭的鸡舍内，可安装波长为 290～320 nm 的紫外线灯，进行适当照射。

三、维生素 E

1. 特性和效价

维生素 E 又称抗不育症维生素、生育酚，具有维生素 E 活性的酚类化合物有 8 种，其中以 α-生育酚活性最高，通常所说的维生素 E 是指 α-生育酚。维生素 E 为黄色油状物，不溶于水而溶于有机脂溶性溶剂，不易被酸、碱及热所破坏，但却极易被氧化。它可在脂肪等组织中贮藏。

动物对维生素 E 的需要量用 IU 和 mg/kg 表示。自然界存在的是 *D*-α-生育酚醋酸酯，效价最高，人工合成的维生素 E 是 *DL*-α-生育酚醋酸酯。换算成国际单位维生素 E 如下：

1 IU 维生素 E＝1 mg *DL*-α-生育酚醋酸酯＝1 美国药典单位；1 mg *D*-α-生育酚醋酸酯相当于 1.36 IU 维生素 E；1 mg *D*-α-生育酚相当于 1.49 IU 维生素 E；1 mg *DL*-α-生育酚相当于 1.1 IU 维生素 E。

2. 生物学功能与缺乏症

(1)抗氧化作用。维生素 E 是一种细胞内抗氧化剂，与硒协同作用，可阻止过氧化物的产生，保护维生素 A 和必需脂肪酸等，尤其保护细胞膜免遭氧化破坏，从而维持膜结构的完整和改善膜的通透性，保证肌肉的正常生长发育。缺乏时，肌肉中能量代谢受阻，肌肉营养不良，使各种幼龄动物患“白肌病”，仔猪常因肝坏死而突然死亡。

(2)维持正常的繁殖机能。维生素 E 可促进性腺发育，调节性机能，促进精子的生成，提高其活力，增强卵巢机能。缺乏时，雄性动物睾丸变性萎缩，精细胞的形成受阻，甚至不产生精子，造成不育症；母畜性周期失常，不受孕；妊娠母畜分娩时产程过长，产后无奶或胎儿发育不良，胎儿早期被吸收或死胎；母鸡的产蛋率和孵化率均降低，公鸡睾丸萎缩。母猪妊娠期间补饲维生素 E 和硒，可提高产活仔猪数、仔猪的初生重、断乳重及育成率。公猪补饲维生素 E，射精量和精子密度显著提高。

(3)维持毛细血管结构的完整和中枢神经系统的机能健全。缺乏时，毛细血管通透性增强，致使大量渗出液在皮下积蓄，患渗出性素质病。肉鸡饲喂高能量饲料又缺少维生素 E，患脑软化症。小脑出血或水肿，运动失调，伏地不起甚至麻痹，死亡率高。

(4)增强机体免疫力和抵抗力。维生素 E 可促进抗体的形成和淋巴细胞的增殖，提高细胞免疫反应，降低血液中免疫抑制剂皮质醇的含量，提高机体的抗病能力，它具有抗感染、抗肿瘤与抗应激等作用。当维生素 E 缺乏时，黏膜生长受到破坏，黏膜和胸腺中淋巴细胞数量减少；脂过氧化反应水平提高，肝线粒体和微粒体中戊烷、丙二醛或硫巴比妥酸的产量增加。

(5)改善肉质。添加适量维生素 E，可使肉用动物增重加快，并减少肉的腐败，有利于改善和保持肉的色、香、味等品质。维生素 E 与硒缺乏症的联系与区别见表 1-4。

表 1-4　维生素 E 与硒缺乏症区别

缺乏症	动物种类	受损组织	为防止缺乏症饲料中应添加		
			维生素 E	硒	抗氧化剂
桑葚心	猪	心肌	+	+	
肌肉营养不良	所有动物	肌肉有白条斑	+	±	
羔羊僵直症	新生羔羊	肌肉僵硬		+	
黄脂病	猪、马、鸡	脂肪组织	+	+	
肝坏死、锯屑肝	犊牛、牛、猪	肝	+	+	+
渗出性素质症	鸡、猪	血管壁	++	+	+
贫血	猪、鸡	骨髓	+	±	
溶血	鸡、羔羊	红细胞	++	+	
脑软化	鸡	小脑	+		
睾丸退化、卵巢萎缩	猪、牛、鸡、火鸡、马	生发层上皮	+	+	
胚胎组织、死胎、新生活力低	猪、鸡、火鸡	胎儿血管系统	+		+
肾退化	羔羊、猪	迂曲的细管	++		+
肌酸尿	猪	血浆	+		
膝关节肿大	鸡	膝	+	±	
胃溃疡	猪	胃	+	+	
肌胃侵蚀	鸡、火鸡	肌胃	+	+	
胰纤维化	鸡	胰脏	+		
动物产品酸败	所有动物	肉、脂肪	+		

注：+表示敏感；++表示非常敏感；±表示弱敏感或同其他因素结合时敏感。

资料来源：杨慧，动物营养与饲料，2010。

3. 过量的危害

过量摄取维生素 E 可能会抑制维生素 A 及维生素 K 的吸收，且摄取量大于 1 200 mg/d 生育酚时，可干扰维生素 K 的代谢。

4. 来源与需要

动物对维生素 E 的需要量与饲粮组成、饲料品质、饲料贮藏时间以及不饱和脂肪酸、含硫氨基酸、硒、铁、铜、维生素 A、维生素 C 等的含量密切相关。谷实类的籽实维生素 E 含量丰富，青绿饲料、优质干草中较多，但谷实类在一般条件下贮藏 6 个月后，维生素 E 可损失 30%～50%。维生素 E 添加剂已在生产中广泛应用。

四、维生素 K

1. 特性和效价

维生素 K(抗出血症维生素)是抗出血活性的一组化合物,是一系列 2-甲基-1,4-萘醌衍生物的统称,维生素 K_1 主要存在于植物组织中,维生素 K_2 是许多细菌的代谢产物,维生素 K_3 是人工合成产物。维生素 K_1 和维生素 K_2 都不溶于水,溶于脂肪及有机溶剂,无臭或几乎无臭。维生素 K_1 是一种金黄色黏稠油状物,对热稳定,但在氧化、碱性、强酸、光照以及辐射等环境下易被破坏。维生素 K_2 为黄色结晶,维生素 K_3 易溶于水,为黄色结晶,其活性比维生素 K_1 和维生素 K_2 高。

2. 生物学功能与缺乏症

维生素 K 参与凝血酶原(因子Ⅱ)和凝血因子Ⅶ、Ⅸ、Ⅹ的形成,这四种凝血因子蛋白在肝中以无活性前体合成,之后在维生素 K 的作用下转化为活性蛋白。

维生素 K 缺乏使血液凝固机能失调,血液凝血酶原含量下降,血凝时间延长和出血,严重时导致动物死亡。

3. 过量的危害

维生素 K_1 和维生素 K_2 几乎无毒,大剂量维生素 K_3 可引起溶血。

4. 来源与需要

动物对维生素 K 的需要量用 mg 或 mg/kg 表示。维生素 K_1 遍布于各种植物性饲料中,尤其是青绿饲料中含量丰富。维生素 K_2 除动物性饲料中含量丰富外,还能在动物消化道(反刍动物在瘤胃,猪、马在大肠)中经微生物合成。部分青绿饲料、动物饲料维生素 K 含量见表 1-5,因此,正常情况下家畜不会缺乏,而家禽因其合成能力差,特别是笼养鸡不能从粪便中获取维生素 K,易产生缺乏症。生产实践中常采取补饲维生素 K_3 的办法。据报道,高水平的维生素 K 对患球虫病的鸡有益处。

表 1-5 部分青绿饲料、动物性饲料维生素 K 含量 mg/kg

原料	含量	原料	含量
苜蓿干草(晒制)	19.4	菠菜	6.0
大麦	0.2	番茄	4.0
白菜(绿色)	4.0	马铃薯	0.8
鱼粉	2.2	牛奶	0.02
猪肝	4~8	瘦肉	1~2
玉米	0.2		

资料来源:杨慧,动物营养与饲料,2010。

查阅资料完成习题

(一)选择题(单项选择题、多项选择题)

1.(　　)等维生素能明显影响动物的繁殖性能。

A. 维生素 A　　B. 维生素 C　　C. 生物素　　D. 维生素 K

2. 可在动物消化道内由微生物合成的脂溶性维生素是（　　）。

A. 维生素 A　　B. 维生素 C　　C. 维生素 E　　D. 维生素 K

3. 缺乏维生素 A 和维生素 E，会共同影响（　　）。

A. 消化机能　　B. 繁殖机能　　C. 皮肤健康　　D. 饲料适口性

4. 下列属于脂溶性维生素的有（　　）。

A. 维生素 A　　B. 维生素 D　　C. 维生素 B_{12}　　D. 维生素 B_3

E. 维生素 E

（二）判断题

1. 大豆粕中脂溶性维生素含量很低。（　　）

2. 饲料中维生素 E 含量高时，可以起抗氧化作用。（　　）

3. 微量元素硒或维生素 E 缺乏，会导致白肌病。（　　）

4. 维生素 E 缺乏，会导致脑软化症。（　　）

5. 母鸡维生素 K 缺乏，会导致所产的蛋壳有血斑。（　　）

（三）盈缺案例、图片判断、讨论题目

1. 仔细观察图 1-15 和图 1-16，请判断图中鸭、牛是患什么脂溶性维生素的缺乏症？造成缺乏症的原因是什么？如何治疗和预防？

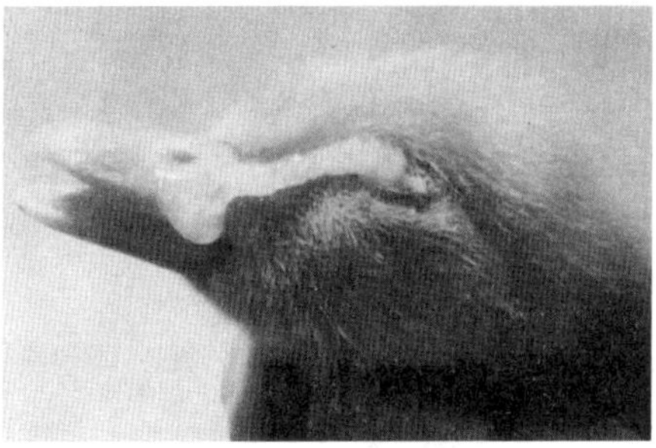

图 1-15　病鸭上下眼睑粘连，挤压内有干酪样分泌物，干眼病

（汤承、岳华）

图 1-16　犊牛瞎眼

2. 仔细观察图 1-17 和图 1-18，请判断图中鸡、鸭是患什么脂溶性维生素的缺乏症？造成缺乏症的原因是什么？如何治疗和预防？

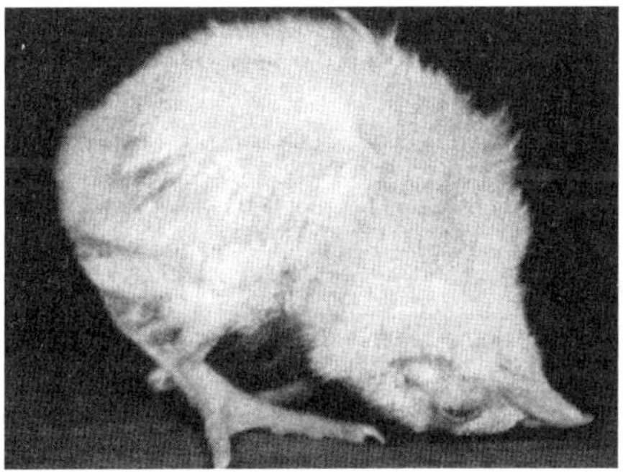

图 1-17　小脑软化（狂鸡病）

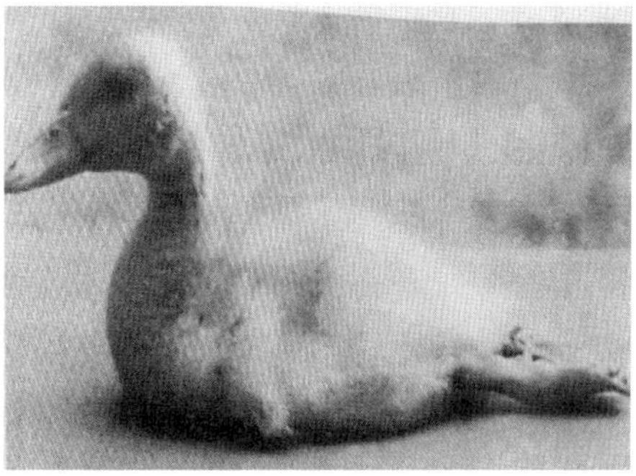

图 1-18　脑软化症：肌肉营养不良，腿麻痹不能站立，典型的“海豹”姿势

3. 仔细观察图1-19，请判断图中鸡是患什么脂溶性维生素的缺乏症？造成缺乏症的原因是什么？如何治疗和预防？

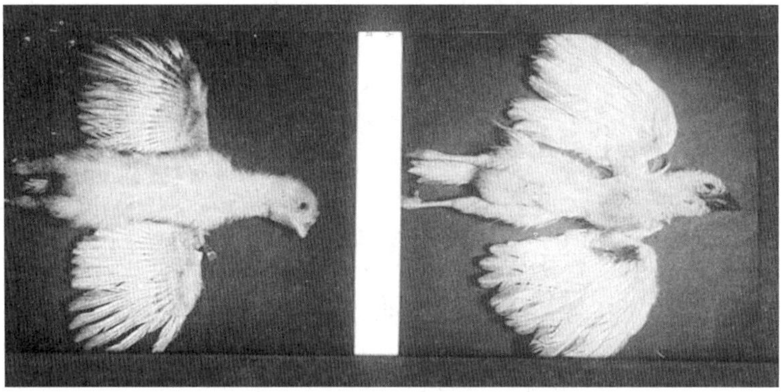

图1-19　15日龄雏鸡有严重出血斑点

（左为正常雏鸡，右为出血雏鸡）

4. 仔细观察图1-20，请判断图中鸭是患什么脂溶性维生素的缺乏症？造成缺乏症的原因是什么？如何治疗和预防？

图1-20a　鸭肋骨头膨大呈串珠状

（张济培）

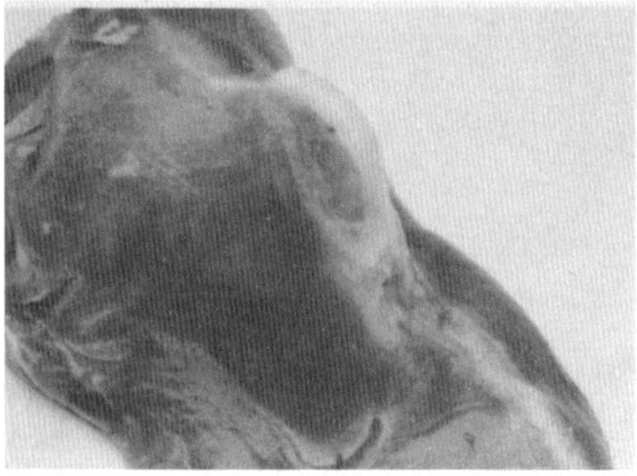

图1-20b　鸭维生素D缺乏龙骨弯曲变形

（张济培）

（四）讨论题

1. 某牛场犊牛饲喂某饲料公司生产的维生素预混料后，犊牛陆续表现生长缓慢，跛行，步态不稳，瘫痪。第三指节骨形成外生骨疣，在X阴影形成“第四”指节骨，骨节间软骨形成。试从营养角度分析主要是什么原因造成的，并提出解决方案。

2. 某猪群（体重10 kg左右）饲喂某饲料公司生产的保育猪配合饲料后，陆续出现骨端增粗，关节肿大，管股弯曲，腿骨呈“X”形或“O”形，行走困难，有的出现后肢瘫痪，畜禽肋骨处有念珠状突起等症状。试从营养角度分析主要是什么原因造成的，并提出解决方案。

二维码1-13　习题参考答案

学习任务3.2　水溶性维生素的利用与异常症状识别

【任务描述】

通过任务相关知识阅读、完成任务的相关题目，制定完成任务计划、实施方案，获得水溶性维生素营养利用的知识与技能，提出水溶性维生素不适的改进措施，进一步了解它们的用途，掌握使用技巧，达到学习的目的。

【任务实施】(任务单)

1. 查阅相关信息，分组讨论分析，完成相关题目、相关知识拓展，增强实际应用能力。

2. 走访养殖场，调研畜禽水溶性维生素的营养状况，总结其对畜禽健康和生产水平发挥的作用。

3. 调研养殖场畜禽水溶性维生素的营养状况及其供给不足的案例，分析总结其缺乏对生产性能影响的症状表现，并提出改进措施。

4. 调研养殖场畜禽水溶性维生素的营养状况及其供给过量的案例，分析总结其过量对生产及性能影响，并提出改进措施。

【信息途径】

养殖场、图书馆、网络、教学视频、教师。

水溶性维生素相关知识

一、维生素 B_1

1. 理化特性

维生素 B_1(硫胺素、抗脚气病因子、抗神经炎因子)是由一个含氨基的嘧啶环和一个含硫的噻唑环通过亚甲基桥连接而成的。商品维生素 B_1，又称硝酸硫胺素，为白色至微黄色结晶或结晶性粉末，无臭或稍有特异臭，不吸湿，略带酵母气味，易溶于水，微溶于乙醇。在干热条件下及酸性溶液中颇为稳定，在碱性溶液中易被氧化。对亚硫酸盐敏感，亚硫酸盐可促进维生素 B_1 失活。

2. 生物学功能

以羧化辅酶的成分参与丙酮酸的氧化脱羧反应；维持神经组织和心脏正常功能；维持胃肠正常消化机能；为神经介质和细胞膜组分，影响神经系统能量和脂肪酸合成。

3. 缺乏症特征性症状

以神经症状为特征，鸡患“多发性神经炎”，头部后仰，呈“观星”姿势为特征，病鸡很快失去站立或直立的能力而倒卧在地，同时头仍蜷缩，诊断时注意与新城疫区别；病猪出现肌肉抖动、步态不稳或跛行等麻痹、痉挛、后肢跛行，抽风等神经症状，严重时肌肉萎缩或瘫痪，注意与仔猪缺钙区别诊断。厌食特别明显，消化功能紊乱，腹泻，消化不良；生长缓慢，体重下降。母猪所生仔猪体弱，畸胎增加。眼睑、颌下、胸腹下、股内侧明显水肿。可用维生素 B_1 的治疗效果验证。

4. 过量的危害

对于大多数动物而言，硫酸素的中毒剂量是需要量的数百倍，甚至上千倍。

5. 来源与需要

酵母、麸皮、禾谷籽实副产物、饼粕饲料及动物性饲料中含量丰富，一般猪日粮可满足需要，不需添加。禽需添加，玉米中缺乏，绿豆、米糠、油菜籽、棉籽和亚麻籽均含有抗硫胺素因子，抗球虫药氨嘧吡啶的化学结构与硫胺素相似，能竞争性拮抗硫胺素的吸收而使其缺乏。猪、禽及某些鱼类对硫胺素的需要量一般为每千克饲料 1～2 mg。

二、维生素 B_2

1. 特性

维生素 B_2（核黄素）是由一个二甲基异咯嗪和一个核醇结合而成，为黄色至黄橙色针状结晶，微溶于水，水溶液呈现黄绿色荧光，极易溶于碱液，对酸相当稳定，光照及紫外照射引起不可逆的分解。不溶于有机溶剂，微臭，味微苦。

2. 生物学功能

促进发育和细胞的再生；促使皮肤、指甲、毛发的正常生长；帮助消除口腔内、唇、舌的炎症；增进视力，减轻眼睛的疲劳；和其他的物质相互作用来帮助糖类、脂肪、蛋白质的代谢。体内维生素 B_2 的储存是很有限的，因此每天都要由饮食提供。

3. 缺乏症特征性症状

口角发炎，口舌溃疡，角结膜发炎，白内障。严重的病猪脚弯曲，肢体强直，步态僵硬，皮肤粗糙肥厚，有的发生皮肤疹，鳞屑和溃疡，脱毛，生长迟缓，发生消化障碍和呕吐。生殖功能降低，出现早产与死胎。鸡曲爪麻痹症，足爪向内弯曲，小鸡跗关节着地，腿麻痹，爪内曲，低头，垂尾，垂翼。母鸡产蛋率、孵化率下降，鸡胚死亡率增高。

缺乏初期往往不被觉察，只有在严重缺乏时才会出现明显的典型症状。仔猪出生后呈现先天性前肢皮下水肿，前肢尺骨和桡骨粗大，球节屈曲，切开皮肤，可见严重的皮下水肿。

4. 过量的危害

对于大多数动物而言，核黄素的中毒剂量是需要量的数十倍甚至数百倍。

5. 来源与需要

绿色植物、酵母和某些细菌能合成核黄素，快速生长的绿色植物、牧草（特别是苜蓿）中富含维生素 B_2，叶片中最丰富；乳品加工副产品、动物性饲料含量较高，饼粕饲料中等，禾谷籽实及副产物含量低。

畜禽对核黄素的需要量一般为每千克饲料 2～4 mg，鱼类为每千克饲料 4～9 mg。随年龄增长，需要量减少（与维生素 B_6 相反），繁殖动物需要量增加。随日粮蛋白质、脂肪水平增加而增加。低温下需要量增加。

三、维生素 B_3

1. 理化特性

维生素 B_3（烟酸、尼克酸、维生素 PP、抗（癞）糙皮病因子）是吡啶-3-甲酸和具有类似生物活性的吡啶衍生物的总称，在体内的活性形式为烟酰胺或尼克酰胺。尼克酸和尼克酰胺都是白色针状结晶，溶于水和乙醇，而尼克酰胺更易溶解，不溶于有机溶剂，无臭或微臭，味微酸。尼克酸是最稳定的维生素，对热、酸、碱、光、氧等均不敏感。

2. 生物学功能

以辅酶Ⅰ、Ⅱ的形式参与三大营养物质代谢；是多种脱氢酶的辅酶，在生物氧化中起传递氢的作用，参与视紫红质的合成；促进铁吸收和血细胞的生成；维持皮肤的正常功能和消化腺分泌等；参与蛋白质和 DNA 的合成。

3. 缺乏症特征性症状

皮肤症状：癞皮病。消化系统症状：主要有口角炎、舌炎、腹泻等，腹泻是本病的典型症状。神经系统症状：初期很少出现，至皮肤和消化系统症状明显时出现神经功能紊乱，癫痫性发作。与“脚气病”有所不同，本病多影响中枢神经系统，而后者以周围神经为主。

仔猪烟酸缺乏，主要表现为糙皮病。初期，皮肤病变呈斑块状，一般都先发生于头部和颈部，以后逐渐蔓延至体侧，皮肤增厚，干燥起皱，呈现裂口，上面有暗红色痂皮。不食，逐渐消瘦死亡，此病往往极易与猪疥螨相混淆，与幼猪缺锌混淆，幼猪缺锌也能呈现类似于癞皮病的症状，兽医临床上称之为幼猪皮肤角化不全症，幼猪周也布满灰色痂皮。鸡生长缓慢，口腔、食道黏膜发炎，口腔症状类似犬的黑舌病，皮炎，羽毛蓬乱，生长迟缓，下痢，骨骼异常；产蛋率和孵化率下降。

4. 过量的危害

过量烟酸具有毒性，表现为心搏增加，呼吸加快，呼吸麻痹，脂肪肝，生长抑制，严重时死亡，正常情况下很少发生；过量烟酸一般能被迅速排泄，正常情况下 24 h 便可排泄摄入量的 1/3。

5. 来源与需要

畜禽及鱼类对尼克酸的需要一般为每千克饲粮 10～50 mg。每日每千克体重摄入的尼克酸超过 350 mg 可能引起中毒。

动物性产品、酒糟、发酵液以及油饼类含量丰富。谷物类的副产物、绿色的叶子，特别是青草中的含量较多。饲粮中的色氨酸在多余的情况下可转化为尼克酸。对于猪，50 mg 色氨酸可转化为 1 mg 尼克酸，但猫和貂以及大多数鱼类缺乏这种能力。除成年反刍动物外，都需饲粮提供尼克酸。但高产奶牛和饲喂高营养浓度饲粮的肉牛，饲粮中亮氨酸、精氨酸和甘氨酸过量，色氨酸不足、能量浓度高以及含有腐败的脂肪等，都将增加反刍动物对尼克酸的需要。玉米中的烟酸为结合型，不能被畜禽吸收利用，同时含色氨酸量很少，所以长期饲喂以玉米或高粱为主饲料缺乏烟酸，易患缺乏症。

四、维生素 B_6

1. 理化特性

维生素 B_6（吡哆素）是吡啶的衍生物，包括吡哆醇、吡哆醛和吡哆胺三种形式，均为白色晶体，易溶于水和乙醇，微溶于有机溶剂，无臭。具有热稳定性，其热降解与 pH 有关，在酸性溶液中稳定，在碱性溶液中容易发生分解，其中吡哆胺损失最大。对光敏感，尤其是紫外线。

2. 生物学功能

参与神经递质、糖原、神经鞘磷脂、血红素、类固醇和核酸的代谢、所有氨基酸代谢，参与一碳单位、维生素 B_{12} 和叶酸盐的代谢，如果它们代谢障碍，就可造成巨幼红细胞贫血。缺乏会损害 DNA 的合成，这个过程对维持适宜的免疫功能是非常重要的。与维生素 B_2 的关系十分密切，常伴有维生素 B_2 缺乏症状。

3. 缺乏症特征性症状

皮炎：耳部皮肤鳞片状、变厚，眼、鼻、爪和尾部严重皮炎、结痂，被毛粗糙。神经紊乱：运动失调、应激性增强、癫痫性惊厥、轻瘫，阵发性抽搐或痉挛，昏迷等。猪表现类似癫痫的阵发性抽搐或痉挛，共济运动失调，小红细胞异常的血红蛋白过少性贫血，尸检可见有规律性的黑黄色色素沉着，脂肪肝，腹泻和被毛粗糙。鸡异常兴奋、盲目转动，翅下垂，腿软弱，以胸着地，伸屈脖子，痉挛惊跑，羽毛粗糙，脱落，下痢，种蛋孵化率下降。

4. 过量的危害

犬和大鼠维生素 B_6 的中毒量是需要量的 100 倍以上。

5. 来源与需要

动物饲料、青绿饲料、整粒谷物及其副产物中含量丰富，植物饲料主要是磷酸吡哆醛和磷酸吡哆胺，动物饲料主要是磷酸吡哆醛(PCP)。饲料加工贮藏，精炼、蒸煮等均会破坏维生素 B_6，使利用率降低 10%～50%不等。维生素 B_6 在酵母菌、肝脏、谷粒、肉、鱼、蛋、豆类及花生中含量较多。畜禽对维生素 B_6 的需要量一般为每千克饲料 1～3 mg，鱼类为每千克饲料 3～6 mg。

五、泛酸

1. 理化特性

泛酸(维生素 B_5、遍多酸)是一种黄色黏稠油状物，呈酸性，易溶于水和乙醇，不溶于有机溶剂，在空气中稳定，易吸湿，也易被酸碱和热破坏。泛酸钙是该维生素的纯品形式，为白色针状物。有右旋(*d*-)和消旋(*dl*-)两种形式，消旋形式泛酸的生物学活性为右旋的 1/2。

2. 生物学功能

泛酸为辅酶 A 的成分，参与三大营养物质代谢；促进脂肪代谢及类固醇和抗体的合成，是生长动物所必需的。

3. 缺乏症特征性症状

猪缺乏泛酸，病猪食欲不佳，胃肠机能紊乱，生长发育不良，被毛脱落；脚趾及蹄底发生溃疡，从而使猪运动困难，表现“鹅步”样运动姿势，有的猪两后肢叉开，不能站立，呈犬坐姿势，运步失调，眼、鼻周围有棕色的分泌物、痂状皮炎，严重者可发生皮肤溃疡、神经变性，并发生惊厥。

鸡缺乏泛酸，生长受阻，羽毛生长不良，进一步表现为皮炎，眼睑出现颗粒状的细小结痂并粘连在一起，嘴周围也有痂状的损伤，趾间和脚底皮肤发炎，表层皮肤有脱落现象，并产生裂隙，以致行走困难，胫骨短粗，严重缺乏时可引起死亡。在诊断中应与烟酸缺乏，生物素缺乏及维生素 B_2 缺乏相区别。维生素 B_2 缺乏也可引起皮炎，但维生素 B_2 缺乏有脚趾挛缩现象。

4. 过量的危害

摄入大剂量可引起中毒，泛酸中毒只在饲喂超过需要量 100 倍剂量的大鼠中发现。

5. 来源与需要

广泛存在于动植物饲料中，米糠及麦麸是良好来源，泛酸含量比相应谷物高 2～3 倍，常用饲粮一般不会发生泛酸的缺乏。但许多猪、禽日粮泛酸含量低，玉米-豆饼日粮容易缺乏。饲粮能量浓度增加，动物对泛酸的需要量增加。饲粮脂肪含量高可促使猪出现泛酸缺乏症。抗生素能节约鸡和猪对泛酸的需要。高纤维饲粮可使瘤胃微生物的泛酸合成减少，而高水平的可溶性碳水化合物可促进泛酸的合成。维生素 B_{12} 能节约家禽对泛酸的需要。高蛋白质也可节约大鼠对泛酸的需要。不同品种的生长猪对泛酸的需要也存在差异，相差可达 40%。

畜禽对泛酸的需要量一般为每千克饲料 7～12 mg，鱼类为每千克饲料 10～30 mg。

六、维生素 B_{12}

1. 理化特性

维生素 B_{12}（氰钴素、钴维素、钴胺素）是一类含金属钴的咕啉衍生物。维生素 B_{12} 是化学结构最为复杂的，也是唯一含有金属元素钴的维生素。

维生素 B_{12} 是一种红色针状的结晶，熔点很高，无臭，无味，溶于水和乙醇，不溶于有机溶剂，遇强酸、强碱、氧化剂及日光照射均可被破坏。在维生素中，它的需要量最低，作用最强，自然界中只有微生物才能合成。

2. 生物学功能

几种酶系统中的辅酶，参与核酸、胆碱与蛋白质的生物合成及三种有机物的代谢；促进红细胞的形成与发育；维持肝脏和神经系统的正常功能。

3. 缺乏症特征性症状

动物食欲下降，营养不良，贫血，神经系统损伤，行动不协调，皮炎，皮肤粗糙，抵抗力和繁殖性能降低，仔猪生长缓慢，四肢共济失调，雏鸡生长缓慢，羽毛不丰满，肾脏损伤，孵化率下降，出壳雏鸡骨骼异常，胚胎往往在最后一周死亡。

4. 过量的危害

维生素 B_{12} 的中毒剂量至少是需要量的数倍。

5. 来源与需要

禽每千克日粮需要量一般为 3～9 mg，仔猪、种猪、鱼每千克日粮需要量为 20～40 mg，幼龄动物需要量高，食粪动物及垫草饲养需要量低，全植物饲料、肠道疾病时需要量增加。

天然维生素 B_{12} 只有微生物才能合成，这些微生物广泛分布于土壤、淤泥、粪便及动物消化道中，植物性饲料不含维生素 B_{12}，动物饲料中以肝脏含量最高，其次为乳、肉、蛋、鱼、肾等。集约化饲养动物的维生素 B_{12} 需要来源是动物性饲料和人工合成维生素 B_{12}。

七、叶酸

1. 理化特性

叶酸（维生素 B_{11}）是一系列与蝶酰谷氨酸化学结构相似、生物活性相同的化合物的总称，其分子由蝶啶、对氨基苯甲酸和谷氨酸三部分组成。叶酸为黄色或橙色薄片状或针状结晶，微溶于水，但其钠盐溶解度较大，不溶于有机溶剂，无臭，无味。能被可见光和紫外线辐射分解，在酸性溶液中加热易分解，室温保存易损失。

2. 生物学功能

叶酸在一碳单位的转移中是必不可少的，通过一碳单位的转移而参与嘌呤、嘧啶、胆碱的合成和某些氨基酸的代谢。以辅酶形式通过一碳基团的转移，参与蛋白质和核酸生物合成及某些氨基酸的代谢，促进红细胞、白细胞的形成与成熟。

3. 缺乏症特征性症状

动物营养性贫血，生长缓慢，慢性下痢，被毛粗乱，繁殖性能和免疫机能下降，猪患皮炎，脱毛，消化、呼吸及泌尿器官黏膜损伤，鸡羽毛脱色，脊柱麻痹，鸡孵化率低，死胚骨畸形。

4. 过量危害

叶酸被认为是一种无毒性的维生素。

5. 来源与需要

广泛分布于自然界，存在于动物、植物和微生物中，绿色植物富含叶酸，豆类和一些动物产品是叶酸的良好来源，谷物中含叶酸较少，常规日粮一般不需要添加叶酸，但大量使用抗生素，饲料霉变，饲料在不良环境贮藏过久，以及种畜禽均需提高叶酸添加量。

畜禽对叶酸的需要量一般为每千克饲料 0.30～0.55 mg。近年来的研究表明，对于繁殖母猪，叶酸的需要量已从 0.3 mg 提高到 1.3 mg；鱼对叶酸的需要量可达 5 mg(鳟鱼和鲑鱼)。各种动物中，禽易发生叶酸缺乏。动物合成叶酸的能力与日粮组成有关，木聚糖、小麦麸和豆类能刺激大鼠合成叶酸，抗菌素和叶酸拮抗物抑制合成，高蛋白提高禽的叶酸需要量，快速生长动物叶酸需要量高，种禽及种母猪叶酸需要量高于相应的生长动物。此外，日粮胆碱、维生素 B_{12}、维生素 C 与铁的状况均影响叶酸需要量。

八、生物素

1. 理化特性

生物素(维生素 B_7、维生素 H)与维生素 B_1 一样，是一种含硫维生素，为无色的细长针状结晶，能溶于热水和乙醇，但不溶于有机溶剂，无色，无味，耐酸碱和热，氧化剂可使之破坏。自然界存在的生物素，有游离的和结合的两种形式。结合形式的生物素常与赖氨酸或蛋白质结合。被结合的生物素不能被一些动物所利用。对于家禽，用微生物法测得的利用率低于饲料含量的 50%。

2. 生物学功能

以各种羧化酶的辅酶形成，参与三种有机物代谢；主要起传递二氧化碳作用，它和碳水化合物与蛋白质转化为脂肪有关，与溶菌酶活化和皮脂腺功能有关。

3. 缺乏症特征性症状

动物营养性贫血，生长缓慢，皮炎，繁殖机能和饲料利用率下降，猪后腿痉挛，蹄开裂，皮肤干燥，鳞片和以棕色渗出物为特征的皮炎，鸡脚趾肿胀，开裂，脚、喙及眼周围发生皮炎，胫骨粗短症，生长缓慢，种蛋孵化率降低，鸡胚骨骼畸形。

4. 过量危害

生物素对于猪和家禽是安全的。

5. 来源与需要

畜禽对生物素的需要量一般为每千克风干料 50～300 μg，某些鱼类为每千克风干料 150～1 000 μg。广泛存在于动植物组织中，饲料中一般不缺乏，但利用率不等，苜蓿、油粕及干酵母中生物素利用率最高，肉粉、血粉次之，谷物一般都较低，其中小麦、大麦最低。

九、胆碱

按维生素的严格意义，将胆碱看作维生素类是不确切的，尽管如此，还是将其作为 B 族维生素，胆碱不同于其他 B 族维生素，它可以在肝中合成，机体对胆碱的需要量也较高，就其机能而言，与其说它是辅酶，不如说它是机体结构组分更确切，它不参与任何酶系统，不具备维生素特有的催化作用。

1. 理化特性

胆碱是 β-羟乙基三甲胺的羟化物，纯品为无色，黏滞，微带鱼腥味的强碱性液体，可与酸反应生成稳定的结晶盐，具极强的吸湿性，易溶于水，对热和贮藏相当稳定，但在碱性条件下不稳定，饲料工业中用的氯化胆碱为 70%液态氯化胆碱或 50%赋形剂的粉末状氯化胆碱。胆碱易溶于水和乙醇，水溶液 pH 近中性(6.5～8.0)。

2. 吸收与代谢

饲料中的胆碱主要以卵磷脂的形式存在，较少以神经磷脂或游离胆碱形式出现。在胃肠道中经消化酶的作用，胆碱从卵磷脂和神经磷脂中释放出来，在空肠和回肠中经钠泵的作用被吸收。但只是 1/3 的胆碱以完整的形式吸收，约 2/3 的胆碱以三甲基胺的形式吸收。

3. 生物学功能

(1)构成细胞膜。胆碱是磷脂的组成成分，而磷脂是动物细胞膜的结构组分。

(2)防止脂肪肝。胆碱可促进肝脏脂肪以卵磷脂形式被输送或者提高脂肪酸本身在肝脏的氧化利用。

(3)神经冲动的传导。乙酰胆碱是交感和副交感神经系统的神经递质。

(4)不稳定甲基的来源。

4. 缺乏症特征性症状

通常表现为生长迟缓，肝脏和肾脏出现脂肪浸润，肾小球因脂肪大量浸润而堵塞，脂肪肝，骨软症，组织出血和高血压，家禽和生长猪易发生胆碱缺乏症，患猪多表现运动障碍，家禽则表现为胫骨短粗症，产蛋率下降。

5. 过量危害

在水溶性维生素中，胆碱相对其需要量较易过量中毒。鸡对胆碱的耐受量为需要量的 2 倍，猪的耐受力比鸡强。中毒表现为流涎、颤抖、痉挛、发绀和呼吸麻痹等。

6. 来源与需要

天然脂肪都含有胆碱，含脂肪的饲料都可提供一定数量的胆碱，蛋黄(1.7%)，腺体组织粉(0.6%)，脑髓和血(0.2%)是最丰富的来源，绿色植物、酵母、谷实幼芽、豆科植物籽实、油料作物籽实、饼粕含量丰富，玉米含胆碱少，麦类胆碱含量比玉米高 1 倍。

动物对胆碱的需要量一般为每千克饲料 400～1 300 mg，鱼可达每千克饲料 4 g，日粮脂肪、丝氨酸、糖类、蛋白质含量及动物年龄、性别、能量进食量、生长速度、应激都影响动物对胆碱的需要量。叶酸、维生素 B_{12} 缺乏时，胆碱需要量增加，蛋氨酸可节约胆碱，4.3 mg 蛋氨酸同 1 mg 胆碱可提供等量的甲基，过量蛋白质需增加胆碱需要量，高剂量蛋白质日粮加重胆碱的缺乏症。多数动物都可合成足够量的胆碱，合成过程中需丝氨酸。

十、维生素 C

1. 理化特性

维生素 C(抗坏血酸)是一种白色或微黄色的粉状晶体或粉末，极易溶于水，微溶于丙酮和乙醇，不溶于有机溶剂，无臭，味酸。在干燥的室温中非常稳定，但在受潮或加热时容易发生分解，特别是在碱性条件下，低浓度的金属离子可加速破坏。

2. 生物学功能

维生素 C 具有可逆的氧化性和还原性，广泛参与机体的多种生化反应。其功能与其可逆的氧化-还原特性有关，但维生素 C 的作用不太明确，目前尚未发现它的辅酶形式。

维生素 C 的主要功能是参与骨胶原的生物合成，骨胶原的形成包括脱脯氨酸羟化形成一个稳定的细胞外基质，将赖氨酸羟化和糖基化以及纤维网的形成等。维生素 C 在体内的作用是特异性的，主要是保护参加羟化作用的酶类免受铁离子和巯基氧化，羟辅酸占骨胶原成分的 14%，来源于辅氨酸的羟化作用。

3. 缺乏症特征性症状

在普通采食条件下，日粮缺乏维生素 C 时，只有人类、灵长类、豚类和鱼会出现缺乏症，家畜可利用葡萄糖在脾脏和肾脏合成维生素 C，通常不会出现缺乏症。经典的坏血病试验是用豚鼠做的。缺维生素 C 的豚鼠最初表现为采食量降低，体重减轻，接着是贫血和大面积出血，其他症状有肋骨软骨关节增大、齿质变性及牙龈炎等。

4. 过量危害

水溶性维生素很少或几乎不在体内贮备，因此几乎不会造成过量。摄入大剂量可引起中毒。

5. 来源与需要

维生素 C 主要来源是水果和蔬菜，柑橘属、枣、番茄等含量丰富，某些动物性饲料也含有一定量的维生素 C。

Marks(1975)建议，家禽：50～60 mg/kg 日粮；开食仔猪：300 mg/kg 日粮；育肥猪：150 mg/kg 日粮。在多种应激病症条件下，提高维生素 C 饲喂量可增加动物的抵抗力。

十一、B 族维生素之间的相互关系

B 族维生素的共同特点：B 族维生素都是水溶性维生素；几乎都含有氮元素；都是作为细胞酶的辅酶或辅基的成分，参与糖类、脂肪和蛋白质三种有机物的代谢过程；除维生素 B_1 外，很少或几乎不能在动物体内贮藏；短时期的缺乏或不足都会降低一些酶的活性，阻碍相应的代谢过程，影响动物的健康及生产力，必须经常供给；B 族维生素可在成年反刍动物瘤胃和家兔盲肠中大量合成，故一般不必由饲料供给，而幼龄反刍动物和家兔因瘤胃、盲肠发育不健全，合成能力差，猪和禽则因在大肠合成后，大部分由粪便排出，因此，都必须由饲料来提供，尤其是集约化离地面饲养的猪和鸡，B 族维生素的补充显得更为重要；B 族维生素的饲料来源基本一致，除维生素 B_{12} 只存在于动物性饲料中外，其他 B 族维生素广泛存在于各种优质干草、青绿饲料、青贮饲料、籽实类的种皮和胚芽中。

查阅资料完成习题

(一)选择题

1. 反刍动物越冬时最易缺乏的维生素是(　　)。

A. 维生素 A　　B. B 族维生素　　C. 维生素 C　　D. 维生素 K

2. 缺乏青饲料的奶牛，最易缺乏的维生素是(　　)。

A. 维生素 A　　B. 维生素 C　　C. 维生素 D　　D. 维生素 K

3. 反刍家畜日粮中补充微量元素钴，可促进瘤胃微生物利用钴合成(　　)。

A. 维生素 A　　B. 维生素 B_2　　C. 维生素 D　　D. 维生素 B_{12}

(二)判断题

1. 糠麸类饲料中含 B 族维生素丰富。(　　)

2. 玉米籽实中 B 族维生素含量很丰富。(　　)

3. 大豆粕中水溶性维生素含量很低。(　　)

4. 成年反刍动物可自行合成维生素 A、B 族维生素、维生素 C。(　　)

5. 成年反刍动物可自行合成维生素 D、B 族维生素、维生素 K。(　　)

6. 成年猪体内可合成大量的维生素 D、B 族维生素、维生素 K。(　　)

7. 成年猪体内可合成维生素 D 和维生素 C。(　　)

8. 粉渣类饲料缺乏水溶性维生素。(　　)

9. 青饲料中含维生素丰富，尤其是胡萝卜素和 B 族维生素。(　　)

10. 青饲料中含维生素丰富，尤其是维生素 D 和 B 族维生素。(　　)

(三)盈缺案例、图片判断、讨论题目

1. 仔细观察图 1-21 和图 1-22，请判断图中的鸡是患什么水溶性维生素的缺乏症？造成缺乏症的原因是什么？如何治疗和预防？

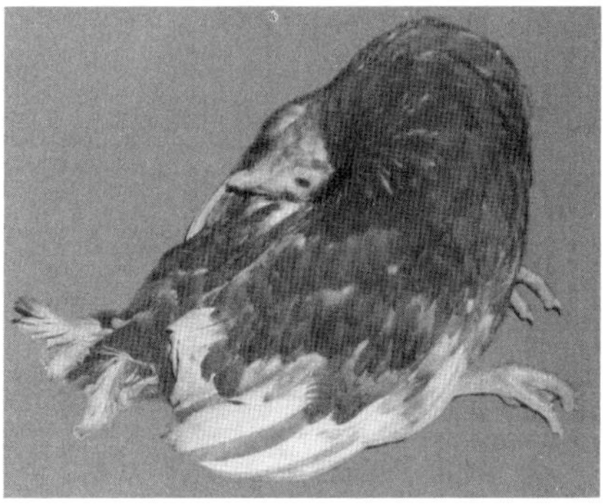

图 1-21　颈和背肌肉角弓反张，头部抽缩

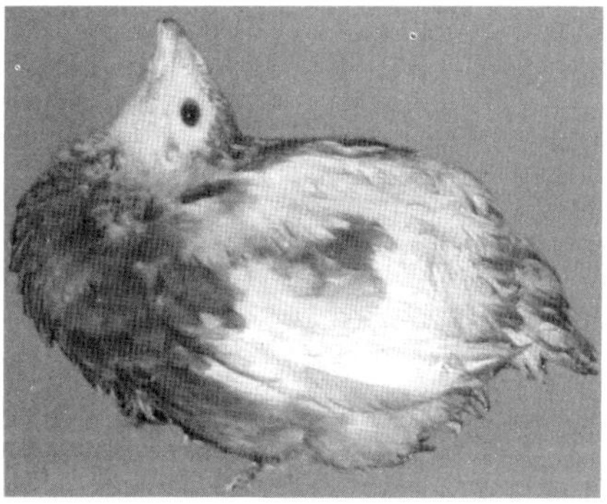

图 1-22　多发性神经炎，呈“观星”姿势

2. 仔细观察图 1-23 和图 1-24，请判断图中的动物是患什么水溶性维生素的缺乏症？造成缺乏症的原因是什么？如何治疗和预防？

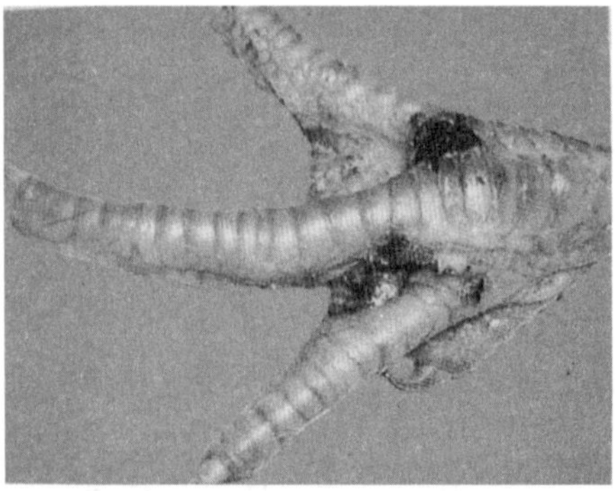

图 1-23a 鸡趾部皮肤皲裂出血

（汤承、岳华）

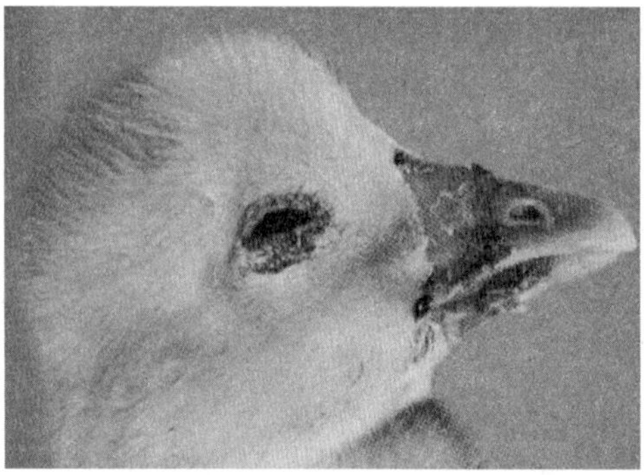

图 1-23b 病鹅流泪，眼周羽毛被黏接，喙上皮脱落

（汤承、岳华）

图 1-24a 猪呈“鹅行步伐”

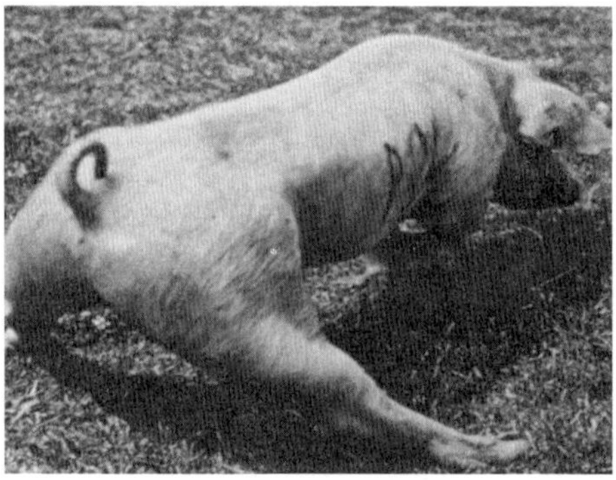

图 1-24b 猪“鹅行步伐”

3. 仔细观察图 1-25，请判断图中的动物是患什么水溶性维生素的缺乏症？造成缺乏症的原因是什么？如何治疗和预防？

图 1-25a 鸡患曲爪麻痹症，脚趾向内蜷

（胡薛英）

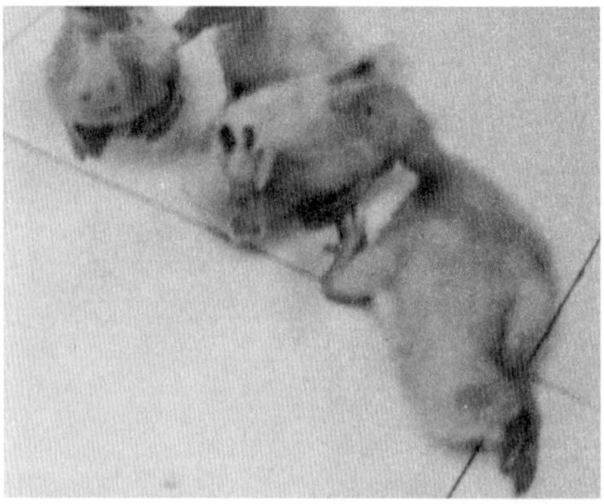

图 1-25b 鸭蹼向内弯曲、腿麻痹、瘫痪跗关节着地

（汤承、岳华）

4. 仔细观察图 1-26，请判断图中的鸡是患什么水溶性维生素的缺乏症？造成缺乏症的原因是什么？如何治疗和预防？

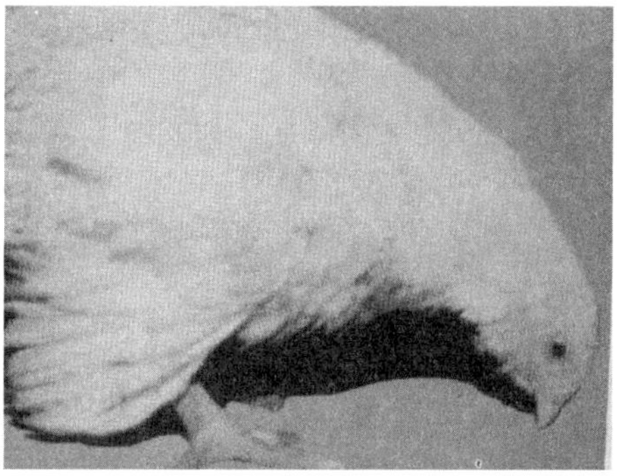

图 1-26a　病鸡头颈前伸，喙触地
（汤承、岳华）

图 1-26b　病鸡鸡冠色淡、苍白
（汤承、岳华）

（四）讨论题

1. 烟酸缺乏症多见于幼禽发病，造成皮肤发炎，有化脓性结节，腿部关节肿大，骨短粗，腿骨弯曲，与滑腱症有些相似，如何鉴别与微量元素锰缺乏造成的雏鸡滑腱症？

2. 雏鸡缺乏维生素 B_2 后，在 1～2 周可发生腹泻，但食欲良好，但生长缓慢，消瘦衰弱。其特征性的症状是足趾向内蜷曲，不能行走，以跗关节着地，开展翅膀维持身体的平衡，两腿发生瘫痪。腿部肌肉萎缩和松弛，皮肤干而粗糙。病雏最后因吃不到食物而饿死。禽类神经型马立克病与此相似，如何进行鉴别？

3. 如何对鸡维生素 B_1 缺乏与新城疫进行区别诊断？

4. 如何对仔猪缺钙、普通胃肠炎、维生素 B_1 缺乏病进行区别诊断？

5. 影响畜禽维生素 B_1 缺乏的因素有哪些？如何预防？

6. 比较单胃动物与反刍动物需要补充的维生素的区别。

7. 动物在应激状态下，应强化哪些维生素营养？为什么？

8. 影响母畜繁殖的维生素主要有哪些？

9. 影响毛皮兽毛皮质量的维生素主要有哪些？

10. 对比维生素 C 与维生素 E 的营养特点。

二维码 1-14　习题参考答案

拓展知识

维生素的发现史简介

维生素的发现是 20 世纪医学发展中的重大成就。

早在古埃及时，人们就发现进食某些食品可以避免患夜盲症，但是那时人们还不知道它的具体机制。中国唐代医学家孙思邈曾经指出，用动物肝脏防治夜盲症，用谷皮汤熬粥防治脚气病。

1747年，英国海军军医詹姆斯·林德总结以前的经验，提出了用柠檬预防坏血病的方法，但是他还不知道究竟是什么物质对坏血病有抵抗作用。

1906年，英国生物化学家霍普金斯(F. Hopkins，1861—1947年)通过实验发现仅有蛋白质、糖类和脂肪是不能维持生命的。

1912年，艾克曼设计试验，仅用酪蛋白原、蔗糖、淀粉、猪油和盐喂大鼠，不久大鼠即停止发育而死亡。但如每天加入少量牛乳，则大鼠发育极好，因此他认为牛奶中存在一种“辅助的食物因子”。

艾克曼和霍普金斯的研究确认食物中含有某些生命必需的微量物质(后来被称为维生素)。

从食物中分离出上述微量的物质，是维生素研究的真正开始。

1912年，日本的生化学家铃木岛村和大岳从稻米壳中提取出一种抗脚气病的物质。同年美国化学家冯克(C. Funk，1884—1967年)从1 t稻壳中提炼出16盎司的结晶粗制品。从酵母中也可以制备出同样的化合物。由于这种化合物被证明是一种胺，冯克就给它命名为生命胺(vitamine)。

1913年，美国化学家麦科勒姆(Mccollum E V，1879—1967年)和戴维斯(Davis M)在黄油和蛋黄中发现另一种生命必需的脂溶性微量因子。麦科勒姆把它叫作“脂溶性物A”，而把抗脚气病因子叫作“水溶性物B”。1920年英国生化学家德拉蒙德(Drummond J C)将这两个名词改为维生素A和维生素B。自此，维生素的研究取得了巨大进步。

1913年，麦科勒姆报告用奶油、蛋白和鱼肝油治愈了眼干燥病。

1929年，英国生化学家穆尔(T. Moore)用含胡萝卜素的食物喂大鼠，发现肝内贮藏维生素A。由此知道胡萝卜素可以转变为维生素A。

1937年，美国化学家霍姆斯(H. Holmes)从鱼肝油中得到维生素A的晶体。

1938年，美国的沃尔德(G. Wald)证明食物中维生素A缺乏会导致视黄醛供应不足，使视网膜上视紫红质含量降低，从而产生夜盲。

1930年，人们知道维生素B是包含多种成分的一种复合体，按字母排列从B_1到B_{14}，然而其中有些被证明不属于维生素，还有一些B族维生素是以化学名称来命名的。常见的B族维生素包括维生素B_1、维生素B_2、维生素B_6、维生素B_{12}、泛酸、烟酸、叶酸和生物素等。维生素B_1是艾克曼(C. Eijkman，1858—1930年)发现的，缺乏时能引起脚气病。1933年，美国化学家威廉斯(R. Williams)经过20年的艰苦研究，分离出维生素B_1，并阐明了化学结构。因其含有硫原子，又称为“硫胺”。1936年威廉斯和克莱因(Cline)合成了硫胺。

20世纪初惠普尔(G. Whipple，1878—1976年)发现能促使实验犬制造血红蛋白速度增快的食物是肝。

1926年，波士顿的医生迈诺特(Minor G R，1885—1950年)和墨菲(W. Murphy)给病人吃动物肝脏，治愈了恶性贫血。

1948年，立克斯(Rickes)等从肝脏浓缩液中分离出微量的红色结晶化合物——维生素B_{12}。1955年，英国化学家霍奇金(D. Hodgkin，1910—1994年)测定了维生素B_{12}的结构。随后美国的伍德沃德历时11年之久，合成了维生素B_{12}。

维生素C，又称抗坏血酸。它是第一个被人类研究的维生素。

1928年，美国化学家圣捷尔吉(A. Szecnt-Gyorgyi)从卷心菜中分离出维生素C。

1933年，美国匹兹堡大学的金(C. king)确定了维生素C的结构。维生素C在血液中有抗凝血作用。

20世纪70年代，有人报道维生素C能预防和治疗动脉硬化症以及能降低血液中胆固醇含量，并有防止感冒和预防癌症的功效。美国化学家鲍林(L. Pauling)著文说明用大量维生素能防止感冒，于是全世界维生素C销量猛增。但也有人提出异议，过量服用维生素C会造成贫血，若一旦停用，或仅维持普通剂量，也可能得维生素C缺乏症。

1913年，美国的麦科勒姆及其同事在鱼肝油中发现了维生素D。

1921年，麦科勒姆指出，即使食物中缺乏维生素D，如果经常晒太阳也不会出现佝偻病。

1926年，英国的生物化学家罗森海姆(O. Rosenhelm)和韦伯斯特(T. Webster)发现阳光能将麦角甾醇转变为维生素D。现称维生素D为维生素D_2，其作用是促进钙的吸收及骨骼形成。

(资料来源：孙祖越，药物生殖与发育毒理学发展史，2018.)

学习任务4

水的利用与异常症状识别

【任务描述】

通过任务相关知识阅读、完成任务的相关题目，制定完成任务计划、实施方案，获得水营养利用的知识与技能，提出水不适的改进措施，进一步了解它们的用途，掌握使用技巧；达到学习的目的。

【任务实施】（任务单）

1. 查阅相关信息，分组讨论分析，完成相关题目、相关知识拓展，增强实际应用能力。

2. 走访养殖场，调研水的营养状况，总结其对畜禽健康和生产水平发挥的作用。

3. 调研养殖场畜禽水的营养状况及其供给不足的案例，分析总结其缺乏对生产性能影响的症状表现，并提出改进措施。

【信息途径】

养殖场、图书馆、网络、教学视频、教师。

水相关知识

在动物生产中，水一般因为容易获得并且比较廉价，因而很容易被忽视。事实上，对动物来说，水是除氧气之外最重要的养分之一，与其他营养物质一样，是动物必需的营养成分。动物缺水比缺其他任何营养物质都要早死亡。因此，充分认识水的营养生理作用，保证动物水的充足供给和饮水卫生，对动物的健康和生产具有十分重要的意义。

一、水的性质和作用

1. 水的性质

水无色无味无臭，在标准大气压下，0 ℃时结成冰，100 ℃时沸腾，是一种结构不对称而具有偶极离子的极性分子，化学反应活性较差。因此，水在动物营养生理过程中表现出的很多性质和作用都与此密切相关。

(1)水有较高的表面张力。水与动物体蛋白质的活性基或糖类的活性基以氢键相结合，形成胶体。胶体具有一定的稳定性，使组织细胞具有一定的形态、硬度和弹性。

(2)水的比热大。水的比热高于其他固体和液体的比热,如1 g水从14.5 ℃上升到15.5 ℃需要4.184 J的热,而玻璃的比热仅0.5 J/(g·℃),铁为0.46 J/(g·℃)。这一特性对动物调节体内热平衡起十分重要的作用。

(3)水的蒸发热高。1 g水在37 ℃时完全蒸发,需吸收2 260 kJ的热量。对无汗腺动物在热环境条件下,通过呼吸散热,维持正常体温,实为一种有效方法。

(4)水结冰后密度比水小,冬天,江河、湖泊结冰后,冰总是浮在水的表面,保护了水中生物不致冻死。

(5)动物机体内与细胞和组织中蛋白质结合的水,不能自由移动,即使冷却到－40～－30 ℃,也不会结冰,但在特定条件下,遇到强冷过程或解冻不慎,则有细胞破裂和动物死亡的危险。

2. 水的营养生理作用

水的营养生理作用很复杂,动物生命活动过程中许多特殊生理功能都有赖于水的存在。

(1)水是动物机体的主要组成成分。水是动物机体细胞的一种主要结构物质。早期发育的胎儿含水高达90%以上,初生幼畜80%左右,成年动物50%～60%。一般规律是随年龄和体重的增加而减少。

(2)水是一种理想的溶剂。因水有很高的电解常数,很多化合物容易在水中电解,以离子形式存在,动物体内水的代谢与电解质的代谢紧密结合。多数细胞质是胶体和晶体的混合物,使得水溶解性特别重要。此外,水在胃肠道中作为转运半固状食糜的中间媒介,还作为血液、组织液、细胞及分泌物、排泄物等的载体。所以,体内各种营养物质的吸收、转运和代谢废物的排出必须溶于水后才能进行。

(3)水是一切化学反应的介质。水的离解较弱,属于惰性物质。但是,由于动物体内酶的作用,使水参与很多生物化学反应,如水解、水合、氧化还原、有机化合物的合成和细胞的呼吸过程等。动物体内所有聚合和解聚合作用都伴有水的结合或释放。

(4)调节体温。水的比热大、导热性好、蒸发热高,所以水能储蓄热能、迅速传递热能和蒸发散失热能,有利于恒温动物体温的调节。血液循环中血液的快速流动,喘气和出汗,冷应激时限制血液流经体表等,都有助于动物保持体温恒定。水的导热性比其他液体好,有助于深部组织热量的散失。如动物肌肉连续活动20 min,无水散热,其温度可使蛋白质凝固。水的蒸发散热对具有汗腺的动物更为重要。

(5)润滑作用。动物体关节囊内、体腔内和各器官间的组织液中的水,可以减少关节和器官间的摩擦力,起到润滑作用。

此外,水对神经系统如脑脊液的保护性缓冲作用也是非常重要的;水还可以用于给动物服药、驱虫、注射疫苗,可作为水溶性营养物质的载体在生产中使用。

二、动物体内水的代谢

1. 水的来源

动物体获取水有三条途径。

(1)饮水。饮水是动物获取水的重要途径。这不仅是由于在许多情况下,动物饮水量比其他水的来源多,而且饮水量的多少是调节水平衡的重要环节,当由饲料和代谢来源的水量增加或减少时,水的需要总量将通过饮水量来调节。动物饮水的多少与动物种类、生理状态、生产水平、饲料成分、环境温度等有关。在环境温度还不至于引起热应激的前提下,饮水量随采食量增加而呈直线上升。在热应激时,饮水量大幅度增加。相比较而言,牛的饮水量最大,羊和猪次之,家禽饮水量少,犬和沙漠里的羚羊、骆驼、啮齿类动物一般情况下可不饮水。

多数动物在采食过程或稍后都要饮水,天气炎热时,饮水频率和量增加,放牧条件下,如动物不能随时饮水则影响动物的生产力。

(2)饲料水。饲料水是动物获取水的另一个重要途径。动物采食不同性质的饲料,获取水分的多少各异。成熟的牧草或干草,水分可低到5%~7%;幼嫩青绿多汁饲料水分可高到90%以上;配合饲料水分含量一般为10%~14%。动物采食饲料中水分含量越多,饮水越少。

饮水及饲料水均为外源水,需经消化道黏膜吸收进入血液,然后输送到机体各组织器官。

(3)代谢水。代谢水是动物体细胞中有机物质氧化分解或合成过程中所产生的水,属于内源水,其量在大多数动物中占总摄水量的5%~10%。不同营养素产生代谢水的程度不同,表1-6列出了淀粉、脂肪和蛋白质氧化所产生的代谢水。

表1-6 三大有机养分的代谢水

养　分	氧化后代谢水/g	每100 g含热量/kJ	每100 kJ代谢水/g
100 g淀粉	60	1 673.6	3.6
100 g蛋白质	42	1 673.6	2.5
100 g脂肪	100	3 765.6	2.7

动物种类不同,代谢水的重要性不同。有汗腺的动物和蛋白质代谢尾产物主要以尿素形式排泄的动物,随着三大营养物质的摄入和代谢,产热量增加,水的需要量更大,体内营养物质氧化产生的代谢水明显不能满足失水的需要。经计算,干燥环境中(环境温度26 ℃,相对湿度10%),这类动物代谢产生的水仅能满足总失水量的7%左右。猪、牛、羊等动物采食蛋白质越多,需水量越大,否则可能因尿素在体内积蓄而引起中毒。蛋白质代谢尾产物主要以尿酸或胺形式排泄的动物,排泄这类产物需要的水很少,甚至代谢水已能满足需要。不同饲料的代谢水见表1-7。

表1-7 不同饲料的代谢水 %

种类	水分	粗蛋白质	粗脂肪	糖	代谢水
谷类	13.0	10	3	69	49
薯芋	73.6	3	0.1	2	15
豆类	12.5	25	11	44	49
叶菜类	93.0	2	0.3	3	3

2. 水的排出

动物体内的水经复杂的代谢过程后,通过粪、尿的排泄,肺和皮肤的蒸发,以及离体产品等途径排出体外,保持动物体内水的平衡。

(1)通过粪与尿排泄。动物由尿排出的水受总摄水量的影响。摄水量多,尿的排出量则增加。一般动物随尿排出的水占总排出水量的50%左右。不同动物由尿排出的水分不同。禽类排出的尿液较浓,水分较少;大多数哺乳动物排出的水分较多。

粪便中的排水量，随动物种类不同而不同。牛粪含水高达 80%，在非热应激期间粪中水分的排泄量超过尿中排泄量。绵羊、山羊和鹿粪，要形成黏状粪便，粪中含水仅 65%～70%，从粪中排泄的水约占总排泄量的 13%～24%。奶牛在正常情况下为 30%～32%。所以，反刍动物由粪排出的水相对较多。粪中水分也受饲料性质的影响，如动物采食高纤维饲粮，粪中水分相应增加。

(2)通过皮肤和肺脏蒸发。由皮肤表面失水的方式有两种：一是血管和皮肤的体液中的水分可简单地扩散到皮肤表面蒸发；二是通过排汗失水。

不少动物汗腺不发达或缺乏汗腺，则体内水的蒸发，多以水蒸气的形式经肺脏呼气排出。无汗腺的母鸡，通过皮肤的扩散作用失水和肺呼出水蒸气的排水量占总排水量的 17%～35%。

(3)经动物产品排出。泌乳动物除以上几种方式失水外，泌乳也是水排出的重要途径。牛乳平均含水 87%，每产 1 kg 牛乳，可排出 0.87 kg 水。实验证明，奶牛每形成 1 kg 乳，需供水 4～5 kg。此外，家禽产蛋也是一个重要的排水途径，禽蛋含水约 70%，每产一枚 60 g 重的蛋，从蛋中可排出水 40 g 以上。可见，充分满足奶牛饮水，可增加产乳量；保证家禽充足饮水也是保证稳产的重要途径。

三、动物的需水量

动物为了维持体内水平衡，需要不断从外界补充水分。如前所述，动物可以从饮水、饲料水及代谢水获得所需水量，而饲料水和代谢水较难测定，所以一般动物的饮水量近似作为水的需要量。

动物需水量受很多因素的影响，变动范围很大，主要受环境温度、饲料条件和动物自身状况影响。

1. 环境温度

动物需水量随环境温度的增加而增加。因此，夏季比冬季需水量增加。炎热天气，如果缺少饮水，动物很快出现厌食行为，极易导致代谢紊乱，甚至死亡。

2. 饲料条件

草食动物的饲料中含有大量的粗纤维，由于未被消化的粗纤维残渣要排出体外，所以要有充足的水；当动物采食高蛋白和高无机盐饲料时，也必须排出多余的无机盐和蛋白代谢产物，同样需要增加饮水。

3. 动物自身状况

动物活动量增加，体内水消耗增多，对水的需要量也增加；哺乳期间，仔畜增重快，机体对水的需求也增加。

因此，很难估计出动物确切的需水量。生产实践中，动物需水量(不包括代谢水)，常以采食的干物质量来估计。一般情况下，动物的需水量与采食的干物质量呈一定比例关系，每采食 1 kg 干物质需饮水 2～5 kg。对于保水能力差和喜欢在潮湿环境生活的动物，需水量要多一些。例如，牛通常采食干物质与饮水之比为 1∶4；羊接近于 1∶(2.5～3.0)。

禽类需水量通常低于哺乳动物。初生动物单位体重需水量要比成年动物高。活动会增加动物饮水量，紧张的动物又比安静的动物需更多的水。

动物生理状况不同需水量不同。高产奶牛、高产母鸡、重役马需水量比同类的低产动物多。如日泌乳 10 kg 的奶牛，日需水量 45～50 kg；日泌乳 40 kg 的高产奶牛，日需水量高达 100～110 kg。

在适宜环境中，猪每摄入 1 kg 干物质，需饮水 2～2.5 kg，马和鸡则为 2～3 kg(NRC，1974)，牛为 3～5 kg，犊牛为 6～8 kg。妊娠也增加对水的需要，产多羔母羊需水量比产单羔母羊多。表 1-8 是在适宜环境中畜禽以干物质采食量来计算的预期需水量。

表 1-8 适宜环境条件下畜禽对水的需要量

动物	需水量/[L/(动物·d)]	动物	需水量/[L/(动物·d)]
生长母牛和阉牛：180 kg	15～22	绵羊：非泌乳母羊	7.6
怀孕奶牛	26～49	泌乳母羊	11.3
泌乳奶牛：22.7 kg 牛奶/d	91～102	山羊：2～9 kg 体重	0.4～1.1
45.4 kg 牛奶/d	182～197	家禽：4 周龄肉鸡	0.1
猪：11 kg 体重	1.9	8 周龄肉鸡	0.2
90 kg 体重	9.5	16～20 周龄产蛋鸡	1.2～1.6
怀孕	17～21		
泌乳	22～23		

四、动物缺水的后果

水是生命本身最重要的成分，仅次于氧。动物对水的需要也比对其他营养物质的需要更重要。因此，饮水不足或缺水将给动物带来一系列不良后果，主要表现如下。

1. 影响健康

动物缺水初期表现为食欲减退，采食量下降。动物长期饮水不足，会损害健康，当动物体内水分减少 1%～2%时，开始有口渴感，食欲减退，尿量减少，水分减少 8%时，出现严重口渴感，食欲丧失，消化机能减弱，并因黏膜干燥降低了对疾病的抵抗力和机体免疫力。随着缺水时间的延长，渴感日益严重，可导致食欲废绝，消化机能减退直至完全丧失，严重影响动物健康。

2. 影响生产

动物短期缺水，生产力下降，具体表现为：幼龄畜禽生长受阻；肥育家畜增重缓慢；泌乳母畜产奶量急剧下降；母鸡产蛋量迅速减少，蛋重减轻，蛋壳变薄。据报道，母鸡断水 24 h 产蛋量下降 30%，而且恢复供水后需经 25～30 d 才能恢复正常产蛋。若断水 36 h，母鸡则再也不能恢复正常产蛋了。猪在屠宰前 24 h 不给饮水，会限制猪的采食量，体重减少 5.5%。

3. 危及生命

当动物长期饮水不足时，各组织器官缺水，血液浓稠，营养物质的代谢发生障碍，但组织中的脂肪和蛋白质分解加强，体温升高，常因组织内积蓄有毒的代谢产物而死亡。实验证明，一头饥饿动物，可以失掉几乎全部体脂，半数以上的蛋白质和体重的 40%仍能生存，但失掉体重 1%～2%的水，即出现干渴感，食欲减退；失掉体重 8%～10%的水则代谢紊乱；失掉超过体重 20%的水，动物将因缺水而死亡。缺乏有机养分的动物，可维持生命 100 d，如同时缺乏水，仅能维持 5～10 d。由此可见，水是动物十分重要的营养物质，生产上必须保证动物有良好的、充足的饮水。

查阅资料完成习题

(一)填空题

1. 水是除__________之外最重要的养分之一。

2. 当动物体失掉体重________的水,即出现干渴感,食欲减退;失掉体重__________的水代谢紊乱;失掉超过体重________的水,动物将因缺水而死亡。

3. 动物体获取水的三条途径是__________、__________和__________。动物体内的水分是通过__________排泄、__________蒸发以及经__________排泄的。

4. 生产实践中,动物需水量(不包括代谢水)常以采食__________量来估计。

5. 日粮中含__________、__________、__________多时动物对水的需要量大。

(二)简答题

1. 水有哪些营养生理作用?

2. 动物需水量受哪些因素的影响?

(三)讨论题

1. 如何合理地给畜禽供水?

2. 水缺乏对动物生产的影响有哪些?

二维码 1-15　习题参考答案

拓展知识

几种非常规水资源

我国是世界上水资源匮乏的13个国家之一,虽然我国年均水资源总量居世界第6位,但由于人口众多,且地域和时空分布不均,所以许多城市处于严重缺水的现状。根据2019年《中国水资源公报》统计,全国水资源总量为23 256.7亿m^3,比常年值偏少16.1%,为1956年以来最少的一年。2019年全国总用水量6 107.2亿m^3,全国人均用水量为454 m^3。而国际公认的瑞典水文学家马林·法尔肯马克对水资源极度短缺的定义为1 000 m^3/年以下。在我国水资源如此短缺的形势下,还同时面临着水资源的污染问题。《中国环境状况公报》2018年报道,全国地表水监测的1 935个水质断面(点位)中,Ⅰ～Ⅲ类比例仅为71.0%。为解决水资源日益尖锐的供需矛盾,传统开源节流的方式已不足以解决水资源短缺的根本问题,加大非常规水资源开发利用势在必行。

非常规水资源是指在传统水利观念下不被列为开发利用对象的供水水源类型。包括:再生水、海水淡化水、雨洪水等。

1. 再生水

再生水是污水经适当处理后，可达不同水质标准，用于不同途径，可再生利用的非饮用水。是国际公认的“城市第二水源”。

目前，各国对再生水的主要应用途径为：景观用水、河道补给、冷却用水、工业生产、农林灌溉、市政杂用、绿化浇洒、地下水回灌等。

我国已在景观环境、工业、农林、地下水回灌等多领域进行再生水的利用研究。此外，我国2013年颁布的《城镇排水与污水处理条例》明确规定，工业生产、城市绿化、道路清扫、车辆冲洗、建筑施工以及生态景观等，应当优先使用再生水。

2. 海水淡化水

海水淡化是指利用海水脱盐技术生产淡水，以增加水资源总量。我国海水淡化受政策、技术和价格等因素影响，发展速度相对其他国家缓慢，自“十五”期间把海水淡化列为示范项目以来，已先后在天津市、大连市、青岛市和浙江省建设了一批海水淡化项目。直至“十一五”期间海水淡化产业才开始扩大。根据2019年《中国水资源公报》统计，我国海水淡化水量目前为1亿 m^3。

3. 雨洪水

随着经济的快速发展，我国许多绿色地块变成了高楼大厦、硬质路面，面对汛期时的暴雨袭击，缺乏相应的排涝能力，很多城市相继出现马路上“划船”的现象，城市低洼处更是存在被淹的风险，居民的人身、财产受到侵害，同时，用电设施也会成为一大隐患。雨洪水的水质较好，若仅强调疏、排，则造成了水资源的浪费。近几年随着海绵城市的建设，很多地区遵循“渗”“滞”“蓄”“净”“用”“排”六字方针，将雨洪水从灾害化向资源化转变，最大可能地满足用水需求，实现社会经济和环境改善的双重目标。

我国城市雨水资源化研究与利用严格来说，始于20世纪80年代，目前，根据《中国水资源公报》统计，2019年我国集雨工程水量为10.9亿 m^3。

伴随着经济的不断发展和人民对美好生活的向往，在常规水资源日渐珍贵的今天，对非常规水资源合理开发利用、制定相应标准、建立相关协调机制的需求更加凸显，已成必然之举。同时健全非常规水资源利用相关的法律法规和水价体系，并向社会进行普及推广，可为水资源的最大化利用提供有效保障。

（资料来源：穆莹、王金丽，几种非常规水资源应用现状及利用前景，2020.）

Learning situations 2

学习情境二

饲料原料识别、品质检验与利用

知识目标

1. 掌握国际、国内饲料分类方法。
2. 掌握饲料原料的种类、营养特性及其应用。
3. 掌握饲料原料的感官性状等知识。
4. 掌握饲料原料品质检验的方法。
5. 掌握常用原料品质检验的方法。
6. 了解饲料厂饲料原料质量管理工作规范。
7. 了解常用原料质量标准。

技能目标

1. 能正确分类各饲料原料、描述营养特性并能正确使用。
2. 能进行饲料原料质量感官检验。
3. 能进行常用饲料原料的容重、显微镜检验。
4. 能进行饲料原料常见掺假成分的快速化学检验。
5. 能进行饲料原料微生物学鉴定。

思政目标

1. 培养学生环境保护意识。
2. 培养学生遵纪守法意识。
3. 培养学生饲料安全、食品安全意识。
4. 激发学生开发利用当地饲料资源的使命感和开创精神。

学习任务

1. 饲料原料识别利用。
2. 饲料添加剂特性与识别利用。
3. 饲料原料品质检验。

学习任务1

饲料原料识别利用

【任务描述】

完成学习任务1.1～1.6相关资讯信息，分组讨论分析，完成学习相关题目，拓展相关知识，增强实际应用能力。实施工作任务。

【任务实施】(任务单)

学生按5人一组，对饲料厂、养殖场的各类饲草、饲料原料样本进行观察识别、分类；写出下列任务实施报告。

1. 分别叙述每种饲料原料的类别，写出饲料编码、营养特性。
2. 举例说明该场(厂)饲料配方中各种原料合理搭配的应用案例。
3. 完成学习任务实施效果评价表。

【信息途径】

1. 网络：中国饲料工业信息网、中国饲料行业信息网、中国饲料在线。
2. 图书馆、教学视频、教师。

学习任务1.1　国际、国内饲料分类操作

饲料分类相关知识

一、国际饲料分类方法

L. E. Harris根据饲料的营养特性将饲料分为粗饲料、青绿饲料、青贮饲料、能量饲料、蛋白质补充料、矿物质饲料、维生素饲料、饲料添加剂8大类，并对每类饲料冠以6位数的国际饲料编码(international feeds number，IFN)，首位数代表饲料归属的类别，后5位数则按饲料的重要属性给定编码。编码分3节，表示为△-△△-△△△(表2-1)。

表 2-1　国际饲料分类依据原则　%

饲料类别	IFN(国际饲料编码)	划分饲料类别依据		
		水分(自然水分含量)	粗纤维(干物质中)	粗蛋白质(干物质中)
粗饲料	1-00-000	<45	≥18	—
青绿饲料	2-00-000	≥45	—	—
青贮饲料	3-00-000	≥45	—	—
能量饲料	4-00-000	<45	<18	<20
蛋白质补充料	5-00-000	<45	<18	≥20
矿物质饲料	6-00-000	—	—	—
维生素饲料	7-00-000	—	—	—
饲料添加剂	8-00-000	—	—	—

二、我国饲料分类方法

张子仪等(1987)建立了我国饲料数据库管理系统及饲料分类方法。首先根据国际饲料分类原则将饲料分成 8 大类,然后结合中国传统饲料分类习惯划分为 17 亚类,两者结合,迄今可能出现的类别有 37 类,对每类饲料冠以相应的中国饲料编码(Chinese feeds number,CFN),共 7 位数,首位为 IFN,第 2 位和第 3 位为 CFN 亚类编号,第 4～7 位为顺序号。编码分 3 节,表示为△-△△-△△△△(表 2-2)。

表 2-2　中国饲料分类编码　%

饲料类别	CFN(中国饲料编码)	划分饲料类别依据		
		水分(自然水分含量)	粗纤维(干物质中)	粗蛋白质(干物质中)
一、青绿饲料	2-01-0000	>45	—	—
二、树叶				
1. 鲜树叶	2-02-0000	>45	—	—
2. 风干树叶	1-02-0000	—	≥18	—
三、青贮饲料				
1. 常规青贮饲料	3-03-0000	65～75	—	—
2. 半干青贮饲料	3-03-0000	45～55	—	—
3. 谷实青贮料	4-03-0000	28～35	<18	<20
四、块根、块茎、瓜果				
1. 含天然水分的块根、块茎、瓜果	2-04-0000	≥45	—	—
2. 脱水块根、块茎、瓜果	4-04-0000	—	<18	<20
五、干草				
1. 第一类干草	1-05-0000	<15	≥18	—
2. 第二类干草	4-05-0000	<15	<18	<20
3. 第三类干草	5-05-0000	<15	<18	≥20

续表 2-2

饲料类别	CFN(中国饲料编码)	划分饲料类别依据		
		水分(自然水分含量)	粗纤维(干物质中)	粗蛋白质(干物质中)
六、农副产品				
1.第一类农副产品	1-06-0000	—	≥18	—
2.第二类农副产品	4-06-0000	—	<18	<20
3.第三类农副产品	5-06-0000	—	<18	≥20
七、谷实	4-07-0000	—	<18	<20
八、糠麸				
1.第一类糠麸	4-08-0000	—	<18	<20
2.第二类糠麸	1-08-0000	—	≥18	—
九、豆类				
1.第一类豆类	5-09-0000	—	<18	≥20
2.第二类豆类	4-09-0000	—	<18	<20
十、饼粕				
1.第一类饼粕	5-10-0000	—	<18	≥20
2.第二类饼粕	1-10-0000	—	≥18	≥20
3.第三类饼粕	4-10-0000	—	<18	<20
十一、糟渣				
1.第一类糟渣	1-11-0000	—	≥18	—
2.第二类糟渣	4-11-0000	—	<18	<20
3.第三类糟渣	5-11-0000	—	<18	≥20
十二、草籽、树实				
1.第一类草籽、树实	1-12-0000	—	≥18	—
2.第二类草籽、树实	4-12-0000	—	<18	<20
3.第三类草籽、树实	5-12-0000	—	<18	≥20
十三、动物性饲料				
1.第一类动物性饲料	5-13-0000	—	—	≥20
2.第二类动物性饲料	4-13-0000	—	—	<20
十四、矿物质饲料	6-14-0000	—	—	—
十五、维生素饲料	7-15-0000	—	—	—
十六、饲料添加剂	8-16-0000	—	—	—
十七、油脂类饲料及其他	4-17-0000	—	—	—

注:第一节由1位数字组成,即首位的数字1～8分别对应表2-1中的8大类饲料。第二节由两位数字组成,第2位和第3位编码按饲料的来源、形态、生产加工方法等属性,划分为01～17共17亚类。而第三节由4位数字组成,代表饲料的个体编码。

查阅资料完成习题

1. 国际饲料分类法的依据是什么？

2. 按国际饲料分类法，可将饲料分为哪几类？IFN 如何进行编码？

3. 我国饲料分类法依据是什么？

4. 按中国饲料分类法，可将饲料分为哪几类？CFN 如何进行编码？

5. 你的任务是到饲料厂原料库识别各类饲料原料，根据我国饲料分类法请填写畜禽常用饲料的种类：______________________________。

6. 请写出下列饲料编码的大类名称：2-02-0000 __________；1-02-0000 __________；4--04-0000 __________；2-01-0000 __________；4-06-0000 __________。

7. 写出两种最常用能量饲料原料名称和 CFN 编号：______________、______________。

8. 按国际饲料分类法，块根、块茎与瓜果类的饲料编码是什么？

9. 玉米与大豆分别属于哪类饲料？

10. 树叶类饲料在国际饲料分类中属于哪类？

11. 青绿饲料与维生素饲料有何关联？

二维码 2-1　习题参考答案

拓展知识

1. 中国饲料数据库

首页网址：中国饲料数据库（chinafeeddata. org. cn）

自 1989 年农业部批准在中国农业科学院启动中国饲料数据库情报网中心工作后，从 1990 年至 2020 年共连续发布 31 版"中国饲料成分及营养价值表"为我国数以万计的饲料加工与畜禽养殖业提供基础的饲料营养基础数据共享，是我国饲料加工行业及畜禽养殖业唯一的代表官方发布的饲料成分表。

中国饲料数据库突破原有的国际 8 大类饲料原料分类的局限性，在每一类饲料原料单个营养成分特性或多个营养成分组合特性的基础上，进一步细分出 17 个亚类，按国际都柏林核心元数据(Dublin Core Element)标准，制定了 17 类中国饲料原料描述规范，形成了独具特色的中国饲料原料分类法；综合考虑了饲料原料的有效能值、从可利用到可代谢蛋白质、氨基酸及矿物质的评价方法及评价指标的演进，制定了 17 类中国饲料原料属性数据标准；分类构建了涉及 731 项属性数据的 79 个核心数据集，建成了标准化的"中国饲料样本数据库"及"中国饲料实体数据库"。结合饲料原料营养成分大样本分析数据，构建了 352 套单一及分类饲料原料的有效养分预测模型，包括 105 种单一饲料总能、35 套消化能、33 套代谢能、45 套净能及其他 132 套养分预测模型。通过对预测模型的长期验证与广泛应用，预测精度高达 93% 以上，全面实现了饲料样本数据的升值应用。

发布版本	发布日期	发布资料	中国饲料成分及营养价值表
第31版	2020年10月10日	《中国饲料》	浏览
第30版	2019年10月10日	《中国饲料》	浏览
第29版	2018年10月10日	《中国饲料》	浏览
第28版	2017年10月10日	《中国饲料》	浏览
第27版	2016年10月10日	《中国饲料》	浏览
第26版	2015年10月10日	《中国饲料》	浏览
第25版	2014年10月10日	《中国饲料》	浏览

2. 中国 FeedSaas 饲料大数据平台

中国工程院院士李德发教授带领研究团队，建立了饲料原料评价体系、我国首个猪饲料原料净能体系、世界首个猪饲料原料动态营养价值体系。由其带领的中国农业大学研究团队研发的 FeedSaas 饲料大数据平台，平台提供：①精准饲料原料营养价值数据。数据来自不同国家、不同地区、不同企业、不同时期、不同的加工工艺，以及在线的近红外实时采集。数据库原料种类全，重复数充足，利用我国饲料行业实际应用的原料测验出来的，对准确评估原料营养价值，特别是对当地产原料和非常规原料的使用有很好的指导作用。②精准的动物营养需要量。③专业高效的云配方系统。

FEEDSAAS. 首页

学习任务 1.2　粗饲料识别利用

粗饲料相关知识

粗饲料是指自然状态下水分含量在 45%以下，饲料干物质中粗纤维含量大于或等于 18%的饲料，此类饲料能量价值较低，主要包括青干草类、农副产品（稿秕类饲料：秸、壳、荚、秧、藤）、树叶、糟渣等，属国际饲料分类系统中第一大类。

一、青干草类饲料

青干草是指天然或人工种植的牧草及饲料作物在质量和产量最好的时期刈割，经自然或人工干燥调制而成能长期保存的粗饲料。它是反刍动物的主要优良粗饲料。调制后的优质青干草保持青绿颜色，气味芬芳，质地柔软，叶片很少脱落，绝大部分营养物质被保存下来。

优质青干草含粗蛋白质为 7%～14%，高于禾谷类籽实饲料，干物质中可消化糖类占 40%～60%，还富含脂肪、矿物质和维生素，粗纤维的消化率也较高，且含有家畜生产所需要的各种氨基酸，能够保证家畜的正常生长发育和繁殖。

（一）豆科青干草类

如苜蓿、三叶草、草木樨、苕子、大豆干草、红豆草等，这类干草营养价值较高，粗蛋白质含量较高，为 10%～19%，富含钙和胡萝卜素等。反刍动物日粮中配合一定数量的豆科干草，可以弥补饲料中蛋白质数量与质量方面的不足。如用豆科青干草和玉米青贮饲料搭配饲喂反刍动物，可以减少精料用量或者完全省掉精料。

（二）禾本科青干草类

如羊草、冰草、黑麦草来源广，数量大，适口性好。禾本科青干草一般含粗蛋白质与钙较少，其营养价值因种类和刈割时期不同而差异很大。

（三）禾谷类青干草类

也称饲用农作物类，为栽培的饲用谷物，在抽穗—乳蜡熟期刈割制成的青干草，如青贮玉米、小麦青干草、大麦青干草、燕麦青干草、糜谷青干草等。这一类青干草虽然含粗纤维较多，但仍是反刍动物的主要优良粗饲料。

干草的营养价值取决于制作原料的植物种类、刈割时期、调制方法、贮藏技术等。在生产实际中，青干草的品质悬殊，合理地调制干草，干物质损失为 18%～30%，营养价值远比秸秆为优，优质青干草营养价值接近小麦麸；而劣质青干草，有时还不如秸秆，如秋后收割的枯黄草，加之晒制不当，营养物质损失常达 50%～60%及以上，特别是胡萝卜素，几乎损失殆尽。要想获得优质的青干草，关键在于适宜的刈割时期，合理的加工调制方法及正确的贮藏方式。

豆科植物制成的干草粗蛋白质含量高，但在能量价值方面豆科、禾本科和禾谷类作物调制成的干草之间没有显著差别，消化能在 9 MJ/kg 左右。一般豆科含钙量高于禾本科。优良的青干草还含有胡萝卜素，晒制干草是反刍动物维生素 D 的重要来源，晒制的青干草维生素 D 的含量为 100～1 000 IU/kg。青干草是反刍动物的最基本、最主要的饲料。在生产实践中，干草不仅是一种必备饲料，而且还是一种贮备形式，可调节青饲料供给季节不平衡，缓解枯草季节青饲料的不足。优质的干草具有较高的饲用价值，适当地搭配精料、青贮饲料等，对提高草食动物的生产力和经济效益均有良好效果。

二、稿秕类饲料

稿秕类饲料是指农作物在籽实成熟后，收获籽实后所剩余的副产品。脱粒后的作物秆、藤、蔓、秧和附着的叶统称为秸秆；籽实外皮、荚壳、颖壳等称为秕壳。

(一)秸秆类饲料

秸秆类饲料主要有稻草、玉米秸、麦秸、豆秸和谷草等。

1. 稻草

稻草是我国南方农区的主要粗饲料，粗蛋白质含量为 3%～5%，粗纤维含量为 35%，消化能为 8.33 MJ/kg，粗灰分含量较高，约为 17%，硅酸盐占比很大，钙、磷含量低。为了提高稻草的饲用价值，除添加矿物质和能量饲料外，还应对稻草作氨化、碱化处理。

2. 玉米秸

牛对玉米秸消化能为 5.83 MJ/kg。青绿玉米秸胡萝卜素含量较高，为 3～7 mg/kg。同一株玉米秸，上部比下部营养价值高，叶片又比茎秆的营养价值高，反刍动物较为喜食。玉米秸的营养价值优于玉米芯，和玉米苞叶的相似。玉米秸的饲用价值低于稻草，为了提高玉米秸的饲用价值，一方面在果穗收获前，在植株的果穗上方留下一片叶后，削取顶部上梢饲用，或制成干草、青贮料。割取青梢由于改善了通风和光照条件，并不影响籽实产量。另一方面，收获后立即将全棵分成上半株或 2/3 株切碎直接饲喂或调制成青贮料。

3. 麦秸

常用作反刍动物饲料的有小麦秸、大麦秸和燕麦秸。小麦秸粗纤维含量高，并含有硅酸盐和蜡质，适口性差，营养价值低。大麦秸适口性和营养价值稍高于小麦秸，燕麦秸适口性和营养价值高于小麦秸与大麦秸。

4. 豆秸

豆秸有大豆秸、豌豆秸和蚕豆秸等。豆科作物成熟后叶子大部分凋落，因此豆秸主要以茎秆为主，与禾本科秸秆比较，其粗蛋白质含量和消化率都较高。消化能为 6.82 MJ/kg，在各类豆秸中以豌豆秸营养价值最高。

5. 谷草

谷草即粟的秸秆，其质地柔软厚实，适口性好，营养价值高，在各类禾本科秸秆中，以谷草的品质最好。

(二)秕壳类饲料

农作物在收获脱粒时，除分离出秸秆外还分离出许多包被籽实的颖壳、荚皮与种皮等。这些物质统称为秕壳。除稻壳、花生壳外，一般秕壳的营养价值略高于同一作物的秸秆。

1. 豆荚类

有大豆荚、豌豆荚、蚕豆荚等。粗蛋白质含量为 5%～10%，消化能为 7.0～11.0 MJ/kg，饲用价值高。

2. 谷类皮壳

有稻壳、小麦壳、大麦壳、荞麦壳、高粱壳等。营养价值次于豆荚。稻壳营养价值很低，对牛消化能最低，适口性也差，大麦秕壳带有芒刺，易损伤口腔黏膜引起口腔炎。

稿秕类饲料的营养特性：第一，粗纤维含量高，干物质中粗纤维含量为30%～50%，其中木质素比例大，一般为6.5%～12%，适口性差，消化率低，能量价值也低。第二，蛋白质含量很低，粗蛋白质的含量为2%～8%，并且蛋白质品质差，缺乏必需氨基酸，豆科作物较禾本科作物要好些。第三，矿物质含量高，其中大部分为硅酸盐，钙、磷含量低，且钙、磷比例不适宜。第四，维生素缺乏，除维生素D以外，其他维生素都很缺乏，尤其缺少胡萝卜素。

因此，稿秕类饲料的营养价值很低，并非优良饲料，但此类饲料种类繁多，资源丰富，作为非竞争性的饲料资源，用来饲喂家畜，可节约大量粮食，开发利用的潜力巨大。稿秕类饲料对反刍动物来说是很重要的基础饲料，一方面它可以起到维持饲养的作用，另一方面可以起到填充反刍动物消化道容积，保证消化器官的正常蠕动，使反刍动物在生理上有饱的感觉。但是，使用时应注意蛋白质、矿物质和维生素的补充，并要对其进行合理的加工调制，以提高采食量和消化率。

查阅资料完成习题

(一)填空题

1. 粗饲料是指自然状态下水分含量在______%以下，饲料干物质中粗纤维含量大于或等于______%的饲料，此类饲料能量价值较低，主要包括__________、__________、树叶、糟渣等，属国际饲料分类系统中第__________大类饲料。

2. 优质青干草含粗蛋白质为__________，高于禾谷类籽实饲料，干物质中可消化糖类占__________，还富含脂肪、矿物质和维生素，粗纤维的消化率也较高，且含有家畜生产所需要的各种氨基酸，能够保证家畜的正常生长发育和繁殖。

3. 豆科青干草如苜蓿、三叶草等营养价值较高，粗蛋白质含量较高，为__________，富含钙和胡萝卜素等。

4. 青干草的营养价值取决于制作原料的________、________、__________、__________等。

5. 秸秆类饲料主要有__________、__________、__________、__________和谷草等。

6. 除稻壳、花生壳外，一般秕壳的营养价值略高于同一作物的__________。

(二)选择题

1. 粗饲料是指自然状态下水分含量在(　　)以下。

A. 18%　　B. 20%　　C. 45%　　D. 60%～70%

2. 米糠属于(　　)。

A. 粗饲料　　B. 矿物质饲料　　C. 蛋白质饲料　　D. 能量饲料

3. 粗纤维消化率较高的粗饲料是(　　)。

A. 大豆荚　　B. 优质青干草　　C. 玉米秸　　D. 稻草

4. 属于稿秕类饲料的是(　　)。

A. 羊草　　B. 草木樨　　C. 苕子　　D. 大豆荚

5. 稿秕类饲料中矿物质含量高，其中大部分为(　　)。

A. 硅酸盐　　B. 钙　　C. 磷　　D. 铁

6. 新鲜米糠适口性好，但不宜长期贮藏，其原因是(　　)含量高。

A. 粗纤维　　B. 蛋白质　　C. 不饱和脂肪酸　　D. 微量元素

(三)简答题

1. 粗饲料主要包括哪些饲料？

2. 粗饲料的主要营养特性有哪些？

(四)讨论题

调制优质青干草的操作要点有哪些？

(五)分析题

对比青干草饲料与稿秕类饲料的营养特点，试分析如何合理安排反刍动物粗饲料的使用。

二维码 2-2　习题参考答案

学习任务 1.3　青绿饲料识别利用

青绿饲料相关知识

青绿饲料指天然水分含量在45%以上的绿色植物。这类饲料主要包括新鲜青绿牧草类、青饲作物类、叶果类、根茎类、树枝树叶及水生植物等。

一、新鲜青绿牧草类饲料

反刍动物常用的新鲜青绿牧草和青饲作物以豆科和禾本科占有主要地位。它的种类多，产量高，资源丰富，营养价值高，是肉牛青饲料的重要来源，是反刍动物的良好饲料。

(一)紫花苜蓿

紫花苜蓿产量高，品质好，适应性强，是最经济的栽培牧草。紫花苜蓿的营养价值很高，在初花期收割的干物质中粗蛋白质为20%～22%，产奶净能5.4～4.3 MJ/kg，钙3.0%，必需氨基酸组成较为合理，赖氨酸含量可高达1.34%，还含有丰富的维生素与矿物质。由于苜蓿豆科牧草含有皂角素，有抑制酶的作用，牛羊采食大量鲜嫩苜蓿后，可在瘤胃内形成大量泡沫样物质，引起膨胀病，应控制饲喂量(彩图1)。

(二)三叶草

目前栽培较多的为红三叶草和白三叶草。新鲜的红三叶草含干物质13.9%，粗蛋白质2.2%，产奶净能0.88 MJ/kg，其可消化粗蛋白质含量低于苜蓿，但净能值则较苜蓿略高。发生膨胀病的机会小于苜蓿。白三叶草是多年生牧草，再生性好，耐践踏，最适于放牧利用。适口性好，营养价值高，粗蛋白含量高于红三叶草，粗纤维含量低于红三叶草(彩图2、彩图3)。

(三)苕子

苕子为一年生或越年生豆科植物，在我国栽培的主要有普通苕子和毛苕子。普通苕子又称春苕子、普通野豌豆、普通箭舌豌豆等，其营养价值较高，茎枝柔嫩，生长茂盛，叶多，适口性好，是各类家畜喜食的优良牧草。毛苕子又名冬苕子、毛野豌豆等，生长快，茎叶柔嫩，蛋白质和矿物质含量丰富，干物质15.5%，粗蛋白质2.1%，灰分1.9%，钙0.24%，磷0.06%，粗纤维4.5%，无氮浸出物6.5%，适口性好，营养价值高(彩图4)。

(四)草木樨

我国北方以栽培白花草木樨为主，草木樨是一种优良的豆科牧草，具有较高的营养价值，与苜蓿相似。新鲜的草木樨含干物质约16.4%，粗蛋白质3.8%，粗纤维4.2%，钙4.2%，磷0.06% 消化能1.42 MJ/kg。草木樨含有香豆素，有不良气味，故适口性差，饲喂时应由少到多，使肉牛逐步适应(彩图5)。

(五)沙打旺

沙打旺茎叶鲜嫩，营养丰富，是各种家畜的好饲料，新鲜的沙打旺含粗蛋白质4.85%，粗脂肪1.89%，粗纤维9.00%，无氮浸出物15.20%，灰分2.85%，无论是鲜草还是干草，各类家畜均喜采食(彩图6)。

(六)紫云英

紫云英又称红花草，产量较高，鲜嫩多汁，适口性好。在现蕾期营养价值最高，以干物质计，粗蛋白质含量31.76%，粗脂肪4.14%，粗纤维11.82%，无氮浸出物44.46%，灰分7.82%，产奶净能8.49 MJ/kg，盛花期刈割为宜(彩图7)。

(七)黑麦草

分为多年生黑麦草和一年生黑麦草。黑麦草生长快，一年可多次收割，产量高，茎叶柔嫩光滑，适口性好，以开花前期的营养价值最高，可青饲、放牧或调制干草。各类家畜都爱采食。新鲜黑麦草干物质含量约17%，粗蛋白质2.0%，消化能2.22 MJ/kg(彩图8)。

(八)苏丹草

苏丹草是禾本科高粱属一年生草本植物。须根，根系发达入土深，可达2.5 m。茎直立，呈圆柱状，高2～3 m，粗0.8～2.0 cm，分蘖力强，侧枝多，一般每株15～25个。叶7～8片，宽线形，长60 cm，宽4 cm，色深绿，表面光滑；叶鞘稍长，全包茎，无叶耳。苏丹草能很好地适应干旱或半干旱地区的自然条件，充分利用夏季高温和雨水，再生迅速。我国北方地区栽培一年可割2～3茬，南方地区栽培一年可割3～4茬，其既可青刈，又可青贮和调制干草等。早期割青，可以获得品质优良的饲草，它有稳定高产的特性，适于青饲，调制干草，青贮或放牧，耐性比其他一年生牧草好。其营养价值较高、质地柔软、适口性好，是牛、羊、猪、马等牲畜良好的放牧草，含有丰富的可消化营养物质，青绿期蛋白质的消化率达 44%，脂肪 57%，纤维素 64%，为各种家畜所喜食（彩图 9）。

二、青饲作物类饲料

利用农田栽培农作物或饲料作物，在其结实前或结实期收割作为青饲料用，最常见的是青刈玉米、青刈燕麦、青刈大麦、大豆苗、豌豆苗、蚕豆苗等。青刈的作物柔嫩多汁，适口性好，营养价值比收获籽实后剩余的秸秆高得多。在生产中常把青刈玉米作为主要青贮原料，此外青刈燕麦和青刈大麦也常用来调青干草（彩图 10、彩图 11）。

青绿饲料营养有以下特点。

(1)含水量高。一般陆生植物含水量为 60%～90%，水生植物约为 95%，因含水量高，热能值较低。

(2)蛋白质含量高且质优。若以干物质计算，禾本科牧草和蔬菜类粗蛋白质含量达 13%～15%，豆科青绿饲料可达 18%～24%，以上两类饲料鲜样中的粗蛋白质含量在 1.5%～3.0% 和 3.2%～4.4%。含有各种必需氨基酸，以赖氨酸和色氨酸含量最多，蛋白质物学价值较高，一般可达 70%。

(3)维生素含量丰富。特别是胡萝卜素，每千克青草含量可达 50～80 mg，其次还含有丰富的核黄素、尼克酸等 B 族维生素和维生素 C、维生素 E、维生素 K 等。因此青饲料是肉牛多种维生素的重要来源。

(4)含有丰富的无机盐。各类青饲料钙、磷含量丰富，且比例合适，尤其是豆科植物。其他无机盐类含量因种类、土壤和施肥等情况而异。

(5)粗纤维含量低。青绿多汁饲料不仅粗纤维含量低，而且木质素少，无氮浸出物较高。

(6)这类饲料中的块根块茎类饲料的干物质中淀粉和糖类的含量高，蛋白质含量低，对犊牛、羔羊是适口性很好的饲料。由于这类饲料体积大，一般不用作反刍动物肥育的主要饲料。

综上所述，青饲料是一种营养相对平衡的饲料，但由于干物质中消化能含量低，从而限制了它们潜在的其他方面的营养优势，在生产中应注意和其他饲料搭配使用。

查阅资料完成习题

(一)填空题

1. 青绿饲料指＿＿＿＿＿＿类、＿＿＿＿＿＿类以及非淀粉质的＿＿＿＿＿＿类等绿色植物。天然水分含量在＿＿＿%以上的绿色植物。

2. 反刍动物常用的新鲜青绿牧草和青饲作物以＿＿＿＿＿＿科和＿＿＿＿＿＿科占有主要地位。

3. 青饲料是一种营养相对＿＿＿＿＿＿的饲料，但由于干物质中＿＿＿＿＿＿含量低，从而限制了它们潜在的其他方面的营养优势。

(二)选择题

1. 青饲料是指自然状态下水分含量在(　　)以上的绿色植物。

A. 18%　　B. 20%　　C. 45%　　D. 60%

2. 水生植物含水量一般为(　　)。

A. 70%　　B. 60%　　C. 95%　　D. 17%

3. 青饲料中维生素含量丰富，特别是(　　)。

A. 维生素 C　　B. 叶黄素　　C. 胡萝卜素　　D. 尼克酸

4. 禾本科青料鲜样中粗蛋白含量是(　　)。

A. 1.5%～3.0%　　B. 3.2%～4.4%　　C. 13%～15%　　D. 18%～24%

(三)简答题

1. 青饲料主要包括哪些饲料？

2. 青饲料的主要营养特性有哪些？

(四)讨论题

不同来源的青饲料各有何营养利用特点？

(五)分析题

青饲料是一种营养相对平衡的饲料，但其干物质中消化能较低，在生产中应如何合理与其他饲料搭配？

二维码 2-3　习题参考答案

学习任务 1.4　能量饲料识别利用

能量饲料相关知识

能量饲料是指干物质中粗蛋白含量低于 20%，粗纤维含量低于 18%，每千克饲料干物质中含消化能为 10 465 kJ 以上的饲料原料。消化能值在 12 558 kJ 以上的为高能饲料，在 12 558 kJ 以下的为低能饲料。能量饲料主要包括谷实类、糠麸类、块根块茎类、油脂类等。

一、谷实类饲料

谷实类饲料是为畜禽提供能量的主要来源，占全价配合饲料和精料混合料的配比最高，这类饲料基本属于禾本科植物成熟的种子。

(一)玉米

玉米种植面积广、产量高、有效能值高，是我国主要的能量饲料(彩图 12、彩图 13)。

1. 营养特性

玉米的粗纤维含量低，仅为 2%，而无氮浸出物含量高达 72%，其中主要是易消化的淀粉，并且粗脂肪含量较高，为 3.5%～4.5%，是小麦和大麦的 2 倍，故玉米的有效能值是谷实类中含量最高的；玉米中含有2%的亚油酸，是谷实类中含量最高者，如在畜禽日粮中玉米用量超过50%时，可满足动物对亚油酸的需要；玉米的粗蛋白质含量低(7%～10%)，品质差，因其蛋白质中50%以上是醇溶蛋白，而且氨基酸的组成不平衡，缺少赖氨酸、蛋氨酸、色氨酸等必需氨基酸。因此，玉米比较适宜和鱼粉、豆饼(粕)搭配使用，并注意赖氨酸、蛋氨酸的添加。近年来国外已成功地培育出高蛋白质(含量约17%)、高赖氨酸的玉米(Opaque-2)，提高了玉米蛋白质的营养价值。玉米含钙极少，约0.02%，磷约0.25%，且有50%～60%的磷以植酸磷形式存在，利用率低，其他矿物质元素含量也较低；黄玉米中含有丰富的β-胡萝卜素(平均2.0 mg/kg)和维生素E(20 mg/kg)，缺乏维生素D和维生素K，除维生素B_1外，其余的B族维生素含量较低，并且不含维生素B_{12}。

目前，世界上玉米的品种主要是黄玉米和白玉米。黄玉米含1～2 mg/kg的β-胡萝卜素和少量的叶黄素与玉米黄质，这些色素具有增加蛋鸡的蛋黄及黄油颜色的特性，叶黄素还可以使肉鸡喙、脚、皮肤变黄，而白玉米含色素极少，故黄玉米比白玉米更受饲料行业和养殖业的欢迎。一般入仓的玉米水分不能超过14%，否则极易发生霉变，感染黄曲霉菌。

2. 饲用价值

玉米因有效能值高，是畜禽最重要的能量饲料，在肉用仔鸡配方中，其用量为50%～70%；肥育猪饲料中应避免过量使用玉米，否则因热能过高，导致背膘增厚，影响胴体品质，使用时注意添加赖氨酸和磷；玉米可大量用于牛羊的精料补充料中，并最好与体积大的糠麸类搭配，以防止积食和引起膨胀。水产饲料中其用量以8%～15%为宜。

(二)小麦

小麦(彩图14、彩图15)主要用于人类食用面粉，麦麸、次粉、碎小麦等其加工副产品用作饲料。在对虾配合饲料中多用面粉或次粉，可提高颗粒饲料的黏合度。

1. 营养特性

小麦的能值比玉米、高粱和糙米低，稍高于大麦和燕麦，其原因是粗脂肪含量(1.8%)低，亚油酸仅为0.8%；粗蛋白质含量(11.0%～16.2%)高于玉米，蛋白质主要是醇溶蛋白和谷蛋白，故品质不佳，然而好于玉米，但仍缺乏赖氨酸、苏氨酸；B族维生素和维生素E较多，而维生素A、维生素D、维生素C极少；钙少磷多，并且钙磷比例不平衡，70%磷是植酸磷；其他微量元素如铜、锰、锌含量较少，但比玉米高。

小麦含β-葡聚糖抗营养因子，故以小麦为主要能量饲料时，可在日粮中添加相应酶制剂。

2. 饲用价值

在鸡饲料中，可用小麦全部取代玉米，其饲用价值为玉米的90%左右，因此，其取代量以1/3～1/2为宜。小麦可全部取代玉米用于饲喂肉猪，不过其利用率低，但可节省蛋白质，改变胴体品质。小麦是反刍动物良好的饲料来源，其用量应小于50%，以免导致过酸症。水产饲料中常用小麦而不用玉米，小麦价值高于玉米，故在生产中用量不宜过量。

(三)大麦

大麦分皮大麦和裸大麦两种，近年来，我国生产的大麦主要用作啤酒酿造原料，用作饲料的大麦正逐渐减少(彩图16)。

1. 营养特性

大麦的粗蛋白质含量(12%)高于玉米,赖氨酸、苏氨酸、色氨酸和异亮氨酸含量均高于玉米,但利用率低;粗脂肪含量为2.1%,低于玉米的含量,亚油酸含量低,仅为0.78%;淀粉和糖的含量比玉米低,其中直链淀粉占22%~26%、支链淀粉占74%~78%,并且含有单胃动物不易消化利用的β-葡聚糖。皮大麦含粗纤维较高(6.9%),无氮浸出物和粗脂肪含量又较低,故它的消化能值较低;而裸大麦含粗纤维低(2.2%),有效能值高于皮大麦,富含维生素B_1、维生素B_2、维生素B_6和泛酸,而维生素A、维生素D、维生素K的含量较低。大麦所含矿物质元素主要是磷和钾,其次为钙、镁,钙、磷,含量比玉米高,并含有少量的铁、铜、锰、锌。

大麦含有一定量的单宁和β-葡聚糖,前者影响大麦适口性和蛋白质消化率,后者是影响大麦营养价值的主要因素。

2. 饲用价值

大麦因能值低,不宜饲喂仔猪,但可饲喂肥育猪,并且是育肥后期的理想饲料,能获得高质量的硬脂胴体,用量应低于25%;用大麦喂鸡效果比玉米差,用量过大会使鸡蛋着色不佳,粪便黏稠;奶牛、肉牛、役马可大量饲喂大麦,饲喂时应稍压扁粉碎,若粉碎过细,影响适口性,在奶牛精料中用量应低于40%。水产饲料中可适当使用。

(四)稻谷

稻谷是我国的第一大粮食作物,按加工精度可分为稻谷、糙米、精白米、碎米、米粉五种。稻米主要供人类食用,用作饲料的通常是陈稻谷、旧糙米、碎米等(彩图17)。

1. 营养特性

稻谷有其粗硬的种子外壳(占稻谷重20%~50%),粗纤维含量较高(大于9%),故有效能值低于玉米和小麦,脱去外壳分离出的糙米,其粗纤维含量降低,仅为1%左右,从而使消化能高于玉米,则属于高能量饲料;粗蛋白质含量(平均7.9%)与玉米接近,其中含醇溶蛋白5%,故其品质优于玉米;糙米的淀粉含量高达75%,淀粉微粒呈多角形,在60℃可糊化;脂肪含量(2.0%)不高,大多存在于米糠与胚芽中,其组成以油酸和亚油酸为主;矿物质含量低,仅1.3%,含钙少,含磷多(69%植酸磷);糙米富含B族维生素,缺乏胡萝卜素。

2. 饲用价值

稻谷的能值低,对猪和鸡的饲喂效果相当于玉米的85%,而糙米的饲喂效果与玉米相当,只是使猪胴体脂肪变软,蛋黄颜色变浅;粉碎后的稻谷完全能代替玉米饲喂反刍动物。

二、糠麸类饲料

糠麸类饲料是谷物的加工副产品。制米的副产品称为糠,制粉的副产品称为麸。糠麸类饲料也是畜禽的重要能量饲料原料,主要有米糠、小麦麸、谷糠等。

(一)小麦麸

小麦麸称麸皮,是小麦加工面粉时得到的副产物,其含量是麦粒总重的23%~25%,来源广,适口性好,是国内外广泛应用的畜禽能量饲料原料(彩图18、彩图19)。

1. 营养特性

小麦麸的营养价值随着小麦的品种、加工工艺、制粉程度、出粉率不同而异。其粗蛋白质含量(11.4%～18.0%)和品质均优于小麦，除蛋氨酸含量(0.13%)略低外，氨基酸组成较平衡；粗脂肪含量为4%～5%，粗纤维含量高，为8%～12%，故有效能值较低。与谷实类相比，小麦麸含有更多的B族维生素，尤其维生素B_1、维生素B_2、维生素B_6，但不含维生素B_{12}；钙含量(0.11%)低，磷含量高达1.31%，主要是植酸磷，且比例极不平衡，使用时注意钙的补充。另外，小麦麸质地疏松，并含有较多镁盐，具有轻泻作用，可防止动物便秘，有调养消化道作用。

2. 饲用价值

小麦麸是所有动物的良好饲料来源，饲喂雏鸡和蛋鸡，添加量应控制在5%～10%；用于生长鸡和后备种鸡，可起到限饲作用，用量为15%～20%；饲喂奶牛，用量占精料的25%～30%，能增加泌乳量，用量过高反而降低产奶量；饲喂肉牛和马，用量占精料的50%；用小麦麸饲喂肉鸡和肥育猪，应限制其用量比例，以免影响肉质的松软。据报道，用适量小麦麸饲喂猪，有利于提高猪肉的品质，能产生较硬体脂。幼猪的饲喂量不宜过多，以免引起消化不良。在水产饲料中可作为填充料，用量控制在30%以下。

(二)次粉

次粉是面粉厂磨制精粉分离出的糊粉层、少量胚乳和部分细麸为主的等外面粉，比小麦麸细，其量占麦粒总重的3%～5%。次粉既可用作动物饲料，又可作颗粒饲料的黏合剂使用(彩图20)。

1. 营养特性

次粉的粗蛋白质含量(13.6%)略低于小麦麸；在必需氨基酸组成中，除精氨酸、组氨酸、色氨酸含量略低于小麦麸外，其他氨基酸含量比小麦麸稍高；粗脂肪含量为2.1%，粗纤维含量仅为2.8%，故有效能值(猪的消化能为14.48 MJ/kg)比小麦麸高；矿物质元素与维生素的含量与小麦麸相似。

2. 饲用价值

次粉的有效能值高，故可取代谷物饲料饲喂畜禽，在颗粒料中其用量可达10%～20%，在粉料中应限制用量，否则因其太细易造成禽黏嘴现象；次粉也可应用于饲喂反刍动物，其密度大，适口性差，宜与松软性饲料搭配使用。

(三)米糠

米糠是糙米加工成白米后的副产品，米糠脱脂后成为脱脂米糠(彩图21、彩图22)。

1. 营养特性

米糠的蛋白质(13%)、赖氨酸(0.72%)含量均优于玉米；干物质中粗灰分(7.5%)比麦麸高近1倍，粗纤维(5.7%)和无氮浸出物(44.5%)稍低于麦麸，故有效能值很高，位于同类饲料之首，对猪消化能为12.64 MJ/kg，其原因是米糠中粗脂肪含量高达22%，约是小麦麸的3倍多，且多为不饱和脂肪酸；米糠富含维生素E和B族维生素，维生素A、维生素D、维生素C却很少；米糠的钙磷比例极不平衡，钙含量极低(0.07%)，磷含量高(1.43%，且多为植酸磷)，还含有较多的锰、锌、铁。米糠中含有胰蛋白酶抑制因子、植酸等抗营养因子，需经过加工处理，以免采食过量影响动物的生产性能。米糠中脂肪酶活性也较高，因此贮藏时间不宜过长。

2. 饲用价值

新鲜米糠适口性好，各种畜禽都喜食，尤其是适合喂猪，其用量在生长猪饲粮中为10%左右，肥育猪后期控制在15%以下，因含油脂多，育肥猪喂量过多会影响肉质，产生软脂肉，对仔猪和哺乳母猪的饲喂量也不宜过多；米糠喂鸡的效果不如喂猪好，但可补充鸡所需的B族维生素、锰、锌、铁及必需脂肪酸，并能提高蛋重，一般其用量应控制在5%以下，颗粒料为10%左右，饲喂量过多，适口性下降，导致雏鸡肝脏肥大；米糠可应用于饲喂肉牛和奶牛，其用量可占精料的20%左右；新鲜米糠喂鱼，能提供较高的能量、维生素和肌醇，其用量一般在10%以下。

三、油脂类饲料

油脂类饲料是能值高的能量饲料，天然油脂按照来源和状态可分为动物油脂、植物油脂、饲料级水解油脂和粉末油脂，其中粉末油脂含油脂90%以上，易贮藏，使用方便，但成本较高。目前，油脂在配合饲料中的应用越来越受到重视。

1. 营养特性

油脂能量高，是高热能的来源，约相当于蛋白质和糖的2.25倍，并且易被动物消化吸收，对鸡代谢能高达38.76 MJ/kg。如果仅用1%的油脂替代玉米或其他谷实类，则配合饲料能量浓度可提高0.23～0.33 MJ。饲喂油脂，能降低饲料消耗，提高动物的生产性能。

2. 饲用价值

添加2%～3%油脂，使鸡产蛋量提高10%～15%，能量消耗降低7%～8%，若用量过高，造成蛋鸡肥胖、产蛋率下降，故产蛋鸡添加量一般为3%～5%；添加2%油脂，使肉鸡增重提高7%～10%；在生长肥育猪饲料中添加3%～5%的油脂，使增重提高5%，并改善饲料转化率，若添加油脂过多，会增加背膘厚度，降低胴体品质；奶牛泌乳初期和中期的精料中油脂添加量一般为3%～6%，若过多则会影响食欲和瘤胃发酵功能，并降低其他养分消化率。水产饲料中油脂量以1%～3%为宜。油脂的热增耗低，能缓减环境湿度的变化对动物造成的热应激。如在炎热的夏季，鸡的采食量降低，不可能保证产蛋鸡对能量的需要，若在日粮中添加9%油脂，由于油脂热增耗低，这样既增加了能量，又提高了产蛋量；在天冷时，蛋鸡为维持体温恒定，能量的消耗比在适宜温度下提高20%～30%，这时添加油脂可保证产蛋率不下降。

3. 使用注意事项

油脂易氧化酸败，故需贮藏在密闭容器中；加油脂的配合饲料需同时加入占油脂重0.01%的抗氧化剂，以防酸败。避免使用变质或劣质的油脂，劣质油脂有椰子油、棉籽油、蓖麻油和桐子油等。一定要注意油脂的纯度和稳定性。水分、不溶物都属杂质。优质动物性油脂的杂质应少于2%，不溶物多，油脂不纯，不能作为饲料用，饲用油国家质量标准中酸价与过氧化值为必检项目。

四、淀粉质的块根、块茎及瓜类

此类饲料的营养特点是水分含量高，一般为70%～90%。作为能量饲料利用主要是除去水分后的块根、块茎、瓜类。

查阅资料完成习题

(一)填空题

1. 能量饲料是畜禽饲料中占比例最大的，也是最重要的饲料种类，是在干物质中粗纤维含量__________，同时蛋白质含量__________的__________、__________、__________、__________等一类饲料。

2. 畜禽日粮中常用的谷实类能量饲料有__________、__________、__________、__________、__________、__________。一般来说，谷实类饲料在鸡饲料中的搭配比例为________；在猪饲料中，谷实类能量饲料应占__________。应特别注意的是在饲料搭配过程中，高粱的添加量不得超过__________，否则适口性较差，畜禽不喜食。

3. 畜禽日粮中常用的糠麸类能量饲料有__________、__________、__________。一般来说，糠麸类饲料在鸡饲料中的搭配占比为__________，在猪饲料中占__________。

(二)选择题

1. 属于能量饲料的原料是(　　)。

A. 豆粕　　B. 麸皮　　C. 鱼粉　　D. 石粉

2. 米糠属于(　　)。

A. 粗饲料　　B. 矿物质饲料　　C. 蛋白质饲料　　D. 能量饲料

3. 能量含量最高的谷物籽实类饲料是(　　)。

A. 高粱　　B. 麦类　　C. 玉米　　D. 麸皮

4. 油脂属于(　　)。

A. 蛋白质饲料　　B. 能量饲料　　C. 饲料添加剂　　D. 维生素饲料

5. 猪在育肥期间为了保证胴体品质，最好多使用(　　)。

A. 大麦　　B. 玉米　　C. 小麦　　D. 麸皮

6. 新鲜米糠适口性好，但不宜长期贮藏，其原因是(　　)含量高。

A. 粗纤维　　B. 蛋白质　　C. 不饱和脂肪酸　　D. 微量元素

7. 根据饲用玉米的营养特点，错误的一项是(　　)。

A. 脂肪含量高　　B. 无氮浸出物含量高

C. 蛋白质含量高　　D. 胡萝卜素含量高

8. 下列不属于能量饲料是(　　)。

A. 麸皮　　B. 米糠　　C. 次粉　　D. 稻壳

(三)简答题

1. 查阅资料总结谷实类饲料的共同营养特点是什么？

2. 查阅资料总结糠麸类饲料的共同营养特点是什么？

3. 查阅资料总结淀粉质的块根、块茎及瓜类能量饲料的共同营养特点是什么？

(四)讨论题

1. 在断奶仔猪、育肥猪、早期妊娠母猪阶段分别选择什么能量饲料比较适宜，如何弥补其营养缺陷？

2. 在畜禽生产中能量饲料比例过大会造成什么不良后果？如何合理地搭配使用能量饲料。

(五)分析题

1.请分析以小麦为主要能量饲料的猪禽饲粮营养缺陷,提出解决的技术措施。

2.请分析以稻谷为主要能量饲料的猪禽饲粮营养缺陷,提出解决的技术措施。

二维码 2-4 习题参考答案

学习任务 1.5 蛋白质饲料识别利用

蛋白质饲料相关知识

蛋白质饲料是指干物质中粗蛋白质含量等于或高于 20%,粗纤维含量低于 18%的饲料原料。这类饲料具有能量饲料的特点,在有效能值方面与能量饲料相差不大。一般来说,这类饲料干物质中粗纤维含量少,而且易消化的有机物质较多,每单位重量所含的消化能较高。蛋白质含量高于能量饲料。可用来补充畜禽能量饲料或粗饲料中的蛋白质不足,组成平衡日粮。

蛋白质饲料可分为植物性蛋白质饲料、动物性蛋白质饲料(5-13-0000)、微生物蛋白质饲料三大类。

一、植物性蛋白质饲料

植物性蛋白质饲料包括油料作物榨油后的饼粕类(5-10-0000)、豆科籽实类(5-09-0000)、农副产品类 5-06-0000 和糟渣类(5-11-0000)。

(一)饼粕类

富含脂肪的豆类籽实和油料作物籽实提取油脂后的副产品统称为饼粕类饲料。经压榨提油后的饼状副产品称作油饼;经浸提脱脂后的碎片或粉状副产品称作粕。常见的有大豆饼粕、棉籽饼粕、菜籽饼粕、花生饼粕、胡麻(亚麻仁)饼粕、向日葵饼粕、芝麻饼粕、玉米胚芽饼粕、棕榈饼粕等。这类饲料的突出特点是油脂和蛋白质含量较高,而无氮浸出物含量比一般谷实类低。饼粕类饲料是配合饲料的主要蛋白质来源,但由于原料和加工方法不同,营养和使用价值有较大差异,使用时应经热处理或脱毒处理,以确保饲用的安全性。

1.大豆饼粕

大豆饼是以大豆为原料,经机械压榨法取油后所得的饼状产品,豆粕是以大豆为原料,经预榨-溶剂浸提法或直接浸提法取油、脱溶剂、干燥后得到的产品。大豆饼粕是我国用量最多、使用最广的植物性蛋白质饲料,也是所有饼粕类中品质最为优越的(彩图 23、彩图 24)。

(1)营养特性

大豆饼的粗脂肪含量(4%)高于大豆粕(1%),有效能值稍高于大豆粕,大豆饼的粗蛋白质含量低于豆粕5%左右。大豆饼粕的蛋白质含量为40%～50%，必需氨基酸含量高，组成合理，尤其赖氨酸、异亮氨酸含量丰富，是饼粕类饲料和谷实类的最高者，但蛋氨酸含量相对较低，成为大豆饼粕的第一限制性氨基酸；粗纤维含量在5%左右；钙少磷多，磷中61%属植酸磷，利用率低；微量元素硒含量较低；缺乏维生素 B_2、维生素 B_{12} 和胡萝卜素。生大豆饼粕中存在与全脂大豆相类似的抗营养因子，也需经过适当的热处理才能饲喂给动物，饲料用豆粕国家质量标准中规定对尿酶活性作为参考检测项目。

(2)饲用价值

适当热处理的优质大豆饼粕的颜色一般为淡黄色至黄褐色，具芳香味，适口性好，是各种畜禽的优质蛋白质饲料，使用时应添加蛋氨酸才能满足动物的营养需要。其用量：占鸡猪饲料13%～20%，仔猪小于10%；生长鸡、肉用仔鸡达20%以上；奶牛、肉牛20%～30%。

2. 菜籽饼粕

菜籽饼粕是油菜籽脱油的副产品，为优良的蛋白质饲料，有粉状、片状和粒状三种(彩图25)。

(1)营养特性

生产菜籽饼粕时不能脱皮，故菜籽饼粕粗纤维含量高，可达12%，是大豆饼粕的2倍，故有效能值低；粗蛋白质含量为35%～39%，氨基酸组成较平衡，蛋氨酸(0.7%)含量高于大豆饼粕与棉籽饼粕，并且精氨酸含量(2.32%～2.45%)是饼粕类中最低者，赖氨酸与精氨酸比例较平衡；含有较多的钙、磷，磷高于钙，但65%为植酸磷；微量矿物质元素中硒(高达1 mg/kg是植物饲料中最高者)和锰的含量较高；B族维生素中烟酸、胆碱、叶酸含量丰富，而胡萝卜素、维生素D和泛酸的含量较低。

油菜籽实中含有硫葡萄糖苷类化合物，该类化合物本身无毒，但在油菜籽实中含有的芥子酶作用下水解成异硫氰酸酯、噁唑烷硫酮等有毒物质，能侵害猪、禽的甲状腺、肝脏、肾脏，导致这些器官肿大，并破坏黏膜和消化道表层，影响动物的生长繁殖。另外，菜籽饼粕还含有一定量的芥子碱、植酸和单宁等有害成分。20世纪90年代以来，我国大面积推广“双低”油菜品种，据国家粮食和物资储备局发布的《2021年全国油菜籽收获质量调查报告》显示，主产区(湖南、江苏、湖北、安徽、四川、江西、河南)采集样本低芥酸(≤3.0%)菜籽占比为29.6%。“双低”油菜是指低芥酸、低硫苷油菜，要求菜油中芥酸含量3%以下，菜饼中硫苷含量低于30 μmol/g。低芥酸菜籽油中油酸、亚油酸含量大幅度提高，营养品质显著改善；低硫苷饼粕降低了毒性，提高了菜籽饼粕的利用价值。若为非双低品种的菜籽饼粕，目前多采取限量使用，也可对其进行去毒处理后使用，其方法同棉籽饼粕的去毒处理。在菜籽粕国家饲料原料标准中规定对异硫氰酸酯+噁唑烷硫酮作为参考检测项目。

(2)饲用价值

菜籽饼粕在配合饲料中的用量，应根据含毒量高低而定。一般雏鸡4%～5%，育成鸡7%～8%，产蛋鸡5%～8%，肉仔鸡后期5%；仔猪5%～8%，种猪3%～5%，生长育肥猪10%～15%；奶牛应控制在精料量的10%以下，过高则影响乳牛产奶量和乳脂品质，肉牛占精料量5%～20%。在水产饲料中使用量最高可以达到50%左右。

3. 棉籽饼粕

棉籽饼粕是棉籽去油后的副产品，其产量仅次于大豆饼粕，是良好的蛋白质补充料。为了提高棉籽饼粕的营养价值，脱油时棉仁中经常添加一定量的壳来提高出油率(彩图26)。

(1)营养特性

棉籽饼粕粗纤维含量为12%左右,粗蛋白质含量较高,为34%以上,但品质较差,赖氨酸含量低,相当于大豆饼粕的50%～60%,精氨酸含量在饼粕类饲料中仅次于花生饼粕,赖氨酸、精氨酸组成不平衡,易产生拮抗作用,蛋氨酸含量也低,约为0.4%,棉籽饼粕的其他营养成分与大豆饼粕相似。因此,使用时应在饲粮中添加赖氨酸、蛋氨酸或与精氨酸含量低的菜籽饼粕、血粉、鱼粉搭配。

棉籽饼粕含有游离棉酚、环丙烯脂肪酸、单宁、植酸等抗营养因子,其中最主要的是游离棉酚和环丙烯脂肪酸。这些抗营养因子对蛋白质、氨基酸和矿物质的有效利用及动物的生产性能均产生严重后果。因此,最常用方法是限量或喂前经去毒处理(热处理法、硫酸亚铁法、碱处理、微生物发酵等),最根本的办法是培育无毒品种,饲用棉籽粕国家质量标准中游离棉酚为参考检测项目。

(2)饲用价值

鸡对游离棉酚的耐受力比猪高,若游离棉酚的含量在0.05%以下时,肉鸡、生长鸡的用量为10%～20%,产蛋鸡用量为5%～15%。为避免蛋黄在贮藏期不脱色,在日粮中应控制用量在3%以下;肉猪用量为10%～20%,母猪用量为5%～10%;棉籽饼粕对反刍动物的饲用价值更大,只要不过量饲喂,就没有毒害作用,对犊牛用量可占精料的20%,种公牛可占30%,肉牛占30%～40%,若搭配优质粗饲料,补充胡萝卜素和钙,其增重效果更好。在水产饲料中最高用量控制在35%没有发现有副作用。

4. 花生饼粕

花生带壳脱油后得到的花生饼粕与脱壳、脱油后得到的花生仁饼粕的营养成分差异较大,带壳花生饼含粗纤维15%以上,饲用价值低,故一般都去壳脱油。花生饼粕的营养价值仅次于大豆饼粕(彩图27、彩图28)。

(1)营养特性

花生仁饼粕的粗蛋白质含量45%～50%,以球蛋白为主,赖氨酸含量仅为大豆饼粕的50%,蛋氨酸含量也较低,而精氨酸含量高达4.88%,是所有动、植物饲料中的最高者,故氨基酸组成不平衡,使用时应与精氨酸含量低的菜籽饼粕、血粉、鱼粉搭配;花生仁饼粕粗纤维含量为4.1%～5.3%,粗脂肪含量5.2%～7.9%,故能值较高,其代谢能值(12.55 MJ/kg)是饼粕类饲料中最高者;钙少磷多,且不平衡,与大豆饼粕相同;富含B族维生素,而维生素D、维生素C、胡萝卜素含量很低;花生饼除粗脂肪含量高外,与花生粕的营养特性无实质区别。热处理不当的花生饼粕中含有胰蛋白酶抑制因子,严重影响蛋白质利用率。

另外,花生饼粕在贮藏过程中极易感染黄曲霉,产生黄曲霉毒素,并且感染后难以除去,所以贮藏和使用时应严加注意。

(2)饲用价值

宜用于成鸡,育成期用量可达6%,产蛋期用量可达9%,若补充赖氨酸、蛋氨酸或与鱼粉、血粉、菜籽饼粕配合使用,效果更好;花生饼粕是猪的优良蛋白质饲料,但用量也不宜过多,否则会引起下痢,脂肪变软,控制在15%以下;在反刍动物饲粮中也可使用,如哺乳奶牛用量为小于2%,其他阶段为4%以下。

5. 向日葵饼粕

向日葵饼粕是向日葵籽榨油后的副产品,其营养价值随含壳多少而差异很大,脱壳向日葵饼粕是优质蛋白质饲料，主要产自我国的内蒙古和吉林(彩图 29)。

(1)营养特性

脱壳的向日葵饼粕粗蛋白质含量高达 39.5%～49.8%，而我国生产的向日葵饼粕含有不同的壳，粗纤维含量相对高，粗蛋白质含量较低，一般为 28%～32%，氨基酸组成不平衡，与大豆饼粕、棉籽饼粕、花生饼粕相比较，赖氨酸含量低，不能满足畜禽需要，而蛋氨酸含量较高；向日葵饼粕的有效能值也低，猪的代谢能为 7.91 MJ/kg，鸡代谢能为 6.65 MJ/kg；矿物质含量与其他饼粕饲料相似；而 B 族维生素含量丰富，高于大豆饼粕，尤其烟酸(200 mg/kg)、核黄素(10 mg/kg)含量为饼粕类最高者。

向日葵饼粕中不仅含有难以消化的木质素，还含有绿原酸为主的酚类化合物，绿原酸对胰蛋白酶、淀粉酶和脂肪酶活性有抑制作用，致使动物生产性能下降。若其含量降至 0.3%，则不会出现以上情况。

(2)饲用价值

带壳的向日葵饼粕粗纤维含量高达 20%，有效能值低，肉鸡不宜饲用，蛋鸡饲用量应控制在 10%以下，用量过高易生成白色斑点蛋壳，火鸡羽毛脱色。脱壳的向日葵饼粕，蛋鸡用量可达 20%；向日葵饼粕适口性比大豆粕差，仔猪少用或不用，生长育肥猪适当使用，但应补充维生素和赖氨酸，能代替 50%大豆粕，用量不宜过大，否则易造成软脂；向日葵饼粕是反刍动物的优质蛋白质饲料，适口性好，饲用价值与大豆粕相当，若喂量过多，可导致乳脂和体脂变软。

6. 亚麻仁饼粕

亚麻仁饼粕是亚麻籽实脱油后的副产品(彩图 30)。

(1)营养特性

亚麻仁饼粕的粗蛋白质含量为 32%～38%，品质差，赖氨酸(1.12%)、蛋氨酸含量低，精氨酸含量高达 3.05%，其氨基酸组成不平衡，故应添加赖氨酸或与赖氨酸含量高的饲料搭配使用；粗纤维含量高于大豆饼粕，故有效能值比大豆饼粕低；矿物质中钙、磷含量较高，还是优良的天然硒源，含量高达 0.18%；维生素含量与其他饼粕类相似。

亚麻仁饼粕含有生氰糖苷(本身无毒)，在 40～50 ℃、pH 5 左右生成氢氰酸，引起畜禽中毒。此外，还含有亚麻籽胶(具有黏性，禽类采食困难)和抗维生素 B_6 等有害物质，因此，饲喂前必须经过适当的加工处理。

(2)饲用价值

亚麻仁饼粕在鸡饲料中少用或不用，雏鸡应避免使用，生长鸡和产蛋鸡应控制在 5%以下。亚麻仁饼粕的饲用价值优于芝麻粕和花生粕，但需添加其他优质蛋白质饲料，并添加赖氨酸、蛋氨酸；生长育肥猪饲粮中用量可达 8%，不能再多；亚麻仁饼粕是反刍动物优质的蛋白质饲料，对奶牛来说，能提高产奶量和防止便秘，并能改善动物被毛的光泽。

(二)豆类籽实

豆类是我国主要的植物性蛋白质饲料，常用种类有大豆、蚕豆、豌豆。这类饲料蛋白质含量高，为 20%～40%，氨基酸组成也较好，其中赖氨酸丰富，而蛋氨酸等含硫氨基酸相对不足。蛋白质利用率是谷实类的 1～3 倍。除大豆脂肪含量(17%)较高外，其他豆类(2%～5%)均较低，无氮浸出物含量为 22%～56%，比谷实类低，粗纤维含量(3.8%～6.4%)低，易消化；矿物质和维生素含量与谷实类相似，钙含量稍同于谷实类，富含 B 族维生素，缺乏维生素 A、维生素 D。

生大豆含有胰蛋白酶抑制因子、血球凝集素、致甲状腺肿大因子、肠胃胀气因子、抗维生素因子、皂角苷等多种抗营养因子。动物采食后，引起生长停滞、胰腺增生、腹泻等，严重影响了大豆的营养价值与利用效果。因此，经物理方法（如煮、蒸汽处理、微波处理、焙炒、膨化等）、化学方法和生物学方法（如酶法、发芽等）处理，使其所含的抗营养因子活性降低或灭活，从而提高蛋白质利用率，并改善动物的生产性能。其中膨化全脂大豆由于含能量值高，蛋白质含量相对较高在动物生产中应用较多。

（三）农副产品类和糟渣类

在蛋白质饲料范畴内，还包括一些谷类的加工副产品、糟、渣之类。如玉米蛋白粉、各种酒糟、豆腐渣等。本类饲料有一共同特点，即都是在大量提取各种籽实中的糖类后的多水分残渣物质。这些糖类或因发酵酿酒而转化为醇，或直接被制成淀粉，故残存物中，粗纤维、粗蛋白质与粗脂肪的含量均相应地比原料籽实大大提高。粗蛋白质含量在干物质中占 22.0%～42.9% 而列入蛋白质饲料的范畴。由于它们每千克物质中的消化能水平一般平均在 13.8 MJ 左右，故其能量价值在能量饲料中还属于中等。但由于加工目的与方法不同，各种饲料有其自身的特点。

玉米蛋白粉是玉米生产淀粉时得到的副产物，按照加工精度不同，可分为粗蛋白质含量 41%以上和 60%以上两种产品。玉米蛋白粉的蛋白质含量差异较大，实际使用以实测值为准（彩图 31）。

玉米酒精副产品饲料有以下三种形式：干酒糟（DDG）是将玉米酒精糟作简单过滤，滤渣干燥，滤清液排放掉，只对滤渣单独干燥而获得的饲料（彩图 32）。可溶性干酒糟（DDS）即含有可溶固形物的干酒糟，是对酒精厂产生的酒精糟液除掉固形部分的残液加以浓缩、干燥的产品（彩图 33）。干全酒糟（DDGS）是将 DDG 和 DDS 混合起来的产品，也叫深色酒糟。

二、动物性蛋白质饲料

动物性蛋白质饲料包括水产制品、畜禽屠宰后副产品、缫丝及乳产品加工副产品等，是一类营养价值较高的蛋白质饲料。

为了预防疯牛病发生，2001 年，我国农业部发布的《关于禁止在反刍动物饲料中添加和使用动物性饲料的通知》，禁止在反刍动物饲料中添加使用以下动物性饲料产品：肉骨粉、骨粉、血粉、血浆粉、动物下脚料、动物脂肪、干血浆及其他血液制品、脱水蛋白、蹄粉、角粉、鸡杂碎粉、羽毛粉、油渣、鱼粉、骨胶等。

（一）鱼粉

鱼粉是以新鲜的全鱼或鱼品加工过程中所得的鱼杂碎为原料，经或不经脱脂，加工制成的洁净、干燥和粉碎的产品，其质量取决于生产原料、加工方法及贮藏条件。由水产品加工废弃物（鱼肉、鱼头、鱼皮、鱼内脏等）为原料生产的鱼粉称为粗鱼粉，其蛋白质含量较低，灰分含量较高，营养价值低于全鱼制造的鱼粉。鱼粉的加工方法有土法、干法、湿法三种，生产的鱼粉质量由优到劣的顺序是：湿法＞干法＞土法。加工中分离出脂肪的鱼粉称为脱脂鱼粉；而未分离出油脂的鱼粉在贮藏中易结块发霉，质量差。鱼粉中含量较高的组织胺，在鱼粉生产过程中，直火干燥或加热过度，或贮藏不当，可使组织胺与赖氨酸结合，形成肌胃糜烂素，饲喂鸡后易发生“黑吐病”，这种鱼粉最好不用(彩图 34、彩图 35)。

(1)营养特性

鱼粉的粗蛋白质含量很高，进口鱼粉的粗蛋白质含量可高达 72%，制作鱼类饵料的白鱼粉含量更高，并且蛋白质品质好，消化率高(90%以上)，氨基酸种类齐全，尤其是植物性蛋白质饲料缺乏的赖氨酸、蛋氨酸、色氨酸等必需氨基酸含量丰富，故蛋白质生物学价值高；鱼粉不含粗纤维和木质素等难消化物质，脂肪含量一般为 5%左右，属于高能量饲料，进口鱼粉对猪的消化能为 12.55～13.18 MJ/kg；矿物质含量丰富，钙(6.0%)、磷(3.0%)含量高，比例适宜，所有的磷都是可利用磷；微量元素中硒、锌、铁、碘含量高，并含有适量的砷；富含维生素 B_{12}，维生素 A、维生素 E、维生素 D、维生素 B_2 及生物素含量也较高，且含有未知的生长因子。

(2)饲用价值

鱼粉是一种优质的动物性蛋白质来源，能显著提高生长性能。在饲粮中用量：一般雏鸡和肉用仔鸡 3%～5%，蛋鸡 3%；断奶仔猪为 3%～5%，其他阶段猪应小于 3%。用量过多，不但会增加饲料成本，还会引起鸡蛋、鸡肉产生异味，使猪体脂变软，猪肉带鱼腥味，肉品质下降。水产饲料中鱼粉用量可较大，反刍动物禁用。

(二)肉粉、肉骨粉

肉粉、肉骨粉是肉类加工厂中的废弃物经干燥脱脂粉碎而成，其原料包括不能食用的动物内脏、废弃屠体、胚胎及经消毒的病死畜禽等，一般呈灰黄或深棕色。把粗蛋白质含量较高、灰分含量较低的称为肉粉(彩图 36)，而将粗蛋白含量相对较低、灰分含量较高的称为肉骨粉(彩图 37)。

(1)营养特性

肉粉、肉骨粉的粗蛋白质含量较高(30%～65%)，蛋白质的消化率取决于原料和加工方法，一般为 60%～90%，氨基酸组成欠平衡，其中赖氨酸、脯氨酸、羟脯氨酸和甘氨酸含量高，而蛋氨酸、色氨酸含量低；脂肪含量为 8%～15%，故能值较高，对猪消化能为 11.84 MJ/kg，但易氧化酸败，使用时应脱脂处理；肉骨粉因含灰分高，是优质的钙、磷来源(磷为可利用磷)，硒、锌含量也较高；维生素 B_{12}、烟酸、胆碱含量高，而维生素 A、维生素 D 含量较少。

(2)饲用价值

肉骨粉是猪、鸡良好的蛋白质饲料，在鸡饲料中添加量小于 6%，并补充所缺乏的氨基酸；断奶仔猪、种猪为 15%，育肥猪、哺乳仔猪应控制在 10%以下。新鲜度较好的肉粉在水产饲料中用量一般控制在 5%左右。肉骨粉的原料极易感染沙门菌，因此在加工处理畜禽副产品过程中，要进行严格消毒。反刍动物禁用。

(三)血粉

血粉是屠宰动物时所得到的血液经脱水加工而成的一种产品，是一种良好的高蛋白饲料(彩图 38、彩图 39)。我国的血粉资源丰富，估计年产量 40 万 t 以上，而利用量不到 20%，因此开发潜力很大。血粉品质因生产血粉的工艺不同而异。采用蒸煮干燥法制成的血粉(称为全蛋白血粉)溶解性差，消化率仅为 40%～50%；而采用低温喷雾干燥法制成的血粉疏松性和溶解性好，消化率高达 90%左右(彩图 40)。

(1)营养特性

血粉的粗蛋白质含量为80%～90%,高于鱼粉和肉粉,但氨基酸平衡性很差,赖氨酸含量(7%～8%)高于鱼粉,并且缬氨酸、组氨酸、亮氨酸含量也丰富,但蛋氨酸、精氨酸含量低,尤其异亮氨酸(0.75%)含量极少。因此,使用时特别注意搭配异亮氨酸,血粉的粗脂肪(0.1%～1.4%)含量低,不含粗纤维;钙、磷含量低,但磷的利用率高,并富含铁(2 800 mg/kg,是所有饲料中含量最高者),其他矿物质元素含量较低;维生素含量低于其他的动物性蛋白质饲料。

(2)饲用价值

血粉味苦,适口性差,用量不宜过大。在鸡饲料中小于2%,猪饲料中控制在5%以下,否则易引起消化功能障碍(血粉具黏性),造成腹泻。在水产饲料中的使用量最好控制在3%以下。反刍动物禁用。

(四)羽毛粉

羽毛粉是指家禽的羽毛在一定温度下高压水解或经化学和微生物处理、干燥、粉碎后形成的粉状产品,是一种高蛋白饲料。羽毛粉的营养价值取决于加工工艺和原料(彩图41、彩图42)。

(1)营养特性

羽毛粉的粗蛋白质含量与血粉相当,在80%以上,蛋白质品质差的主要原因是含角质蛋白,其含有丰富的二硫键,溶解性差,不能被动物消化吸收,只有通过适当的加工(如高压水解、酸和碱处理、膨化等)后才能被动物消化吸收。氨基酸组成极不平衡,其中丝氨酸、异亮氨酸、胱氨酸含量高,赖氨酸和蛋氨酸含量低,二者分别相当于鱼粉的25%和35%左右。因此,使用时应与赖氨酸和蛋氨酸含量高的饲料搭配;粗脂肪和粗灰分含量低,鸡代谢能为11.42 MJ/kg;钙(0.20%)少磷(0.68%)多,并含有较高的硫、锌、硒,特别是硫(高达1.5%)是所有饲料中含量最高者;含有各种维生素,但含量较少(维生素B_{12}除外)。

(2)饲用价值

羽毛粉的饲用价值较低,不宜单独作为蛋白质补充料,必须与其他蛋白质饲料搭配使用。其用量蛋鸡一般为2%,肉鸡2%～5%,猪2%。

美国分析化学家协会(AOAC)规定,所用羽毛必须新鲜、清洁,制造过程中不得使用添加剂或分解促进剂,胃蛋白酶消化率大于75%。反刍动物禁用。

三、单细胞蛋白质饲料

单细胞蛋白质饲料是由单细胞生物有机体所产生的,用来生产单细胞蛋白的生物主要包括酵母、细菌、真菌、微型藻类和某些原生动物。目前已工业化生产的单细胞生物几乎都是酵母(彩图43、彩图44)。

查阅资料完成习题

(一)填空题

1. 蛋白质饲料在畜禽饲料中占比例第二大,也是最重要的饲料种类,在干物质中粗纤维含量在__________,同时蛋白质含量在__________的__________、__________、__________。

2. 蛋白质饲料通常分为三大类，它们分别是：______、______和______。

3. 畜禽日粮中常用的饼粕类蛋白质饲料有______、______、______、______、______、______、______、______、______，并写出相应的 CFN。

4. 畜禽日粮中常用的豆类籽实蛋白质饲料有______、______、______、______，并写出相应的 CFN。

5. 畜禽日粮中常用的玉米淀粉副产品蛋白质饲料有______、______并写出 CFN。

6. 畜禽日粮中常用的玉米酒精副产品蛋白质饲料有______、______、______，并写出 CFN。

7. 畜禽日粮中常用的动物性蛋白质饲料有______、______、______以及______，并写出 CFN，分小组讨论完成本题填空中各饲料的营养特性及使用技术。

8. 畜禽日粮中常用的单细胞蛋白质饲料有______，并写出 CFN，分小组讨论完成本题填空中饲料的营养特性、在畜禽日粮中的应用技术及使用注意事项。

(二)选择题

1. 属于植物蛋白质饲料的原料是(　　)。

A. 豆粕　　B. 麸皮　　C. 鱼粉　　D. 石粉

2. DDGS 属于(　　)。

A. 粗饲料　　B. 矿物质饲料　　C. 蛋白质饲料　　D. 能量饲料

3. 氨基酸含量高、比例最平衡的蛋白质饲料是(　　)。

A. 优质鱼粉　　B. 豆粕　　C. 肉骨粉　　D. 酵母粉

4. 属于乳产品加工副产品蛋白质饲料的是(　　)。

A. 乳清粉　　B. 鱼粉　　C. 脱脂奶粉　　D. 液态脱脂乳

5. 在早期断奶仔猪人工乳中，仔猪利用效果最好的蛋白质饲料是(　　)。

A. 脱脂奶粉　　B. 玉米蛋白粉　　C. 鱼粉　　D. 酵母粉

6. 玉米蛋白粉是各类畜禽良好的蛋白质来源，但因氨基酸不平衡，若大量使用，必须考虑添加(　　)。最好与(　　)蛋白质饲料配合使用，一般用量为 15%左右。

A. 合成赖氨酸　　B. 合成蛋氨酸　　C. 大豆粕　　D. 棉籽粕

7. 大豆饼粕生喂时含有胰蛋白酶抑制因子(TI)、大豆凝集素(SBA)、脲酶、大豆抗原等抗营养因子，饲喂后有胰腺肥大增生、腹泻，生长抑制等现象，但在适宜的(　　)下加热 3 min 即可灭活，所以尽量避免使用生豆粕。

A. 60 ℃　　B. 110 ℃　　C. 常温　　D. 200 ℃

8. 根据饲用鱼粉的营养特点，错误的一项是(　　)。

A. 有效能值高　　B. 无氮浸出物含量高

C. 粗蛋白质含量高　　D. 富含维生素 B_2、维生素 B_{12}、生物素、烟酸等

9. 根据 DDGS 的营养特点，错误的一项是(　　)。

A. 粗蛋白质含量高　　B. 中性洗涤纤维含量高

C. 钙含量高　　D. 富含 B 族维生素和维生素 E

10. 下列不属于蛋白质饲料的是(　　)。

A. 血粉　　B. 米糠　　C. 花生饼粕　　D. 玉米麸料

(三)简答题

1. 查阅资料总结饼粕类蛋白质饲料的营养特性、饲用价值以及使用中的注意事项。

2. 查阅资料总结动物性蛋白质饲料的营养特性、饲用价值以及使用中的注意事项。

3. 查阅资料总结饲料酵母蛋白质饲料的营养特性、饲用价值以及使用中的注意事项。

(四)讨论题

1. 畜禽日粮中常用的玉米酒精副产品DDG、DDS和DDGS蛋白质饲料,分小组讨论它们的营养特性、饲用价值及使用技术。

2. 玉米蛋白粉是玉米生产淀粉时得到的副产物,蛋白质含量较高,是畜禽饲养常用的蛋白质饲料,分小组讨论它们的营养特性、饲用价值及使用技术。

3. 使用豆类籽实蛋白质饲料应注意的事项有哪些?

(五)分析题

1. 某养猪场配制生长育肥猪的日粮,原料是以玉米豆粕为主,请分析该日粮营养缺陷,应采取什么措施进行营养平衡。

2. 对比分析植物性蛋白饲料与动物性蛋白饲料的营养特点,如何合理安排饲料中植物性蛋白饲料与动物性蛋白饲料的比例?

(六)思考题

豆粕替代原料有哪些?

二维码 2-5 习题参考答案

拓展知识

猪鸡饲料玉米豆粕减量替代技术方案

2021年4月21日,为广辟饲料原料来源,提升利用水平,构建适合我国国情的新型日粮配方结构,保障原料有效供给,提升畜牧产业链供应链现代化水平,全国动物营养指导委员会提出了猪鸡饲料玉米豆粕减量替代技术方案如下。

一、日粮配制要点

1. 确定日粮类型 根据玉米、豆粕替代原料的供应情况和市场价格,综合性价比,选择适宜的饲料原料,确定日粮类型。

2. 合理设置日粮有效能水平 参考有关饲养标准或饲养手册,结合动物不同生理阶段特点,确定日粮适宜的净能(猪)或代谢能(肉鸡和蛋鸡)水平,根据动物品种或品系推荐的有效能需要量确定其他营养成分的相应比例。

3. 配制基于可利用氨基酸的低蛋白日粮 针对动物不同生理阶段,选用合适的氨基酸平衡模式。按照饲料原料中氨基酸实测值(湿化学或者近红外方法)或者数据库中可利用氨基酸(如标准回肠氨基酸消化率)数值,计算出以可利用氨基酸为基础的日粮配方。合理补充必需氨基酸,并考虑其与非必需氨基酸、小肽之间的平衡。

4.适当考虑其他营养素平衡　包括能氮平衡、脂肪酸平衡(补充亚油酸或不饱和脂肪酸)、维生素平衡、微量元素平衡、电解质平衡等。此外,还要兼顾考虑营养素来源、能量饲料组合、蛋白质饲料组合等。

5.合理选择和使用酶制剂　针对玉米、豆粕以外原料的抗营养因子种类和含量,选择适宜的酶制剂及其组合,如植酸酶以及木聚糖酶、β-葡聚糖酶等非淀粉多糖(NSP)酶和纤维素酶等。

6.合理使用其他添加剂　小麦中的呕吐毒素、花生粕中的黄曲霉毒素等会损害动物健康,可通过添加霉菌毒素脱毒剂或降解剂来消除或缓解。库存期较长的谷物由于发生氧化和结构变化,会降低养分消化率,影响有效能值和营养素效价,可添加抗氧化剂予以预防。肉鸡和蛋鸡饲料中黄玉米用量降低或者使用非玉米原料时,可根据需求补充批准使用的天然色素或者化学合成色素类饲料添加剂。

二、替代原料的营养特性

(一)玉米替代原料

1.小麦　小麦粗蛋白含量高于玉米,但含有一定量的木聚糖,适当补充NSP酶后与玉米的有效能值相当。小麦替代玉米后容易缺乏亚油酸,可通过添加油脂等方式补充。小麦中可利用生物素含量极低,需额外补充。

2.高粱　高粱粗蛋白含量高于玉米,但苏氨酸含量低。其抗营养因子主要有单宁酸、植酸、高粱醇溶蛋白,使用时需要添加复合酶制剂,同时不能粉碎过细。高粱替代玉米的比例一般为40%～60%,同时需要添加油脂补足能量。

3.大麦　大麦粗蛋白和赖氨酸、苯丙氨酸、精氨酸含量高于玉米。其主要抗营养因子是β-葡聚糖,使用量较大时需添加相应的酶制剂。大麦替代玉米比例一般不超过80%,同时需要添加油脂补足能量。

4.稻谷、糙米、碎米　稻谷中谷壳含量为20%,粗纤维含量在8.5%以上,有效能值比玉米低,粗蛋白含量约为7%,在生长育肥猪、肉鸡和产蛋鸡日粮中可添加比例为20%～30%。糙米有效能值比玉米稍低,粗蛋白含量约8.8%,色氨酸含量高于玉米,其他必需氨基酸含量与玉米相近;碎米有效能值与玉米相近,其他营养素与糙米相仿或稍高。糙米、碎米淀粉含量高,纤维含量低,易于消化,在生长育肥猪、肉鸡和产蛋鸡日粮中可添加比例为20%～40%。

5.米糠、米糠粕　全脂米糠有效能值与玉米相当,维生素含量丰富且利用率高;脱脂米糠和米糠粕有效能值低于玉米,但粗蛋白质和大多数氨基酸含量高于玉米。米糠和米糠粕在生长育肥猪饲料中可添加比例为10%～20%。使用全脂米糠时,应注意防范其因脂肪含量高造成的酸败,需适当添加防腐剂和抗氧化剂,放置时间也不宜过长。

6.木薯　将新鲜木薯的含水量减少到14%以下,加工制成木薯粉或木薯粒,其淀粉含量高达81%～88%,粗纤维含量约3.6%,粗蛋白含量2%～4%,富含钾、铁和锌,但缺乏含硫氨基酸,其有效能值约为玉米的90%。木薯中含有抗营养因子氢氰酸,通过加工、晒干或青贮均可以有效脱毒。使用木薯替代玉米应添加一定比例的蛋氨酸、硫代硫酸钠、碘和维生素 B_{12}。木薯粉或木薯粒在生长育肥猪饲料中添加比例一般不超过 20%，在鸡饲料中一般不超过 10%。

（二）豆粕替代原料

1. 菜籽饼粕　菜籽饼粕粗蛋白含量低于豆粕，蛋氨酸含量高，赖氨酸和精氨酸含量低，消化率较差；可与棉籽粕进行合理搭配，改善氨基酸组成。普通菜籽饼粕可替代 40%～50%的豆粕，双低菜粕替代比例可达 60%～80%。菜籽粕有效能值偏低，替代豆粕时需要适量添加油脂。

2. 棉籽饼粕　普通棉籽饼粕蛋白含量低于豆粕，含有游离棉酚和环丙烯脂肪酸等抗营养因子；脱酚棉籽蛋白的粗蛋白含量与豆粕相当或略高，精氨酸含量高于其他饼粕原料，但赖氨酸含量远低于豆粕。棉籽饼粕可与菜籽饼粕等其他饼粕组合使用，改善氨基酸组成。普通棉籽饼粕可替代 30%～40%的豆粕，脱酚棉籽蛋白替代比例可达 60%～80%。

3. 花生饼粕　花生饼粕粗蛋白含量与豆粕相当，精氨酸含量很高，但缺乏蛋氨酸、赖氨酸和色氨酸，氨基酸消化率低；所含矿物质中钙少磷多，且磷多属植酸磷；易受黄曲霉毒素污染，使用时需要注意防霉。花生饼粕在猪饲料中用量一般不超过 10%，在肉鸡饲料中用量前期一般不超过 5%、后期不超过 10%，在产蛋鸡饲料中用量一般不超过 8%。

4. 葵花粕　葵花粕中蛋氨酸含量高，赖氨酸和苏氨酸含量低，氨基酸消化率大多比豆粕低，最好与豆粕同时使用以改善氨基酸平衡。未脱壳的葵花粕纤维含量高，在生长育肥猪和肉鸡饲料中用量一般不超过 5%，在产蛋鸡和母猪饲料中用量一般不超过 10%；脱壳处理后的葵花粕可适当加大用量，在生长育肥猪饲料中可用到 20%以上。

5. 芝麻粕　芝麻粕粗蛋白含量和氨基酸消化率与豆粕相似，精氨酸含量高，在猪鸡饲料中可添加比例在 15%左右。

6. 玉米加工副产物　玉米加工副产物中的喷浆玉米皮、玉米蛋白粉、玉米胚芽粕可部分替代豆粕。喷浆玉米皮蛋白含量可达 20%以上，但使用时要注意防止真菌毒素污染；玉米蛋白粉纤维含量低，粗蛋白可达 60%以上，但一半以上的蛋白质为醇溶蛋白，利用率较低，且氨基酸组成不平衡，蛋氨酸和谷氨酸含量高，赖氨酸和色氨酸缺乏，替代部分豆粕时需补充必需氨基酸；玉米胚芽粕粗蛋白含量可达 30%以上，但纤维含量高，缺乏赖氨酸、色氨酸和组氨酸，替代豆粕时要注意补充相应氨基酸。玉米加工副产物在猪饲料中用量一般不超过 15%，其中，玉米蛋白粉一般在颗粒饲料中使用（粉状饲料不超过 5%），玉米胚芽粕在母猪料中可用到 20%。在肉鸡饲料中用量一般不超过 15%，在产蛋鸡饲料中用量一般不超过 10%。在用小麦或大麦替代玉米的鸡饲料中，使用玉米蛋白粉可增加饲料中的玉米黄质，减少外源色素添加量。

7. 干全酒糟（DDGS）　DDGS 蛋白含量在 26%以上，赖氨酸和色氨酸含量不足，叶黄素含量高。玉米 DDGS 脂肪含量在 10%以上，且亚油酸比例高，可弥补因使用麦类原料导致的日粮亚油酸不足。DDGS 在仔猪饲料中用量一般不超过 10%，生长育肥猪一般不超过 20%，肉鸡饲料中一般不超过 10%，产蛋鸡饲料中一般不超过 15%。

8. 棕榈粕　棕榈粕粗蛋白含量低于豆粕，缺乏赖氨酸、蛋氨酸和色氨酸，纤维含量较高，在平衡日粮氨基酸基础上可部分替代豆粕。棕榈粕在猪饲料中用量一般不超过5%，肉鸡饲料中一般不超过6%，产蛋鸡饲料中一般不超过10%。

9. 亚麻饼粕、胡麻饼粕　亚麻饼粕和胡麻饼粕粗蛋白及氨基酸含量与菜籽饼粕相似，蛋氨酸与胱氨酸含量少，粗纤维含量约8%。亚麻饼粕与胡麻饼粕因含氢氰酸，用量不宜过高，猪鸡日粮中可添加5%～6%。

10. 其他植物性蛋白原料　根据部分地区养殖传统和饲料资源特点，可选择区域特色的植物性蛋白原料少量替代豆粕，如苜蓿、饲料桑、杂交构树、辣木等，将植物茎叶进行干燥与粉碎制成草粉后适量添加，同时要配合使用纤维素酶等酶制剂，猪鸡日粮中添加量一般不超过5%。

三、配套加工措施

1. 原料预处理　采用生物发酵或体外酶解等方式，处理杂粕和糟渣类副产物等低值原料，能够降解抗营养因子，增加有益微生物，产生部分有机酸和酶类，实现养分预消化，可提高其在饲料中的添加比例。

2. 替代原料加工　可合理使用粉碎、膨化、制粒等方式处理原料，提高其营养价值。在加工过程中，需要关注粉碎粒度、混合均匀度、饲料硬度等，否则会影响动物采食量和生产性能。小麦、大麦、高粱等黏度高，粉碎时尽量粗破，在鸡饲料中使用时应避免过度粉碎造成糊嘴现象。

3. 日粮加工生产　采用专用粉碎机如变频粉碎机，尽量使颗粒均匀、含粉率低，可采用蒸汽处理消毒饲料。

四、其他注意事项

1. 注意电解质平衡，合理使用钠源　豆粕含有的钾离子较多，选择其他原料时要关注钠、钾、氯的含量，保持电解质平衡。钠源的选择包括小苏打、硫酸钠等。

2. 替代物使用要设限量　玉米、豆粕为优质的饲料原料，其他原料虽然可发挥组合效应，但多含有抗营养因子或真菌毒素，需要设置使用上限。

3. 换料设置过渡期，及时观察并适时调整　饲喂新料后，要仔细观察动物的反应和生产性能变化。杂粕和粮食加工副产物由于气味、颜色或可能存在有毒有害物质，适口性改变，生产中应该根据具体原料加以调整。注意观察适口性和饲喂效果是否良好，并确定是否采取相应措施。

五、具体技术方案示例

（一）猪饲料玉米豆粕减量替代方案示例

1. 东北地区　仔猪和生长育肥猪日粮中可用10%～20%的稻谷和5%～10%的米糠替代玉米，玉米用量可至少降低15%；用5%的玉米蛋白粉、5%～15%的DDGS和合成氨基酸替代豆粕，豆粕用量可至少降低10%。

2. 华北地区　仔猪和生长育肥猪日粮中可用10%～20%的小麦和5%～15%的小麦麸或次粉替代玉米，玉米用量可至少降低15%；用5%的玉米蛋白粉、5%～15%的DDGS、5%～8%的棉籽粕、5%～10%的花生仁粕和合成氨基酸替代豆粕，生长育肥猪饲料中豆粕用量可降低为 0。

3. 华中地区　仔猪和生长育肥猪日粮中可用 10%～20%的糙米或稻谷、5%～15%的小麦麸或次粉和 5%～10%的米糠粕替代玉米,玉米用量可降低为 0;用 5%～15%的菜籽粕、5%～15%的 DDGS、5%～8%的棉籽粕和合成氨基酸替代豆粕,生长育肥猪饲料中豆粕用量可降低为 0。

4. 华南地区　仔猪和生长育肥猪日粮中可用 10%～15%的高粱、10%～20%的木薯粉、5%～10%的米糠粕和 10%～15%的大麦替代玉米,玉米用量可降低为 0;用 5%～15%的菜籽粕和合成氨基酸替代豆粕,豆粕用量可至少降低 5%。

5. 西南地区　仔猪和生长育肥猪日粮中可用 10%～20%的小麦、10%～20%的糙米或稻谷、5%～15%的小麦麸或次粉和 5%～10%的米糠替代玉米,玉米用量可降低为 0;用 5%～8%的棉籽粕和合成氨基酸替代豆粕,豆粕用量可至少降低 5%。

6. 西北地区　仔猪和生长育肥猪日粮中可用 10%～15%的高粱、10%～15%的大麦和 10%～20%的青稞替代玉米,玉米用量可降低为 0;用 5%～8%的棉籽粕和合成氨基酸替代豆粕,豆粕用量可至少降低 5%。

(二)肉鸡饲料玉米豆粕减量替代方案示例

1. 小麦和糙米复合替代玉米　在中后期肉鸡饲料中小麦和糙米可完全替代日粮中的玉米,其中小麦占配方总量的 30%～40%、糙米占配方总量的 10%～15%,新鲜米糠替代日粮中玉米的用量可达 20%。在肉雏鸡料中建议仍添加 15%左右的玉米。小麦使用量加大时,小麦的粉碎粒度不要太细(0.7～0.9 mm);小麦日粮制粒时不需要额外添加黏合剂,防止颗粒料过硬,降低适口性和采食量。

2. 小麦、大麦和高粱替代玉米　肉鸡前期(1～21 d)日粮中,可搭配使用小麦、大麦和高粱,建议每种原料替代比例不超过 30%,玉米用量可降低为 0;肉鸡后期(22～42 d)日粮中,可搭配使用小麦、大麦和高粱,建议每种原料替代比例不超过 40%,玉米用量可降低为 0。使用小麦并添加木聚糖复合酶,可完全替代肉鸡日粮中玉米。

3. 杂粕等蛋白原料替代豆粕　肉鸡日粮中使用 7%～14%的双低菜籽粕替代豆粕,豆粕用量可降低 6%～10%。肉鸡日粮中使用 2.5%～10.5%的低酚棉粕替代豆粕,豆粕用量可降低 2%～10%。肉鸡日粮中使用 4%～12%的优质 DDGS 替代豆粕,豆粕用量可降低 2%～6%。肉鸡日粮中使用 15%的新鲜花生仁饼替代豆粕,豆粕用量可降低 15%左右。生长后期肉鸡日粮中豌豆用量可高达 20%;提高直链淀粉比例达到直链/支链比 0.35～0.50,可以降低日粮粗蛋白质水平 2%。

4. 无豆粕日粮配方　肉鸡前期日粮中,搭配使用玉米蛋白粉(最高 10%)、菜籽饼粕(最高 10%)、棉籽饼粕(最高 20%)和花生粕(最高 10%),豆粕用量可降低为 0;肉鸡后期日粮中,搭配使用玉米蛋白粉(最高 15%)、菜籽饼粕(最高 15%)、棉籽饼粕(最高 25%)和花生粕(最高 10%),豆粕用量可降低为 0。

(三)蛋鸡饲料玉米豆粕减量替代方案示例

1. 小麦和糙米替代玉米　蛋鸡育成期和产蛋期日粮中,在补充油脂和添加酶制剂的情况下,小麦和糙米可完全替代日粮中的玉米。建议使用小麦和糙米组合替代 40%～60%的玉米，玉米用量降至20%以下。产蛋期日粮中，小麦和糙米替代玉米时，需要补充色素。蛋鸡育雏期日粮中，建议仍保留20%左右的玉米。

2.小麦、大麦和高粱替代玉米　蛋鸡育雏期日粮中，小麦、大麦或高粱搭配使用时，玉米用量可降低至15%左右。蛋鸡育成期和产蛋期日粮中，小麦、大麦和高粱用量均可到40%，搭配使用并添加相应的酶制剂，玉米用量可降低为0，在产蛋期日粮中需要补充色素。

3.杂粕等蛋白原料替代豆粕　蛋鸡育雏期日粮中，可单独或搭配使用棉籽饼粕、菜籽饼粕替代豆粕，建议替代比例不超过5%，维持15%以上的豆粕用量。蛋鸡育成期日粮中，可搭配使用棉籽饼粕、菜籽饼粕、葵花粕、米糠粕替代豆粕，每种杂粕用量建议为5%～8%，替代豆粕用量15%左右；蛋鸡产蛋期日粮中，可搭配使用棉籽饼粕（8%～10%）、菜籽饼粕（8%～10%）和玉米蛋白粉（3%～5%）替代豆粕，豆粕用量可降至8%以下。

4.无豆粕日粮配方　蛋鸡育成期和产蛋期日粮中，搭配使用玉米蛋白粉（最高5%）、菜籽饼粕（最高15%）、棉籽饼粕（最高10%）、花生粕（最高10%）、向日葵粕（最高8%）和棕榈仁粕（最高5%），豆粕用量可降低为0。

（资料来源：中华人民共和国农业农村部.猪鸡饲料玉米豆粕减量替代技术方案[EB/OL].（2021-04-21）[2021-09-30]. http://www.moa.gov.cn/gk/nszd_1/2021/202104/t20210421_6366304.htm）

学习任务1.6　矿物质饲料识别利用

动植物性饲料中含有一定量的动物必需矿物质，但对舍饲条件下的动物与高产畜禽常不能满足其生长、发育和繁殖等生命活动的需要，因此应补充其所需的矿物质饲料。矿物质饲料是可供饲用的天然的、化学合成的或经特殊加工的无机饲料原料或矿物元素的有机络合物原料。矿物质元素分为常量元素和微量元素两大类。

常量元素矿物质饲料相关知识

畜禽饲养中常需添加的有含钙、磷、钠、氯、镁等常量矿物质饲料。生产上最常用的是钙、磷和钠源等饲料。

一、钙源饲料

动物的日粮主要由植物性饲料组成，而植物性饲料中钙的含量与动物对钙的需要量相差较远，故饲粮中必须补钙。常用的钙源饲料有石粉、贝壳粉、蛋壳粉、石膏等。

1.石粉

石粉又称石灰石粉，为白色或灰色或深灰色粉末，是优质石灰石粉碎制成的。主要成分为天然的碳酸钙，石粉中含钙35%以上，是补钙最廉价、最方便的矿物质饲料。但砷、铅、氟、汞等有毒元素含量高的石粉不能用于饲料。石粉在配合饲料中添加量一般为：仔猪1%～1.5%，育肥猪2%，种猪2%～3%，猪用石粉粒度为0.47～0.56 mm；雏鸡1%～2%，产蛋鸡和种鸡 7.0%~7.5%，鸡用石粉粒度为 0.67~0.74 mm(26~28 目)。

2. 贝壳粉

贝壳粉是牡蛎、蚌等的贝壳经粉碎后制成的灰白色或灰色的粉末，主要成分为碳酸钙、含钙量 33%~38%，成本低，也是良好的钙源饲料。应用于产蛋鸡、种鸡能增强蛋壳强度，改善蛋壳品质。但应注意有无残次，生物尸体的发霉、腐臭等情况。

另外，碳酸钙、氧化钙、氢氧化钙、氯化钙、葡萄糖酸钙等都可作为钙源饲料，钙源饲料来源广，价格便宜，但使用量不宜过多。尤其微量元素预混料常使用石粉或贝壳粉作为稀释剂或载体，使用量占配比较大，配料时应把它的含钙量计算在内。否则用量过多，会影响钙、磷平衡，一般要求日粮含量中钙∶磷为(1.5~2)∶1。

二、磷源饲料

动物常用的植物性饲料中磷并不缺乏，但磷主要以植酸磷的形式存在，利用率低，必须从饲料中补充磷。生产上常用的磷源饲料有磷酸钙盐、磷酸钠盐和骨粉，其中磷酸钙盐和骨粉既是钙源饲料，又是磷源饲料。

1. 磷酸氢钙

磷酸氢钙也称磷酸二钙。为白色或灰白色的粉末或粒状产品，分为无水盐($CaHPO_4$)和二水盐($CaHPO_4 \cdot 2H_2O$) 2 种，后者的钙、磷利用率较高。磷酸氢钙一般是在干式法磷酸液或精制湿式法磷酸液中加入石灰乳或磷酸钙而制成的。市售品中除含有无水磷酸氢钙外，还含少量的磷酸一钙及未反应的磷酸钙。一般含磷量为 18%以上，含钙量为 21%以上，饲料级磷酸氢钙应注意脱氟处理，含氟量不得超过标准。

2. 过磷酸钙

过磷酸钙也称磷酸二氢钙或磷酸一钙，纯品为白色结晶粉末，其成分以 $Ca(H_2PO_4)_2 \cdot H_2O$ 居多。含磷量约为 20%，含钙量约为 15%，磷的利用率优于磷酸钙和磷酸氢钙。缺点是吸湿性强，呈酸性。

3. 骨粉

骨粉是家畜骨骼加工形成的产品，因加工方法不同，分为蒸骨粉、生骨粉和脱胶骨粉。

蒸骨粉是家畜骨骼在 2 个大气压下蒸汽加热，除去大部分有机质后，压榨干燥制成。含磷 14.5%，钙 30%，粗蛋白质 7.5%，粗脂肪 1.2%，是骨粉的主要产品，磷的利用率低于磷酸氢钙。

生骨粉由生骨骼干燥粉碎制成，含有较多的有机质。一般含磷 10.5%，钙 23%，粗蛋白质 26%，粗脂肪 5%。缺点是质地坚硬，难消化，易腐败、变质，钙、磷利用率低，饲喂效果较其他骨粉差。

脱胶骨粉是制胶的副产品，经 4 个大气压处理，骨骼和脂肪都除去，无异臭，白色粉末。含磷达 12%，是最好的骨粉制品。

三、食盐

在常规植物性饲料中，钠和氯的含量都不能满足动物的营养需要，必须以食盐形式补充。

纯食盐含钠40%，氯60%，食盐不仅提高饲料适口性，还促进动物食欲，增加采食量。

食盐在饲粮中的用量：羊、牛、马0.5%～1%；猪和家禽0.25%～0.5%。饲喂量不可过多，否则会导致食盐中毒。

补饲食盐时，既可直接拌入饲料中，又可在食盐中添加铜、铁、锌、锰、硒、钴、碘等微量元素制成微量元素含盐砖，供放牧动物舔食。如缺碘、缺硒地区，在饲粮中可补充碘化食盐或制成亚硒酸钠食盐砖使用。

查阅资料完成习题

(一)填空题

1. 矿物质饲料是补充畜禽其他饲料原料中矿物质不足的饲料。由________和________饲料原料组成，分别写出CFN。

2. 植物性饲料中含钠和氯的数量较少，一般需要添加________矿物质饲料补充，饲料中一般在饲料中添加的比例是________。

3. 如果畜禽日粮中钙含量不足，常用的补钙的矿物质饲料有________、________，分别写出CFN。

4. 如果畜禽日粮中磷含量不足，常用的补磷的矿物质饲料有________、________、________、________，分别写出CFN。

(二)选择题

1. 骨粉在配合饲料中添加的作用是(　　)。

A. 补充钙　　　　B. 补充钙、磷

C. 补充微量元素　　　　D. 补充钙、磷和微量元素

2. 磷酸氢钙也叫磷酸二钙，钙、磷含量分别为(　　)。

A. 21%和26%　　B. 24%和19%　　C. 21%以上和18%以上　　D. 35%和18%

(三)简答题

1. 常用的钙源饲料有哪些？

2. 常用的磷源饲料有哪些？

3. 食盐的主要作用有哪些？

(四)讨论题

如何合理利用钙源、磷源饲料？

(五)分析题

对比草食动物与杂食动物特点，如何合理补充食盐？

二维码2-6　习题参考答案

拓展知识

低磷排放的饲料配方技术

畜禽生产过程向环境中排放的磷主要来源于饲料中未被消化的植酸磷、人工补充的磷酸氢钙(DCP)、磷酸二氢钙(MCP)和脱氟磷酸钙(DFP)等含钙磷添加剂。日粮配方中的植物性饲料原料(如大豆、小麦和玉米等)其60%～82%的磷是以植酸磷的形式存在,而畜禽并不能分泌植酸磷酶,对植酸磷的消化吸收仅有很小一部分,促进畜禽对植酸磷吸收最直接的方法是在日粮中补充植酸酶,植酸酶已广泛用于畜禽饲料中,作为改善日粮中磷利用率和减少粪便中磷排泄的一种手段。武建荣研究表明,在日粮中补充500 U/kg的植酸酶可使仔猪粪尿中磷含量下降31.3%,氮含量下降5.1%。朱金清研究报道,在育肥猪饲料中每吨日粮中添加200 g植酸酶不仅能促进育肥猪对植酸磷的吸收且能减少50%的DCP添加量,减少了日粮中磷的含量,从而减少了对环境的污染。Maguire等研究了火鸡和肉鸡在高水平非植酸磷(NPP)及与低水平非植酸磷日粮(即接近需要量)中添加植酸酶对磷排放的影响,结果表明降低日粮中NPP的含量(即接近需要量)与植酸酶结合使用,可降低垫料中总磷含量的38%,而对垫料和土壤中的磷盐溶解度影响很小。

日粮中合理的钙磷比例也有利于畜禽减少磷的排放。植酸分子具有巨大的螯合阳离子和形成不溶性植酸钙盐复合物的能力,该复合物对植酸酶的活性具有抵抗力,且不易被畜禽吸收,不溶性钙肌醇六磷酸复合物的形成限制了磷和钙的利用率。Liu等报道,将猪日粮中钙磷比从1∶1增加到1.5∶1可使猪回肠对磷的吸收从每天4.5 g减少到2.2 g。Aksakal等发现在42日龄肉鸡中,当钙∶磷比为2∶1的日粮中添加植酸酶使磷利用率增加了8.5%,而在钙磷比为1∶1的情况下,磷利用率增加了39.8%。日粮中无机磷源的选择也是影响磷排放的主要因素之一。目前广泛使用的饲料级磷酸盐主要包括DCP和MCP,DCP属于枸溶性磷酸盐,不易被动物吸收,MCP溶于水更易被动物吸收。曹慧研究报道,猪对MCP、磷酸一二钙(MDCP)和DCP中磷的表观消化率分别为88%、83%和70%,因此MCP可作为一种更加高效、低污染的饲料钙磷添加剂。

根据畜禽的实际营养需要的阶段饲养也是减少磷排放的一种普遍被畜牧业所采用的成熟技术。Kebreab等进行了对体重为20～120 kg的生长猪分阶段探究其对磷的需要量的试验,结果显示在不影响生长性能的条件下,磷的消耗量减少了20%。此外,已有研究利用转基因技术开发低植酸磷农作物,如低植酸豆粕、高利用率磷玉米和表达植酸酶基因的低芥酸菜籽可用于猪和家禽日粮。Hill等研究表明,用低植酸玉米和豆粕饲喂育肥期的猪,与常规玉米豆粕日粮相比,总磷消化率从34%提高到48%。在短期内,分阶段精确饲喂和酶的结合提供了一种现实的方式,可以提高畜牧生产系统中磷的可持续利用率。

(资料节选自:陈将,刘国华.基于饲料营养调控的养殖污染减排技术研究[J].饲料工业,2020,41(14):12-17.)

任务实施效果评价

按照以下评价表的内容，与你的团队成员和指导教师一起讨论，对学习任务1的实施效果进行实事求是的评价。

<table>
<tr><th rowspan="2">评价项目</th><th rowspan="2">评价标准</th><th rowspan="2">满分</th><th colspan="3">评价结果</th><th rowspan="2">得分</th></tr>
<tr><th>优</th><th>良</th><th>及格</th></tr>
<tr><td>完成习题情况</td><td>准确性、完整性</td><td>30</td><td></td><td></td><td></td><td></td></tr>
<tr><td>任务计划书</td><td>方法正确、步骤完整、材料齐全、符合要求</td><td>10</td><td></td><td></td><td></td><td></td></tr>
<tr><td>原料采集实施过程记录</td><td>采集方法正确、饲料样本描述、分类准确</td><td>20</td><td></td><td></td><td></td><td></td></tr>
<tr><td>采集的饲料原料识别、分类及其营养特性描述情况</td><td>实施过程记录完整，准确描述饲料原料分类特性及营养特性，能够指出饲料分类编码</td><td>10</td><td></td><td></td><td></td><td></td></tr>
<tr><td>成员参与程度、合作情况、责任心</td><td>学生的学习兴趣、参与的积极性、学习方法的运用、提出、解决及分析问题的能力</td><td>20</td><td></td><td></td><td></td><td></td></tr>
<tr><td>任务总结报告</td><td>操作方法、操作过程、感官鉴定分析总结</td><td>10</td><td></td><td></td><td></td><td></td></tr>
<tr><td>总　分</td><td colspan="5">100</td><td></td></tr>
<tr><td>自我评价</td><td colspan="6"></td></tr>
<tr><td>小组评价</td><td colspan="6"></td></tr>
<tr><td>教师评价</td><td colspan="6"></td></tr>
</table>

学习任务2
饲料添加剂特性与识别利用

【任务描述】

完成学习任务2.1和2.2相关知识学习，课后查阅相关资料，分组讨论分析，完成学习任务2.1和2.2的相关题目，拓展相关知识，完成下列工作任务，增强实际应用能力。

【任务实施】(任务单)

学生按5人一组，制定任务计划，到饲料厂、养殖场原料仓库或者到饲料添加剂销售的饲料药械门市采集采购各类饲料添加剂样本，并进行观察识别、分类；了解饲料厂、养殖场的饲料配方中使用的添加剂名称，分别阐明配方中为什么要使用这些添加剂，如何使用，使用效果。写出任务实施报告。完成学习任务实施效果评价表。

【信息途径】

1. 网络：中国饲料添加剂信息网、中国饲料工业信息网、中国饲料行业信息网。

2. 图书馆、教学视频、教师。

饲料添加剂相关知识

一、饲料添加剂的定义

饲料添加剂是指在饲料生产加工、使用过程中添加的少量或微量物质，在饲料中用量很少但作用显著，是配合饲料中不可缺少的成分。对强化基础饲料营养价值、提高饲料利用率、保证或改善饲料品质、促进饲养动物生产、保障饲养动物健康、节省饲料成本、改善畜产品品质等方面有明显的效果。饲料添加剂的种类很多，目前，全世界批准使用的饲料添加剂品种多达数百种，每个品种又有多种规格。我国饲料添加剂的生产始于20世纪80年代初，比饲料加工工业晚5年左右，比国外先进国家晚了近20年。但近几十年，饲料添加剂的发展很快，取得了很大的进展，2013年农业部第2045号公告编制了《饲料添加剂品种目录》，分为两大类，一类是营养性添加剂，另一类是非营养性添加剂。

二、饲料添加剂的基本条件

(1)感官要求：具有该品种应有的色、香、味和组织形态特征，无异味、异臭。

(2)必须具有确实的经济效益和生产效果,不影响饲料的适口性。

(3)使用期间对动物不产生急性、慢性毒害作用或不良影响,对种用动物不会导致生殖、生理的改变,所含有毒或有害物质不得超过规定标准。

(4)在动物产品中无残留或残留量不超过有关规定标准,对人体无害。

(5)不污染环境,有利于畜牧业的高质量发展。

(6)在饲料中具有良好的稳定性。维生素、生物活性制剂等不得超出有效期限。

总之,饲料添加剂的研究、生产和选用要符合安全性、经济性和使用方便的原则,使用时要注意添加剂的效价、有效期及限用、禁用和配伍禁忌等规定。

学习任务 2.1　营养性饲料添加剂识别利用

营养性饲料添加剂相关知识

为满足畜禽、水产动物营养需要,对饲料营养成分进行补充或强化作用的微量营养物质,包括氨基酸、微量矿物质元素、维生素。

一、氨基酸饲料添加剂

常见的氨基酸添加剂主要有蛋氨酸及其羟基类似物、赖氨酸、色氨酸、苏氨酸、谷氨酸、精氨酸等。合理利用氨基酸添加剂,对节约饲粮蛋白质,提高饲料利用率和动物生产性能,改善畜禽胴体品质,提高动物消化机能,防止消化疾病,减少应激发生,具有重要意义。

赖氨酸(Lys)主要指 *L*-赖氨酸盐酸盐,是一种碱性必需氨基酸。白色或近白色自由流动的结晶性粉末,几乎无臭。263～264 ℃熔化并分解。通常较稳定,高温度下易结块,稍着色。相对湿度 60%以下时稳定,60%以上则生成二水合物。碱性条件下及直接与还原糖存在时加热则分解。易溶于水(40 g/100 mL,35 ℃),水溶液呈中性至微酸性,与磷酸、盐酸、氢氧化钠、离子交换树脂等一起加热,起外消旋作用。赖氨酸能促进人体发育、增强免疫功能,并有提高中枢神经组织功能的作用。如缺乏则引起蛋白质代谢障碍及功能障碍,导致生长障碍。由于谷物饲料中的赖氨酸含量低,且在加工过程中易被破坏而缺乏,故称为第一限制性氨基酸。

蛋氨酸(Met)学名 2-氨基-4-甲巯基丁酸,为含硫 α-氨基酸之一。中文名称为甲硫氨酸,俗称蛋氨酸,是必需氨基酸中唯一含有硫的氨基酸。它有 *D* 型、*L* 型和 *DL* 型三种,天然得到的是 *L* 型。一般的氨基酸只有 *L* 型能被动物利用,但是 *D* 型蛋氨酸却能在体内转化为 *L* 型为机体所用。与生物体内各种含硫化合物的代谢密切相关。它参与体内甲基的转移及磷的代谢和肾上腺素、胆碱和肌酸的合成;是合成蛋白质和胱氨酸的原料,是甲基供体。蛋氨酸还可利用其所带的甲基,对有毒物或药物进行甲基化而起到解毒的作用。当缺乏蛋氨酸时,会引起食欲减退、生长减缓或不增加体重、肾脏肿大和肝脏铁堆积等现象,最后导致肝坏死或纤维化。

2013 年农业部第 2045 号公告编制了《饲料添加剂品种目录》,其中氨基酸饲料添加剂见表 2-3。

表 2-3 氨基酸饲料添加剂品种目录(2013)

类别	通用名称	适用范围
氨基酸、氨基酸盐及其类似物	*L*-赖氨酸、液体 *L*-赖氨酸(*L*-赖氨酸含量不低于 50%)、*L*-赖氨酸盐酸盐、*L*-赖氨酸硫酸盐及其发酵副产物(产自谷氨酸棒杆菌,*L*-赖氨酸含量不低于 51%)、*DL*-蛋氨酸、*L*-苏氨酸、*L*-色氨酸、*L*-精氨酸、*L*-精氨酸盐酸盐、甘氨酸、*L*-酪氨酸、*L*-丙氨酸、天(门)冬氨酸、*L*-亮氨酸、异亮氨酸、*L*-脯氨酸、苯丙氨酸、丝氨酸、*L*-半胱氨酸、*L*-组氨酸、谷氨酸、谷氨酰胺、缬氨酸、胱氨酸、牛磺酸	养殖动物
	L-半胱氨酸盐酸盐	畜禽、犬、猫
	蛋氨酸羟基类似物(扩大至鸭)、蛋氨酸羟基类似物钙盐	猪、鸡、牛和水产养殖动物、犬、猫
	N-羟甲基蛋氨酸钙、蛋氨酸羟基类似物异丙酯	反刍动物
	α-环丙氨酸	鸡

二、微量元素饲料添加剂

(一)概述

目前已知在畜禽饲料中缺乏,配合饲料中常需要补充的微量元素有铜、锰、锌、铁、钴、硒、碘等。微量元素饲料添加剂是用来补充这些饲料中微量元素不足的化合物,饲料工业中常用的微量元素饲料添加剂可分为三代:第一代是无机矿物盐形式,以这些元素的无机盐或氧化物、氯化物形式添加到饲料中。配合饲料中最常用的是这些元素的氧化物与硫酸盐。第二代是有机态矿物盐类。第三代是微量元素氨基酸螯合物。微量元素氨基酸螯合物具有良好的化学稳定性、较高的生物学效价、易消化吸收、抗干扰、无刺激、无毒等方面的优点,目前被认为是一种非常理想的微量元素添加剂。在畜牧业发达的国家,已在动物生产中得到推广应用,国内在 20 世纪 80 年代中期开始开展开发与研究应用,并取得了较大进展,但价格偏高,是制约其大量使用的一个重要因素。2013 年农业部第 2045 号公告编制了《饲料添加剂品种目录》,其中微量元素添加剂品种见表 2-4。

表 2-4 微量元素饲料添加剂品种目录(2013)

类别	通用名称	适用范围
矿物质元素及其络(螯)合物	氯化钠、硫酸钠、磷酸二氢钠、磷酸氢二钠、磷酸二氢钾、磷酸氢二钾、轻质碳酸钙、氯化钙、磷酸氢钙、磷酸二氢钙、磷酸三钙、乳酸钙、葡萄糖酸钙、硫酸镁、氧化镁、氯化镁、柠檬酸亚铁、富马酸亚铁、乳酸亚铁、硫酸亚铁、氯化亚铁、氯化铁、碳酸亚铁、氯化铜、硫酸铜、碱式氯化铜、氧化锌、氯化锌、碳酸锌、硫酸锌、乙酸锌、碱式氯化锌、氯化锰、氧化锰、硫酸锰、碳酸锰、磷酸氢锰、碘化钾、碘化钠、碘酸钾、碘酸钙、氯化钴、乙酸钴、硫酸钴、亚硒酸钠、钼酸钠、蛋氨酸铜络(螯)合物、蛋氨酸铁络(螯)合物、蛋氨酸锰络(螯)合物、蛋氨酸锌络(螯)合物、赖氨酸铜络(螯)合物、赖氨酸锌络(螯)合物、甘氨酸铜络(螯)合物、甘氨酸铁络(螯)合物、酵母铜*、酵母铁*、酵母锰*、酵母硒*、氨基酸铜络合物(氨基酸来源于水解植物蛋白)、氨基酸铁络合物(氨基酸来源于水解植物蛋白)、氨基酸锰络合物(氨基酸来源于水解植物蛋白)、氨基酸锌络合物(氨基酸来源于水解植物蛋白)	养殖动物

续表 2-4

类别	通用名称	适用范围
矿物质元素及其络(螯)合物	蛋白铜*、蛋白铁*、蛋白锌*、蛋白锰*	养殖动物(反刍动物除外)
	羟基蛋氨酸类似物络(螯)合锌、羟基蛋氨酸类似物络(螯)合锰、羟基酸蛋氨酸类似物络(螯)合铜	奶牛、肉牛、家禽和猪
	烟酸铬、酵母铬*、蛋氨酸铬*、吡啶甲酸铬	肥育猪、犬、猫
	丙酸铬*、甘氨酸锌	猪、犬、猫
	丙酸锌*	猪、牛、禽
	硫酸钾(扩大至畜禽)、三氧化二铁、氧化铜	反刍动物
	碳酸钴	反刍动物、猫、犬
	稀土(铈和镧)壳糖胺螯合盐	畜禽、鱼、虾
	乳酸锌(α-羟基丙酸锌)	生长育肥猪、家禽、猫、犬
	葡萄糖酸铜、葡萄糖酸锰、葡萄糖酸锌、葡萄糖酸亚铁、焦磷酸铁、碳酸镁、甘氨酸钙、二氢碘酸乙二胺(EDDI)	猫、犬

注：* 为已获得进口登记证的饲料添加剂。进口或在中国境内生产带“ * ”的饲料添加剂时，农业农村部需要对其安全性、有效性和稳定性进行技术评审。

(二)微量元素饲料添加剂使用注意事项

1. 微量元素的需要量与最大耐受水平、毒性剂量

微量元素在饲料中的含量变化很大，在饲料中选配哪几种微量元素及其使用量、使用比例，这与所产饲料原料的地域性关系很大，受其地域性的土壤微量元素含量、水肥条件影响很大。因此，配料时应了解饲料中微量元素的含量，往往同名饲料中某项元素含量相差几倍乃至几百倍，有些饲料就能满足需要，不需要添加，添加后会增加不必要的开支；有些饲料缺乏某些元素，需要添加，不添加会影响生产性能的发挥。为此，在计算日粮配方微量元素时严格注意饲料的产地及描述，以免引起不必要的添加或过量中毒或给量不足引起缺乏症，造成不必要的损失。

有些微量元素在畜禽日粮中的正常量和中毒剂量之间距离相差不大，例如，硒元素如不注意，尤其是在高硒地区，饲料中添加硒就可能引起中毒。

2. 各种矿物质元素间的相互作用及合理的比例

当各种矿物质元素添加量确定后，还需考虑各种矿物质元素间的相互作用。矿物质元素之间的相互作用为协同和拮抗作用，见图 2-1。协同作用表现为在吸收过程中的相互促进，在代谢过程中协调与增效。拮抗作用表现为在吸收过程中彼此抑制，在代谢时由其各自生理生化功能而彼此产生不利的影响。

(1)常量元素之间的相互作用。饲粮中钙、磷含量和钙、磷比是影响动物体内包括钙、磷本身在内的矿物质正常代谢的重要因素。钙、磷比失调是胫骨软骨营养不良的主要原因。饲粮中高钙或钙、磷含量同时增加会影响镁的吸收。钠、钾、氯在维持体内离子平衡和渗透压平衡

方面具有协同作用。

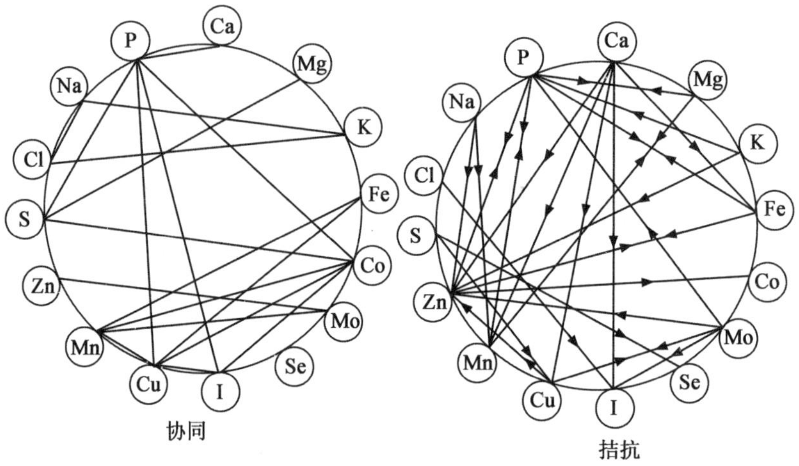

图 2-1 矿物质元素之间的关系

(2)常量元素与微量元素之间的相互作用。钙、锌间存在拮抗作用，猪饲粮中钙量过多会引起锌不足，使生长猪易发生皮肤不全角化症。雏鸡饲粮中磷含量增至 0.8%～1%时，会降低锌的吸收，若钙也过量，更会降低锌的有效性。饲粮中钙、磷过量可加剧家禽溜腱症(缺锰症)的发生，而过量锰也会影响钙、磷的利用。据报道，摄入过量锰可引起实验动物患佝偻病，牛、猪出现齿质损害。饲粮中含铁量高时可减少磷在胃肠道内的吸收，含铁量超过 0.5%时，呈现明显缺磷现象。铜的利用与饲粮中钙量有关，含钙越高，对动物体内铜的平衡越不利。每千克饲料含钙达 11 g 时，需铜量约比正常时高 1 倍。饲粮磷水平可影响幼猪的硒代谢。钒离子能置换磷离子，促进钙盐沉着而提高齿质羟基磷灰石的稳定性。饲粮中硫不足时，反刍动物对铜的吸收增加，易引起铜中毒。硫能加重饲粮中铜、钼的拮抗。硫和铜在消化道中能结合成不易吸收的硫酸铜而影响铜的吸收。硫和钼也能结合成难溶的硫化钼，增加钼的排出。硫与化学结构类似的硒化物有拮抗作用。实验表明，饲粮中硫酸盐可减轻硒酸盐的毒性，但对亚硒酸盐或有机硒化合物无效。

(3)微量元素之间的关系。例如高剂量的铜常用于生长家畜配合日粮中，起促生长作用，日粮中一般添加 125～250 mg/kg，但是铜和锌、铁存在拮抗，因此日粮中相应增加锌与铁的比例。在配制产奶牛的微量元素预混料配方时，因为在全价配合饲料中使用了大量的钙，而钙又影响锌和锰的吸收，因而要增大锌和锰在配方中的用量，而锌又影响铁的吸收，锌铜之间又相互拮抗，铜又影响铁的吸收，锰也影响铁的吸收。对于反刍动物，铜和硫的含量过高，会使反刍动物对铜的吸收增加而引起中毒。在高铜日粮中如果锌、铁缺乏，日粮中添加 250 mg/kg 可引起铜中毒症状，如果同时提高锌、铁的添加量则不引起中毒。各种矿物质元素间的相互干扰作用及建议饲粮中的比例，见表 2-5。

同时还考虑某些特殊成分对微量元素吸收的干扰，如棉仁(籽)饼中的游离棉酚可与铁离子络合而排出体外。因此，在配合饲料中大量使用棉籽饼时，同时加大了对铁的需要量，一般按游离棉酚与 Fe^{2+} 比例为 1∶1，以降低游离棉酚的毒性，提高动物的生产性能。

表 2-5　各种矿物质元素间的相互干扰作用及建议饲粮中的比例

元素	干扰元素	影响机能	建议饲粮比例	元素	干扰元素	影响机能	建议饲粮比例
钙	磷	吸收	钙∶磷＝2∶1	铜	钼	吸收排泄	铜∶钼≥4∶1
镁	钾	吸收	镁∶钾＝0.15∶1		锌	吸收排泄	铜∶锌＝0.1∶1
磷	钙	吸收	磷∶钙＝0.5∶1		硫	吸收排泄	铜∶硫有干扰
	铜	排泄	磷∶铜＝1 000∶1	锌	钙	吸收	锌∶钙≥0.01∶1
	钼	排泄	磷∶钼≥7 000∶1		铜	吸收	锌∶铜＝10∶1
	锌	吸收	磷∶锌＝100∶1		镉	细胞结合	锌∶镉有干扰

(三)微量元素饲料添加剂原料的加工粒度要求

对微量元素添加剂原料的有效成分含量、利用率、含有的有害杂质以及细度都应该进行考虑。各种微量元素添加剂有害成分含量以及卫生标准必须符合国家标准，微量元素在配合饲料中的含量很小，以 μg 和 mg 计，必须粉碎至一定的细度才能在饲料中拌匀，以保证在饲料中分布均匀，采食均匀。添加剂在饲料中的用量越小，所需要的粒度越小。含有某元素的化合物的粉碎粒度，可根据它在配合饲料中的添加量来确定，见表 2-6 微量成分添加量和颗粒大小关系。

表 2-6　微量成分添加量和颗粒大小关系

微量成分添加量	最大粒径/μm	通过美国标准筛/筛目	粒子总数/个
10 mg/t	5		1.02×15^{12}
100 mg/t	20		1.19×10^{11}
1 g/t	45	325	1.39×10^{7}
10 g/t	100	140	1.27×10^{7}
50 g/t	170	80	1.30×10^{7}
227 g/t	270	50	1.46×10^{7}
908 g/t	440	40	1.35×10^{7}
4 540 g/t	725	25	1.50×10^{7}

预混料中的微量成分亚硒酸钠、碘化钾、氯化钴等，在配合饲料中的使用量极微，通常是用球磨机微粉碎的方法，或者是以溶液喷雾的方法制成预混料，然后用于配合料中。

(四)微量元素添加剂的使用方法

由于动物对微量元素的需要量极少，每千克饲料常以毫克计算，如果将以上这些微量元素原料单体化合物直接加入配合饲料中，很难在饲料中混匀，常引起中毒事件的发生，所以在生产中必须以复合微量元素预混料的形式或者稀释剂形式加入配合饲料中，就是将这些微量元素的化合物与载体和稀释剂充分混合，制成 0.5%～1.0%添加量的预混料或者是市售的生长素，保证微量元素的安全使用。

由于微量元素添加剂产品较多，有些并不适应当地的饲养实际，也有的配制不科学，粗制滥造，不是少于需要量就是超过饲养需要量，或者是配比不准确，混合不均匀，因此必须慎重选用。

另外，市售微量元素添加剂称为生长素，主要以高铜制剂为主，很多农民都不知道高铜制剂不适合喂牛，铜制剂经常用作牛羊的驱虫剂，而不是促生长剂，将对瘤胃微生物有很大的伤害作用，如果过量则造成铜中毒，严重影响牛羊健康。所以最好购买牛羊专用微量元素添加剂。

从市场买来微量元素添加剂后，在使用前一定要先看说明书，按照说明书程序，先将添加剂与少量饲料混合，搅拌均匀，逐级扩大添加到配合饲料中去。注意混合时间不能过长，矿物质微量元素均是盐类形式，比重大于原料，容易分级不均，一定要充分拌匀。因此，使用微量元素添加剂，配比一定要准确，混合一定要均匀，防止与大水分原料混配，以免凝集，吸潮、结块，影响混合均匀度。

三、维生素饲料添加剂

(一)概述

动物对维生素的需要量极少，一般在饲料只需百万分之几，但其作用极为显著。在粗放的饲养条件下，动物能采食到大量新鲜饲料，一般不会出现维生素缺乏。但在集约化饲养条件下，动物采食营养价值高的全价配合饲料，生产性能大幅度提高，对维生素的需要量一般要比正常需要量大 1 倍左右，故必须在饲料中添加各种维生素。

近年来的研究表明，维生素除传统的营养作用外，在动物饲料中添加高剂量的某些维生素，还具有增加动物的抗病或抗应激反应能力，促进动物生长，提高畜产品品质等作用。

配合饲料中常需要补充的维生素有：维生素 A、维生素 D、维生素 E、B 族维生素、胆碱、维生素 C 等。补充饲料中这些维生素不足，通常以这些维生素的单体化合物的形式供给。由于动物对维生素的需要量极少，常以 μg 或国际单位(IU)计，如果将以上这些维生素原料单体化合物直接加入配合饲料中，很难在饲料中混匀，常引起中毒事件的发生，所以在生产中必须以复合维生素预混料的形式或者稀释剂形式加入配合饲料中，就是将这些维生素的化合物与载体和稀释剂充分混合，制成 0.5%～1%添加量的维生素预混料或者是市售的复合维生素添加剂使用。市售产品有维生素单体稀释剂，也有含多种维生素的“复合维生素添加剂”“维生素 A、维生素 D、维生素 E 粉”等。

与其他饲料相比，维生素添加剂的稳定性较差。商品维生素制剂对氧化、还原、水分、热、光、金属离子、酸碱度等因素具有不同程度的敏感性。所以在饲料生产工艺上，几乎所有的维生素制剂都经过特殊加工处理和包被，且应在避光、干燥、阴凉、低温环境下分类贮藏。2013 年农业部第 2045 号公告编制了《饲料添加剂品种目录》，其中维生素的品种见表 2-7。

维生素添加剂的剂型主要有粉剂、油剂、水溶性制剂等。规格可归纳为 3 类。

(1)纯制剂：稳定性较好的维生素如维生素 B_1、维生素 B_2、维生素 B_6、叶酸、烟酸、泛酸钙、维生素 K_3 等多用纯品制剂，其化合物纯度为 95%～99%。

(2)经包被处理的制剂(稳定性制剂)：脂溶性维生素及维生素 C 的商品形式，需用稳定物质进行包被以提高其稳定性。

(3)稀释制剂：利用脱脂米糠等载体或稀释剂制成的各种浓度的维生素预混合饲料。这类制剂中几乎都加有抗氧化剂。

表 2-7　维生素品种目录(2013)

类别	通用名称	适用范围
维生素及类维生素	维生素 A、维生素 A 乙酸酯、维生素 A 棕榈酸酯、*β*-胡萝卜素、盐酸硫胺(维生素 B_1)、硝酸硫胺(维生素 B_1)、核黄素(维生素 B_2)、盐酸吡哆醇(维生素 B_6)、氰钴胺(维生素 B_{12})、*L*-抗坏血酸(维生素 C)、*L*-抗坏血酸钙、*L*-抗坏血酸钠、*L*-抗坏血酸-2-磷酸酯、*L*-抗坏血酸-6-棕榈酸酯、维生素 D_2、维生素 D_3、天然维生素 E、*dl*-*α*-生育酚、*dl*-*α*-生育酚乙酸酯、亚硫酸氢钠甲萘醌(维生素 K_3)、二甲基嘧啶醇亚硫酸甲萘醌、亚硫酸氢烟酰胺甲萘醌、烟酸、烟酰胺、*D*-泛醇、*D*-泛酸钙、*DL*-泛酸钙、叶酸、*D*-生物素、氯化胆碱、肌醇、*L*-肉碱、*L*-肉碱盐酸盐、甜菜碱、甜菜碱盐酸盐	养殖动物
	25-羟基胆钙化醇(25-羟基维生素 D_3)	猪、家禽
	L-肉碱酒石酸盐(酒石酸氢胆碱)	犬、猫等宠物

(二)维生素饲料添加剂使用注意事项

1. 考虑维生素之间的相互关系

在使用维生素添加剂时,应该考虑维生素之间的相互关系,不同生产性能的表现与多种维生素有关,见表 2-8。

表 2-8　维生素之间的相互关系与不同生产性能有关的维生素

性　能	有关维生素
生产性能	维生素 A、维生素 D、维生素 E、维生素 B_1、维生素 B_2、维生素 B_{12}、维生素 B_6、维生素 C、叶酸、泛酸、烟酸、生物素
抗应激	维生素 B_1、维生素 E、维生素 C、维生素 A
繁殖性能(孵化率、受精率、胚胎成活率)	维生素 A、维生素 D、维生素 E、维生素 B_2、维生素 B_{12}、维生素 B_6、烟酸、泛酸、叶酸、生物素
抗病力	维生素 A、维生素 E、维生素 K、维生素 C、叶酸
骨骼发育	维生素 A、维生素 D、维生素 B_{12}、维生素 C、烟酸、生物素
食欲	维生素 B_1、维生素 B_2、维生素 B_6、维生素 C
蛋壳色泽	维生素 K、叶酸、胆碱
蛋壳强度	维生素 D、维生素 C、维生素 A
消化道疾患(肠胃炎、腹泻)	维生素 A、维生素 E、维生素 B_1、维生素 B_2、维生素 B_6、叶酸、泛酸、烟酸
羽毛	维生素 A、维生素 B_2、烟酸、维生素 B_6、维生素 B_{12}、维生素 D、泛酸、生物素
皮肤(粗糙、皮炎)	维生素 E、维生素 B_2、维生素 B_{12}、烟酸、泛酸、生物素

2. 正确把握畜禽对维生素的需要量

畜禽种类、品种不同,对各类维生素的需要量就不同。另外,畜禽的健康状况及各种环境因素的刺激也会影响畜禽对维生素的需要量。一般在应激情况下,畜禽对某些维生素的需要量将会提高。以鸡为例，在母鸡产蛋高峰期前后，应注意补充维生素 A、维生素 D 和维生素 C 的用量；在接种疫苗、感染球虫病以及发生呼吸道疾病时，各种维生素的补充均显得十分重要；在高温季节，要适当增加脂溶性维生素和 B 族维生素的用量，尤其要注意对维生素 C 的补充。

在使用维生素添加剂时，不但应按其活性成分的含量进行折算，而且应考虑加工贮藏过程中的损失程度适当超量添加（表 2-9、表 2-10）。

表 2-9　维生素在不同配合饲料中的月损失率　%

饲料种类	氯化胆碱	核黄素、烟酸、泛酸、维生素 E、生物素、维生素 B_{12}	硝酸硫胺素、叶酸、吡哆醇、维生素 D_3、维生素 A	盐酸硫胺素	甲萘醌、维生素 C
不含微量元素和胆碱的预混料	0	＜0.5	0.5	1	1
含胆碱的预混料	＜0.5	1	3	7	10
含微量元素和胆碱的预混料	＜0.5	5	8	15	30
颗粒饲料	1	3	6	10	25
膨化饲料	1	6	11	17	50

表 2-10　各种维生素产品的保险系数（德国 BASF 公司）　%

维生素名称	保险系数	维生素名称	保险系数	维生素名称	保险系数
维生素 A	2～3	维生素 B_1	5～10	叶酸	10～15
维生素 D_3	5～10	维生素 B_2	2～5	烟酸	1～3
维生素 E	1～2	维生素 B_6	5～10	泛酸钙	2～5
维生素 K_3	5～10	维生素 B_{12}	5～10	维生素 C	5～10

3. 选择适当的维生素制剂

不同的维生素制剂产品其剂型、质量、效价、价格等均有差异，在选择产品的时候要特别注意和区分。对于维生素单体要选择较稳定的制剂和剂型；对于复合多维产品，由于检测成本的关系，很难在使用前对每种单体维生素含量进行检测，因此在选择时应选择有质量保证和信誉好的产品。同时还应注意产品的出厂日期，以近期内出厂的产品为佳。

4. 注意维生素的理化特性，防止配伍禁忌

使用维生素添加剂时，应注意了解各种维生素的理化特性，重视饲料原料的搭配，防止各饲料成分间的相互拮抗，如抗球虫药物与维生素 B_1；有机酸防霉剂与多种维生素；氯化胆碱与其他维生素等之间均应避免配伍禁忌。氯化胆碱有极强的吸湿性，特别是与微量元素铁、铜、锰共存时，会大大影响维生素的生理效价。所以在生产维生素预混料时，如加氯化胆碱则须单独分装。

5. 保证有一定的安全量

在使用和生产维生素添加剂时，考虑到加工、贮藏过程中所造成的损失以及其他各种影响维生素效价的因素，应当在畜禽需要量的基础上，适当超量应用维生素，以确保畜禽生产的最佳效果。因此，在配制饲粮时，常将其主要饲料原料中的维生素含量作为安全量，而对饲养标准规定的维生素需要量，则以维生素添加剂的形式来补充。

6. 正确使用与贮藏

维生素添加剂要与饲料充分混匀，浓缩制剂不宜直接加入配合饲料中，而是先扩大预混后再添加。市售的一些维生素添加剂一般都已经加有载体而进行了预配稀释。选用复合维生素制剂时，要十分注意其含有的维生素种类，千万不要盲目使用。购进的维生素制剂应尽快用完，不宜贮藏太久。一般添加剂预混料要求在 1～2 个月内用完，最长不得超过 6 个月。贮藏维生素添加剂应在干燥、密闭、避光、低温的环境中。

7. 有机酸类饲料防霉剂对饲料中天然维生素的影响

在高温高湿地区，霉菌及其毒素的侵害是普遍问题。饲料中霉菌及其毒素不仅危害畜禽健康，而且破坏饲料中的维生素。但如果为了控制霉菌而在饲料中使用一些有机酸类饲料防霉剂，则将导致天然维生素含量的大幅度降低。

查阅资料完成习题

(一)填空题

1. 赖氨酸是一种________性必需氨基酸。在谷物饲料中被称为第________限制性氨基酸。

2. 蛋氨酸为含________α-氨基酸之一，中文名称为________，是唯一含________的必需氨基酸。它有________型、________型和________型三种，天然得到的是________型。

3. 饲料工业中常用的微量元素饲料添加剂可分为三代：第一代是________形式，配合饲料中最常用的是这些元素的________与________；第二代是________类；第三代是________螯合物。

4. 饲粮中高钙或钙、磷含量同时增加会影响________的吸收。

5. 饲料中微量元素的含量不应超过畜禽的__________，如果超过就会引起__________或________。

6. 矿物质元素________、________、________在维持体内离子平衡和渗透压平衡方面具有协同作用。

7. 高剂量的铜常用于生长家畜配合日粮中，起促生长作用，日粮中一般添加______mg/kg，但是铜和________、________存在拮抗，因此日粮中相应增加________与________的比例。

8. 配合饲料中常需要补充的维生素有：________、________、________和 B 族维生素、维生素________等。

9. 维生素添加剂的剂型主要有________、________、________制剂等。

(二)选择题

1. 钙与(　　)元素间存在拮抗作用。

A. 锌　　B. 磷　　C. 钠　　D. 氯

2. 饲粮中硫不足时，反刍动物对铜的吸收(　　)。

A. 增加　　B. 减少　　C. 不变　　D. 不足

3. 最常用的铁的添加剂为(　　)利用率高，成本低。

A. $FeSO_4 \cdot 7H_2O$　　B. Fe_2SO_3　　C. $FeSO_4 \cdot H_2O$　　D. 有机铁

4.最常用的铜添加剂为(　　),利用率高,成本低。

A. $CuSO_4 \cdot 5H_2O$　B. $CuCO_4$　C. $CuSO_4 \cdot H_2O$　D. $ZnSO_4$

5.最常用的锰添加剂为(　　),利用率高,成本低。

A. $MnSO_4 \cdot 2H_2O$　B. MnO　C. 酵母锰　D. K_2MnO_4

6.最常用的锌添加剂为(　　),利用率高,含锌量高,成本低。

A. $ZnSO_4 \cdot 7H_2O$　B. $ZnSO \cdot H_2O$　C. ZnO　D. $CuSO_4$

7.最常用的硒添加剂为(　　),利用率高,含硒量高,成本低。

A. Na_2SeO_3　B. Na_2SeO_4　C. 酵母硒　D. SeO_2

8.最常用的碘添加剂为(　　),利用率高,稳定性好。

A. KI　B. KIO_3　C. $Ca(IO_3)_2$　D. 碘化酪蛋白

(三)简答题

1.饲料中经常需要添加的脂溶性维生素有哪些?叙述其化学组成、化学特性、有效成分含量及换算单位,应用技术,注意事项。

2.饲料中经常需要添加的水溶性维生素有哪些?叙述其化学组成、化学特性,有效成分含量,应用技术,注意事项。

3.维生素饲料添加剂的使用注意事项有哪些?

4.举例说明维生素与矿物质元素的协同作用。

(四)讨论题

生长发育期动物对氨基酸营养性添加剂的需求特点有哪些?

(五)分析题

营养性饲料添加剂间存在协同与拮抗作用,如何合理使用营养性饲料添加剂?

二维码 2-7　习题参考答案

学习任务 2.2　非营养性饲料添加剂识别利用

非营养性饲料添加剂相关知识

非营养性饲料添加剂不是饲料中的固有营养成分和饲料必需的,但它能促进动物生长,防治疾病,提高饲料利用率,保护饲料营养成分,改进饲料质量和动物产品品质,改善养殖环境等而添加到配合饲料中的少量或微量物质。主要有饲料保护剂(防腐、防霉、抗氧化等)、助消化剂(酶制剂、益生素、酸化剂、缓冲剂、多糖和寡糖等)、饲料品质改良剂(黏结剂、抗结块剂、稳定剂、着色剂、调味剂等)、动物保健剂(药物、免疫调节剂、环境改良剂等)、代谢调节剂等。随着生物技术的发展，一些既能改变动物的营养代谢，提高动物生产水平和饲料转化效率，又对人畜健康和环境质量无不良影响的生物工程类制剂，将在动物营养和饲料工业中发挥重要作用。

一、酶制剂

饲用酶制剂是应用现代工程技术，选用特殊微生物菌株发酵而获得的具有催化活性、无毒的生物化学产品。饲用酶制剂能促进畜禽对饲料的消化吸收，减少抗营养因子的副作用。主要是助消化的水解酶，其中应用量最大的有非淀粉多糖酶（包括纤维素酶、葡聚糖酶、木聚糖酶、甘露糖酶、半乳糖酶、半乳糖苷酶和果胶酶）、植酸酶、淀粉酶、蛋白酶和脂肪酶五类。2013 年农业部第 2045 号公告《饲料添加剂品种目录》中列出了允许使用的酶制剂饲料添加剂，见表 2-11。

目前，生产上使用的酶制剂主要是复合酶。在配制和选用复合酶产品时，必须保证产品中有效酶的种类、配比与饲粮的类型和动物的生理、病理状态和环境状态相配套，才能发挥功效。

表 2-11　酶制剂饲料添加剂品种目录(2013)

类别	通用名称	适用范围
酶制剂	淀粉酶（产自黑曲霉、解淀粉芽孢杆菌、地衣芽孢杆菌、枯草芽孢杆菌、长柄木霉*、米曲霉*）	青贮玉米、玉米、玉米蛋白粉、豆粕、小麦、次粉、大麦、高粱、燕麦、豌豆、木薯、小米、大米
	支链淀粉酶（产自酸解支链淀粉芽孢杆菌）	
	α-半乳糖苷酶（产自黑曲霉）	豆粕
	纤维素酶（产自长柄木霉、黑曲霉、孤独腐质霉、绳状青霉）	玉米、大麦、小麦、麦麸、黑麦、高粱
	β-葡聚糖酶（产自黑曲霉、枯草芽孢杆菌、长柄木霉、绳状青霉*、解淀粉芽孢杆菌、棘孢曲霉）	小麦、大麦、菜籽粕、小麦副产物、去壳燕麦、黑麦、黑小麦、高粱
	葡萄糖氧化酶（产自特异青霉、黑曲霉）	葡萄糖
	脂肪酶（产自黑曲霉、米曲霉）	动物或植物源性油脂或脂肪
	麦芽糖酶（产自枯草芽孢杆菌）	麦芽糖
	β-甘露聚糖酶（产自迟缓芽孢杆菌、黑曲霉、长柄木霉）	玉米、豆粕、椰子粕
	集胶酶（产自黑曲霉、棘孢曲霉）	玉米、小麦
	植酸酶（产自黑曲霉、米曲霉、长柄木霉、毕赤酵母）	玉米、豆粕等含有植酸的植物籽实及其加工副产品类饲料原料
	蛋白酶（自黑曲霉、米曲霉、枯草芽孢杆菌、长柄木霉*）	植物和动物蛋白
	木聚糖酶（产自米曲霉、孤独腐质霉、长柄木霉、枯草芽孢杆菌、绳状青霉*、黑曲霉、毕赤酵母）	玉米、大麦、黑麦、小麦、高粱、黑小麦、燕麦
	溶菌酶（源自鸡蛋清）	适用范围扩大至犬、猫
	β-半乳糖苷酶（产自黑曲霉）、菠萝蛋白酶（源自菠萝）、木瓜蛋白酶（源自木瓜）、胃蛋白酶（源自猪、小牛、小羊、禽类的胃组织）、胰蛋白酶（源自猪或牛的胰腺）	犬、猫

注：* 为已获得进口登记证的饲料添加剂。进口或在中国境内生产带“ * ”的饲料添加剂时，农业农村部需要对其安全性、有效性和稳定性进行技术评审。

二、微生物饲料添加剂

微生物饲料添加剂又称益生素。益生素是 Parker(1974)提出的与“抗生素”相对的新概念,其目的是研制出在功效上能全面替代抗生素,但无任何毒副作用的实用产品,是指可以直接饲喂给动物并通过调节动物肠道微生态平衡、达到预防疾病、促进动物生长和提高饲料利用率的一类有益活体微生物制剂,我国又称微生态制剂或饲用微生物添加剂。与抗生素类、激素类不同,安全无毒、无致病性,具有广阔应用前景的饲料添加剂。

Fuller(1989)指出,作为益生素产品,必须具备以下特性:第一,必须能够到达小肠并在此繁育;第二,必须是非病原性的无毒的;第三,必须有足够数量的活菌以建立和维持肠道微生物平衡;第四,可被迅速激活并有很高的生长率;第五,在贮藏和加工条件下有很强的耐受力。

益生素的种类很多,主要有两大类:一类是乳酸杆菌类,另一类是芽孢杆菌类。2013 年农业部第 2045 号公告《饲料添加剂品种目录》中列出了允许使用的微生物饲料添加剂,见表 2-12。

表 2-12　微生物饲料添加剂品种目录(2013)

类别	通用名称	适用范围
微生物	地衣芽孢杆菌*、枯草芽孢杆菌、两歧双歧杆菌*、粪肠球菌、屎肠球菌、乳酸肠球菌、嗜酸乳杆菌、干酪乳杆菌、乳酸乳杆菌*、植物乳杆菌、乳酸片球菌、戊糖片球菌*、产朊假丝酵母、酿酒酵母、沼泽红假单胞菌、婴儿双歧杆菌、长双歧杆菌、短双歧杆菌、青春双歧杆菌、嗜热链球菌、罗伊氏乳杆菌、发酵乳杆菌、德氏乳杆菌保加利亚亚种(原名:保加利亚乳杆菌)	养殖动物
	产丙酸丙酸杆菌、布氏乳杆菌	青贮饲料、牛饲料
	副干酪乳杆菌	青贮饲料
	凝结芽孢杆菌	肉鸡、生长育肥猪和水产养殖动物、犬、猫
	侧孢短芽孢杆菌(原名:侧孢芽孢杆菌)	肉鸡、肉鸭、猪、虾

注:*为已获得进口登记证的饲料添加剂。进口或在中国境内生产带“*”的饲料添加剂时,农业农村部需要对其安全性、有效性和稳定性进行技术评审。

三、多糖和寡糖

多糖和寡糖也叫化学益生素或益生元。化学益生素是一类具有益生素功效的化学合成物质,具有益生素等活菌制剂所不能具备的优点,本质上为寡聚糖又称低聚糖或寡糖,是由 2～10 个单糖通过糖苷键连接形成的直链或支链的低聚度聚合糖。这类物质可与细菌细胞壁上的受体结合,从而阻止细菌与动物肠黏膜上的糖结合,保护肠黏膜结构和功能的完整。这类物质既不能被畜禽自身消化、吸收、利用,也不能为肠道内部分有害菌利用,但能被大部分有益菌利用,从而它具有选择促进肠道有益菌大量增殖、阻断病原菌定殖、促进其随粪便的排泄、刺激免疫反应的功效,也是一种生长促进剂。寡聚糖具有无毒副作用、无污染、无残留及无抗药性等优点,正逐渐成为一种替代抗生素的更好饲料添加剂产品。

2013 年农业部第 2045 号公告《饲料添加剂品种目录》中列出了允许使用的多糖和寡糖饲

料添加剂，见表 2-13。

表 2-13　多糖和寡糖饲料添加剂品种目录(2013)

类别	通用名称	适用范围
多糖和寡糖	低聚木糖(木寡糖)	鸡、猪和水产养殖动物、犬、猫
	低聚壳聚糖	猪、鸡和水产养殖动物、犬、猫
	半乳甘露寡糖	猪、肉鸡、兔和水产养殖动物
	果寡糖、甘露寡糖、低聚半乳糖	养殖动物
	壳寡糖[寡聚 β-(1-4)-2-氨基-2-脱氧-*D*-葡萄糖]($n=2\sim10$)	猪、鸡、肉、鸭、虹鳟鱼、犬、猫
	β-1,3-*D*-葡聚糖(源自酿酒酵母)	水产养殖动物、犬、猫
	N,O-羧甲基壳聚糖	猪、鸡
	低聚异麦芽糖	适用范围扩大至犬、猫

四、其他非营养性饲料添加剂

2013 年农业部第 2045 号公告编制了《饲料添加剂品种目录》，除上述非营养性饲料添加剂品种外，还有非蛋白氮、饲料品质改良剂(防霉剂、黏结剂、抗结块剂、稳定剂、着色剂、调味剂等)等其他饲料添加剂，见表 2-14。

表 2-14　其他非营养性饲料添加剂品种目录(2013)

类别	通用名称	适用范围
非蛋白氮	尿素、碳酸氢铵、硫酸铵、液氨、磷酸二氢铵、磷酸氢二铵、异丁叉二脲、磷酸脲、氯化铵、氨水	反刍动物
抗氧化剂	乙氧基喹啉、丁基羟基茴香醚(BHA)、二丁基羟基甲苯(BHT)、没食子酸丙酯、特丁基对苯二酚(TBHQ)、茶多酚、维生素 E、*L*-抗坏血酸-6-棕榈酸酯、*L*-抗坏血酸钠	养殖动物
	硫代二丙酸二月桂酯、甘草抗氧化物、*D*-异抗坏血酸、*D*-异抗坏血酸钠、植酸(肌醇六磷酸)	犬、猫
防腐、防霉剂和酸度调节剂	甲酸、甲酸铵、甲酸钙、乙酸、双乙酸钠、丙酸、丙酸铵、丙酸钠、丙酸钙、丁酸、丁酸钠、乳酸、苯甲酸、苯甲酸钠、山梨酸、山梨酸钠、山梨酸钾、富马酸、柠檬酸、柠檬酸钾、柠檬酸钠、柠檬酸钙、酒石酸、苹果酸、磷酸、氢氧化钠、碳酸氢钠、氯化钾、碳酸钠	养殖动物
	亚硝酸钠、氢氧化钙、乙二胺四乙酸二钠、乳酸钠、乳酸钙、乳酸链球菌素、ε-聚赖氨酸盐酸盐、脱氢乙酸、脱氢乙酸钠、琥珀酸、碳酸钾、焦磷酸二氢二钠、谷氨酰胺转氨酶、磷酸三钠、葡萄糖酸钠	犬、猫
着色剂	*β*-胡萝卜素(扩大至犬、猫)、辣椒红、*β*-阿朴-8′-胡萝卜素醛、*β*-阿朴-8′-胡萝卜素酸乙酯、*β*,*β*-胡萝卜素-4,4-二酮(斑蝥黄)	家禽
	天然叶黄素(源自万寿菊)	家禽、水产养殖动物、犬、猫

续表 2-14

类别	通用名称	适用范围
着色剂	虾青素(扩大至犬、猫)、红法夫酵母	水产养殖动物、观赏鱼
	柠檬黄、日落黄、诱惑红、胭脂红、靛蓝、二氧化钛、焦糖色(亚硫酸铵法)、赤藓红	宠物
	苋菜红、亮蓝	宠物和观赏鱼
	胭脂虫红、氧化铁红、高粱红、红曲红、红曲米、叶绿素铜钠(钾)盐、栀子蓝、栀子黄、新红、酸性红、萝卜红、番茄红素	犬、猫
调味剂和诱食剂	甜味物质:糖精、糖精钙、新甲基橙皮苷二氢查耳酮	猪
	甜味物质:糖精钠、山梨糖醇、索马甜(增补,适用养殖动物)	养殖动物
	香味物质:食品用香料、牛至香酚	
	其他:谷氨酸钠、5′-肌苷酸二钠、5′-鸟苷酸二钠、大蒜素	
	海藻糖、琥珀酸二钠、甜菊糖苷、5′-呈味核苷酸二钠	犬、猫
黏结剂、抗结块剂、稳定剂和乳化剂	α-淀粉、三氧化二铝、可食脂肪酸钙盐、可食用脂肪酸单/双甘油酯、硅酸钙、硅铝酸钠、硫酸钙、硬脂酸钙、甘油脂肪酸酯、聚丙烯酸树脂Ⅱ、山梨醇酐单硬脂酸酯、聚氧乙烯 20 山梨醇酐单油酸酯、丙二醇、二氧化硅(沉淀并经干燥的硅酸)、卵磷脂、海藻酸钠、海藻酸钾、海藻酸铵、琼脂、瓜尔胶、阿拉伯树胶、黄原胶、甘露糖醇、木质素磺酸盐、羧甲基纤维素钠、聚丙烯酸钠*、山梨醇酐脂肪酸酯、蔗糖脂肪酸酯、焦磷酸二钠、单硬脂酸甘油酯、聚乙二醇 400、磷脂、聚乙二醇甘油蓖麻酸酯、辛烯基琥珀酸淀粉钠、乙基纤维素、聚乙烯醇、紫胶	养殖动物
	丙三醇	猪、鸡和鱼、犬、猫
	硬脂酸*	猪、牛和家禽、犬、猫
	卡拉胶、决明胶、刺槐豆胶、果胶、微晶纤维素	宠物
	羟丙基纤维素、羟丙基甲基纤维素(扩大至养殖动物)、硬脂酸镁、不溶性聚乙烯聚吡咯烷酮(PVPP)、羧甲基淀粉钠、结冷胶、醋酸酯淀粉、葡萄糖酸-δ-内酯、羟丙基二淀粉磷酸酯、羟丙基淀粉、酪蛋白酸钠、丙二醇脂肪酸酯、中链甘油三酯、亚麻籽胶、乙酰化二淀粉磷酸酯、麦芽糖醇、可得然胶、聚葡萄糖	犬、猫
其他	天然类固醇萨洒皂角苷(源自丝兰)、天然三萜烯皂角苷(源自可来雅皂角树)、二十二碳六烯酸(DHA)。	养殖动物
	糖萜素(源自山茶籽饼)	猪和家禽
	乙酰氧肟酸	反刍动物
	苜蓿提取物(有效成分为苜蓿多糖、苜蓿黄酮、苜蓿皂苷)	仔猪、生长育肥猪、肉鸡、犬、猫
	杜仲叶提取物(有效成分为绿原酸、杜仲多糖、杜仲黄铜)	生长育肥猪、鱼、虾

续表 2-14

类别	通用名称	适用范围
其他	淫羊藿提取物(有效成分为淫羊藿苷)	鸡、猪、绵羊、奶牛
	共轭亚油酸	仔猪、蛋鸡、犬、猫
	4,7-羟基异黄酮(大豆黄酮)	猪、产蛋家禽
	地顶孢霉培养物	猪、鸡
	紫苏籽提取物(有效成分为 α-亚油酸、亚麻酸、黄酮)	猪、肉鸡和鱼、犬、猫
	硫酸软骨素	猫、犬
	植物甾醇(源于大豆油/菜籽油,有效成分为 β-谷甾醇、菜油甾醇、豆甾醇)	家禽、生长育肥猪、犬、猫
	透明质酸、透明质酸钠、乳铁蛋白、酪蛋白磷酸肽(CPP)、酪蛋白钙肽(CCP)、二十碳五烯酸(EPA)、二甲基砜(MSM)、硫酸软骨素钠	犬、猫

注:* 为已获得进口登记证的饲料添加剂,进口或在中国境内生产带"*"的饲料添加剂时,农业农村部需要对其安全性、有效性和稳定性进行技术评审。

查阅资料完成习题

(一)填空题

1. 非营养性饲料添加剂主要有______、______、______、______、______、______等。

2. 饲用酶制剂应用量最大的有______、______、______、______、______五类。

3. 益生素主要有两大类,一类是______,另一类是______。

4. 寡聚糖又称低聚糖或寡糖,是由______个单糖通过______连接形成的直链或支链的低聚度聚合糖。

5. 饲料品质改良剂主要有______、______、______、______、______、______等。

(二)选择题

1. 寡聚糖是由(　　)个单糖连接形成的聚合糖。

A. 2～5　　B. 2～10　　C. 1～20　　D. 4～6

2. 下列属于保护剂的是(　　)。

A. 抗氧化剂　　B. 酶制剂　　C. 益生素　　D. 酸化剂

3. 适用于青贮饲料的微生物为(　　)。

A. 植物乳杆菌　　B. 乳酸片球菌　　C. 保加利亚乳杆菌　　D. 戊糖片球菌

4. 属于饲料品质改良剂的有(　　)。

A. 黏结剂　　B. 抗生素　　C. 动物保健剂　　D. 免疫调节剂

(三)简答题

1. 酶制剂的应用具有很强的针对性,在畜禽生产中有针对性地使用酶制剂,应考虑哪些因素?

2. 查阅资料,分别叙述2013年农业部第2045号公告编制的《饲料添加剂品种目录》中其他饲料添加剂的功能作用。

(四)讨论题

1. 益生素与益生元有什么区别?为什么可以替代抗生素?影响益生素的使用效果的因素有哪些?

2. 现在大多数配合饲料中为什么要加入植酸酶?

(五)分析题

1. 为提高玉米-豆粕型日粮的消化率,应使用哪种酶制剂?为什么?

2. 什么情况下使用β-葡聚糖酶和木聚糖酶?为什么使用?

3. 在配制幼畜代乳料或早期断奶日粮时,为了减少植物性饲料的应激,弥补消化生理缺陷,应使用何种酶制剂?

二维码 2-8　习题参考答案

拓展知识

非法饲料添加剂

非法饲料添加剂是国务院农业农村主管部门公布的《饲料原料目录》《允许使用的饲料添加剂品种目录》和《药物饲料添加剂品种目录》以外的,在生产配合饲料中添加的非法物质。这些非法添加剂名单由农业农村部、卫健委、国家药品监督管理局在相关公告中公布。这些药物或物质是造成食品安全的最有害的物质,危害人体健康和生命,造成极大危害。非法生产、经营、使用这些非法饲料添加剂的,要依据相关法律法规予以处罚;构成犯罪的,要移送司法机关,依法追究刑事责任。

农业农村部根据《饲料和饲料添加剂管理条例》《兽药管理条例》《药品管理法》的有关规定,公布的非法添加剂相关公告如下:

一、2002年2月第176号公告中公布的《禁止在饲料和动物饮用水中使用的药物品种目录》

(一)肾上腺素受体激动剂

1. 盐酸克仑特罗:β_2肾上腺素受体激动药。

2. 沙丁胺醇:β_2肾上腺素受体激动药。

3. 硫酸沙丁胺醇：β_2肾上腺素受体激动药。

4. 莱克多巴胺：一种β兴奋剂，美国食品和药物管理局(FDA)已批准，中国未批准。

5. 盐酸多巴胺：多巴胺受体激动药。

6. 西马特罗：一种β兴奋剂，FDA未批准。

7. 硫酸特布他林：β_2肾上腺受体激动药。

(二)性激素

8. 己烯雌酚：雌激素类药。

9. 雌二醇：雌激素类药。

10. 戊酸雌二醇：雌激素类药。

11. 苯甲酸雌二醇：雌激素类药。

12. 氯烯雌醚。

13. 炔诺醇。

14. 炔诺醚。

15. 醋酸氯地孕酮。

16. 左炔诺孕酮。

17. 炔诺酮。

18. 绒毛膜促性腺激素(绒促性素)。

19. 促卵泡生长激素。

(三)蛋白同化激素

20. 碘化酪蛋白：蛋白同化激素类，为甲状腺素的前驱物质，具有类似甲状腺素的生理作用。

21. 苯丙酸诺龙及苯丙酸诺龙注射液。

(四)精神药品

22. (盐酸)氯丙嗪：镇静药。用于强化麻醉以及使动物安静等。

23. 盐酸异丙嗪：抗组胺药。用于变态反应性疾病，如荨麻疹、血清病等。

24. 安定(地西泮)：镇静药、抗惊厥药。

25. 苯巴比妥。

26. 苯巴比妥钠。

27. 巴比妥：中枢抑制和增强解热镇痛。

28. 异戊巴比妥：催眠药、抗惊厥药。

29. 异戊巴比妥钠：用于小动物的镇静、抗惊厥和麻醉。

30. 利血平：抗高血压药。

31. 艾司唑仑。

32. 甲丙氨酯。

33. 咪达唑仑。

34. 硝西泮。

35. 奥沙西泮。

36. 匹莫林。

37. 三唑仑。

38. 唑吡旦。

39. 其他国家管制的精神药品。

(五)各种抗生素滤渣

40. 抗生素滤渣:该类物质是抗生素类产品生产过程中产生的工业三废,因含有微量抗生素成分,在饲料和饲养过程中使用后对动物有一定的促生长作用。但对养殖业的危害很大,一是容易引起耐药性,二是由于未做安全性试验,存在各种安全隐患。

二、2002年4月第193号公告中公布的《食品动物禁用的兽药及其他化合物清单》

序号	兽药及其他化合物名称	禁止用途	禁用动物
1	β-兴奋剂类:克仑特罗、沙丁胺醇、西马特罗及其盐、酯及制剂	所有用途	所有食品动物
2	性激素类:己烯雌酚及其盐、酯及制剂	所有用途	所有食品动物
3	具有雌激素样作用的物质:玉米赤霉醇、去甲雄三烯醇酮、醋酸甲孕酮及制剂	所有用途	所有食品动物
4	氯霉素及其盐、酯(包括:琥珀氯霉素)及制剂	所有用途	所有食品动物
5	氨苯砜及制剂	所有用途	所有食品动物
6	硝基呋喃类:呋喃唑酮、呋喃它酮、呋喃苯烯酸钠及制剂	所有用途	所有食品动物
7	硝基化合物:硝基酚钠、硝呋烯腙及制剂	所有用途	所有食品动物
8	催眠、镇静类:安眠酮及制剂	所有用途	所有食品动物
9	林丹(丙体六六六)	杀虫剂	所有食品动物
10	毒杀芬(氯化烯)	杀虫剂、清塘剂	所有食品动物
11	呋喃丹(克百威)	杀虫剂	所有食品动物
12	杀虫脒(克死螨)	杀虫剂	所有食品动物
13	双甲脒	杀虫剂	水生食品动物
14	酒石酸锑钾	杀虫剂	所有食品动物
15	锥虫胂胺	杀虫剂	所有食品动物
16	孔雀石绿	抗菌、杀虫剂	所有食品动物
17	五氯酚酸钠	杀螺剂	所有食品动物
18	各种汞制剂包括:氯化亚汞(甘汞),硝酸亚汞、醋酸汞、吡啶基醋酸汞	杀虫剂	所有食品动物
19	性激素类:甲基睾丸酮、丙酸睾酮、苯丙酸诺龙、苯甲酸雌二醇及其盐、酯及制剂	促生长	所有食品动物
20	催眠、镇静类:氯丙嗪、地西泮(安定)及其盐、酯及制剂	促生长	所有食品动物
21	硝基咪唑类:甲硝唑、地美硝唑及其盐、酯及制剂	促生长	所有食品动物

三、2011 年 1 月发布的第 1519 号公告中公布的《禁止在饲料和动物饮水中使用的物质名单》

1. 苯乙醇胺 A(PhenylethanolamineA)：β-肾上腺素受体激动剂。

2. 班布特罗(Bambuterol)：β-肾上腺素受体激动剂。

3. 盐酸齐帕特罗(ZilpaterolHydrochloride)：β-肾上腺素受体激动剂。

4. 盐酸氯丙那林(ClorprenalineHydrochloride)：β-肾上腺素受体激动剂。

5. 马布特罗(Mabuterol)：β-肾上腺素受体激动剂。

6. 西布特罗(Cimbuterol)：β-肾上腺素受体激动剂。

7. 溴布特罗(Brombuterol)：β-肾上腺素受体激动剂。

8. 酒石酸阿福特罗(ArformoterolTartrate)：长效型 β-肾上腺素受体激动剂。

9. 富马酸福莫特罗(FormoterolFumatrate)：长效型 β-肾上腺素受体激动剂。

10. 盐酸可乐定(ClonidineHydrochloride)：抗高血压药。

11. 盐酸赛庚啶(CyproheptadineHydrochloride)：抗组胺药。

四、食品动物中禁止使用的药品及其他化合物清单(农业农村部公告 2020 年第 250 号)

1. 酒石酸锑钾(Antimony potassium tartrate)。

2. β-兴奋剂(β-agonists)类及其盐、酯。

3. 汞制剂：氯化亚汞(甘汞)(Calomel)、醋酸汞(Mercurous acetate)、硝酸亚汞(Mercurous nitrate)、吡啶基醋酸汞(Pyridyl mercurous acetate)。

4. 毒杀芬(氯化烯)(Camahechlor)。

5. 卡巴氧(Carbadox)及其盐、酯。

6. 呋喃丹(克百威)(Carbofuran)。

7. 氯霉素(Chloramphenicol)及其盐、酯。

8. 杀虫脒(克死螨)(Chlordimeform)。

9. 氨苯砜(Dapsone)。

10. 硝基呋喃类：呋喃西林(Furacilinum)、呋喃妥因(Furadantin)、呋喃它酮(Furaltadone)、呋喃唑酮(Furazolidone)、呋喃苯烯酸钠(Nifurstyrenate sodium)

11. 林丹(Lindane)。

12. 孔雀石绿(Malachite green)。

13. 类固醇激素：醋酸美仑孕酮(Melengestrol Acetate)、甲基睾丸酮(Methyltestosterone)、群勃龙(去甲雄三烯醇酮)(Trenbolone)、玉米赤霉醇(Zeranal)。

14. 安眠酮(Methaqualone)。

15. 硝呋烯腙(Nitrovin)。

16. 五氯酚酸钠(Pentachlorophenol sodium)。

17. 硝基咪唑类：洛硝达唑(Ronidazole)、替硝唑(Tinidazole)。

18. 硝基酚钠(Sodium nitrophenolate)。

19. 己二烯雌酚(Dienoestrol)、己烯雌酚(Diethylstilbestrol)、己烷雌酚(Hexoestrol)及其盐、酯。

20. 锥虫砷胺(Tryparsamile)。

21. 万古霉素(Vancomycin)及其盐、酯。

任务实施效果评价

按照以下评价表的内容,与你的团队成员和指导教师一起讨论,对学习任务2的实施效果进行实事求是的评价。

评价项目	评价标准	满分	评价			得分
			优	良	及格	
完成习题情况	准确性、完整性	30				
任务计划书	方法正确、步骤完整、材料齐全	10				
饲料厂饲料添加剂样本采集计划实施过程记录	采集饲料添加剂方法正确、识别、分类准确,对饲料配方中使用的添加剂了解其作用	20				
饲料添加剂识别、分类及其作用效果描述情况	过程记录完整,准确描述饲料添加剂分类特性及使用效果,能够指出如何合理使用添加剂	10				
成员参与程度、合作情况、责任心	学生的学习兴趣、参与的积极性、学习方法的运用、提出、解决及分析问题的能力	20				
任务总结报告	操作方法、操作过程、感官鉴定分析总结,写出任务实施报告	10				
总 分	100					
自我评价						
小组评价						
教师评价						

学习任务3

饲料原料品质检验

饲料原料的质量对配合饲料产品质量有着决定性的影响，劣质的原料不可能生产出优质的配合饲料，也难以给畜牧生产带来好的经济效益。因此，对饲料原料进行质量鉴定是生产优质配合饲料的重要手段之一。饲料原料质量鉴定有饲料原料的感官检验、物理检验、显微镜检查、化学检验、微生物学检验和动物实验法检验。

学习任务3.1　饲料原料感官检验与物理检验

【任务描述】

通过任务相关知识阅读、完成任务的相关题目，获得不同种类饲料原料品质感官检验和物理检验的常用方法相关知识，学生按5人一组分组，在实训室对饲料厂、养殖场采集的样品实施下列工作任务。

【任务实施】（任务单）

1. 完成玉米、小麦、米糠、小麦麸、次粉、豆粕、菜籽粕、棉籽粕、花生粕、玉米蛋白粉、玉米DDGS、鱼粉、肉骨粉、水解羽毛粉、血粉等的感官性状观察及检验，描述每种原料的感官特征，写出检验报告。
2. 参照饲料容重检测方法，完成玉米、小麦、米糠、小麦麸、次粉、豆粕、菜籽粕、棉籽粕、花生粕、玉米蛋白粉、玉米DDGS、鱼粉、肉骨粉、水解羽毛粉、血粉等的容重测定。综合以上检验结果，写出每种饲料品质评价报告。
3. 完成学习任务实施效果评价表。

饲料原料感官检验与物理检验方法

二维码2-9　常用饲料原料感官鉴定

一、饲料原料感官检验方法

感官鉴定是指通过感官（嗅、视、尝、触）以及借助放大镜来鉴定饲料一般性外观质量的方法。要求平时注意观察各种饲料，在充分了解和掌握各种原料的基本特征基础上，才能做到快速、准确地判别原料的质量优劣。

1. 眼看(视觉)

观察饲料原料的形状、色泽、有无霉变、虫蛀、有无异物、硬块、夹杂物等。花生饼、胡麻饼、芝麻饼很容易发霉，特别是饼粕裂缝中常有黄曲霉污染。豆饼掺假的很多，有的豆饼中掺入玉米、豆皮、沙子、其他饼类等，需要把饼掰开，细心观察就会发现。

2. 舌舔(味觉)

通过舌舔或牙咬来检查饲料有无刺激的恶味、苦味或其他异味。如发霉的豆饼、棉籽饼、胡麻饼、芝麻饼等，若把饼外的绿霉擦去，用眼不易看出，通过舌舔和牙咬就会尝到刺激性的恶味。

3. 鼻闻(嗅觉)

用鼻子来嗅闻饲料是否具有原料物质的固有气味，并确定有无霉味、氨臭味、发酵酸味、焦煳味、腐败臭味或其他异味。特别是对鱼粉、肉骨粉、羽毛粉、蚕蛹粉、骨粉及油脂类的鉴别，要注意利用嗅觉来鉴定是否腐败变质。鉴别时应避免环境中其他气味的干扰。

4. 手摸(触觉)

将饲料放在手上，用指头捻，用手指甲来掐，通过感触来觉察其粒度的大小、硬度、黏稠性、有无夹杂物及水分的多少等。

二、饲料原料物理检验方法

饲料原料物理检验是指通过物理检验方式来鉴定饲料原料的粒度，并区分饲料原料是否掺杂及掺杂物的种类及比例的检验，从而进一步判别原料的质量优劣。

1. 筛分法

利用各种大小的筛子(如 10 目、20 目、30 目等)将原料过筛，观察饲料原料的粒度、掺杂物的种类及比例等。用这种方法能分辨出用肉眼看不出来的异物。

2. 容重法

容重是指单位体积的饲料所具有的质量，通常以 1 L 体积的饲料质量计。每种饲料原料都有其一定的容重，通过测量容重并与标准容重相比较，可鉴别饲料原料是否含有杂质或掺杂物，具体方法如下。

二维码 2-10　能量饲料玉米容重的测定

样品制备：饲料样品应彻底混合，无须粉碎。

仪器与设备：粗天平(感量 0.1 g)；1 000 mL 量筒(或容重测定仪)；不锈钢盘(30 cm×40 cm)；小刀、刮铲、药匙等。

测定步骤：

(1)用四分法取样，谷物籽食在测定前应按要求筛分，其他样品可直接测定。然后将样品非常轻而仔细地放入 1 000 mL 的量筒内，用刮铲或药匙调整容积，直到正好达 1 000 mL 刻度为止(或按容重测定仪测定方法操作)。注意：放入饲料样品时应轻放，不得打击。

(2)将样品从量筒中倒出并称重。

(3)以 g/L 为单位测定样品的容重，反复测量 3 次，取平均值作为分析结果，允许相对偏差≤12%，与纯料容重比较。常用的饲料原料容重见表 2-15。

表 2-15　常用饲料原料的容重　g/L

原料	容重	原料	容重
玉米	626	棉籽饼粕	594～642
大麦	353～401	花生饼粕	466
高粱	546	鱼粉	562
小麦麸	209	肉骨粉	510～790
米糠	338～351	血粉	610
大豆饼粕	594～610	羽毛粉	546

3. 比重鉴别法

一般来讲，物质的比重是指物质的密度和 4 ℃时纯水的密度的比值。比重鉴别法是根据饲料样品在一定比重的溶剂中的沉浮情况来鉴别是否混入异物、异物种类和混入比例。常使用的比重液有甲苯（相对密度 0.88）、汽油（相对密度 0.64）、水（相对密度 1.00）、氯仿（相对密度 1.47）、四氯化碳（相对密度 1.58）、三溴甲烷（相对密度 2.90）。

比重鉴别法比较简单、有效，容易采用，如用上述液体可以鉴定出鱼粉及其他饲料里混杂的砂土等异物。混入砂土的鉴别方法：用试管或细长的玻璃杯盛上饲料样品，加入 4～5 倍的水，充分振荡混合，放置一会儿，砂土等相对密度大的异物沉降于试管的底部，很容易鉴别出来。一些原料的比重范围见表 2-16。

表 2-16　比重表（水中的比重）

样品名称	比重	样品名称	比重
谷实类、糠麸类、饼粕类等	1.5 以下	鱼骨	1.3～2.0
咸海产、虾渣、蟹壳	1.4～2.0	兽骨	1.9～2.2
牡蛎渣、贝类等	1.9～2.6	硅藻土	1.8～2.5
骨粉、大理石	2.6～2.9		

查阅资料完成习题

（一）填空题

1. 感官鉴定是指通过________以及借助放大镜来鉴定饲料________外观质量的方法。

2. 饲料原料质量感官检验方法主要有________、________、________及________等。

3. 筛分法利用各种大小的筛子将原料过筛，观察饲料原料的__________、__________以及__________等。

（二）选择题

1. 容重法鉴定通常以（　　）体积的饲料质量计。

A. 1 L　　B. 2 L　　C. 3 L　　D. 0.5 L

2. 一般来讲，物质的比重是指物质密度和（　　）密度的比值。

A. 汽油　　B. 苯　　C. 水　　D. 葡萄糖

3. 水的相对密度为（　　）。

A. 0.5　　B. 1.0　　C. 2.9　　D. 1.47

(三)简答题

影响饲料原料质量的因素有哪些?

(四)讨论题

试比较感官检验与物理检验的方法。

(五)分析题

1. 查阅资料总结玉米籽实、小麦麸、米糠的外观、形状、颜色、味道、构造的感官性状特征。

2. 查阅资料总结豆粕、菜籽粕、棉籽粕、花生粕、芝麻粕、向日葵粕、玉米蛋白粉的外观、形状、颜色、味道、构造的感官性状特征。

3. 查阅资料总结鱼粉、肉骨粉、水解羽毛粉、血粉的外观、形状、颜色、味道、构造的感官性状特征。

二维码 2-11 习题参考答案

任务实施效果评价

按照以下评价表的内容,与你的团队成员和指导教师一起讨论,对学习任务 3.1 的实施效果进行实事求是的评价。

序号	评价项目	评价标准	满分	评价			得分
				优	良	及格	
1	饲料检验方案	条理清晰、方法正确、内容全面	10				
2	实验准备工作	预习充分、仪器设备选用正确、试剂配制方法正确	10				
3	操作过程	操作步骤正确、操作规范	20				
4	实验记录	记录完整、字迹整洁、无涂改	10				
5	实验结果	计算方法正确、实验结果符合要求	15				
6	饲料品质评价报告	按时完成实验报告、内容齐全、书写规范,写出任务实施报告	15				
7	实验分析	全面、合理、有创新意识	10				
8	实验态度	认真严谨、实事求是	5				
9	团队合作	分工合作、密切配合	5				
总分		100					
自我评价							
小组评价							
教师评价							

学习任务 3.2　饲料原料显微定性检验

显微镜检测法是借助立体和生物显微镜来检测饲料原料和配合饲料中应有的成分是否存在，是否含有有害成分、污染物和霉菌等成分，以及是否有掺假现象，以补充感官检测和化学分析检测的不足，具有快速、简便、准确等特点。饲料显微检测的准确程度取决于操作人员对原料特征的熟悉程度及应用显微技术的熟练程度，这就要求镜检人员必须具备一定的动植物组织细胞学知识，经常搜集各种饲料原料、掺杂物样品，并准备一本常用饲料显微图谱，对照图谱利用显微镜进行反复观察练习。只有在牢固地掌握了各种原料、掺杂物等的外观形态和细胞特征的基础上，才能较好地完成镜检工作。

【任务描述】

通过任务相关知识阅读、完成任务的相关题目，获得不同种类饲料原料品质显微定性检验的相关知识，学生按 5 人一组分组，参照饲料原料显微镜检查方法（GB/T 14698—2017），在实验室对饲料厂、养殖场采集的样品实施下列学习任务。

【任务实施】（任务单）

1. 完成玉米、小麦、米糠、小麦麸、次粉、豆粕、菜籽粕、棉籽粕、花生粕、玉米蛋白粉、玉米DDGS、鱼粉、肉骨粉、水解羽毛粉、血粉等的显微结构特征的观察，写出观察报告。

2. 完成学习任务实施效果评价表。

饲料原料显微镜检查方法

一、原理

借助显微镜扩展检查者的视觉功能，参照各饲料原料标准样品和杂质样品的外形、色泽、硬度、组织结构、细胞形态及染色特征等，对样品的种类、品质进行鉴别和评价。

饲料样品显微镜检测的基本步骤见图 2-2。

二维码 2-12　常用饲料原料显微镜检验

二、仪器设备

立体显微镜：放大 7～40 倍，可变倍。

生物显微镜：放大 40～500 倍，三位以上的换镜旋座。

其他仪器设备：分析天平、电热干燥箱、抽滤器，放大镜：3 倍，分级筛：孔径为 0.42 mm、0.25 mm、0.177 mm 分级筛及底盘一套，研钵、点滴板（黑色和白色）、培养皿、载玻片、盖玻片、微型刮勺、尖头镊子、尖头探针，电热干燥箱、电炉、酒精灯及实验室常用仪器。

三、试剂和溶液

（1）石油醚：沸点 30～60 ℃。

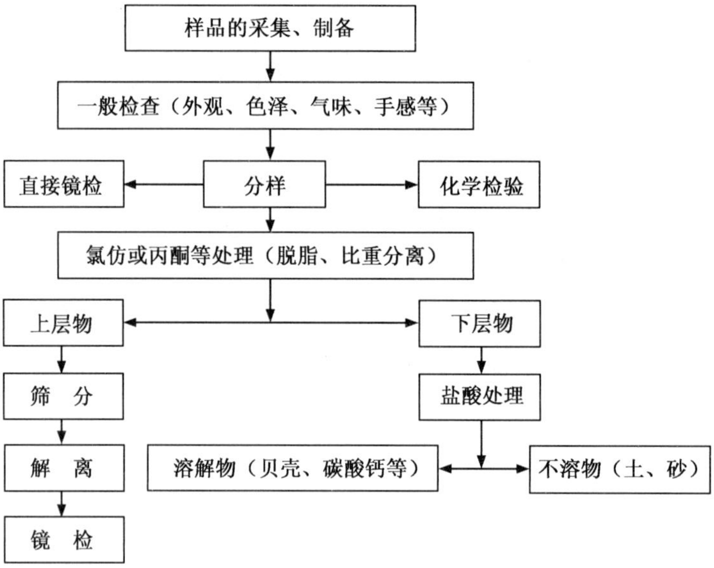

图 2-2　饲料样品显微镜检测的基本步骤

(2)四氯化碳：ρ(相对密度)为 1.589 g/mL。

(3)丙酮溶液(3∶1)：3 体积的丙酮(ρ 为 0.788 g/mL)与 1 体积的蒸馏水混合。

(4)盐酸溶液(1∶1)：1 体积盐酸(ρ 为 1.18 g/mL)与 1 体积的蒸馏水混合。

(5)硫酸溶液(1∶1)：1 体积硫酸(ρ 为 1.84 g/mL)与 1 体积的蒸馏水混合。

(6)硝酸溶液(1∶2.5)：1 体积硝酸(ρ 为 1.46 g/mL)与 2.5 体积的蒸馏水混合。

(7)碘溶液：0.75 g 碘化钾与 0.1 g 碘溶于 30 mL 蒸馏水中，贮于棕色瓶中。

(8)10%硝酸铵溶液：10 g 硝酸铵溶于 100 mL 蒸馏水中。

(9)钼酸盐溶液：将 20 g 三氧化钼溶于 30 mL 氨水中，再与 50 mL 蒸馏水混合，将此溶液慢慢倒入 320 mL 硝酸溶液(6)中，微热溶解，冷却后与 100 mL 10%硝酸铵溶液(8)混合。

(10)悬浮剂Ⅰ：将 10 g 水合氯醛溶于 10 mL 蒸馏水中，加入 10 mL 甘油，混匀，贮于棕色瓶中。

(11)悬浮剂Ⅱ：将 160 g 水合氯醛溶于 100 mL 蒸馏水中，加入 10 mL 盐酸(4)，混匀，贮于棕色瓶中。

(12)10%硝酸银溶液：溶解 10 g 硝酸银于 100 mL 蒸馏水中。

(13)茚三酮溶液：溶解 5 g 茚三酮于 100 mL 蒸馏水中，贮藏于棕色瓶内，现用现配。

(14)间苯三酚溶液：将 2.0 g 间苯三酚溶于 100 mL 95%乙醇中。

四、对照样品

(1)饲料原料标准样品(按国家有关实物标准执行)。

(2)掺杂物样品：收集木屑、稻谷壳粉、糠壳粉、花生壳粉等可能的掺杂物。

(3)杂草种子：收集常与谷物混杂的杂草种子，大多可在谷物加工厂清理工序的下脚料中找到，贮于编号的玻璃瓶中。

五、直接感官检查

首先以检验者的视觉、嗅觉、触觉直接检查样品。也可借助放大镜观察样品的外形、色泽等，将 50～100 g 样品摊放于白纸上，要在充足的自然光或灯光下进行观察，比照样品在同一光源下对比。观察目的在于识别样品标示物质的特性，注意掺杂物、热损、虫蚀和活昆虫等，检查有无杂草种子及有害微生物感染。

在嗅样品气味时注意力要集中，并避免环境中其他气味的干扰。嗅觉检查目的在于判断被检样品标示物质的固有气味，并确定有无腐败、氨臭和焦煳等其他不良气味。

用手捻搓样品目的在于判断硬度等手感特征。

必要时用比照样品在相同条件下进行对比，对可疑物可利用放大镜进行辨认。

六、试样制备

1. 分样

按 GB/T 14699.1 采集有代表性样品，混匀试样，用四分法分取到检查所需量，一般 10～15 g 即可。试样在常温条件下贮于有塞的玻璃瓶内或密闭的样品袋内。

2. 筛分

根据样品粒度情况，选用适当组筛，将最大孔径筛置最上面，最小孔径筛置下面，最下是筛底盘。将四分法分取的样品置于套筛上充分振摇后，用药勺从每层筛面及筛底各取部分样品，分别平摊于培养皿中。必要时样品可先经石油醚、丙酮、四氯化碳处理后再筛分。

3. 颗粒或团粒试样处理

置几粒于研钵中，用研杆碾压使其分散成各组分，但不要再将组分本身研碎。初步研磨后过孔径为 0.42 mm 的筛。根据研磨后饲料试样的特征，依照下述 4、5、6 进行处理。

4. 石油醚脱脂处理

油脂含量高或黏附有大量细颗粒试样(如鱼粉、肉骨粉、膨化大豆等饲料原料样品)，取约 5 g 试样置于 100 mL 高型烧杯中，加入 50 mL 石油醚，搅拌 10 s，静置沉降，小心倾析出石油醚，待样品表面石油醚挥发后，置于干燥箱中，在约 70 ℃开门烘 10 min(或在通风柜内吹干)，取出冷却至室温后，将样品置于培养皿内待检。

警告：此步骤需在通风的环境或通风柜内操作，注意防爆炸，防燃烧。

5. 丙酮处理

若有糖蜜形成的团块或水分偏高模糊不清的饲料样品，可先用丙酮处理。取 10 g 样品于 100 mL 高型烧杯中，加入 70 mL 丙酮溶液(3)，搅拌 5 min 以溶解糖蜜，静置沉降，小心倾析，用丙酮溶液重复洗涤、沉降、倾析两次，稍挥发干后置于 60 ℃烘箱中干燥 20 min，取出冷却，筛分，镜检。

警告：此步骤需在通风的环境或通风柜内操作，注意预防有机溶剂中毒。

6. 四氯化碳浮选处理

取 10 g 试样置 100 mL 高型烧杯中，加入约 90 mL 四氯化碳(2)(在通风柜内)，搅拌约 10 s，静置 2～5 min，待上下分层清楚后，用勺捞出上层漂浮物过滤，等四氯化碳挥发后置

70 ℃ 干燥箱中 20 min，取出冷却至室温后将试样置于培养皿内待检。将沉淀物倒入培养皿内，待表面四氯化碳挥发后，置 70 ℃ 干燥箱中 20 min，取出冷却至室温后将试样置于培养皿内待检。必要时可将漂浮物、沉淀物过筛。

警告：此步骤需在通风的环境或通风柜内操作，注意预防有机溶剂中毒。

七、立体显微镜检查

立体显微镜主要观察的是饲料的表面形态，将装有制备好样品的培养皿置于立体显微镜的载物台上观察，光源可采用充足的自然光或阅读台灯，用台灯时入射光与样品平面呈 45°为好（对照样品在同一光源下对比观察）。

立体显微镜载台上的衬板选择要考虑样品色泽。一般检查深色颗粒时用白色衬板；检查浅色颗粒时用黑色衬板。检查样品时可以先用白色衬板观察一遍，再用黑色衬板观察。

检查时先看粗颗粒，再看细颗粒；先用较低放大倍数，再用较高放大倍数。

观察时用尖镊子拨动、翻转，并用探针触探样品颗粒。对每一种原料不同的组分分别观察，通过观察样品的物理特点，如颜色、硬度、柔性、透明度、半透明度、不透明度和表面组织结构，鉴别饲料的结构。为便于观察可对样品进行茚三酮试验（胺和氨基染色）、间苯三酚试验（木质素染色）、碘试验（淀粉质染色），在检查过程中以比照样品在相同条件下，与被检样品进行对比观察。

记录观察到的各种成分，对不是样品所标示的物质，若量小称为杂质（参考国家标准规定的有关饲料含杂质允许量），若量大，则称为掺杂物。要特别注意有害物质。

八、生物显微镜检查

将立体显微镜下不能确切鉴定的样品颗粒及试样制备时筛面上及筛底盘中的试样取少许于载玻片上，加两滴悬浮剂Ⅰ，用探针搅拌分散，浸透均匀后，加盖玻片，在生物显微镜下观察，先在较低倍镜下搜索观察，并对各目标加大倍数观察，与对照样品进行对比。取下载玻片，揭开盖玻片，加 1 滴碘溶液，搅匀，再加盖玻片，置显微镜下观察，此时淀粉被染成蓝色至黑色，酵母及其他蛋白质细胞呈黄色至棕色。如果样品透明度低不易观察，可取少量样品，加 5 mL 悬浮液Ⅱ，煮沸 1 min，冷却后取 1～2 滴底部沉淀物于载玻片上，加盖玻片镜检。

九、主要无机组分的鉴别

将经过干燥后的沉淀物(6)置于孔径为 0.42 mm、0.25 mm、0.177 mm 的筛和底盘的组筛上筛分，将筛分出的四部分分别置于培养皿中，用立体显微镜检查。动物和鱼类的骨、鱼鳞，软体动物的外壳易于识别；盐通常呈立方体；石灰石中的方解石呈菱形六面体。

十、鉴别试验

用镊子将未知颗粒 2～5 粒放在点滴板上，用镊子平面轻轻压碎颗粒，在立体显微镜下，将颗粒彼此分开，使之相距 2.5 cm，每个颗粒周围滴 1 滴有关试剂，用细玻棒将颗粒推入液体，并观察界面处的变化。

1. 硝酸银试验

将未知颗粒推入 2 滴硝酸银（10%）溶液中，观察现象。

(1)如果生成白色晶体,并慢慢变大,说明未知颗粒是氯化物。

(2)如果生成黄色结晶,并生成黄色针状,说明未知颗粒为磷酸盐。

(3)如果生成能略为溶解的白色针状物,说明是硫酸盐。

(4)如果颗粒慢慢变暗,说明未知颗粒是骨粉粒。

2. 盐酸试验

将未知颗粒推入 2 滴(1∶1)稀盐酸溶液中,观察现象。

(1)如果剧烈起泡,说明未知颗粒是碳酸盐。

(2)如果慢慢起泡或不起泡,则需进行下列钼酸盐试验和硫酸试验。

3. 钼酸盐试验

将未知颗粒推入 2 滴钼酸盐溶液中,观察现象。

如果在接近未知颗粒的地方生成微小黄色结晶,说明未知颗粒为磷酸盐、磷矿石或骨(所有磷酸盐均有此反应,但磷酸二氢盐和磷酸氢二盐均可用硝酸银鉴别)。

4. 稀硫酸试验

在未知颗粒上滴加 2 滴(1∶1)稀盐酸后,再滴入 2 滴(1∶1)稀硫酸溶液,如慢慢形成细长的白色针状物,说明未知颗粒为钙盐。

5. 茚三酮试验

将茚三酮溶液 5～7 滴浸润未知颗粒,水浴加热到(80±5) ℃,如未知颗粒显蓝紫色,说明是蛋白质。

6. 间苯三酚试验

取试样 1～2 g 于 50 mL 烧杯内,滴加 10～20 滴间苯三酚溶液浸润样品,放置 5 min,滴加 5～10 滴浓盐酸,如样品含有木质素,则显深红色。

7. 碘试验

在未知颗粒上滴加 2 滴碘溶液,如试样中含有淀粉,则显蓝紫色。

十一、结果表示

结果表示应包括试样的外观、色泽及显微镜下所见到的物质,并给出所检试样是否与送检名称相符合的判定意见。

查阅资料完成习题

(一)填空题

1. 立体显微镜检查饲料的______、______、______、______、______、______及其______等。

2. 镜检常用的染色方法有______、______、______、______。

(二)选择题

1. 体视显微镜一般可放大(　　)。

A. 7～40 倍　　B. 40～100 倍　　C. 40～500 倍　　D. 500 倍以上

2. 显微镜检查分样时将样品充分混匀,用四分法分取到检查所需量,一般(　　)即可。

A. 10～15 g　　B. 2～5 g　　C. 20～50 g　　D. 100～200 g

3. 立体显微镜载台上的衬板选择要考虑样品色泽，一般检查深色颗粒时用(　　)衬板。

A. 黑色　　B. 蓝色　　C. 无色　　D. 白色

(三)简答题

1. 显微镜检样品制备的常用方法有哪些？

2. 镜检常用的染色方法有哪些？

(四)讨论题

试述饲料显微镜检查方法的原理。

(五)分析题

1. 查阅资料总结玉米籽实、小麦麸的显微结构特征。

2. 查阅资料总结豆粕、菜籽粕、棉籽粕、花生粕、芝麻粕的显微结构特征。

3. 查阅资料总结鱼粉、肉骨粉、水解羽毛粉、血粉的显微结构特征。

二维码 2-13　习题参考答案

任务实施效果评价

按照以下评价表的内容，与你的团队成员和指导教师一起讨论，对学习任务 3.2 的实施效果进行实事求是的评价。

序号	评价项目	评价标准	满分	评价			得分
				优	良	及格	
1	饲料镜检方案	条理清晰、方法正确、内容全面	10				
2	实验准备工作	预习充分、仪器设备选用正确、试剂配制方法正确	10				
3	操作过程	操作步骤正确、操作规范	30				
4	实验记录	记录完整、字迹整洁、无涂改	10				
5	饲料镜检报告	按时完成实验报告、内容齐全、书写规范	20				
6	实验分析	全面、合理、有创新意识	10				
7	实验态度	认真严谨、实事求是	5				
8	团队合作	分工合作、密切配合	5				
总　分		100					
自我评价							
小组评价							
教师评价							

学习任务3.3　饲料原料质量化学检验

饲料原料质量化学检验是指利用化学分析及仪器分析的方法对饲料原料的质量进行定性、定量地检测，用以区分饲料原料是否掺杂并测定掺杂物的种类与比例情况，从而进一步判别原料的质量优劣。

【任务描述】

通过饲料原料质量化学检测方法阅读、完成任务的相关题目，获得不同种类饲料原料品质化学检验的常用方法；根据饲料厂采集的各类饲料原料样本，进行各原料品质的快速测定、化学检验，结合感官鉴定进一步判断原料品质。学生按5人一组分组，明确学习任务，实施下列学习任务。

【任务实施】（任务单）

1. 对原料豆粕掺假实施快速化学检验（淀粉、木质素、碳酸盐、加工生熟度），并填写报告单。
2. 对原料鱼粉掺假实施快速化学检验（食盐、血粉、羽毛粉、皮革粉、尿素、肉骨粉、木质素、蹄角粉、蛋白精、碳酸盐及棕色土壤等），并填写报告单。
3. 对原料磷酸氢钙掺假实施快速化学检验（过磷酸钙、石粉或轻质碳酸钙、骨粉、滑石粉），并填写报告单。
4. 完成学习任务实施效果评价表。

饲料原料质量化学检验相关知识

一、饲料原料中掺假物快速定性分析检测

在饲料中加入适当的化学药品，根据所发生的颜色反应，或是否有气体、沉淀产生等来快速判断其主要成分是什么，是否混有异物，是否掺假。特别是淀粉和木质素能根据颜色反应清楚地检查出来。

（一）淀粉的检出

利用碘-碘化钾溶液遇淀粉变蓝这一反应机理，可鉴定鱼粉等动物性饲料中是否混有淀粉质物质。

方法：取试样1～2 g于小烧杯中，加入10 mL水加热2～3 min浸取淀粉，冷却后滴入1～2滴碘-碘化钾溶液（取碘化钾6 g溶于100 mL水中，再加碘2 g）。观察颜色变化，如果溶液颜色立即变蓝或蓝黑，则表明试样中有淀粉质物质存在。

（二）木质素的检出

利用间苯三酚与木质素在强酸条件下反应，可产生红色的化合物。根据这一特征可检测出饲料中是否混有锯末、花生皮粉末、稻壳粉末等。

方法：取试样少许用间苯三酚溶液（将间苯三酚29 g溶于100 mL 90%乙醇中）浸湿，放置

约 5 min 后，滴加浓盐酸 1～2 滴，观察颜色，如果试样呈深红色，则表明试样中含有木质素。

(三)碳酸盐的检出

把少量试样放入稀盐酸($HCl:H_2O=1:1$)中，如果有气泡产生(CO_2)，则说明有碳酸盐的存在。这种方法可用来鉴别饲料中是否混有石粉、贝壳粉等。

(四)食盐的检出

试样中加入 5～6 倍的水，用力振荡摇匀，过滤后，向滤液中加入稀硝酸及硝酸银溶液各 1～2 滴，若有食盐，则将产生白色沉淀。此外，通过观察这种白色沉淀的多少，还可以推断食盐的含量。

(五)尿素的检出

检查鱼粉等饲料原料中是否掺入尿素，可采用酚红指示剂法。尿素在碱性条件下，由于生黄豆粉中尿素酶的催化作用可生成氨态氮，生成的氨态氮可使酚红指示剂由黄变红。

方法：取试样 3 g 置于干净滤纸上，加入 3 g 生黄豆粉，搅拌均匀，用蒸馏水湿润，滴入数滴甲酚红指示剂(1 g/L 甲酚红 20%乙醇溶液)，若显红色且扩张说明有尿素。

(六)鞣革粉的检出

通过检出铬来检查鱼粉等饲料原料中是否混有鞣革粉。该法原理是：用铬鞣制的皮革中均含有铬，通过灰化有一部分转变为六价铬，在强酸条件下，六价铬可与二苯基卡巴腙反应生成铬-二硫代卡巴腙的紫红色水溶性化合物。该反应很灵敏，适用于微量铬的检出。

方法：取试样 1～3 g 于坩埚中，置电炉上炭化至烟除尽，于 550～600 ℃马弗炉内灰化 30 min，冷却后加入 2 mol/L 硫酸溶液 10 mL 搅拌，滴加数滴二苯基卡巴腙溶液(取 0.2 g 二苯基卡巴腙溶于 100 mL 90%乙醇中)，观察颜色变化，如颜色呈紫红色则表明试样中掺有鞣革粉。

(七)蛋白精的检出

蛋白精(脲醛聚合物)在硫酸的作用下分解生成甲醛，甲醛与变色酸生成一种紫色物质。淀粉、蛋白质、糖及铵均不干扰此反应。

方法：取 2～5 g 经粉碎的样品于锥形瓶中，加入 100 mL 20%的硫酸溶液，蒸馏，将蒸馏出的液体倒入预先装有 2 mL 的 1 g/L 变色酸(0.1 g 变色酸溶于 100 mL 浓硫酸)的试管中，呈蓝紫色证明有蛋白精。

通常根据鱼粉氨基酸总量明显偏低(小于粗蛋白质的 85%)，而水溶性非蛋白氮(NPN)为阴性来判断鱼粉中有脲醛聚合物“蛋白精”，这并不能说明样品中一定含有脲醛聚合物“蛋白精”，只能证实含有难溶性的非蛋白氮(NPN)。

(八)矿物油的检出(皂化法)

取 1 mL 样品油于 250 mL 三角瓶内，加 1 mL 饱和氢氧化钠，再加 30 mL 无水乙醇，电炉上回流 3 min，马上加 30 mL 沸水，若变浑浊，则掺了矿物油，否则没有掺矿物油，检出量>0.5%。

二、饲料原料定量分析检测

用定量分析法来检测饲料原料的化学成分，根据其成分含量与标准做比较来评价其质量，看是否有异物存在，并给饲料配合提供可靠数据。

除常规成分外，对饲料原料一些有毒有害化学成分还要根据其特殊性质进行相应的检测，这些特殊成分影响饲料的安全、品质和利用效率。

(一)饲料原料中一些化学性污染成分的检测

主要包括有害金属、非金属、亚硝酸盐、农药等，经常检测的有汞、砷、铅、铬、镉六六六、滴滴涕、马拉硫磷等。这些成分检测方法可参照有关国家标准进行。

(二)饲料原料中一些抗营养物质的检测

如大豆及其制品中的尿素酶活性(UA)；菜籽饼粕中的异硫氰酸酯(TIC)、噁唑烷硫酮(OZT)；棉籽饼粕中的游离棉酚；胡麻饼粕和木薯粉中的氰化物；这些饲料作为配合饲料原料时，则必须检测其中相应的抗营养物质，这些有害成分的检测方法可参照有关国家标准进行。

(三)饲料原料中一些生物污染检测

生物污染包括微生物、寄生虫和昆虫等，其中，霉菌和霉菌毒素危害最大。而黄曲霉毒素B1是饲料原料中对人畜造成危害最大霉菌毒素。尤其是对花生、玉米污染严重，是饲料卫生的必检项目。赭曲霉毒素A、玉米赤霉烯酮、呕吐毒素、T-2毒素、伏马毒素(B1＋B2)等霉菌毒素也是饲料卫生标准中规定的真菌毒素检测指标。

(四)饲料原料中一些特殊成分的检测

1. 油脂的酸败及其品质、分类检验指标

油脂的酸败检验指标包括酸价、过氧化值、TBA(硫代巴比妥酸)值；油脂的品质、分类检验指标为碘价值、皂化值。

2. 鱼粉的腐败度及其可消化性检验指标

鱼粉的腐败度检验指标包括挥发性盐基氮(VBN)、酸价(KOH)、组胺；鱼粉的可消化性检验指标为胃蛋白酶消化率。

查阅资料完成习题

(一)填空题

1. 玉米经感官现场鉴定后，实验室通常对其进行________物理指标测定，进一步评价其质量。

2. 豆粕经感官现场鉴定后，实验室非营养成分测定常从以下方面进行测定________、________进一步评价其质量。

3. 鱼粉经感官现场鉴定后，实验室非营养成分测定常从以下方面进行测定________、________、________，进一步评价其质量。

4. 豆粕原料常见掺假物为__________、__________、__________，写出它们的鉴定方法名称。

5. 鱼粉原料常见掺假物为__________________________________，写出它们的鉴定方法名称。

6. 玉米蛋白粉原料常见掺假物为________________________________，写出它们的鉴定方法名称。

7. 磷酸氢钙常见掺假物为____________________________________。

8. 鉴别动物性原料中掺有植物性原料常根据______________两种物质的化学定性测定进行。

9. 掺假油脂如何检测(掺入矿物油、掺水、掺米汤、掺杂油、蛋白、皂化物)。

10. 如何能用化学方法确定油脂的种类。

11. 饲料油脂中的游离脂肪酸是油脂产生__________副产品，若在饲用油脂中存有大量的游离脂肪酸时就可能与________有关。同种油脂如________高，则表明油脂因水解而产生更多的游离脂肪酸。

(二)选择题

1. 利用碘-碘化钾遇淀粉变蓝这一反应机理，可鉴定鱼粉等动物性饲料中是否混有(　　)物质。

A. 淀粉质　　B. 锯末　　C. 石粉　　D. 尿素

2. 利用间苯三酚与木质素在强酸条件下反应，可产生(　　)的化合物鉴定是否混有木质素。

A. 白色　　B. 黑色　　C. 红色　　D. 棕色

3. NPN的中文名称是(　　)。

A. 粗蛋白　　B. 粗灰分　　C. 无氮浸出物　　D. 非蛋白氮

(三)简答题

1. 饲料中化学性污染成分有哪些？简述其对畜禽造成的危害。

2. 饲料原料中抗营养物质有哪些？它们如何产生抗营养作用？对畜禽产生的危害有哪些？如何合理使用这些含有抗营养物质的饲料？

(四)讨论题

1. 试述饲料原料中掺假物快速定性分析检测方法。

2. 试述饲料原料中掺假物快速定量分析检测方法。

(五)分析题

1. 查阅资料总结豆粕掺假实施快速化学检验操作方法。

2. 查阅资料总结原料鱼粉掺假实施快速化学检验操作方法。

二维码 2-14　习题参考答案

任务实施效果评价

按照以下评价表的内容，与你的团队成员和指导教师一起讨论，对学习任务 3.3 的实施效果分别进行实事求是的评价。

序号	评价项目	评价标准	满分	评价结果			得分
				优	良	及格	
1	饲料分析方案	条理清晰、方法正确、内容全面	10				
2	实验准备工作	预习充分、仪器设备选用正确、试剂配制方法正确	10				
3	操作过程	操作步骤正确、操作规范	20				
4	实验记录	记录完整、字迹整洁、无涂改	10				
5	实验结果	计算方法正确、实验结果符合要求	15				
6	实验报告	按时完成实验报告、内容齐全、书写规范	15				
7	实验分析	全面、合理、有创新意识	10				
8	实验态度	认真严谨、实事求是	5				
9	团队合作	分工合作、密切配合	5				
总　分		100					
自我评价							
小组评价							
教师评价							

拓展知识

查阅资料，完成以下几个方面的资料总结。

1. 简述影响饲料原料质量的因素。
2. 简述饲料中的化学性污染成分及其危害。
3. 简述饲料变质的有害物质及其危害。
4. 简述饲料中的一些天然抗营养物质及其危害。
5. 简述饲料中一些生物污染造成的危害。
6. 简述玉米和饲料用玉米国家质量标准(GB 1353—2018、GB/T 17890—2008)。
7. 简述豆油质量标准和分级标准。
8. 简述饲料原料豆粕国家质量标准(GB/T 19541—2017)。
9. 简述饲料用菜籽粕国家质量标准(GB/T 23736—2009)。
10. 简述饲料用棉籽粕国家质量标准(GB/T 21264—2007)。
11. 简述饲料原料鱼粉国家质量标准(GB/T 19164—2021)。

学习情境三

饲料原料加工调制与利用

Learning situations 3

Learning situations 3
Learning situations 3
Learning situations 3

知识目标

1. 了解粗饲料的加工处理方法、原理及意义。

2. 掌握秸秆氨化饲料加工调制原理和制作基本原则。

3. 掌握青贮饲料加工调制原理和制作基本原则。

4. 了解谷物及饼粕类等其他饲料原料加工技术。

技能目标

1. 能进行秸秆氨化饲料的设施设计、制作、品质鉴定和使用。

2. 掌握青贮饲料的原料选择、设施设计、制作方法、品质鉴定技术和使用技术。

思政目标

1. 培养学生生态环保意识。

2. 培养学生吃苦耐劳的品德，引导学生树立正确的择业观、人生观、价值观。

3. 培养学生辩证看待问题的能力及创新思维能力。

学习任务

1. 粗饲料的加工调制。

2. 青绿饲料青贮的加工调制。

3. 精饲料的加工调制。

学习任务1

粗饲料的加工调制

学习任务 1.1　农作物秸秆氨化饲料的制作与品质鉴定

【任务描述】

学生 5 人一组，学习相关知识，查阅资料完成相关题目，根据当地的自然地理情况，针对年育肥 1 000 头的肉牛育肥场，完成计划任务书、相应工作任务，完成任务实施效果评价表。

【任务实施】（任务单）

1. 完成生产计划任务书。

（1）制定氨化工艺及制作方法。

（2）计算育肥 1 000 头肉牛需要氨化稻草（小麦秸）的用量。

（3）计算育肥 1 000 头肉牛氨化稻草（麦秸）需要多大的氨化池（壕）？设计氨化设施。

（4）计算制作育肥 1 000 头肉牛氨化稻草（小麦秸）需要多少尿素或铵盐？

（5）列出制作育肥 1 000 头肉牛氨化稻草（小麦秸）需要的相关材料设备名称、数量、型号。

（6）列出人工、经费计划。

2. 按照制定的氨化饲料质量鉴定标准，检验制作的氨化饲料是否合格。

3. 按照计划在实训室制作袋装氨化饲料，制定材料计划、任务实施计划、小组汇报计划，学生教师共同评议任务实施效果。

4. 提供氨化饲料使用方法及其注意事项。

5. 观看有关氨化饲料制作的视频。

二维码 3-1　氨化饲料制作技术

氨化的方法与步骤

一、氨化的基本原理

氨化原理：当氨与秸秆中的有机物相遇发生氨解反应，破坏木质素与纤维素、半纤维素链间的酯键的结合，并形成铵盐。铵盐是一种非蛋白氮化合物，同时，氨水中的氢氧化铵离解出的氢氧根离子对秸秆又有碱化作用。秸秆经氨化处理中的氨化与碱化双重作用，粗蛋白质含量可提高 1 倍左右，纤维素含量降低 10%，有机物消化率提高 20%以上。

二、氨化设施设计

氨化处理可用氨化壕、氨化池、平地堆垛氨化法、窖氨化法，农村小户也可以用塑料袋氨化法、缸氨化法等多种氨化方法，可根据当地条件任意选择。简易氨化壕、氨化池、氨化圆窖见图 3-1 至图 3-3。

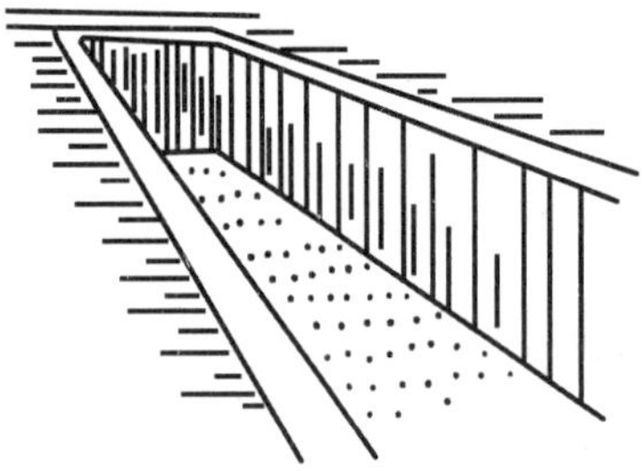

图 3-1 氨化壕

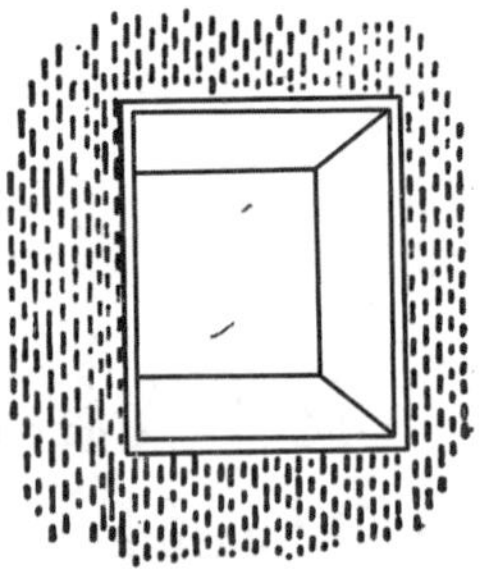

图 3-2 氨化池

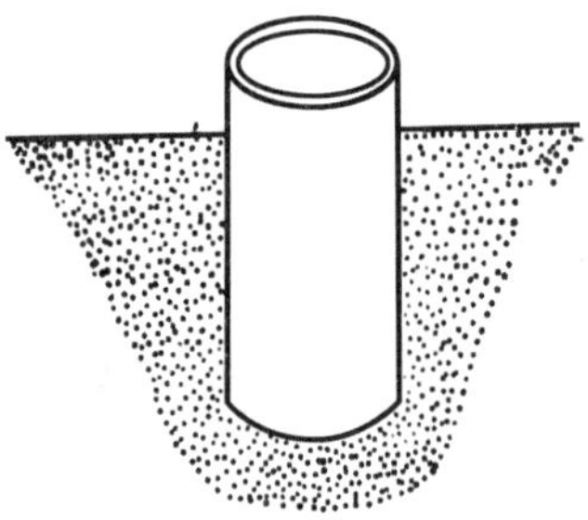

图 3-3 氨化圆窖

氨化池的设计，重点要考虑容积和形状。

容积主要根据牛羊的养殖数量、氨化时间、氨化饲料的周转数量等因素，确定每次氨化秸秆量的大小来确定。可按 1 m^3 净容积氨化秸秆 140～150 kg 设计所建池的容积。

氨化池的形状，主要根据使用对象和地质条件的不同，来进行选择确定。目前常见池形，按形状分类有长方形、正方形、梯形和窖形等，按修建形式分类有单池、双联池和多联池，按相对位置分类有地上池、半地上池和地下池。选择哪一种池形合适，需视具体情况决定。

三、加工方法步骤

氨化秸秆的主要氨源有液氨、尿素、碳铵和氨水，其中以液氨和尿素处理效果较好。液氨处理需一定的设备，宜在集约化饲养或有氨化站为千家万户服务的条件下推广。国内目前多用尿素处理，并获得了十分理想的效果。

尿素氨化法是我国农村使用最广的氨化处理法。它简单易行，原料来源广，尿素可以方便地在常温下运输，氨化时不需要复杂的设备，对健康无害。用尿素溶液处理秸秆，对密封条件的要求也不像液氨那样严格，处理效果好，仅次于液氨。

秸秆中含有尿素酶，加入尿素，用塑料膜覆盖，在适宜的温度和湿度下，尿素在尿素酶的作用下分解出氨对秸秆进行氨化。方法步骤如下，制作工艺流程见图 3-4。

(1)将麦秸、稻草铡碎，一般铡成 3 cm 以下短节。玉米秸要铡短，以易于压实，增加氨化原料与氮源的接触面，增强氨化作用。

(2)按秸秆重的 3%～5%加尿素。首先将尿素按 1∶(10～20)的比例溶解在水中，均匀地喷洒在秸秆上。喷洒时要尽力设法使每根麦秸都喷洒上尿素溶液。这样就要用喷壶一层一层地喷匀，使溶液与秸秆充分接触，边喷洒溶液，边搅拌，边装入氨化设施。要分层，一层秸秆喷洒一层尿素溶液，均匀地浇遍、浇透。千万不要一下子从上全倒下来，以免影响氨化效果。每层的厚度不应超过 30～45 cm。每 100 kg 秸秆用 3～5 kg 尿素，加 30～60 kg 水，逐层添加堆放。

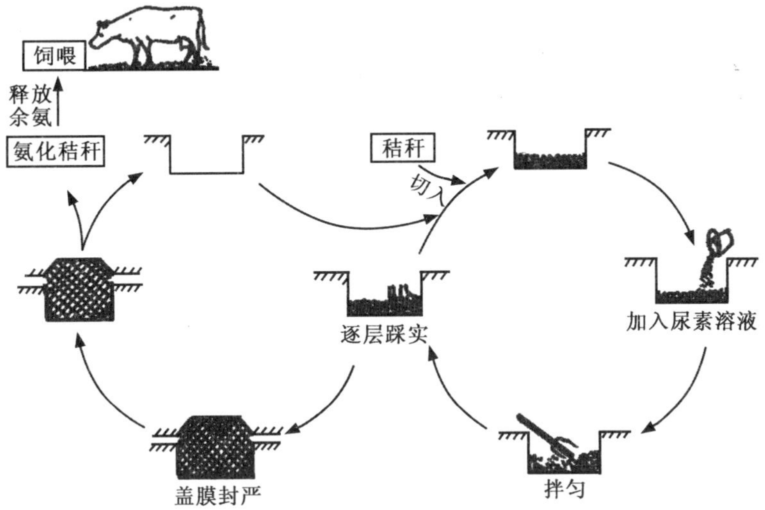

图 3-4　尿素氨化法制作工艺流程图

(3)用塑料薄膜覆盖密封。用尿素氨化处理秸秆要有一个分解成氨的过程，一般较液氨和氨水处理要求时间稍长一些，在寒冷地区要想尿素分解快，在氨化过程中最好加些脲酶丰富的东西，如新鲜的生大豆粉等。

密封时间大体上是：日间气温在 30 ℃以上时，需 10～15 d；日间气温在 20～30 ℃时，需 12～21 d；日间气温在 10～20 ℃时，需 19～35 d；日间气温在 0～10 ℃时，需 33～65 d。

应该注意，在华北、华中一带夏季气温超过 35 ℃时，塑料薄膜内的温度可增到 50～80 ℃，这时由于温度过高，不利于细菌分泌脲酶，脲酶的活性受到抑制，不仅不利于尿素的分解，而且造成喜高温的腐败菌大量活动，引起酪酸发酵，发出恶臭味。因此，在夏季日间温度超过 35 ℃时，应用尿素溶液氨化时不宜在露天用堆贮法氨化，应在阴蔽的条件下氨化。

查阅资料完成习题

1. 粗饲料有哪些加工调制方法，请举例说明。

2. 您的任务是制作氨化饲料，请回答下列信息中的问题。

(1)本省或本地区对农作物秸秆利用情况如何？提出合理化建议。

(2)牛羊常用的粗饲料的种类有哪些？有何营养特点？

(3)什么叫稿秕类饲料？稿秕饲料主要包括哪几种？

(4)我们国家稻草(或小麦秸秆)的产量有多大？利用率如何？

(5)将稻草(小麦秸)氨化有哪些好处？饲喂牛羊的效果如何？

(6)稻草(或小麦秸秆)在牛羊饲养中，直接作为饲料的效果怎样？

(7)氨化小麦秸质量是如何评价的？

3. 饲养场使用您的氨化稻草(麦秸)时，您能给他们一些建议与忠告吗？

二维码 3-2　习题参考答案

任务实施效果评价

按照以下评价表的内容，与你的团队成员和指导教师一起讨论，对学习任务 1.1 的实施效果分别进行实事求是的评价。

序号	评价项目	评价标准	满分	评价结果			得分
				优	良	及格	
1	完成题目情况	查阅资料认真，回答题目思路清晰、准确、全面，书写整齐	20				
2	任务计划书	条理清晰、方法正确、材料齐全、内容全面	15				
3	实施过程记录	材料准备完善，实施过程记录完整，制作步骤完整、规范	30				
4	氨化质量	按照质量标准评定，评定结果准确	20				
5	态度、分工、合作	态度认真，实事求是，密切配合	5				
6	总结报告	按时完成实验报告、内容齐全、书写规范	10				
总分		100					
自我评价							
小组评价							
教师评价							

学习任务 1.2　青干草的调制、品质鉴定

【任务描述与任务实施】

学生 5 人一组，查阅相关青干草调制的相关资料，完成下列题目，了解有关青干草调制技术。根据当地青干草的资源，提出适合 1 000 头肉牛养殖的青干草的生产计划、调制、贮藏技术，并进行设施设计与设备选型。

【信息途径】

1. 参考网站

http://www.cnki.net(中国知网，相关科技文章)

http://www.sohu.com/a/283612389_350322(肉牛养殖中的青干草的加工调制技术、贮藏及其品质鉴定)

http://www.yangyangqun.com/jishu/1734.html(如何制作青干草-青干草调制技术)

2. 参考书

《农田种草与开发利用技术》，金卫华，陈顺发，云南人民出版社，2008 年 9 月出版。

《牧草饲料加工与贮藏》，玉柱，贾玉山，中国农业大学出版社，2010 年 3 月出版。

3. 观看相关录像，感知粗饲料物理处理方法、设备、工艺。

查阅资料完成习题

1. 什么是青干草？青干草有何营养特点？如何用青干草饲喂牛羊？

2. 青干草的调制方法有哪些？

3. 影响青干草营养物质损失的因素有哪些？

4. 优质青干草应具备哪些条件？对青干草的感观品质鉴定，应从哪几方面进行？

5. 调制青干草过程中，应随时掌握牧草含水量的变化，以便及时采取有效措施，减少青干草营养成分的损失。如何对青干草调制过程中含水量进行感观测定？

6. 根据描述判断以下青干草含水量。

(1)禾本科牧草，经晾晒后，茎叶由鲜绿色变为深绿色，叶片卷成筒状，茎部、茎秆筒保持新鲜，取一束草用力拧挤，不能挤出水分，而成绳状，此时含水量大概是多少？

(2)禾本科牧草，紧握草束或揉搓时，只有沙沙响声，而无干裂声。放手时草束散开缓慢，但不能完全散开。叶卷曲，弯曲茎时不易折断；豆科牧草，叶片、嫩枝及花序稍触动易折断，弯曲茎易断裂，不易用指甲刮下表皮，此时含水量大概是多少？

二维码 3-3　习题参考答案

学习任务 1.3　农作物秸秆物理处理

【任务描述与任务实施】

查阅相关农作物秸秆物理处理技术相关资料，完成下列题目，了解有关农作物秸秆物理处理技术。根据当地秸秆饲料资源情况，提出适合的物理加工技术提高牛羊秸秆利用率的方法，并建议合适的设备选型。

【信息途径】

1. 参考网站

http://www.cnki.net(中国知网，相关科技文章)

https://baijiahao.baidu.com/s?id=1668250673006682253（农作物秸秆饲料化利用之物理处理法）

https://www.sohu.com/a/444233367_760631(秸秆饲料化技术研究进展)

2. 参考书

《农作物秸秆饲料加工技术》，李延云，中国轻工业出版社，2006年1月出版。

3. 观看相关录像，感知粗饲料物理处理方法、设备、工艺。

二维码 3-4　青贮饲料制作技术

查阅资料完成习题

1. 农作物秸秆直接饲喂反刍动物有哪些不良特性？提高秸秆饲料利用率的途径有哪些？
2. 常用的农作物秸秆物理处理方法有哪些？各自加工工艺有什么特点？如何应用？
3. 秸秆经过机械加工后，有几种产品形式饲喂牛羊？

二维码 3-5 习题参考答案

学习任务 1.4 农作物秸秆微生物处理

【任务描述与任务实施】

查阅相关农作物秸秆微生物处理技术相关资料，完成下列题目，了解有关农作物秸秆微生物处理技术。根据当地秸秆饲料资源情况(小麦秸、稻秸、玉米秸)，提出制定 1 万只育肥羊，育肥 3 个月的袋装微贮饲料制作计划，材料计划，任务实施计划，小组汇报计划，学生教师共同评议任务实施效果。

【信息途径】

1. 参考网站

http://www.cnki.net(中国知网，相关科技文章)

https://www.sohu.com/a/277408504_754223(秸秆生物发酵饲料的经济效益及社会效益探讨)

https://baike.baidu.com/item/微贮饲料技术规程/10160273

2. 参考书

《发酵饲料生产与应用技术》，陆文清，中国轻工业出版社，2011 年 5 月出版。

《农作物秸秆饲料微贮技术》，李延云，金盾出版社，2005 年 6 月出版。

3. 观看微贮饲料制作的录像片，感知微贮饲料的加工过程。

查阅资料完成习题

1. 农作物秸秆微贮的原理、目的和优点是什么？
2. 能够分解秸秆的微生物有哪些？
3. 秸秆微贮前应该做哪些准备工作？微贮的方法步骤如何？
4. 如何用微贮饲料饲喂牛羊？
5. 如何进行微贮秸秆的品质检验？

二维码 3-6 习题参考答案

学习任务2
青绿饲料青贮的加工调制

【任务描述】

学生5人一组，学习相关知识，查阅资料完成相关题目，根据当地的自然地理情况，针对年饲养1 000头的产奶母牛，完成下列计划任务书、相应工作任务后，完成任务实施效果评价表。

【任务实施】(任务单)

1. 完成生产计划任务书。

(1)制定玉米青贮饲料制作工艺及制作方法。

(2)计算饲养1 000头产奶母牛需要玉米秸秆的用量。

(3)计算饲养1 000头产奶母牛需要多大的青贮池(壕)？设计青贮设施。

(4)列出制作1 000头产奶母牛青贮玉米相关的材料设备名称、数量、型号。

(5)列出制作1 000头产奶母牛青贮玉米相关的人工、经费计划。

2. 按照制定的青贮饲料质量鉴定标准，检验制作青贮饲料是否合格(感官鉴定、实验室评定)。

3. 按照计划在实训室制作袋装玉米青贮饲料，制定材料计划、任务实施计划、小组汇报计划、学生教师共同评议任务实施效果。

4. 提出青贮饲料合理使用技术(如取用方法、饲喂技术、饲喂量等)。

5. 参观当地奶牛场青贮设施和青贮饲料现场制作，或观看相关视频。

青贮饲料相关知识

一、概念

青贮饲料是牧草、饲料作物或农副产物等在一定水分含量时，铡碎装入密闭的容器(塔、壕、窖、袋、堆)内，通过原料含有的糖和乳酸菌在厌氧条件下进行乳酸发酵的一种贮藏饲料。按照国际饲料分类依据青贮饲料应划分为第三类。

二、青贮过程中各种微生物的作用

青贮发酵过程与多种微生物活动有关，要取得青贮发酵成功，就要创造有益于乳酸菌活动的最适宜环境，促进乳酸菌正常大量繁殖，并有效地抑制其他有害微生物的活动。

1. 乳酸菌

乳酸菌种类较多，根据细胞形态可分为球菌和杆菌，按其葡萄糖的发酵形式可分为同质型和异质型。同质型乳酸菌发酵后只产生乳酸，异质型乳酸菌发酵除产生乳酸外，还产生乙醇、醋酸、甘油和二氧化碳等物质。对青贮有益的主要有乳酸链球菌和德氏乳酸杆菌，均属于同质型乳酸菌，乳酸链球菌属兼性厌氧菌，在有氧或无氧条件下都能生长繁殖，耐酸能力较低，在青贮饲料中酸量达 0.5%～0.8%，pH 为 4.2 时停止活动。乳酸杆菌为厌氧菌，耐酸能力强，在青贮饲料中酸量可达 1.5%～2.4%，pH 为 3 时停止活动。各类乳酸菌在条件适宜的环境下，生长繁殖得很快，使糖类物质（主要是单糖、双糖）分解产生大量乳酸。

$$C_6H_{12}O_6 \longrightarrow 2CH_3CHOHCOOH$$

$$C_{12}H_{22}O_{11} + H_2O \longrightarrow 4CH_3CHOHCOOH$$

乳酸的大量产生，为乳酸菌本身生长繁殖创造了条件，同时也抑制并促使酪酸菌、腐败菌等其他微生物死亡。随着乳酸浓度逐渐增大，酸度增强，乳酸自身活动也受到抑制而停止。在质量良好的青贮饲料中，乳酸含量一般占 1%～2%，当 pH 下降到 4.2 以下时，只有少量的乳酸菌存在。

2. 酪酸菌

酪酸菌又称梭状芽孢杆菌，简称梭菌，主要有丁酸梭菌、蚀果胶梭菌、巴氏固氮梭菌等。酪酸菌是一种厌氧菌，耐高温而不耐酸，当 pH 为 4.7 以下时不能繁殖。酪酸菌活动的结果促使葡萄糖和乳酸分解产生丁酸，丁酸具有挥发性臭味。

$$C_6H_{12}O_6 \longrightarrow CH_3CH_2CH_2COOH + 2H_2\uparrow + 2CO_2\uparrow$$

$$2CH_3CHOHCOOH \longrightarrow CH_3CH_2CH_2COOH + 2H_2\uparrow + 2CO_2\uparrow$$

酪酸菌还能分解蛋白质，最终可形成具有刺激性气味的氨等产物，降低青贮饲料的品质。若青贮原料幼嫩，含水量高，可溶性糖量低，或高温贮藏，都会促使酪酸菌的活动和增殖。因此，在青贮过程中要注意消除酪酸菌增殖因素，尽量创造适宜乳酸菌活动的条件，使酪酸菌活动受到抑制而死亡。

3. 腐败菌

腐败菌的种类很多，有好氧的如枯草杆菌，马铃薯杆菌，有厌氧的如腐败梭菌，也有兼性厌氧的如普通变形杆菌。这些细菌对温度的要求各不相同，当空气较多，密封不严，温度适宜时都能大量繁殖，分解青贮饲料中的蛋白质、脂肪、碳水化合物等物质，产生硫化氢、氨、甲烷、二氧化碳和氢气等，使青贮原料中的营养物质变成这些简单物质，养分流失，并且具有不良气味。在正常青贮条件下，乳酸菌很快生长繁殖，使乳酸浓度迅速增大，pH 下降，氧气耗尽时，腐败菌的活动受到抑制，以至死亡。

4. 酵母菌

酵母菌是好氧性菌，不耐酸，在青贮时，附于青贮原料表层生长繁殖，分解可溶性糖，产生乙醇、正丙醇、异丁醇及其他物质。产生的少量乙醇等物质，使青贮饲料具有特殊的芳香气味。当青贮作业完毕封窖后，随着氧气的逐渐减少，酸性逐渐增强，酵母菌的活动减弱以至停止。

5. 醋酸菌

醋酸菌属于好氧性菌，青贮初期，有空气时附于青贮原料表面的醋酸菌迅速繁殖。醋酸菌发酵能将乳酸菌和酵母菌发酵产生的乙醇变为乙酸，增强青贮饲料的酸性，有助于抑制不耐酸的微生物如酪酸菌、腐败菌、霉菌的活动与繁殖。如果青贮方法不当，青贮窖内氧气残存过多，醋酸发酵产生的过多乙酸，会使青贮饲料有过强的乙酸气味而影响饲料的品质和饲用价值。

6. 霉菌

霉菌是导致青贮饲料变质的主要好氧性微生物，青贮时如果踩压不紧，封闭不严，原料水分含量不适当，附于青贮饲料表层或边缘部分的霉菌就会生长繁殖，分解蛋白质产生氨，出现白色或黄色丝状结块，使青贮饲料发霉变质并有不良气味，降低青贮饲料品质，甚至不能利用。

三、青贮发酵过程

根据青贮条件、微生物种类和青贮饲料物质变化，可将正常的青贮发酵过程大体分为三个阶段，即好氧性菌活动阶段，乳酸菌发酵阶段和发酵稳定阶段。

1. 好氧性菌活动阶段

这一阶段包括植物呼吸期和好氧性细菌繁殖期。植物呼吸期的主要活动是：青贮初期，新鲜原料植物细胞并未立即死亡，仍有生命活动，利用原料装窖后残存的氧气，继续进行呼吸作用，氧化分解有机物，产生 CO_2、H_2O 和热量，该呼吸作用直到青贮饲料内氧气耗尽而形成厌氧环境时停止。

青贮开始时，由于青贮窖内尚存氧气，附着在原料上的好氧性细菌，如腐败菌、酵母菌、醋酸菌和霉菌等，就会利用青贮原料细胞受机械压榨而排出的富含可溶性碳水化合物的汁液，迅速活动，进行繁殖，分解蛋白质和糖类等营养物质，形成大量气体及其他物质。

如果青贮原料中只有少量氧气，由于植物细胞呼吸和好氧性细菌活动就会很快被耗尽而形成厌氧环境，有利于乳酸菌的发酵；如果青贮原料中氧气过多，植物呼吸时间长，而且好氧性细菌活动旺盛，使青贮饲料营养成分损失过多，还会使原料内温度升高，乳酸菌活动能力降低，影响青贮饲料的品质。因此，青贮时速度要快，原料要切短压实，青贮窖要密封好，减少呼吸作用和好氧性细菌繁殖的有害影响，提高青贮饲料的质量。

2. 乳酸菌发酵阶段

青贮饲料内的氧气被呼吸作用和好氧性微生物耗尽，形成厌氧环境和其他适合乳酸菌活动的条件后，乳酸菌就迅速繁殖，分解可溶性碳水化合物而产生大量乳酸，迅速降低 pH，致使腐败菌、酪酸菌等活动受到抑制、停止，以至死亡。当 pH 下降到 4.2 以下时，各种有害微生物都不能生存，乳酸链球菌的活动也受到抑制。当 pH 降到 3 时，乳酸杆菌也停止繁殖，乳酸发酵阶段基本结束。

3. 发酵稳定阶段

乳酸发酵结束后，青贮饲料内除只有少量乳酸菌存在外，其他各种微生物停止活动，青贮发酵进入稳定状态，饲料中的营养物质不再损失，若密封条件良好，青贮饲料可长期贮藏。

四、制作优质青贮饲料成功的条件

为了保证制作的青贮饲料优质，就要促进乳酸菌快速生长繁殖，增加酸度，使饲料的 pH 迅速下降。有利于乳酸菌生长繁殖的条件是：青贮原料应具有适宜的含糖量、适宜的含水量和厌氧环境。

1. 适宜的含糖量

为保证乳酸菌生长繁殖，产生足量的乳酸，青贮原料中必须含有足够数量的可溶性糖分。通常把 pH 为 4.2 时乳酸菌形成乳酸所需要的原料含糖量称为最低需要含糖量，原料中实际含糖量大于最低需要含糖量，称为正青贮糖差；原料实际含糖量小于最低需要含糖量，称为负青贮糖差。最低需要含糖量(%)根据饲料的缓冲度计算：

$$饲料最低需要含糖量=饲料缓冲度\times 1.7$$

饲料缓冲度是中和 100 g 全干饲料中的碱性元素，并使 pH 降到 4.2 时所需的乳酸克数。青贮发酵消耗的葡萄糖只有 60%变为乳酸，即形成 1 g 乳酸需要葡萄糖 1.7 g(即得 100÷60=1.7 的系数)。例如，玉米秸的实际含糖量为 26.80%，最低需要含糖量为 4.95%，青贮糖差为 21.85%，为正青贮糖差；紫花苜蓿的实际含糖量是 3.72%，最低需要含糖量为 9.50%，青贮糖差为－5.78%，为负青贮糖差。一般情况下，禾本科饲料作物和牧草含糖量高，容易青贮；豆科饲料作物和牧草含糖量低，不易青贮。所以，要保证青贮饲料质量，最好选用“正青贮糖差”原料。

2. 适宜的含水量

青贮原料中含有适量水分，是保证乳酸菌正常活动的重要条件。水分含量过多或过少，都能影响青贮发酵效果和青贮饲料的质量。如水分过多，易将原料压实结块，利于酪酸菌的活动，植物细胞汁液也被挤压流失，使养分损失。水分过少时青贮原料不易压实，窖内残存较多空气，使好氧性细菌大量繁殖，易使饲料变质。

适宜乳酸菌活动的含水量因青贮原料的种类不同而异，一般禾本科植物为 65%～75%，豆科植物为 60%～70%。生产现场判断适于青贮的原料含水量的简单方法是：抓一把切碎的原料或揉成团的牧草，紧捏在手掌中握成拳约 1 min，此时手指缝中有汁液流出，说明原料含水量大于 75%，以汁液多少可判断为 80% 或 85%等(图 3-5a)；若指缝无汁液流出，松开手掌，饲料成团，含水量为 68%～75%(图 3-5b)；若饲料不成团慢慢松散开来，含水量为 60%～67%(图 3-5c)；手放开，饲料也散开，含水量为 60%以下(图 3-5d)。含水量过多或过少的青贮原料，青贮时应进行适当的处理和调节，使其水分含量达到技术要求后再青贮，以保证青贮饲料的质量。

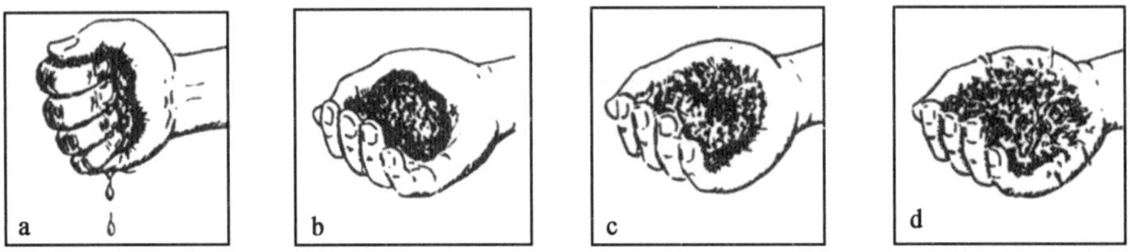

图 3-5　现场手握法测原料含水量

3. 创造厌氧环境

厌氧环境有利于乳酸菌的生长繁殖，因此，在青贮操作时，要做到原料切短，装紧压实，密封良好。原料切短或粉碎后青贮，使原料植物细胞汁液渗出，溶于其中的糖分附于原料表层，有利于乳酸菌的繁殖。同时，原料切短后青贮也易于装紧压实，尽量减少窖内残存空气并迅速密封，以降低植物细胞呼吸作用造成的损失，造成厌氧环境，使好氧性细菌的活动受到抑制以至死亡，促进乳酸菌的快速繁殖，酸度下降，使青贮饲料制作成功。

五、青贮的方法步骤

(一)青贮设施

常用的青贮设施的形式有青贮塔、青贮窖、青贮壕及青贮袋等。应选地势干燥、地质坚实、地下水位低，距离畜舍较近而又远离水源和粪坑的地方。青贮设施应不透气，要有一定的深度，宽度或直径一般应小于深度，宽、深比为 1∶1.5 或 1∶2，有利于借青贮料本身重量而压紧压实。不漏水、远离水源和粪坑。密封性好。永久性的底部应用黏土夯实，然后用砖垫底，四周用砖，内部表面光滑，平坦垂直。建造要简便、造价低。

1. 青贮壕

青贮壕是指大型的壕沟式青贮设施，适应于大中型养殖场，使用可分为地下式、半地下式和地上式，见图 3-6 至图 3-8。地下式、半地下式适应于地下水位低，我国北方的寒冷季节。此类建筑应选择在地势高、干燥或有斜坡的地方，开口在低处，以便夏季排出雨水。青贮壕一般宽 4～6 m。

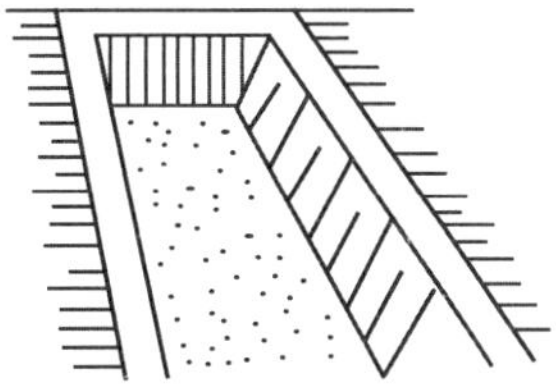

图 3-6　地下式青贮壕

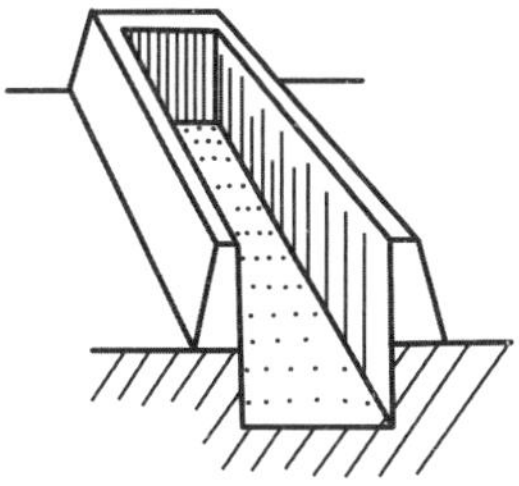

图 3-7　半地下式青贮壕

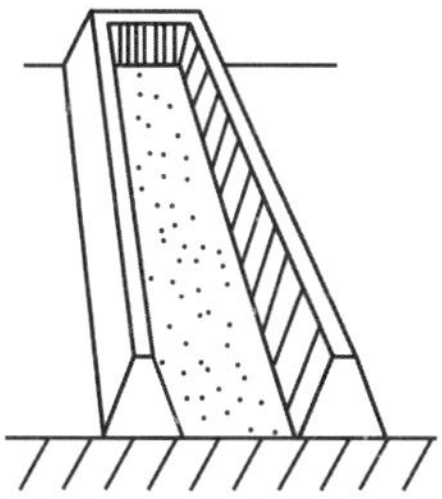

图 3-8　地上式青贮壕

便于链轨拖拉机压实，深 6～9 m，宽、深之比以 1∶(1.5～2.0)为宜，如是半地下式地上部分一般为 2～3 m，长度可根据饲养的肉牛头数和贮量而定，一般为 20～40 m。青贮壕三面为墙，地势低的一端为开口，以便人工式机械化机具装填压紧操作。有条件的地方，应建筑永久性的青贮壕。用砖、石、水泥建成永久性青贮设施。坚固耐用，内壁光滑，不透气，不漏水，保证青贮效果。

2. 青贮袋

选用质量好的较厚实的塑料膜制成圆筒形的塑料袋，作为青贮"容器"，进行少量青贮。塑料袋用两层塑料膜制成，小型袋一般宽 0.5 m，长 0.8～1.2 m，每袋可装 40～50 kg，大型袋可根据需要而定。"袋式青贮"也适合苜蓿、玉米秸秆等青贮原料的大批量青贮，就是将原料切碎后，高密度地装入由塑料拉伸膜制成的专用青贮袋密封后青贮，还可将原料揉碎后用打捆机高密度压实打捆，再用裹包机把草捆用青贮塑料拉伸膜裹包进行青贮。

经"袋式青贮"和"裹包青贮"(图 3-9)加工制作的青贮饲料，质量好，消化率高，适口性好，贮藏、取饲方便，饲养场可根据生产、资金等实际情况选用这项青贮设备和技术。

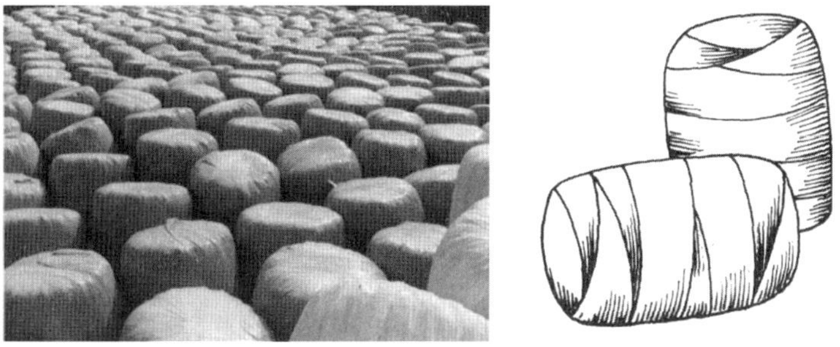

图 3-9　裹包青贮

(二)青贮设施容量的确定

建造青贮设施的容积要依家畜的数量、青贮饲料饲喂天数、每天的用量、原料的多少而定。在实际饲用中，要考虑到饲用青贮饲料期间，每日由青贮设施中取出青贮饲料的厚度不应少于0.1 m，才能保证家畜每日能吃到新鲜的青贮饲料。如果家畜的头数少，青贮设施容积大，每日不能由整个青贮饲料的表面均匀地取出一层，则表面青贮料必将引起二次发酵，霉败变质或丧失水分而干枯。即使是优质的青贮饲料，在实际饲喂时，家畜采食到的也只是干枯和霉败的青贮饲料，造成浪费。另一种情况，家畜的头数多，青贮设施的容积小，每日必须挖取很厚的一层青贮饲料，青贮容量不够，保证不了供应。原则上用量少宜做成青贮窖，用料多宜做成长方形青贮壕。青贮设施大，贮藏原料多，四壁和底部损失原料的比例相对较少，深度大，青贮易下沉压紧，浅则压不紧，容易变坏，同样容积青贮设施，四壁面积越小，贮藏损失越少。

二维码 3-7　计算青贮窖所需体积

第一步，要根据青贮饲料单位体积的重量进行计算，常见青贮原料的重量估计见表 3-1，由各种青贮设施的有效容量等于有效容积即体积［圆形窖(m^3)＝内径底面积×内径高；长方形设施(m^3)＝设施的内容积(长×宽×高)］乘以各种原料的单位体积重量。

表 3-1　青贮饲料重量估计　　kg/m^3

青贮原料种类	青贮饲料重量
全株玉米、向日葵	500～550
玉米秸	450～500
甘薯藤	700～750
萝卜叶、芜菁叶	600
叶菜类	800
牧草、野草	600

第二步，计算饲养场每天消耗的青贮料量。如某肉牛场全年肥育 100 头育肥牛，每头育肥牛每天平均饲喂全株青贮玉米 20 kg，全年则需 730 000 kg(20×100×365)。

第三步，饲养场全年的饲料量除以青贮玉米单位体积的重量 500 kg，即为所需的青贮设施的容量 1 460 m^3(730 000÷500)。

第四步，确定每天取料的容积。由每天的饲喂量 2 000 kg 除以青贮玉米单位体积重量，得出每天取料容量为 4 m^3。初步设计青贮壕深为 6 m，取料进度为 0.15 m，那么宽为 4.5 m(4÷6÷0.15)。壕的建筑要求，宽 4.5 m，深为 6 m。

第五步，确定青贮壕的长度。由每天的取料进度 0.15 m 乘以 365 d，就得出青贮壕的长度为 55 m。

由以上 5 个步骤计算出，全年饲养 100 头育肥牛的青贮壕的尺寸为宽 4.5 m，深 6 m，长 55 m，每天取 0.15 m，可满足全年 365 d 的需要。如果全株玉米青贮结合豆科玉米青贮，可取得良好的饲喂效果，节省精饲料的饲喂量。

切碎长度由原料的粗细、软硬程度、含水量、饲喂家畜的种类、切碎工具耗能条件而定。对细茎牧草如禾本科牧草、豆科牧草、其他科牧草，一般切成 2～3 cm 长的小段，而粗茎或粗硬的牧草或饲用植物，如玉米、向日葵等，切成 0.5～2.0 cm 的小段为宜。一些柔软的幼嫩牧草可不切而直接青贮。原料的含水量越低，切割应越短。

青贮原料切碎的目的是便于压实，增加青贮料密度，排除空隙间的空气，并使植物细胞渗出汁液，浸湿饲料表面，有利于乳酸菌的生长发育，同时便于以后取用和家畜采食。

(三)青贮原料选择

无毒的新鲜植物均可作青贮，尤其是在我国目前饲料不足的条件下，作物秸秆、人工栽培牧草、青绿饲草都可作为青贮饲料的原料。主要的青贮原料有青饲料、秸秆类饲料。

1. 人工栽培牧草及饲料作物

人工栽培牧草是主要的青贮原料。人工栽培牧草有豆科牧草和禾本科牧草，它们是牛羊的优良饲草资源。

豆科牧草不宜单独青贮，由于其蛋白质含量较高而糖分含量低，满足不了乳酸菌对糖分的需要，单独青贮时容易腐烂变质。为了增加糖分含量，可采用与禾本科牧草或饲料作物混合青贮。

主要的禾本科牧草有多年生黑麦草、鸡脚草、无芒雀麦、牛尾草、羊草、披碱草、象草、苏丹草。禾本科牧草青贮的适宜收割期为抽穗期。但在实际生产中，常不能做到适时收割，而根据牧草的含水量，采用高、中、低水分青贮法。

2. 禾谷类作物

禾谷类作物是目前我国专门种植作为青贮原料的最主要作物。其中首推玉米，其次是高粱等。青玉米秸分布广，产量大，为高产饲料作物，每公顷可产 5 万 kg 以上的青绿饲料，富含糖分，因而被认为是近似完美的青贮原料，是我国青贮的主要禾谷类作物原料。

玉米干物质含量及其可消化的有机质含量均较高，富含水溶性碳水化合物。其主要组分为蔗糖、葡萄糖和果糖，很容易被乳酸菌发酵而生成乳酸。成熟期全株玉米干物质(DM)含量为 23.6%～33.5%，干物质中可消化有机物质为 69.2%～77.2%。

(四)青贮饲料方法步骤

常规青贮前要做好准备和组织工作，事先要对青贮设备、机械、车辆进行检修，特别是要搞好青贮窖等青贮容器的卫生清理工作，合格后再使用。要组织好人员，连续作业，尽量使制作工艺紧凑，以便在尽可能短的时间内完成。常规青贮的生产步骤见图 3-10，可归纳为：适时刈割、原料切短、装填压实、密封覆盖。

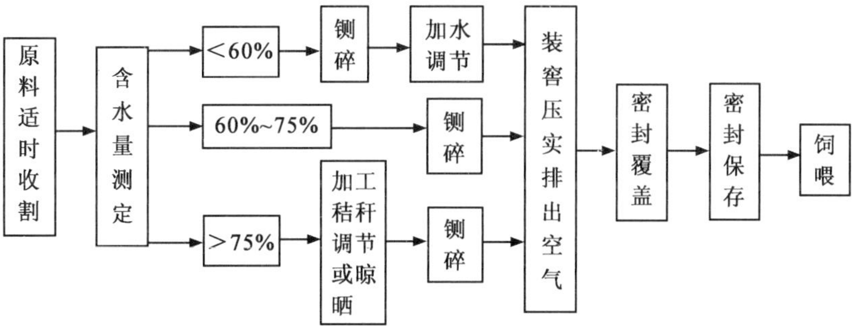

图 3-10　青贮饲料生产工艺流程图

1. 适时刈割

收获优良的青贮原料是制作优质青贮饲料的物质基础。选择适宜的刈割期，不但能在单位面积上获得最大营养物质产量，而且还可使原料含水量适中，可溶性碳水化合物含量较高，有利于乳酸发酵，制成优质青贮饲料。

一般情况下，根据青贮原料种类、品种及青贮饲料的品质要求等确定适宜的刈割期，禾本科牧草宜在孕穗至抽穗期刈割，豆科牧草在现蕾至开花初期刈割，整株玉米青贮应在蜡熟期刈割（蜡熟期的标志是靠近籽粒尖的几层细胞变黑而形成黑层），果穗收获后的玉米秸青贮，宜在果穗成熟，仅下部 1～2 片叶枯黄时收割；或果穗成熟时，在果穗上部保留 1 片叶削尖后青贮。

2. 原料切短

原料刈割后应立即运送到青贮地点切短青贮。切短可使原料踩压紧实，排出空气，还可使原料汁液渗出，润湿表面，有利于乳酸发酵，提高青贮饲料的品质。

切短的程度根据饲喂家畜的种类和原料性质确定，饲喂牛、羊，禾本科和豆科牧草宜切成 2～3 cm，玉米秸等切成 0.5～2.0 cm，幼嫩原料可长些；在进行栽培牧草与饲料作物青贮时，应根据牧草茎秆柔软程度，决定切碎长度，禾本科牧草及一些豆科牧草（如苜蓿、三叶草等）茎秆柔软，切碎长度应为 3～4 cm。沙打旺、红豆草等茎秆较粗硬的牧草，切碎长度应为 1～2 cm。

小量青贮可用人工铡草机切短，大量青贮可用青贮切碎机。使用青贮玉米联合收割机，一次完成割、切作业效率更高。

3. 调节含水量

含水量按青贮方法要求进行。一般青贮原料含水量宜为 65%～75%，半干青贮可低于 50%～55%。刈割的青草含水量高（75%以上），可加入干草、秸秆、糠麸等，或稍加晾晒以降低水分含量。一些谷物秸秆含水量过低，可以和含水较多的青绿原料混贮，也可以根据实际含水情况加水，添加的水应与原料搅拌均匀，水分含量可用手挤压测定。

4. 装填与压实

切短的原料应立即填入窖压实，以防水分损失。原料入窖时，要层层装填层层压实，尤其要注意窖的四周边缘和窖角，大型长形青贮壕用链轨拖拉机反复压实，中小型青贮壕最好用拖拉机反复压实，或用重锤人工夯实，或人工用脚踩实，压不到的地方一定要人工踩实。如果用脚踩实，踩至脚踏堆贮物没有弹性时，可认为已压实了。为了保证青贮料的人工踩实，每平方米最少需要 1 人。

当不易青贮的植物、非青贮植物与易青贮植物混合青贮时，以及含水多的与干饲料混合青贮时，必须保证原料搅拌均匀。尽管青贮料经过压实处理，但几天后也要发生下沉，所以装填青贮料应高出青贮设施的边缘，一般高出 1 m 左右。一般来说，一个青贮设施，要在 2～5 d 内装满压实，装填时间越短，青贮品质越好。对青贮壕装填采用分段装填较好，从壕的一端开始，每天必须装满一段。

5. 密封覆盖

原料装填压实后，应立即密封和覆盖。先在原料上面盖一层切短的秸秆或软草(厚 20～30 cm)，草上再铺塑料薄膜，然后再用土覆盖拍实(土厚 30～50 cm)，窖顶呈馒头状以便排水，窖周围(距离窖 100 cm)再挖排水沟。密封后还要经常检查，发现裂缝及时补好。不能拖延密封期，否则温度上升，pH 增高，营养损失增加，青贮饲料品质差。密封后，尚需经常检查，发现漏缝处及时修补，杜绝透气并防止雨水渗入室内。青贮壕的密封切面见图 3-11。

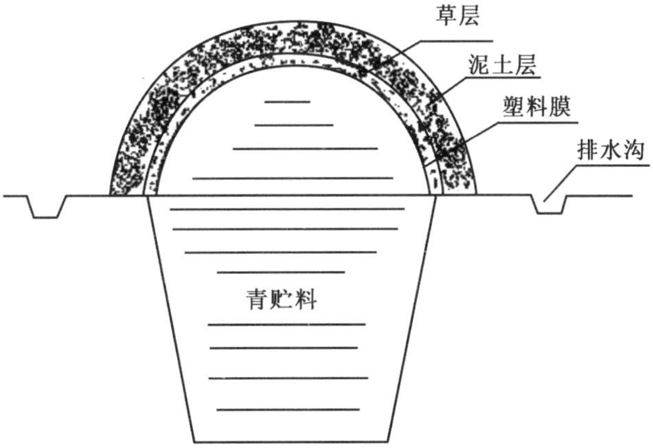

图 3-11　青贮壕的密封切面图

(五)青贮饲料的品质鉴定

青贮饲料在饲用前，应进行质量鉴定，以判定青贮饲料品质的好坏。青贮饲料品质鉴定方法分为两种：感官评定和实验室鉴定。

1. 感官评定

青贮饲料开窖取用时，从饲料的色泽、气味和质地等方面进行感官评定。感官鉴定标准见表 3-2。

色泽：青贮饲料的颜色，一般是越接近原料的颜色品质越好。品质优良的青贮饲料呈青绿色或黄绿色，中等的呈黄褐色或暗绿色，品质低劣的多呈褐色或暗黑绿色。

气味：优良的青贮饲料具有轻微的酸味和水果香味，中等的具有刺鼻的酸味，劣质的具有腐败的臭味或霉烂味，不能饲用。

质地：优良的青贮饲料，在窖内压得坚实，但拿在手上却较松散，质地柔软、湿润，茎叶花保持原样。中等的茎叶部分保持原样，柔软，水分略多。劣质的分不清原来的结构，黏结成团。

二维码 3-8　青贮饲料品质鉴定

表 3-2　青贮饲料的感官鉴定标准

等级	色泽	气味	酸味	质地
优良	青绿色或黄绿色，有光泽	芳香酸味，水果酒酸味，给人以舒适感觉	浓	茎叶结构良好，叶脉明显，柔软湿润
中等	黄褐色或暗绿色	刺鼻酸味，香味淡	中等	茎叶部分保持原样，柔软，水分稍多
劣等	褐色或暗黑绿色	腐臭味或霉烂味	淡	腐烂，污泥状黏滑，黏结成团，或干燥，无结构

2. 实验室鉴定

用化学分析方法测定青贮饲料的酸度、氨态氮和有机酸含量，判定发酵情况。

酸度：青贮饲料的酸度(pH)实验室可用酸度计测定，生产现场可用精密石蕊试纸测定。优良的青贮饲料 pH 为 4.2 以下，中等的 pH 为 4.2～4.8，劣质的 pH 为 5.5～6.0，甚至更高。

氨态氮：青贮饲料氨态氮与总氮的比值反映了蛋白质及氨基酸分解程度，比值越大，表明蛋白质分解越多，青贮饲料品质越差。

有机酸含量：青贮饲料中有机酸总量及其构成反映了青贮发酵程度，优良的青贮饲料含有较多的乳酸和少量乙酸（乳酸所占比例越大越好），不含酪酸。品质低劣的青贮饲料含酪酸多，乳酸少。

查阅资料完成习题

你的任务是制作青贮饲料，请回答下列问题。

1. 什么是青贮饲料？青贮饲料的优点有哪些？

2. 青贮饲料的发酵过程包括__________、__________、__________。

3. 与青贮过程有关的微生物有哪些？哪些是有益的？哪些是有害的？具体表现有哪些？

4. 制作青贮饲料时，如何才能具备使乳酸菌大量繁殖的条件？

5. 什么是最低需要含糖量？负青贮糖差饲料原料有哪些？紫花苜蓿如何进行青贮？

6. 常用的青贮饲料的机械如何选择？

7. 青贮饲料收割期如何确定？

8. 一般青贮有哪些方法？青贮中有哪些关键技术？如何把握？

9. 如何现场测定青贮原料的含水量？

10. 什么是低水分青贮？适合哪些原料？

11. 特殊青贮方法有哪些？有哪些优缺点？

12. 一头产奶牛一年所需要的青贮玉米的量有多少？

13. 设计 1 000 t 青贮玉米饲料的设施，并计算制作 1 000 t 青贮玉米所需要的青贮池（壕）的容积？

14. 常用的青贮设施有哪些？它们各自的适用对象是什么？

二维码 3-9 习题参考答案

任务实施效果评价

按照以下评价表的内容，与你的团队成员和指导教师一起讨论，对学习任务 2 的实施效果分别进行实事求是的评价。

<table>
<tr><th rowspan="2">序号</th><th rowspan="2">评价项目</th><th rowspan="2">评 价 标 准</th><th rowspan="2">满分</th><th colspan="3">评价结果</th><th rowspan="2">得分</th></tr>
<tr><th>优</th><th>良</th><th>及格</th></tr>
<tr><td>1</td><td>完成题目情况</td><td>查阅资料认真，回答题目思路清晰、准确全面</td><td>20</td><td></td><td></td><td></td><td></td></tr>
<tr><td>2</td><td>任务计划书</td><td>条理清晰、方法正确、材料齐全、内容全面</td><td>15</td><td></td><td></td><td></td><td></td></tr>
<tr><td>3</td><td>实施过程记录</td><td>材料准备完善，实施记录完整，制作步骤完整规范</td><td>30</td><td></td><td></td><td></td><td></td></tr>
<tr><td>4</td><td>青贮质量</td><td>按照质量标准评定，评定结果准确</td><td>20</td><td></td><td></td><td></td><td></td></tr>
<tr><td>5</td><td>态度、分工、合作</td><td>态度认真，实事求是，密切配合</td><td>5</td><td></td><td></td><td></td><td></td></tr>
<tr><td>6</td><td>总结报告</td><td>按时完成实验报告、内容齐全、书写规范</td><td>10</td><td></td><td></td><td></td><td></td></tr>
<tr><td colspan="2">总　分</td><td colspan="5">100</td><td></td></tr>
<tr><td colspan="2">自我评价</td><td colspan="6"></td></tr>
<tr><td colspan="2">小组评价</td><td colspan="6"></td></tr>
<tr><td colspan="2">教师评价</td><td colspan="6"></td></tr>
</table>

拓展知识

特种青贮

为了提高青贮饲料的品质和青贮效果，在青贮时对青贮原料进行适当处理，或添加其他物质进行青贮，这种特殊的调制方法叫特种青贮。

一、低水分青贮

低水分青贮也叫半干青贮。低水分青贮饲料制作的原理是：青饲料刈割后，经风干水分含量降至45%～50%，对腐败菌、酪酸菌及乳酸菌均可造成生理干燥状态，限制它们的生长繁殖。因此，青贮过程中微生物发酵微弱，有机酸形成量少，碳水化合物损失不多，蛋白质分解少。低水分青贮对原料糖分含量、最终pH的要求不高，采用常规方法难以青贮的原料（如豆科牧草），尤其适合低水分青贮。

低水分青贮要求禾本科原料含水量达到45%，豆科牧草达到50%，原料更要切短，填装更要紧实，以容易形成厌氧环境，提高青贮饲料品质。优良的低水分青贮饲料营养物质损失少，呈湿润状态，深绿色，具有果香味，适口性好，动物采食量高。

二、加酸青贮

青贮时常添加的有机酸是甲酸，甲酸是较好的发酵抑制剂。添加甲酸降低pH，减少青贮料中乳酸的含量，抑制原料呼吸作用和不良细菌活动，减少营养物质的损失。甲酸的一般用量：每吨青贮原料添加纯甲酸2.4～2.8 kg。丙酸作为防霉剂和抗真菌剂，抑制好氧性菌也很有效。加酸制成的青贮饲料颜色绿，有香味，适口性好，蛋白质等营养物质损失少，提高了饲料品质。

三、添加其他物质青贮

1. 添加尿素青贮　尿素属于营养性添加剂，青贮中通过微生物的作用，可使添加在原料中的尿素形成菌体蛋白，以增加青贮饲料中的蛋白质含量。尿素的一般用量为原料重量的0.5%。

2. 添加乳酸菌青贮　青贮原料中添加乳酸菌培养物制成的发酵促进剂或由乳酸菌和酵母菌培养制成的混合发酵促进剂，可以促进乳酸菌的繁殖，这是人工扩大乳酸菌群体的方法。生产中菌种应选择盛产乳酸而不产生乙酸和乙醇的同质型乳酸杆菌或球菌作为发酵促进剂。

3. 添加酶制剂青贮　青贮中添加的酶制剂主要有淀粉酶、糊精酶、纤维素酶、半纤维素酶，酶制剂由泡盛曲霉、黑曲霉、米曲霉等培养物浓缩而成，可使青贮料中部分多糖水解成单糖，有利于乳酸发酵。按青贮原料重量的0.01%～0.25%添加酶制剂，青贮效果良好。

学习任务3

精饲料的加工调制

精饲料加工相关知识

发挥饲料原料最大的营养潜能所涉及的各种必须处理都属于饲料加工，饲料加工产生物理变化和化学变化，前者主要是水分的增加或减少、加热、加压、凝聚和分子减少的结果，后者则可能包括淀粉结构的改变和蛋白质细胞间质的分解，从而导致改变消化率和代谢的最终产物，往往是生化、物理和化学变化同时发生。

饲料加工的目的：①增加适口性；②增加饲料消化率和利用率；③增加采食量；④对饲料原料去毒，表 3-3 列出 5 种饲料原料所含的抑制剂和去除方法；⑤减少饲料发霉、沙门杆菌和其他有害的物质等；⑥便于贮藏，获得更多利益。

表 3-3 饲料原料所含的自然抑制剂

饲料原料	抑制剂	去除方法
棉籽粉	棉籽油酚	加入铁盐
大豆粉	抗胰蛋白酶；未确定因子	加热
亚麻籽粉	生氰糖苷	水处理、加热
裸麦	戊聚糖	限制喂量
油菜籽	异硫氰酸盐	加热

一、机械处理

仅以机械方法引起细胞物理性断裂，为谷物处理最古老和最被广泛应用的处理方法。谷物的许多营养成分被外皮或壳所包围，因此将这些营养成分尽量暴露后，有助于增加营养成分的利用。机械方法的处理很多，但一般而言，包括剪断、切断或粉碎 3 种处理中的一种，在谷物磨碎处理中，进行去芒刺、研磨成小颗粒、磨光、去壳，有去除外皮增加营养成分利用的作用。

（一）去壳

去壳是除去谷物、坚果和某些果实外壳的处理，壳的纤维含量很高，猪、家禽或其他单胃动物对其消化率很低。

未去壳的油籽、大豆、棉籽、花生、向日葵的蛋白质含量相当低。未去皮棉籽制粉所得蛋白质含量为 22%，而完全去壳后则蛋白质达到 60%，因此用筛子筛出低蛋白、高纤维的棉籽壳后，可使棉籽粉达到理想的蛋白质含量 41%、44% 和 50%。

(二)粉碎

粉碎是饲料原料借撞击、剪断或磨碎,以减小谷物颗粒的处理,是饲料制备最普通、最便宜与最简单的处理。它一般用粉碎机撞击,以减小谷物颗粒大小,直到通过特定筛孔的筛子。若将谷粒完整投喂动物,则其消化率一般较低。其原因是种皮和其内淀粉粒具有抗裂解性。将谷粒粉碎,可增大与消化酶接触面,从而提高其消化率和利用率。但将谷粒磨得过细,一方面降低其适口性,另一方面在消化道内易形成小团,因而也不易被消化。对鱼类来说,谷粒粉碎的适宜程度为:粉料 98%通过 0.425 mm (40 目)筛孔,80%通过 0.250 mm(60 目)筛孔(李爱杰,1996)。对用作猪、禽的谷粒料,可磨碎。玉米、高粱等谷实类饲料粉碎的粒度在 700 μm 左右时,猪对其消化率最高(李德发,1994)。对用于喂牛、羊、马的谷粒料,可破碎。谷粒粉碎后,与空气接触面增大,易吸潮、氧化和霉变等,不易保存。因此,应在配料前给谷粒粉碎或破碎。

(三)碾压(压片)

碾压是谷物通过两个滚筒之间,被压成扁平粒子的处理,碾压又分干式碾压(即不加水)、蒸汽碾压(加蒸汽)和蒸汽压片(加蒸汽)。碾压处理谷物在牛羊生产中的应用实践证明,能使牛羊生产效率改善,淀粉消化率更高,瘤胃丙酸比例上升,育肥效果好。

1. 干式碾压

干式碾压是在不加蒸汽下,将谷物通入两个表面有凹槽大型蹍辊(直径 46 cm 以上)碾压干燥谷物,使谷物变成不规则的片状物,容积(密度)约为 643 g/L。干式碾压中弄碎了壳或种皮,所得的产品很像粗糙的磨碎谷物,碾压后的产品中从很小的颗粒到很粗糙的颗粒都有,受压力、空间、谷物含水量与流动速率所影响。

2. 蒸汽碾压

蒸汽碾压是将蒸汽通入谷物 15 min 左右,当谷物水分含量达到 12%～14%后,用对辊加工成薄片,薄片的容积重在 437～540 g/L。由于蒸汽软化了谷粒,蒸汽碾压后产品比干式滚压处理得更完整,更富卷折性。经蒸汽滚压处理的谷物,其颗粒大小和物理性状可增进适口性与动物的接受性。

3. 蒸汽压片

蒸汽压片是先将谷物经过高温蒸汽处理使谷物糊化,然后再经压片将蛋白质包被破裂。先将谷物输入蒸汽箱中,然后通入蒸汽 30～60 min,当谷物水分含量达到 18%～20%时,再用预先加热过的大型轧辊(直径 0.5～1.2 m)压成薄片。实践证明蒸汽压片可提高淀粉糊化度,增大表面积,提高适口性,提高淀粉、蛋白质过瘤胃率,提高谷物的利用率,从而提高牛羊生产效率。

(四)挤压膨化

挤压膨化技术于 20 世纪 90 年代进入我国。目前,畜牧养殖业中的高档饲料生产基本上都采用了膨化工艺,如成品料膨化、膨胀后制粒及原料膨化后配料等技术,由于后者能分别控制各种原料的熟化度,也不存在热敏性营养素的损失问题,发展更为迅速。

挤压膨化是饲料原料经粉碎、蒸汽加热软化后,送入螺杆式挤压膨化机中,螺杆螺旋推动物料形成轴向流动;同时,由于螺旋与物料,物料与机筒,以及物料内部的机械摩擦,物料被强烈地挤压、搅拌、剪切，其结果物料被进一步细化、均化。随着压力的逐渐加大，温度相应升高，在高温、高压、高剪切条件下，物料的物性发生变化，由粉状变成糊状，淀粉糊化，蛋白变性，纤维质部分降解、细化，致病菌被杀死，卫生指标提高，有毒成分失活。当糊状物料从模孔喷出的瞬间，在强大的压力差作用下，物料被膨化、失水、降温。膨化产品结构疏松、多孔、酥脆，且有较好的适口性和风味。

由于膨化挤压使蛋白质重新缔合而变性，而抗营养因子本身也是蛋白质，因此挤压膨化加工可显著降低大豆、棉籽和菜籽粕中的抗营养因子水平，如生大豆中的抗胰蛋白酶(TI)、棉籽中的棉酚和菜籽中的芥籽苷。

由于膨化技术的便利性、高效性及安全性，膨化技术迅速应用在水产饲料和幼龄动物饲养中，并且使用效果明显。随着畜牧养殖业工业化、规模化和技术密集化的发展，膨化技术在饲料原料开发中的应用日渐广泛。目前应用的主要传统膨化产品有膨化大豆、膨化玉米。膨化大豆是国外应用较早的膨化技术产品，20 世纪 60 年代已经应用于畜牧养殖业，其加工方式也由开始的干法挤压发展到湿法膨化，质量更加稳定、可靠，产量也更加可观。膨化大豆具有高能量、高蛋白、高消化率的特性，并含有丰富的维生素 E 和卵磷脂，是配制高能量高蛋白饲料的最佳植物性蛋白原料，减少饲料中加工的用油量，易于制粒。国内外大量的研究表明，膨化大豆能部分或全部替代豆粕，提高动物生产性能，在营养素比例相同的情况下，膨化大豆与豆粕＋大豆油的效果相比，提高饲养效果 3%～5%；另外，Palacios 等(2004)分别利用基因技术去除胰蛋白酶抑制剂和凝集素这两种抗营养因子的生大豆喂猪，生产效果并不好，但这两种大豆膨化后分别使仔猪的日增重提高了 153%和 53%，采食量提高了 27%和 10%，饲料利用率提高了 104%和 42%。这进一步说明大豆中还有其他抗营养因子影响着猪的生长性能，必须通过膨化处理方式才能提高大豆的饲用价值。

许多研究表明，玉米膨化后，能提高玉米的能量水平，提高蛋白质的消化率改善适口性，能够显著提高动物日增重，改善饲料转化率。施学仕等 (2003)报道添加膨化玉米能使早期断奶仔猪日增重提高 8%、日采食量提高 6.93%。王潇等(2006)报道，添加膨化玉米可使仔猪断奶后第 2 周的日增重提高 27%，日采食量提高 5.7%，饲料转化率提高 16.5%。

二、发酵处理

利用微生物发酵作用可改变粕类原料的理化性状，减少抗营养因子(其含有胰蛋白酶抑制因子、植物凝集素、胃胀气因子、抗原蛋白、植酸、单宁、芥子碱、硫苷、棉酚及环丙烯类脂肪酸等不同的抗营养因子)，产生促动物生长有益成分，提高消化吸收率，增加动物适口性，延长贮藏时间；可解毒脱毒，将有毒饼粕转变为无毒、低毒的优质饲料。微生物发酵作用可将粕类饲料原料转化为优质蛋白质饲料。

(一)发酵脱毒

微生物发酵可以降低豆粕、棉籽粕、菜籽粕中的毒素和抗营养因子，见表 3-4。

(二)改变蛋白质品质

豆粕经发酵后，消化率和粗蛋白质含量得到提高，可溶性蛋白质、氨基态氮和可溶性固形物含量分别增加 3.2 倍、2.3 倍和 19.4 倍，可溶性指数从 22%上升至 63.2%(马文强等，

2008)；这表明，经发酵的豆粕可产生许多小肽及氨基酸，易被家禽吸收，从而改善大豆蛋白质生物转化率。李善仁等(2009)以芽孢杆菌 CS27 与米曲霉同时接种，发酵 48 h，大豆肽质量分数从未发酵豆粕的 3.66%提高到 24.82%，游离氨基酸从 1.06%提高到 19.75%，有效降低了大、中分子蛋白质水平，提高了氨基酸和大豆肽的质量分数，大大改善了豆粕的营养价值。

表 3-4　微生物发酵豆粕、菜粕和棉粕对原料营养成分的改善

粗蛋白质	小肽	植酸	脱毒率	参考文献
豆粕含量提高 6%～38%	小肽转化率为 64%～89%	含量降低 30.7%～100%	抗原蛋白降解 81%～88.7%，胰蛋白酶抑制剂降低到 51.3%～84.14%，脂肪氧化酶完全分解	Hirabayashi 等，1998；刘媛媛，2006；卫琳，2009；严鹤，2009；任莉等，2010；高美云等，2010
菜粕含量提高 10%～13.5%	含量提高 2.91%～403.12%	含量降低 34%～90%	硫苷降解率达 70.28%～85.19%	孙林，2008；孙宏，2009；李等，2009
棉粕含量提高 3.79%～27.83%	含量提高 447%		棉酚降解率达 53.4%～91.64%	张文举，2006；聂蓬勃，2008；贾晓峰，2008；夏新成等，2010

(三)产生促生长因子

发酵饲料因菌种而异，不同菌种所产生的促生长因子含量不同，这些促生长因子主要有益生菌、有机酸、B 族维生素、各种酶和未知生长因子等。

(四)发酵豆粕在断奶仔猪生产中的应用

1. 提高生长性能

冯杰等(2007)研究结果发现，与普通豆粕相比，发酵豆粕降低了仔猪料重比和腹泻指数，提高了饲料吸收率。

2. 改善肠道功能

章世元等(2008)报道，摄食发酵豆粕的仔猪的肠胃发育良好，胃壁和胃黏膜厚度较高，肠绒毛高度及绒毛高度与隐窝深度的比值也增加，但肠壁厚度有所降低。

3. 增强免疫力

有研究结果表明，发酵豆粕对维持动物肠道微生物菌群稳定及对机体健康和免疫有重要作用。张红芬(2004)研究发现，在发酵过程中微生物会分泌大量蛋白酶，并产生益生菌，促进了肠道中乳酸菌、酵母菌及其他有益菌的增殖，从而维持动物肠道内菌群平衡。刘欣等(2007)用发酵豆粕替代断奶仔猪日粮中的豆粕，结果发现仔猪血清 IgG 降低了 21.43%，肠系膜淋巴结系数提高了 2.08%，断奶仔猪的免疫功能显著提高。

总之，通过发酵可减少饲料原料中抗营养因子，将发酵饲料应用于动物生产可提高饲料转化效率；改善适口性，增加采食量，改善肠道功能，增强免疫力，且含有多种有益营养成分，促进动物生长，减少动物疾病；可替代部分价格更高的优质蛋白质，节约生产成本，创造利润。

学习情境四

配合饲料日粮配方设计

Learning situations 4
Learning situations 4
Learning situations 4
Learning situations 4

知识目标

1. 了解动物营养需要、饲养标准的概念、基本含义和表示方式。
2. 会解释配合饲料、浓缩饲料、添加剂预混料的概念和特点。
3. 熟知日粮、饲粮的基本概念。
4. 掌握饲料配方设计的原则。
5. 熟悉试差法进行全价料配方设计的步骤。

技能目标

1. 能根据生产性能进行猪、禽营养需要量的计算。
2. 能根据生产性能进行奶牛营养需要量的计算。
3. 能用手工法为不同生产阶段的动物设计日粮配方。
4. 能用 Excel 软件设计动物日粮配方。
5. 能对饲料配方进行分析与评价。

思政目标

1. 向学生介绍我国动物营养需要研究的进展，激发学生的民族自信和爱国情怀。

2. 通过配方设计的学习，培养学生科学严谨、实事求是的工作态度。

3. 让学生将所学专业知识用于环保型配方的设计，培养学生的环境保护意识。

4. 培养学生遵纪守法的意识。

学习任务

1. 畜禽饲养标准的合理应用。
2. 全价配合饲料日粮配方设计。
3. 反刍动物日粮配方设计。

单一饲料不能满足畜禽的营养需要，根据畜禽不同生理阶段的每日营养需要、饲料营养价值、原料现状和价格条件，合理地确定饲料配合比例，使各种营养物质含量充足，全面均衡地供给畜禽各种营养物质需要，保证畜禽良好的生产性能和健康，这种饲料的配合比例即称为配合饲料日粮配方，它是保证配合饲料日粮配合的基础。合理设计畜禽配合饲料日粮配方是科学养殖的一个重要环节。设计一个合理的日粮配方既要掌握畜禽饲养标准的相关知识，能够利用畜禽营养需要量表格确定不同生产目的、生产水平的营养需要量，又应掌握畜禽常用饲料营养特性，能够利用畜禽常用饲料营养价值表，合理地利用各种饲料资源，会使用饲料配方软件设计日粮配方，达到成本最低，饲养效果和经济效益最佳。

学习任务1

畜禽饲养标准的合理应用

【任务描述】

饲养标准是实际饲养工作的技术标准，是制定畜禽生产计划、组织饲料供给，设计饲粮配方、生产平衡日粮、实行标准化饲养管理的技术指南和科学依据。但是照搬标准中数据，把标准看成是解决有关问题的现成答案，忽视标准的条件和局限性，则难以达到预期目的。学生分组通过收集我国猪、禽、牛等畜禽饲养标准，学习了解饲养标准相关知识，通过完成下列任务，掌握饲养标准的合理应用方法，完成任务实施效果评价。

【任务实施】（任务单）

1. 使用“百度”等常用引擎搜索我国畜禽饲养国家标准

2. 合理选用瘦肉型育肥猪日粮营养指标

某猪场饲养1 000头平均体重56 kg的瘦肉型育肥猪进行育肥，饲养至出栏标准上市出卖；请查阅猪营养需要量(GB/T 39235—2020)，确定日粮适宜养分含量，并列出各种营养指标数据、预期达到的生产指标；将该日粮养分含量换算成每日每头营养需要数据，预测用该日粮育肥到出栏的天数、消耗饲粮的数量。

3. 95%产蛋率产蛋鸡日粮营养指标的选用

某蛋鸡饲养场饲养10万只海兰蛋鸡，产蛋率95%，请查阅鸡饲养标准(NY/T 33—2004)，确定日粮适宜养分含量，并列出各种营养指标数据；将该日粮养分含量换算成每日每只蛋鸡营养需要数据，计算该日粮料蛋比、消耗饲粮的数量。

4. 日产 40 kg 产奶牛每日营养需要计算

某奶牛场成年产奶牛平均体重为 550 kg、日平均产乳脂率为 3.5%的乳 45 kg。查阅奶牛饲养标准(NY/T 34—2004),根据奶牛的体重(群体按平均体重)、平均产乳量、乳脂率,计算每日每头奶牛的营养需要量,并列出各营养物质需要量数据、每天饲料干物质消耗量,将每日营养需要量换算成每千克日粮营养浓度。

饲养标准相关知识

一、畜禽营养需要的表述

动物因种类、品种、年龄、性别、生长发育阶段、生理状态及生产目的的不同,对营养物质的需要也不相同。动物从饲料摄取营养物质,一部分用来维持正常体温、血液循环、组织更新等必要的生命活动,另一部分则用于妊娠、泌乳、生长、产肉、产毛、劳役和产蛋等生产活动。因此,动物的营养需要是指每天每头(只)畜禽对能量、蛋白质、矿物质和维生素等营养物质的总需要量,表示为:

总营养需要=维持营养需要+生产营养需要

畜禽营养需要量的衡量指标主要有以下几种。

1. 每天每头需要量

以一头某体重某生产形式的动物每天对能量和各种营养物质的需要量表示,如 25~50 kg 生长肥育猪每天每头需要量为:净能(NE)16.59 MJ,粗蛋白(CP)256 g 等。单位针对不同营养物质而异,如能量用 MJ、kJ;蛋白质、氨基酸、矿物质元素、维生素等用 g、mg、μg、IU 等。此表示方法适用于估计饲料供给量或限制饲喂。

2. 营养物质浓度

按单位饲粮(kg)的营养物质含量(MJ、g、mg)或百分含量表示,可按饲喂状态(含自然水分)或绝干状态计算。此法适用于自由采食的动物和饲粮配制。

3. 能量与营养物质的比例

按饲粮单位能量中的营养物质含量(g、mg)表示。能量和蛋白质的关系表示为能量蛋白比或蛋白能量比。此法适用于平衡饲粮养分。

4. 体重与营养物质的比例

按营养物质需要与体重(自然体重或代谢体重)比表示,如生长猪的氨基酸需要量为 25 $g/W^{0.75}$。

5. 生产力与营养物质的比例

每生产 1 kg 产品的营养物质需要量。如奶牛每生产 1 kg 标准奶需要可消化蛋白质 55 g。

二、维持需要

维持需要是指动物不从事任何生产,维持体温、呼吸、血液循环、分泌机能、体组织更新、被毛与表皮的生长等正常生命活动以及必要的自由活动对营养物质的需要量。维持需要是动物不进行任何生产而对营养物质的最低需要，只有在满足动物的最低需要后，多余的营养物质才用于生产。从生理上讲，维持需要是必要的。从生产上讲，这种需要是一种无偿损失，而且在生产中很难使动物的维持营养处于绝对平衡状态，只是把空怀以及非配种用的动物看成处于维持状态。

动物的维持需要受品种、年龄、体重、性别、饲养水平、活动量及环境条件等因素的影响。一般来说，幼龄动物维持需要高于壮年和老年动物，雄性高于雌性。活动量越大，维持需要越大；生产力越高，维持需要量越小。处于不运动及最高、最低临界温度的中间温度区（15～25 ℃）时维持需要最低。

1. 维持能量需要

动物处于维持时，能量一部分用于基础代谢消耗，即维持各器官功能的正常运转和一定的自由活动。也就是说，维持能量需要是以基础代谢的能量需要为基础的，然后加上自由活动的能量需要。试验证明，基础代谢与动物代谢体重（体重$^{0.75}$）成正比，即 $aW^{0.75}$，a 为每千克代谢体重（$W^{0.75}$）的需要量，W 为动物的自然体重。

2. 维持蛋白质需要

动物为了维持正常的生命活动，体内蛋白质处于动态平衡，不断更新。因此，即使不喂蛋白质时，从粪、尿中仍排出稳定数量的氮。此时的粪氮称为代谢氮，尿氮称为内源氮。维持蛋白质的需要应为代谢氮和内源氮的总和。试验证明，内源氮与能量需要呈一定的比例关系，即每焦耳净能需 2 mg 内源氮，且代谢氮与内源氮也有一定的比例关系，即代谢氮为内源氮的 60%。

三、生产动物的营养需要

1. 畜禽生长育肥的营养需要

按照各种畜禽生长发育的规律、特点及其影响因素，对于生长育肥动物的营养需要一般分阶段表示。

（1）能量需要　生长育肥动物能量的需要是为了维持机体生命、组织器官的生长及其体脂、体蛋白的沉积。各种动物和不同生长阶段的能量需要不同。

生长育肥猪能量需要：我国瘦肉型猪营养需要（GB/T 39235—2020），生长育肥猪每日的能量需要随着体重增加总体呈现下降趋势，如 25～50 kg、50～75 kg、75～100 kg、100～120 kg 各阶段净能需要分别为 2 480 kcal/kg、2 460 kcal/kg、2 440 kcal/kg 和 2 395 kcal/kg。而 NRC 标准生长育肥期净能需要则维持同一能量水平，为 2 475 kcal/kg。瘦肉型后备母猪 50～75 kg、75～100 kg、100～120 kg 配种各阶段净能需要分别为 2 490 kcal/kg、2 440 kcal/kg、2 400 kcal/kg，较生长育肥猪高。

生长鸡的能量需要：肉用仔鸡生长快，需要高能量、高蛋白饲料。各国肉用仔鸡能量需要不尽相同，但蛋用生长鸡差异不大，蛋用生长鸡比肉用仔鸡日粮能量浓度低 10%左右。一般种用家禽在生长期（4 周龄后）都需要限食，给正常营养的 75%左右。

（2）蛋白质与氨基酸需要　生长育肥猪蛋白质与氨基酸需要：各国饲养标准对动物蛋白质、氨基酸需要的规定有异，原因在于不同国家的典型日粮、限制性氨基酸的顺序及其与粗蛋白质的比例和饲料氨基酸的可利用性等存在差异。一般规律是随着日龄增加，饲粮粗蛋白质水平下降。

生长鸡的蛋白质与氨基酸需要：肉鸡生长快，对蛋白质和氨基酸的需要较蛋鸡生长期多。对于生长期的种用鸡，在4周龄后限制采食，目的是控制能量摄入、减少脂肪沉积。对于家禽一般是蛋氨酸比赖氨酸更重要。

(3)矿物质需要　生长动物在主要增长肌肉和脂肪的同时，骨骼也迅速发育。生长动物对钙和磷的需要量较大，一般认为能保证骨骼正常生长发育的饲粮钙磷水平，可作为动物对钙、磷的需要量。其他矿物质元素的需要量较少。

(4)维生素需要　一般对于所有畜禽来说，每千克饲粮均需补充各种维生素。

2. 产蛋营养需要

(1)能量需要　产蛋前的能量需要：为使蛋鸡尽早达到开产体重，开产前的蛋鸡应快速生长。通常每千克日粮应含有代谢能11.5～12.5 MJ，若少于11.0 MJ则达不到最高生产率。为防止体脂沉积而影响开产后的产蛋率，可将日粮能量控制在随意采食量的90%，以便使其所摄食的能量仅供正常生长发育所需。肉用品种后备种鸡的日粮能量可控制在每千克含代谢能10.0～11.5 MJ，或限制其采食为正常量的75%～80%。

产蛋期的能量需要　产蛋家禽的能量需要主要取决于体重、平均日增重和日产蛋重。据实际测定，轻型蛋用品种如来航鸡等在采食平衡日粮条件下，需要代谢能1.25～1.35 MJ/(羽·d)。通常产蛋母鸡在炎热夏季采食有所减少，而严寒冬季采食却有所增加。因此，宜将饲粮代谢能水平控制在12.5～13.0 MJ/kg范围内，以保证产蛋鸡能量的摄食。中型蛋用品种如洛岛红鸡、洛克鸡及其他中型杂交鸡等，因体重较大和维持能量需要较多，故能量需要量高于轻型品种鸡，每日每羽平均约需1.5 MJ代谢能。重型肉用品种种母鸡，由于体重大、维持能量需要多，每日每羽需代谢能1.7～1.9 MJ，饲粮代谢能水平宜限制在11.0～11.5 MJ/kg范围内。

(2)蛋白质与氨基酸需要　蛋白质是禽体和禽蛋的重要成分。母鸡开产后，其产蛋前期(22～42周龄)，所需蛋白质是用于维持、增重(包括羽毛)和产蛋等。随着生长进程，蛋白质用于增重的比例逐渐降低，而用于维持和产蛋的比例却相应增高；至成年(42～48周龄)后，则所需蛋白质全部供作维持和产蛋之用。

产蛋的蛋白质需要是根据蛋中的蛋白质含量确定的。一枚50 g重的鸡蛋含蛋白质5.8 g，产蛋后期一枚蛋含蛋白质7.4 g。蛋中蛋白质沉积的效率约为0.50，所以产蛋前、后期每产一枚蛋的需要为11.6～14.8 g。以产蛋率80%计，前后期每天产蛋的蛋白质为9.28～11.84 g。此外，家禽产蛋对蛋白质品质也有要求，即饲粮中所含各种必需氨基酸的种类、数量及配比。

(3)矿物质需要　天然饲料常不能满足鸡对某些矿物质元素的需要，通常要靠在饲粮中补加矿物质饲料和添加剂来满足。

钙：钙是产蛋鸡限制性营养物质，足够数量的钙能保证优质蛋壳。产蛋鸡对钙需要特别高，每产一枚蛋约需2 g钙用于形成蛋壳。在饲喂全价日粮条件下，每日每羽母鸡给予3～4 g钙，即可充分满足产蛋的需要。

磷：产蛋母鸡对磷的需要量远低于钙的需要量。一般认为，产蛋母鸡日粮中含磷量应在0.6%左右，但其中80%应为无机磷。为保证家禽对钙磷良好吸收，饲粮内的钙、磷量应按(3%～4%)∶0.6%的比例保证供应。如供钙量过高或钙磷比例不当或缺乏维生素D，都会影响产蛋。

钠和氯：每日每只鸡需要食盐为风干饲粮的0.37%或钠0.15%。如食盐过多而又喂水不足，可引起中毒。补充食盐有利于克服同类相残如啄羽毛、啄冠、啄肛等。

锰：家禽需锰量较高，但是常用饲料中锰最易缺乏。每千克饲料应含锰 50 mg 以上。此外，其他微量元素也应注意有效供给。

(4)维生素需要　产蛋母鸡对维生素营养反应颇为敏感，缺乏维生素不仅会影响产蛋率和孵化率，严重时可引起多种疾病。常用饲料中易感缺乏的维生素有维生素 A、维生素 D、维生素 E、核黄素、烟酸、泛酸和 B 族维生素等。现今各国饲养标准规定的产蛋母鸡维生素需要量一般均是最低保证量；由于诸多因素如饲料加工和贮藏条件，日粮组成和采食水平、环境温度和疾病等应激因素，均可影响产蛋母鸡对维生素的需要。因而生产实践中往往采用超量供给方式以确保产蛋母鸡对维生素的需要。

3. 产奶营养需要

(1)能量需要　1 kg 乳脂 4%的标准乳的净能平均含量在 3.079～3.133 MJ。因此，产奶母牛每日的产奶净能需要量为日泌乳量乘以每千克奶的净能值即得。

(2)蛋白质需要　母牛泌乳的蛋白质需要：母牛泌乳量和乳中蛋白质含量是确定泌乳对蛋白质需要的基本依据。根据乳蛋白含量及可消化蛋白质形成乳蛋白的效率，即可推算出泌乳对可消化粗蛋白质的需要量。根据可消化蛋白质需要量和消化率可计算出粗蛋白质需要量。

(3)矿物质需要　为保证母畜正常泌乳，必须逐日提供适量矿物质，以供泌乳需要。在一般植物性饲料中含量较少，不能满足泌乳母畜的矿物质主要是钙、磷、钠和氯的需要。

钙和磷：现今各国乳牛饲养标准所规定的钙、磷需要量差异很大。我国《奶牛饲养标准》规定，体重 600 kg、日泌乳 30 kg(标准奶)的泌乳牛每日钙的需要量为 171 g，磷的需要量是 117 g。我国猪营养需要中，哺乳母猪对钙、磷的需要量与胎次及仔猪的日增重有关。

钠和氯：泌乳母牛对钠的需要量为日粮干物质的 0.18%，相当于 0.45%食盐的含钠量。

镁：泌乳母牛日粮干物质中应含镁 0.15%～0.20%，约为每产 1 kg 乳供给 0.7 g 镁。

(4)维生素需要　为保证泌乳动物生产力的充分发挥和正常健康，需要补充各种维生素。

(5)其他物质的需要

干物质：乳牛日粮干物质的进食量与体重、产奶量及日粮类型有密切关系。

粗纤维：在乳牛营养中，粗纤维具有特殊的意义。粗纤维含量以占日粮干物质的 15%～20%为宜，最低不能少于 13%。

脂肪：泌乳母牛日粮中脂肪的适宜量为 5%～7%。

4. 产毛需要量

(1)能量需要　产毛的能量需要包括合成羊毛消耗的能量和毛含有的能量。每克净干毛含能量 22.18～24.27 kJ。

(2)蛋白质和氨基酸需要　随蛋白质供给量增加，体内沉积氮和羊毛中氮量及其占供给氮量的比例均增加，美利奴绵羊将牧草中氮转变成羊毛氮的效率不超过 10%。合成羊毛需供给全部氨基酸，但限制羊毛生长的通常是含硫氨基酸。在不含饼粕类蛋白质饲料的绵羊日粮中，添加占粗蛋白质 1.0%～1.5%的 *DL*-蛋氨酸，可提高产毛量。长毛兔饲粮含硫氨基酸由 0.4% 提高到 0.6%～0.7%，产毛量可提高 10%以上。

(3)矿物质和维生素需要

矿物质：绵羊饲粮中矿物质含量低于适宜量，绵羊采食量降低，体内营养物质代谢受影响，羊毛生长减慢。羊毛生长受摄取锌、铜、硫、硒、钾、钠、氟、钴和磷等矿物质元素影响。硫主要以 S—S 形式几乎全部存在于含硫氨基酸中。供给羊非蛋白氮(NPN)代替部分蛋白质饲料时，应补充硫。日粮缺硫或加尿素时，补饲无机硫化物以占饲粮干物质的 0.1%～0.2%为宜，不应超过 0.35%。

维生素：维生素 E 容易缺乏，必须注意供给。核黄素、生物素、泛酸、烟酸、叶酸和吡哆醇等维生素在瘤胃微生物可以合成，但瘤胃尚未完全发育的羔羊必须注意供给这些维生素。

四、饲养标准的概念

动物营养学科技工作者经过大量反复科学试验，以动物种类、年龄、性别、体重、生理状态、生产目的及生产水平等为依据，科学地确定了既能保证动物健康，又能高产的各种营养物质（包括能量、粗蛋白质、氨基酸、矿物质元素、维生素、脂肪等）需要量数据，并将这些数据绘制成各种动物营养需要表格，这种系统的营养定额及有关资料统称为饲养标准。饲养标准中规定的各种营养物质的需要量，是通过动物采食各种饲料来体现的。因此，在饲养实践中，必须根据各种饲料的特性、来源、价格及营养物质的含量，计算出各种饲料的配合比例，即配制一个平衡的日粮。也就是说，一个完整的饲养标准应该包括两部分内容，一是动物营养需要量，二是饲料营养成分和营养价值表。

五、饲养标准的基本特性

1. 科学性和指导性

饲养标准是畜禽营养和饲料科学领域研究成果的概括和总结，高度反映了动物生存和生产对营养物质的客观要求，具体体现了本领域科学研究的最新进展和生产实践的最新总结。所以说饲养标准是合理配制饲料的重要依据，具有科学性和广泛的指导性。在畜牧生产中，只有正确应用饲养标准，合理地开发利用饲料资源，制订科学的饲料配方，生产全价配合饲料，以使动物获得足够数量的营养物质，做到科学饲养，充分发挥其生产性能，提高饲料利用率，降低生产成本，达到高产节料的目的。

2. 权威性

饲养标准的权威性首先是由其内容的科学性和先进性决定的。其次以其制定的过程和颁布机构的地位作用看，也体现了权威性。饲养标准不但是大量科学实验研究成果的总结，而且它的全部资料都要经过有关专家定期或不定期地集中严格审定，其审定结果又以专题报告的文件形式提交有关权威行政部门颁布。我国研究制定的猪、鸡、牛和羊等的饲养标准，由农业农村部作为行业标准向全国发布。世界各国的饲养标准或营养需要均由该国的有关权威部门颁布，其中有较大影响的饲养标准有：美国国家科学研究委员会（NRC）制定的各种动物的营养需要、英国农业科学研究委员会（ARC）制定的畜禽营养需要、日本的畜禽饲养标准等。它们都有代表性，并各有特点，值得参考。

3. 可变化性

饲养标准不可能一成不变。就其本身而言，它不但随科学研究的发展而变化，也随实际生产的发展而变化。变化的目的是使饲养标准规定的营养定额尽可能满足动物对营养物质的客观要求。只有充分考虑它的可变性，才能更有效地指导生产实践，为动物提供合理有效的营养供给。以我国猪饲养标准的发展为例，自 1987 年发布（NY/T 65—1987）以来，2004 年进行了更新（NY/T 65—1987），目前最新的为 2020 年发布（GB/T 39235—2020）的猪营养需要量。

4. 条件性和局限性

饲养标准是确切衡量动物对营养物质客观要求的尺度。它的产生和应用都是有条件的，它是以特定动物为对象，在特定环境条件下研制的满足其特定生理阶段或生理状态的营养物质需要的数量定额。但在动物生产实际中，影响饲养和营养需要的因素很多，诸如同品种动物之间的个体差异、各种饲料的不同适口性及其物理特性、不同的环境条件，甚至市场经济形势的变化等因素，都会不同程度地影响动物的营养需要量和饲养。因此，不可不问时间、地点、条件，生搬硬套饲养标准，应根据不同国家、地区、环境情况和对畜禽生产性能及产品质量的不同要求，对饲养标准中的营养定额酌情进行适当调整，才能避免其局限性。

六、饲养标准应用

饲养标准是实际饲养工作的技术标准，是发展畜禽生产、制定生产计划、组织饲料供给、计算饲粮配方、生产平衡饲粮、对畜禽实行标准化饲养管理的技术指南和科学依据。但是照搬标准中的数据，把标准看成是解决有关问题的现成答案，忽视标准的条件性和局限性，则难以达到预期目的。因此，有效合理使用饲养标准应遵守以下原则。

1. 选用饲养标准的适合性

选用任何一个饲养标准，首先应该考虑标准所要求的动物与应用的对象是否一致或比较近似，若品种之间差异太大则不能使用。

(1)不同的品种(基因型)选用不同的营养水平　如对猪而言，脂肪型、瘦肉型与兼用型之间对饲粮的干物质、能量和蛋白质消化率方面存在显著差异性。一般认为在相同条件下，瘦肉型猪较脂肪型猪需要更多的蛋白质。因此，不仅要针对不同品种选择饲养标准所提供的养分，而且要根据不同品种的不同经济类型所需要的饲料养分特点，科学地确定适宜的饲粮的养分浓度，使饲粮所含的养分得以更加充分地利用。

(2)不同生理阶段选用不同的营养水平　畜禽在不同的生理阶段，对养分的需要量各有差异。饲养标准中已经规定了各营养物质需要量，作为各生理阶段配方设计的依据，在配方设计时要充分考虑到不同生理阶段的特殊养分的需要，还要考虑配合后的饲粮的适口性、体积和消化率等因素。例如，母猪在妊娠前期，由于处于妊娠合成代谢状态，代谢率较高，脂肪沉积率较高，因而在配料中可适当提高粗纤维水平；生长育肥猪在育肥期间，为了获得最高的日增重，则可以提高日粮配方中的能量含量，以满足其长膘的需要，而蛋白质水平可比生长前期降低 1%左右。所以在配方设计时，根据生产阶段来确定营养需要，这样才能降低饲料成本，提高经济效益。

(3)不同性别采用不同的营养水平　有试验表明，当日粮蛋白含量最小为 16%时，小母猪各种生产性能达到最佳水平，而阉公猪日粮蛋白含量在 13%～14%即可达到最佳水平。

(4)不同季节选用不同的营养水平。环境温度升高影响畜禽的采食量。不同季节，应配制不同营养浓度的日粮配方，增加营养浓度，降低日粮单位体积，以保证畜禽正常的生产性能所需要的营养物质，减缓其生产性能的下降。

2. 注重饲养标准与效益的统一性

应用饲养标准规定的营养定额，只能强调满足畜禽对应用物质的客观要求，不能认为饲养标准越高越好，而不考虑日粮的成本。必须遵照营养、效益(包括经济、社会和生态等效益)相统一的原则，以保持饲养标准与生产实际的一致性，获得良好的生产效果。在考虑饲养标准与效益相统一性时，更重要的一点是考虑饲料原料的营养价值、价格高低和供应情况。当蛋白质饲料原料较贵而能量饲料原料较便宜时，可降低蛋白能量比；当蛋白质饲料原料较便宜而能量饲料原料较贵时，可提高蛋白能量比，同时其他养分含量需要做相应调整，以保持营养平衡。

3. 饲养标准与配合饲料质量标准的区别

配合饲料质量标准是为规范饲料工业而制定的。饲养标准一般只讨论营养需要量问题。饲料标准是一定生产条件下的工业产品标准，除考虑某些营养指标外，还要规定饲料产品的一般性状、加工质量以及人畜有关卫生质量指标。配合饲料质量标准只能规定一些最重要的而又易于客观检测的营养项目及加工项目等，而饲养标准包括四五十项动物需要的全部营养指标。饲养标准中规定的指标均为平均值，而配合饲料质量标准中的各项指标均为保证值。

4. 需要量、供给量、添加量与饲养标准的关系

需要量是指为了保证畜禽正常生长发育和获得理想的生产性能，在适宜环境条件下对各种营养物质需求的数量。这个数量是一个群体平均值，不包括一切可能增加需要量而设定的保险系数。一般标准都按群体平均生产水平的最低需要量给出，而最适需要量是动物获得最佳生产效益和饲料效益的营养需要量。

供给量是在实际条件下为满足动物的需要，对日粮中应供给的各种营养素数量的规定，包括两部分，即基础饲粮中的含量和通过添加剂预混料供给的部分。它在需要量的基础上加一定的保险系数。保险系数主要基于以下理由：动物个体差异对需要量的影响；饲料及其营养含量和可利用性变化对需要量的影响；饲料加工贮藏中的损失、环境因素；需要量评定的差异；非特异性应激因素，如亚健康状况等。

添加量是指在实际条件下，日粮中的营养物质含量不能满足动物正常生长的需求时，必须在日粮配制时额外添加的各种营养物质数量。

饲养标准中对各种营养物质的规定量，对于不同的指标，所代表的含义有所不同。一是代表需要量，二是代表添加量，如微量元素、维生素等指标，由于各大量饲料原料中这些养分的含量极少，所以在饲料配合时常常不考虑饲料原料本身所含有微量元素和维生素含量，通过添加的形式（预混料）额外添加。

七、常用饲料原料营养成分、营养价值表及其应用

饲料营养成分及价值表是指以表格形式列出的畜禽常用饲料营养成分和营养价值及消化率数据，不同畜禽品种有不同的饲料营养价值表。表中的这些数据是通过实验室直接测定分析、饲养试验测定的平均值汇集而成，它们客观地表示了每一种饲料的营养成分和营养价值，它和畜禽营养需要量表格配合使用，是制定饲料配方，科学饲养畜禽的基本依据之一。配合饲料时最好的方法是先实际分析和测定具体每一批饲料的营养成分，但在生产实践中不容易做到，所以很多情况下是参考已颁布的成分表。在使用此表时应注意以下问题。

1. 要根据样品说明选择数据

样品说明反映了饲料的可利用部分（如籽实、秸秆、茎叶等）、主要的加工方法、收割季节等。所用饲料的基本特征和样品说明越接近，所选数据的可靠程度就越高。同一名称的饲料，由于产地不同、收割季节不同、加工方法不同、使用条件不同，它的营养成分和营养价值有一定的变异，另外还存在同名异物的情况，所以选用时要谨慎。

2. 注意表中的各种营养成分的表述

饲料营养价值表中营养指标的单位为：能量用 MJ/kg 或 kcal/kg 表示，粗蛋白、氨基酸、矿物质常量元素用%表示，微量元素用 mg/kg 表示，维生素用 IU、g/kg、mg/kg 或 μg/kg 表示等。

3. 注意表中所列饲料原料的干物质含量

表中各项成分含量是相对某原料干物质含量而言，实际配合饲料原料干物质含量与表中的干物质含量不同，如不同应该折算成同一基础之上，这样可以减少配方的误差。在饲料成分营养价值表中饲料原料的干物质含量有几种表示方法。

(1)原样基础　也叫新鲜基础、潮湿基础等。是指未经处理的按采样时原来状态所测定的成分含量。此基础的饲料干物质含量变化范围为 0～100%。

(2)风干样基础　指经过风干或烘干，但还会有约 10%的水分状态。绝大多数饲料都是以风干状态饲用。在通常情况下，风干饲料的干物质含量在 85%以上。

(3)绝干基础　指饲料在 100～105 ℃温度下烘干脱水后所剩的干物质含量，即不含水分或 100%干物质状态。

4. 不同干物质基础营养成分换算

当比较两种饲料饲用价值时，各自的水分含量不同，相对含有的各种营养物质也相差悬殊，无法确切进行比较，为此需要将两种饲料折算成含水量相同时才能够比较，实际配合饲料原料干物质含量与表中的干物质含量应该在同一基础，这样可以减少配方的误差，为此需要将不同干物质基础饲料营养成分折算成相同基础才能比较或使用。换算可按照下列方法进行：首先算出基础饲料(比较标准)干物质与折算饲料干物质两者之间的比值，这个比值叫作各种养分的换算系数；然后再用这个系数乘以被折算饲料原有各种养分含量，就可以得到所求各种养分的含量。

$$养分换算系数=\frac{基准饲料干物质百分数}{折算饲料干物质百分数}$$

在畜禽生产的各种开支中，饲料费用占的比例最大，一般达到 60%～80%。所以生产者的主要任务之一是掌握各种饲料的饲用特性和营养特点，合理地选择和搭配使用，这样才可达到以降低成本、提高经济效益的目的。

查阅资料完成习题

(一)不定项选择题

1. 乳牛的能量指标采用(　　)。

A. DE　　B. ME　　C. NE　　D. NEL

2. 基础代谢能(　　)维持能量需要。

A. 大于　　B. 小于　　C. 等于　　D. 无关

3. 热增耗(体增热)的主要来源是动物(　　)。

A. 活动产热　　B. 所食的饲料发酵产热

C. 食入饲料中营养物质的代谢　　D. 以上均是

4. 在畜禽饲养标准中(　　)。

A. 奶牛的能量单位一般用 NND 或代谢能表示

B. 家禽的蛋白质指标常用粗蛋白的百分比表示

C. 畜禽矿物质需要量常用 IU 或 mg 表示

D. 应包含有营养需要、饲料成分及营养价值表两部分

(二)讨论题

1.从营养学的角度说明,为什么肉用仔鸡以笼养为佳?

2.谈谈适当控制产蛋家禽和奶牛体重的理论依据和实践指导意义。

3.产蛋家禽营养需要的特点是什么?

4.应用饲养标准应依据哪些基本原则?

二维码 4-1 习题参考答案

任务实施效果评价

按照以下评价表的内容,与你的团队成员和指导教师一起讨论,对学习任务1的实施效果进行实事求是的评价。

序号	评价项目	评价标准	满分	评价结果			得分
				优	良	及格	
1	任务计划书	条理清晰、方法正确、内容全面	10				
2	育肥猪日粮营养指标的选用	饲养标准营养指标选择正确,计算准确、符合要求	20				
3	产蛋鸡日粮营养指标的选用	饲养标准营养指标选择正确,计算准确、符合要求	20				
4	奶牛每日营养需要计算	饲养标准营养指标选择正确,计算准确、符合要求	20				
5	参与度、合作情况、态度	制订工作计划、准确操作、分工合作、密切配合、认真严谨、实事求是	20				
6	任务总结报告	按时完成总结报告、内容齐全、书写规范	10				
总分		100					
自我评价							
小组评价							
教师评价							

学习任务2
全价配合饲料日粮配方设计

【任务描述】

合理地设计饲料配方是科学饲养畜禽的一个重要环节，全价配合饲料饲喂效果的好坏，关键在于饲料配方是否科学合理。设计饲料配方就要考虑畜禽的营养需要和生理特点，又应合理地利用各种饲料资源，设计出成本最低、饲养效果和经济效益最佳的饲料配方。学生学习配合饲料日粮配方相关知识，参考畜禽饲养标准、合理选择饲料原料、设计全价饲料配方，掌握全价配合饲料配方设计方法，实施下列任务，完成任务实施评价表。

【任务实施】(任务单)

1. 根据以下饲料原料营养价值表(表4-1)查阅猪饲养标准，利用Excel的规划求解方法，设计断奶仔猪全价配合饲料日粮配方。

2. 根据以下饲料原料营养价值表查阅鸡饲养标准，利用Excel的试差法，设计产蛋率85%的蛋鸡全价配合饲料日粮配方。

表4-1 中国饲料营养价值表(2020)

原料名称	粗蛋白质/%	粗脂肪/%	粗纤维/%	粗灰分/%	钙/%	总磷/%	猪DE/(MJ/kg)	鸡ME/(MJ/kg)	赖氨酸/%	蛋氨酸/%	胱氨酸/%	苏氨酸/%	色氨酸/%
玉米	8.7	3.6	1.6	1.4	0.02	0.27	14.27	13.31	0.24	0.18	0.20	0.30	0.07
小麦	13.4	1.7	1.9	1.9	0.17	0.41	14.18	12.72	0.35	0.21	0.30	0.38	0.15
次粉	13.6	2.1	2.8	1.8	0.08	0.48	13.43	12.51	0.52	0.16	0.33	0.50	0.18
小麦麸	14.3	4.0	6.8	4.8	0.1	0.93	9.33	6.78	0.53	0.12	0.24	0.39	0.18
米糠	14.5	15.5	6.8	7.6	0.05	2.37	12.64	11.21	0.84	0.28	0.21	0.54	0.16
米糠粕	15.1	2.0	7.5	8.8	0.15	1.82	11.55	8.28	0.72	0.28	0.32	0.57	0.17
全脂大豆	35.5	18.7	4.6	4.0	0.32	0.4	17.74	14.55	2.22	0.53	0.57	1.43	0.45
大豆粕	44.2	1.9	5.9	6.1	0.33	0.62	14.26	10.00	2.68	0.59	0.65	1.71	0.57
棉籽粕	43.5	0.5	10.5	6.6	0.28	1.04	9.68	8.49	1.97	0.58	0.68	1.25	0.51
菜籽饼	35.7	7.4	11.4	7.2	0.59	0.96	12.05	8.16	1.33	0.60	0.82	1.40	0.42
鱼粉	60.2	4.9	0.5	12.8	4.04	2.9	12.55	11.80	4.72	1.64	0.52	2.57	0.70
大豆油		98.0		0.5			36.61	35.02					

全价配合饲料日粮配方设计相关知识

一、配合饲料的概念与种类

配合饲料是根据畜禽不同生理阶段(生长、妊娠、哺乳、空怀、配种、产蛋)不同生产水平,对各种营养成分的需要量和消化生理特点,把多种饲料原料和添加成分,按照科学的比例和加工工艺配合而成的均匀一致且营养价值完全的饲料产品。配合饲料的种类很多,一般有以下分类方法。

1. 按照营养成分和用途分类

按照营养成分和用途可分为全价配合饲料、浓缩饲料、精料补充料、添加剂预混合饲料等。

(1)全价配合饲料。由能量饲料和浓缩饲料配合而成,它能全面满足畜禽的营养需要,并可直接用来饲喂畜禽。全价只是相对的,配合饲料所含养分及其比例越符合畜禽营养需要,越能最大限度地发挥畜禽生产潜力及经济效益,此种配合饲料全价性也越好。

(2)浓缩饲料。由添加剂预混合饲料、蛋白质饲料和常量矿物质饲料配制而成的配合饲料半成品。按一定比例与能量饲料配合后,才能构成全价配合饲料,一般占全价配合饲料的20%~40%。

(3)精料补充料。也是由浓缩饲料配以能量饲料制成,与全价配合饲料不同的是,它是用来饲喂反刍动物的,不过饲喂反刍动物时要加入大量的青绿饲料、粗饲料,且精料补充料与青粗饲料的比例要适当,它是用以补充反刍动物采食青粗饲料、青贮饲料时的营养不足。

(4)添加剂预混合饲料。为了把微量的饲料添加剂均匀混合到配合饲料中,方便用户使用,将一种或多种微量的添加剂原料与稀释剂或载体按要求配比均匀混合而成的产品称为添加剂预混合饲料,简称预混料。一般占全价配合饲料的0.01%~5%。其中,能够接受和承载粉状活性成分的可饲用物料称为载体;掺入一种或多种微量添加剂中起稀释作用的物料是稀释剂。

2. 按照物理性状不同分类

按照物理性状不同可分为粉状配合饲料、颗粒饲料、碎粒料、膨化饲料、压扁饲料等类型。

(1)粉状配合饲料。将各种饲料原料粉碎到一定粒度,按配方比例充分混合后包装的产品。粉料是目前国内普遍采用的一种料型,如添加剂预混合饲料、猪浓缩饲料、精料补充料等都是粉状饲料,部分乳猪、蛋鸡全价配合饲料也使用粉状料型。这种饲料的生产设备及工艺比较简单,耗电少,加工成本低。养分含量和动物的采食比较均匀,品质稳定,饲喂方便、安全、可靠。但容易引起动物的挑食,造成浪费,且生产粉尘大,损耗大,容易分级。这种饲料适合各种畜禽以及农村搭配青粗料时使用。

(2)颗粒饲料。以粉状饲料为基础,经过蒸汽熟化制粒挤压处理而制成的饲料。颗粒饲料通常是全日粮,其形状有圆柱状,宠物饲料还有圆颗粒、菱形等其他形状,这种饲料密度大,养分均匀,改善了动物的适口性,有效杀灭有害菌,避免动物择食,防止贮运过程分级。颗粒饲料在制粒过程中经加热加压处理,破坏了部分有毒成分,起到杀虫灭菌作用,有利于贮藏,减少霉变发生。但这种饲料加工复杂、耗电多、成本较高。在加热加压时使一部分维生素和酶等失去活性。

(3)碎粒料。将生产好的颗粒饲料经过磨辊式破碎机破碎成2~4 mm的碎粒。这是因为如果加工符合小动物如雏鸡采食要求的颗粒饲料,费工、费时、费电、产量还低,为解决这一问题，将饲料加工成尺寸稍大于要求的颗粒饲料，然后稍加粉碎，即获得粒度符合要求的破碎饲料。这样既省电，产量高，颗粒大小还合适。因此，碎粒料是生产雏鸡饲料常用的形式。

（4）膨化饲料。粉状配合饲料加水蒸煮后通过高压喷嘴压制干燥而成的，由膨化制粒机生产，加工时物料经由高温、高压、高剪切处理，使物料的结构发生变化，使饲料膨松，多孔，具有水中稳定性，有利于营养物质的消化吸收。一般用于幼龄动物如仔猪和特种水产动物等。

（5）压扁饲料。将谷实饲料加热处理后压成片状，可提高谷实类饲料的利用率。另外，还有块状饲料及液体饲料等。

3. 按照动物的不同种类、阶段和性能进行分类

（1）鸡用配合饲料。一般分为肉鸡、产蛋鸡及种鸡配合饲料三种。肉鸡按生长周期不同通常分为三种，即肉鸡前期、中期和后期配合饲料。产蛋鸡及种鸡按生长周期不同可分为育雏期、育成期和产蛋期配合饲料。产蛋期按产蛋率不同又可分为产蛋率大于80%、65%～80%及小于65%三种配合饲料。

（2）猪用配合饲料。一般分为乳猪、仔猪、生长猪、育肥猪及种母猪配合饲料。种母猪按生理状况不同分为怀孕母猪、哺乳母猪及空怀母猪配合饲料。

（3）牛羊用精料补充料。一般分为犊牛、生长牛、育肥牛、产奶牛、产奶羊、育肥羊、母羊等精料补充料。

（4）水产用配合饲料。一般分为鱼、虾、蟹用配合饲料。鱼用配合饲料又可分为鲫鱼、鳊鱼、草鱼、青鱼、鲤鱼、罗非鱼、混养鱼等配合饲料。虾、蟹按生长期不同可分为幼虾蟹期、成虾蟹期配合饲料。

（5）其他动物配合饲料。有实验动物、经济动物、观赏动物、马等配合饲料。

二、日粮和饲粮的概念

满足一头动物一昼夜所需各种营养物质而采食的各种饲料总量称为日粮。在畜牧生产实践中，除极少数量动物还保留个体单独饲养外，通常均采用群饲。特别是集约化畜牧业，为便于饲料生产工业化及饲料管理操作机械化，常将按群体中“典型动物”的具体营养需要量配合成的饲粮中的各原料组成换算成百分含量，而后配制成满足一定生产水平动物要求范围的全价饲料。在畜牧业中为区别于日粮，将这种按百分比配合成的全价饲料称为饲粮。

三、饲料配方的概念

依据营养需要量所确定的饲粮中各饲料原料组成的百分比构成，就称为饲料配方。

单一饲料不能满足动物的营养需要，更不能构成日粮（饲粮）。因此应按饲料配方的要求，选取若干种饲料及添加剂并合理确定搭配比例，使其所提供的各种养分均符合动物饲养标准规定的数量，这个设计步骤和生产过程，称为日粮（饲粮）配合。

参照饲养标准配合日粮（饲粮），可以合理利用饲料，充分发挥各种营养物质的作用和畜禽的生产潜力，符合经济生产原则。在进行饲料配合（包括日粮配合、饲粮配合及配合饲料的生产）时均需要有相应的饲料配方。

四、日粮配方设计原则

1. 科学性原则

科学性是指以饲养标准为基础，注意营养的全面平衡，并且符合畜禽的生理特点。不同畜禽品种、性别、生长阶段、饲养环境和生产目的，对营养物质的需求也不同。饲养标准规定了不同品种、不同生产目的、不同生产(生理)阶段对各种营养物质的需求，应根据相应的饲养标准及饲料营养成分或饲料营养价值表来配制饲粮。应根据动物的生产性能来确定饲料配方，而不是先有了饲料配方再来期待动物的生产性能。只有这样才能充分发挥当地动物的生产潜力，同时又提高了饲料的利用率。

2. 经济性原则

饲料原料的成本在饲料企业生产及畜牧业生产中均占有很大比重，高达70%以上，所以在配合饲料时应注意经济性。

(1)尽可能利用当地的饲料原料来配制饲粮，遵照饲料的价格规律选择饲料原料，要在同类饲料中选择当地资源最多、易收集、产量多，且价格最低的饲料品种做配方原料，而且具备同等的营养价值，特别是充分利用当地的农副产品，尽量少从外地购买饲料，既避免了远途运输的麻烦，又可降低配合饲料生产的成本。以最大限度地降低饲料费用和生产成本。尽量做到全年比较均衡地使用各种饲料原料。由于我国玉米、豆粕资源紧缺，设计配方时通过地源性饲料来替代玉米、豆粕具有重要意义。

(2)设计饲料配方时应尽量选用多种原料搭配，可使各种饲料之间的营养物质互相补充，以提高饲料的利用效率。玉米-豆粕-鱼粉-添加剂饲料配制模式并不能完全解决我国的养殖业各种问题，只是在少数规模化的养殖场有一定的作用。应该采用“常规饲料原料＋非常规饲料原料＋适当加工＋科学配制＋针对性添加剂”模式降低日粮成本，这样动物的生产性能可能略低，但由于成本较低，在经济效益尤其是生态效益上具有极大的优势。

3. 适口性原则

畜禽实际摄入的养分，不仅决定于配合饲料的营养浓度，而且决定于采食量。饲料的适口性，即食欲，直接影响采食量。适口性是判断一种饲料是否优良的一项重要指标。例如带苦味的菜籽饼或带涩味的高粱用得太多，饲料适口性变差，从而影响仔猪食欲，采食量降低，影响仔猪的开食，降低成活率。因而应选择适口性好、无异味的饲料。若采用营养价值高而适口性差的饲料须限制其用量。特别是为幼龄动物和妊娠动物设计饲料配方时更应注意。对适口性差的饲料也可通过搭配适口性好的饲料或加入调味剂予以改善。

4. 体积适中原则

配合日粮时，除满足各种营养物质的需求外，还要注意饲料的干物质的供给量，使日粮保持一定的体积，应注意饲料的体积尽量和动物的消化生理特点相适应。例如单胃动物胃容积相对小，对饲料的容纳能力有限，配制饲料时既要保证其吃饱，又要吃得下。因此，要注意控制日粮中粗饲料的用量和粗纤维的含量。一般来说，饲养标准中都有粗纤维的指标，尽量不要超过。反刍动物巨大的瘤胃正常消化生理运动需要有足够的粗纤维来维持，所以在配制反刍动物日粮时要注意一定精粗比例，在保证一定生产水平下，尽量提高日粮中的粗饲料的比例。

5. 安全性原则

注意生物安全准则，绿色、安全高效、降低环境污染、维护生态等方面是国内外大势所趋。全价料配方设计不仅仅只考虑经济效益和动物生产性能，还要上升到生物安全的角度全面考虑配方产品的长期利益，综合评价经济效益、生态效益、动物生产性能、饲料利用率、对人和生物的安全性、是否可持续发展、对社会的影响等各个方面。要坚决杜绝为追求短期经济效益而损害环境、损害人类健康、损害畜牧业形象的饲料配方投入生产。

饲料原料的选用对动物自身必须是安全的，发霉、酸败、污染和未经处理的含毒素等饲料原料不能使用；饲料原料公共卫生安全和饲料添加剂的使用量和使用期限应符合安全法规，动物采食配合饲料而生产的动物产品对人类必须健康安全。黄曲霉和重金属砷、汞等有毒有害物质不能超过规定含量。含毒素的饲料应在脱毒后使用，或控制一定的喂量。

6. 正确处理配合饲料配方设计值与配合饲料保证值的关系

配合饲料中的某一养分往往由多种原料共同提供，且各种原料中养分的含量与真实值之间存在一定差异，饲料加工过程中的偏差，同时在贮藏过程中某些营养成分还要因受外界各种因素的影响而损失，所以配合饲料的营养成分设计值通常应略大于配合饲料保证值，一般控制在高出2%以内，以保证商品配合饲料营养成分在有效期内不低于产品标签中的标示值。

五、常用饲料原料在不同动物配方中的适用量和合理搭配技巧

饲料配方中常用的饲料使用量大致的范围见表4-2。

表4-2　饲料配方中常用的饲料使用量大致的范围　　%

饲料种类	鸡	猪	奶牛	役畜	鹿
谷物饲料	50～60	40～50	30～40	60～70	30～40
糠麸类	15～20	20～30	30～40	10～20	10～20
饼粕类	20～25	15～20	25～30	20～30	20～50
草叶粉类	5～8	8～10			
动物性蛋白类	3～7				
矿物质饲料	5～8	1～3	3～4	1～2	0.2～1.6
食盐	0.25～0.5	0.5	1	0.2～0.5	0.2～1.0

为了确保配合饲料产品的科学性、经济性、市场性和安全性，配方设计一般应遵循以下步骤进行。

(1)明确饲料产品设计的目标。饲料产品的目标有多重性，包括最高的产品利润率、最佳的动物生产性能、最大的市场占有率、最佳的生态效益等。这些目标有些是一致的，有些是矛盾的，有时可以兼顾多个目标，有时只能确定一个目标。

(2)确定动物的营养需要量。根据不同的目标定位，选择不同的饲养标准，并根据实际情况调整某些营养指标的水平，以最终确定动物的营养需要量。

(3)选择饲料原料。饲料原料的选择必须同时考虑饲料原料的营养特性和适口性、动物的消化生理特点、饲料原料的价格、饲料原料的来源和供应量、饲料原料营养成分含量等多方面的因素。

(4)计算饲料配方。可以用手工计算或借助专门的计算机软件计算饲料配方，在计算过程中，必须根据饲料原料营养特性、有毒有害成分含量以及物理特性，决定是否限制用量以及确定限制的比例。

(5)评价饲料配方的质量。通过有配方设计经验人员的分析，进行成分检测以及小规模动物试验可以检验所设计的配方是否符合原来的预期值以及产品质量，根据质量评价结果，确定

是否再进一步调整饲料配方，使所设计的饲料配方最终满足预定的目标。

六、日粮配方计算的方法步骤

1. 手工试差法计算日粮配方

此法是根据饲养标准、饲料原料及饲养经验，先粗略地设计一个配方，然后计算营养价值，并与饲养标准对照。若某种营养指标多余或不足时，按多去少补的原则，适当调整饲料配比，反复几次，直到所有营养指标都符合或接近饲养标准为止。需要注意的是配方中营养成分的浓度可稍高于饲养标准，一般控制在2%以内。试差法的步骤如下。

(1)查饲养标准。主要参考我国的饲养标准，必要时可根据具体情况进行适当调整。

(2)查现有饲料营养成分价值表。列出所用各种饲料原料的营养成分含量。

(3)根据设计者的经验初拟配合饲料的配方。参考表4-3推荐的饲料配方中常用的饲料使用量大致的范围初拟配方。

(4)计算初拟配方营养成分含量(只计算能量和蛋白质含量，其余营养指标暂不考虑)。

(5)对照、调整。根据初拟配方能量和蛋白质含量与饲养标准要求之差额，适当调整部分原料配合比例，使配方中能量和蛋白质含量逐步符合饲养标准。方法是用一定比例的某一原料替代同比例的另一原料。在能量和蛋白质原料比例确定后，根据钙、磷、赖氨酸、蛋氨酸等差额计算矿物质饲料、氨基酸等其他原料用量。最后确定食盐和预混料用量。

(6)列出调整后的全价配合饲料的配方组成，并附加说明。

表4-3 猪、禽常用饲料原料配比范围 %

饲料种类	猪			禽			
	生长(育肥)	后备(空怀)	繁殖(泌乳)	育雏期	育成期	产蛋期	肉仔禽
谷实类	55～70	40～65	60～70	55～65	50～60	55～65	55～70
植物蛋白类	12～25	10～12	12～16	20～25	12～18	18～26	20～35
动物蛋白类	0～5	0～5	0～5	0～5	0～5	0～5	0～5
糠麸类	5～25	10～25	10～15	≤5	10～20	≤5	0～15
粗饲料类	10～20	15～30	10～20	优质苜蓿粉0～5			
青绿青贮类	占精料量的0～5			青绿饲料按日采食量的0～30			

资料来源：杨久仙，动物营养与饲料加工。

【例1】为产蛋率大于85%的蛋鸡配合全价日粮，现有饲料种类为：玉米、麦麸、大豆粕、鱼粉、骨粉、石粉、食盐、添加剂等。

第一步，查鸡饲养标准(NY/T 33—2004)，列出产蛋率为大于85%的蛋鸡营养需要量(表4-4)。

表4-4 产蛋率大于85%时蛋鸡的营养需要

营养指标	代谢能/(MJ/kg)	粗蛋白质/%	钙/%	有效磷/%	蛋氨酸/%	赖氨酸/%
营养需要	11.29	16.50	3.5	0.32	0.34	0.75

第二步,查鸡饲料成分及营养价值表,列出所用各种饲料的营养成分及含量(表 4-5)。

表 4-5 所选饲料的营养价值

饲料种类	代谢能/(MJ/kg)	粗蛋白质/%	钙/%	有效磷/%	蛋氨酸/%	赖氨酸/%
玉米	13.56	8.7	0.02	0.12	0.18	0.24
小麦麸	6.82	15.7	0.11	0.24	0.13	0.58
鱼粉	12.13	53.5	5.88	3.20	1.64	4.72
大豆粕	10.58	47.8	0.34	0.19	0.68	2.99
石粉	—	—	36.0	—	—	—
骨粉	—	—	36.4	16.4	—	—
DL-蛋氨酸					98.5	
L-赖氨酸盐酸盐						78.8

资料来源:中国饲料成分及营养价值表(第 15 版),2004。

第三步,试配。

(1) 试配时一般先考虑平衡能量和蛋白质的需要,因而试配时只考虑提供能量和蛋白质的能量饲料原料和蛋白质饲料原料,将除能量饲料原料和蛋白质饲料原料外的其他饲料原料(常量矿物质饲料、氨基酸补充物、添加剂预混料等)配方空间进行预留。预留比例一般产蛋家禽为 8%~12%,猪及其他情况家禽为 3%左右。此例为产蛋高峰期母鸡确定预留 10.5%,则能量饲料原料和蛋白质饲料原料总量为 100%-10.5%=89.5%。

(2)初步确定蛋白质饲料原料总量为 22%,则能量饲料原料总量为 89.5%-22%=67.5%。

(3)进一步分配各能量饲料原料和蛋白质饲料原料。分配时先确定限量原料的用量,再确定不需要限量原料的用量。能量饲料玉米和小麦麸中,小麦麸由于粗纤维含量较高,因而需要限量。初步确定小麦麸用量为 3%,则玉米用量为 67.5%-3%=64.5%;蛋白质饲料大豆粕和鱼粉,鱼粉价格贵需要限量。初步确定鱼粉用量为 5%,则大豆粕用量为 22%-5%=17%。根据各原料初配比例计算配方能量和粗蛋白质含量情况,并与饲养标准比较(表 4-6)。可根据偏差(差值与标准值的比值)来判断试配是否成功,一般要求偏差是正值,且不大于 0.2%。

表 4-6 试配日粮及能量、蛋白质含量的计算

饲料种类	配比/%	代谢能/(MJ/kg)	粗蛋白质/%
玉米	64.5	13.56×0.645	8.7×0.645
小麦麸	3	6.82×0.03	15.7×0.03
大豆粕	17	10.58×0.17	47.8×0.17
鱼粉	5	12.13×0.05	53.5×0.05
空白	10.5		
合计	100	11.36	16.88
饲养标准	100	11.29	16.50
与标准比较	0	+0.07	+0.38
偏差/%		+0.62	+2.30

第四步,调整。

(1)根据偏差(差值与标准值的比值)来判断是否需要调整以及怎么来调整。若能量和粗蛋白的偏差均小于+0.2%则符合要求,否则需要调整。

(2)调整时可从几方面考虑:①能量和粗蛋白偏差的正负号。若代谢能和粗蛋白质正负号为同向(同为正或同为负),则可选择两种原料互相调整,选择的两种原料(A 和 B)代谢能和粗蛋白均为同向,即 A 原料能量和粗蛋白均高于或均低于 B 原料。②偏差的绝对值大小。若能量偏差的绝对值远大于粗蛋白偏差的绝对值,则选择互相调整的两种原料能量差异大,粗蛋白质差异相对小。本例中能量和蛋白质偏差均为正值,说明按试配的比例能量和蛋白质水平均超出,再结合偏差的绝对值,因而可选择小麦麸和鱼粉互调或者小麦麸和豆粕互调。③调整比例计算。本例中蛋白质偏差高于能量偏差,因而可选择以蛋白质指标来计算调整的比例。若选择小麦麸和鱼粉互调,计算两者的粗蛋白差为 53.5%－15.7%＝37.8%,则需要调整的比例为 0.38%×100/37.8%＝1.01%,即鱼粉减少 1.01%,而小麦麸增加 1.01%。第一次调整后配比及营养水平情况见表 4-7。其能量和粗蛋白偏差均符合要求。

表 4-7　第一次调整后配比及能量、蛋白质含量的计算

饲料种类	配比/%	代谢能/(MJ/kg)	粗蛋白质/%
玉米	64.5	13.56×0.645	8.7×0.645
小麦麸	4.01	6.82×0.040 1	15.7×0.040 1
大豆粕	17	10.58×0.17	47.8×0.17
鱼粉	3.99	12.13×0.039 9	53.5×0.039 9
空白	10.5		
合计	100	11.30	16.50
饲养标准	100	11.29	16.50
与标准比较	0	+0.01	0
偏差/%		+0.09	0

第五步,确定其他原料用量。

(1)调整钙、磷的需要量。计算调整后配方中钙、磷的含量见表 4-8。与饲养标准相比,钙、磷含量均低于标准,先用骨粉平衡磷,骨粉用量为 0.07%×100/16.4%＝0.43%,骨粉提供的钙为 0.43%×36.4%＝0.16%,则钙还缺 3.19%－0.16%＝3.03%,则石粉用量为 3.03%×100/36.0%＝8.42%。

表 4-8　调整后配比及钙、磷、蛋氨酸、赖氨酸的含量

饲料种类	配比/%	钙/%	有效磷/%	蛋氨酸/%	赖氨酸/%
玉米	64.5	0.02×0.645	0.12×0.645	0.18×0.645	0.24×0.645
小麦麸	4.01	0.11×0.040 1	0.24×0.040 1	0.13×0.040 1	0.58×0.040 1
大豆粕	17	0.34×0.17	0.19×0.17	0.68×0.17	2.99×0.17
鱼粉	3.99	5.88×0.039 9	3.20×0.039 9	1.64×0.039 9	4.72×0.039 9
空白	10.5				
合计	100	0.31	0.25	0.30	0.87
饲养标准	100	3.50	0.32	0.34	0.75
与标准比较	0	－3.19	－0.07	－0.04	+0.12

(2)调整氨基酸的需要量。根据计算，赖氨酸符合标准需要，蛋氨酸较标准低 0.04%，须补加 *DL*-蛋氨酸为 0.04%×100/98.5%=0.04%。

(3)补齐其他成分。由于配方中含有较高鱼粉，因而食盐添加量为 0.3%，复合预混料加 1%。

(4)计算配方总比例为 89.5%+0.43%+8.42%+0.04%+0.3%+1%=99.69%。

(5)当配方实际总配比与 100%相差在 0.5%范围时，将多于或少于 100%的比例在用量最多的玉米中减去或加上。因而，本例中玉米最终用量为 64.5%+0.31%=64.81%。

第六步，列出配方及其营养水平。最终配方及营养水平见表 4-9。

表 4-9　产蛋率大于 85%的蛋鸡配方及营养水平

饲料种类	配比/%	营养指标	配方实际含量	标准值
玉米	64.81	代谢能/(MJ/kg)	11.34	11.29
小麦麸	4.01	粗蛋白/%	16.53	16.50
大豆粕	17.00	钙/%	3.50	3.50
鱼粉	3.99	有效磷/%	0.32	0.32
骨粉	0.43	蛋氨酸/%	0.34	0.34
石粉	8.42	赖氨酸/%	0.88	0.75
DL-蛋氨酸	0.04			
食盐	0.30			
复合预混料	1.00			
合计	100.00			

2. 利用 Excel“规划求解”功能求得最佳饲料配方

目前，一些饲料厂已使用计算机和专用饲料配方软件设计饲料配方，但专用饲料配方软件价格较高，在小型饲料厂和一般养殖场难以普及。现在只要在电脑上安装 Excel 2003 及以上版本，就可利用其“规划求解”功能求得最佳饲料配方，而且简单快捷、准确方便。

第一，线性规划求解饲料配方的基本条件包括以下几个方面。

(1)用 N 种原料设计饲料配方。

(2)N 种原料中有 M 种营养成分含量，分别为 $a_{11}-a_{nm}$。

(3)饲养标准中要求 M 种营养成分的含量分别为 $b_1, b_2, \cdots, b_m$。

(4)对 N 种原料用量总和及相对比例的约束有 R 个，相应的约束值为 $b_{m+1}, b_{m+2}, \cdots, b_{m+r}$。

(5)各种原料价格为 $c_1, c_2, \cdots, c_n$。

第二，建立数学模型。

(1)设所需原料的比例为 $x_1, x_2, \cdots, x_n$。

(2)约束条件为以下一组不等式。

$$\begin{cases} a_{11}x_1 + a_{12}x + \cdots + a_{1n}x_n \leqslant (\text{或} \geqslant) b_1 \\ a_{21}x_1 + a_{22}x + \cdots + a_{2n}x_n \leqslant (\text{或} \geqslant) b_2 \\ \quad \vdots \qquad \vdots \qquad\qquad\qquad \vdots \\ a_{m1}x_1 + a_{m2}x_2 + \cdots + a_{mn}x_n \leqslant (\text{或} \geqslant) b_m \\ x_1 + x_2 + \cdots + x_n \leqslant (\text{或} \geqslant) b_{m+1} \\ x_j (j = 1, 2, \cdots, n) \end{cases}$$

(3)目标函数。

$$Y_{\min} = c_1x_1 + c_2x_2 + \cdots + c_nx_n$$

其中：Y 为饲料配方的成本(要求为最低)，$c_1, c_2, \cdots, c_n$ 为对应 n 种饲料原料的价格，$x_1, x_2, \cdots, x_n$ 为 n 种饲料原料的用量。

第三，确定配方的营养指标，查动物营养需要量表或根据实际情况自己设定。

第四，构建饲料原料数据表，查中国饲料营养成分及价值表或输入实测值。

第五，设定限制条件，根据原料的营养特性和原料加工设定原料用量的限制条件；根据动物的营养需要设置营养指标限制条件(需要注意的是，限制条件不宜过多，若限制条件太多，可能导致无解)。

第六，规划求解。

最后，列出饲料配方。

实例演示：选用玉米、麦麸、米糠、豆粕、菜粕、棉籽粕、鱼粉、氨基酸等原料，在现有原料成本条件下，应用 Excel 规划求解功能，为 30～60 kg 生长育肥猪配制满足营养需要的最低成本配方。按以下操作步骤进行：

(1)构建配方计算表。

①输入原料名称。在 A4∶A17 单元格分别输入所选的 14 种饲料原料的名称，见图 4-1 中的 A2∶B17 区域。

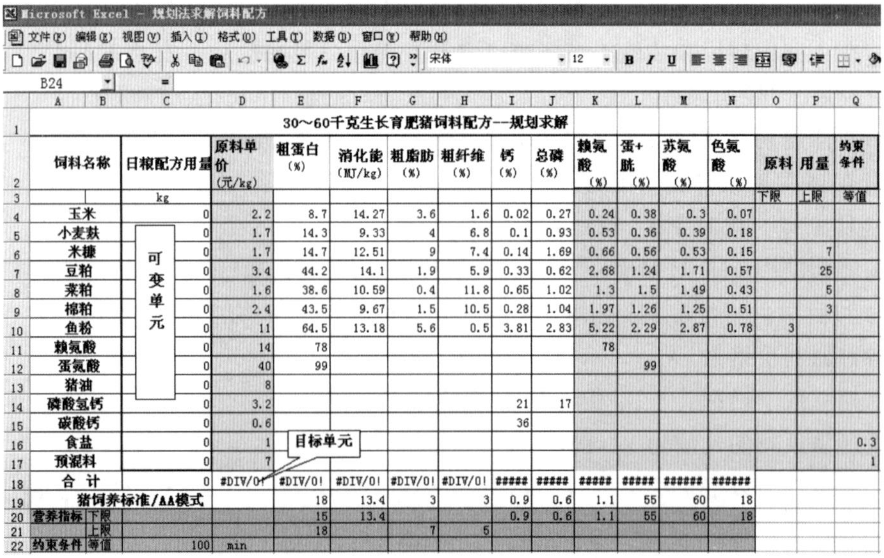

	A	B	C	D	E	F	G	H	I	J	K	L	M	N	O	P	Q
1	30～60千克生长育肥猪饲料配方--规划求解																
2	饲料名称		日粮配方用量	原料单价(元/kg)	粗蛋白(%)	消化能(MJ/kg)	粗脂肪(%)	粗纤维(%)	钙(%)	总磷(%)	赖氨酸(%)	蛋+胱(%)	苏氨酸(%)	色氨酸(%)	原料	用量	约束条件
3			kg												下限	上限	等值
4	玉米		0	2.2	8.7	14.27	3.6	1.6	0.02	0.27	0.24	0.38	0.3	0.07			
5	小麦麸		0	1.7	14.3	9.33	4	6.8	0.1	0.93	0.53	0.36	0.39	0.18			
6	米糠		0	1.7	14.7	12.51	9	7.4	0.14	1.69	0.66	0.56	0.53	0.15		7	
7	豆粕		0	3.4	44.2	14.1	1.9	5.9	0.33	0.62	2.68	1.24	1.71	0.57		25	
8	菜粕		0	1.6	38.6	10.59	0.4	11.8	0.65	1.02	1.3	1.5	1.49	0.43		5	
9	棉粕		0	2.4	43.5	9.67	1.5	10.5	0.28	1.04	1.97	1.26	1.25	0.51		3	
10	鱼粉		0	11	64.5	13.18	5.6	0.5	3.81	2.83	5.22	2.29	2.87	0.78	3		
11	赖氨酸		0	14	78						78						
12	蛋氨酸		0	40	99							99					
13	猪油		0	8													
14	磷酸氢钙		0	3.2					21	17							
15	碳酸钙		0	0.6					36								
16	食盐		0	1													0.3
17	预混料		0	7													1
18	合　计		0	#DIV/0!	#DIV/0!	#DIV/0!	#DIV/0!	#DIV/0!	#####	#####	#####	#####	######	######			
19	猪饲养标准/AA模式				18	13.4	3	3	0.9	0.6	1.1	55	60	18			
20	营养指标	下限			15	13.4			0.9	0.6	1.1	55	60	18			
21		上限			18		7	5									
22	约束条件	等值	100	min													

图 4-1　Excel 配方计算表

②输入原料价格。在 D4:D17 单元格中分别输入每一种原料的单价，见图 4-1 中 D2:D17 区域。

③输入饲料原料营养成分含量。在 E4:N4 单元格中输入玉米的粗蛋白等营养成分含量……，依次输入其余原料的营养成分含量，见图 4-1 中 E2:N17 区域。

④计算配方总和、成本和营养成分含量。在 C18 单元格输入“=SUM(C4:C17)”计算配方总量；在 D18 单元格中输入“=SUMPRODUCT($C4:$C17,D4:D17)/$C18”，计算配方成本；将 D18 单元格中的公式复制到 E18:K18 区域，计算配方粗蛋白等各营养成分的含量。需要说明的是，L18:N18 单元格的值分别为蛋氨酸+胱氨酸、苏氨酸和色氨酸占赖氨酸的比例(即理想氨基酸模式)，L18 单元格的计算公式是=SUMPRODUCT($C4:$C17,L4:L17)/$C18/$K18*100，同样地，将 L18 单元格计算公式复制到 M18 和 N18 单元格即可。见图 4-1 中 C18:N18 区域。

⑤输入配方营养指标。在 E19:N19 单元格输入配方应达到的营养指标。

⑥输入约束值。在 C22 输入配方总量的值(100 或 1 000)；在 D22 输入配方成本约束值(min，本约束条件不参与计算，可以不设)；在 N22 单元格中输入配方营养指标约束值；在 O4:Q17 单元格中输入原料用量的约束值，如图 4-1 所示。

(2)设置规划求解参数。

点击【数据→分析→规划求解】选项，弹出【规划求解参数】对话框，见图 4-2。

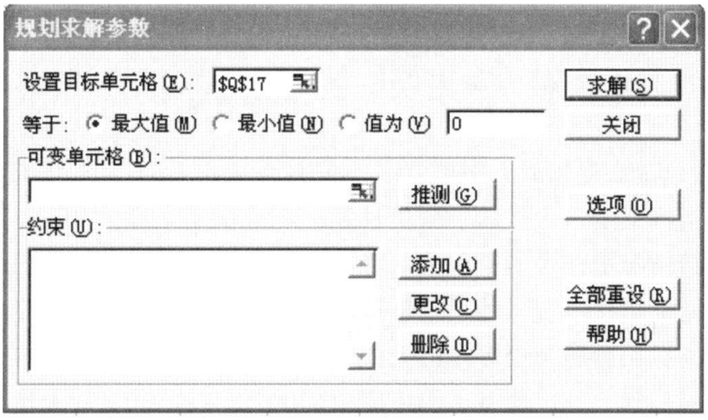

图 4-2　规划求解参数对话框

①“设置目标单元格”选取 D18(配方成本)，在该栏下方选取“最小值”。

②“可变单元格”选取 C4:C17(日粮配方用量)。

③设置约束条件。在“约束”栏点击“添加”，弹出【添加约束】对话框，见图 4-3。依次输入配方总量、原料用量、营养指标的约束条件所对应的单元格或数值。

④设置完所有参数后单击【确定】，结果见图 4-4。

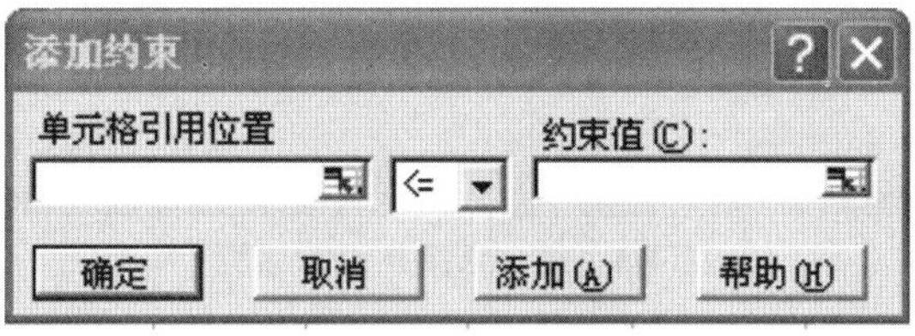

图 4-3　添加约束对话框

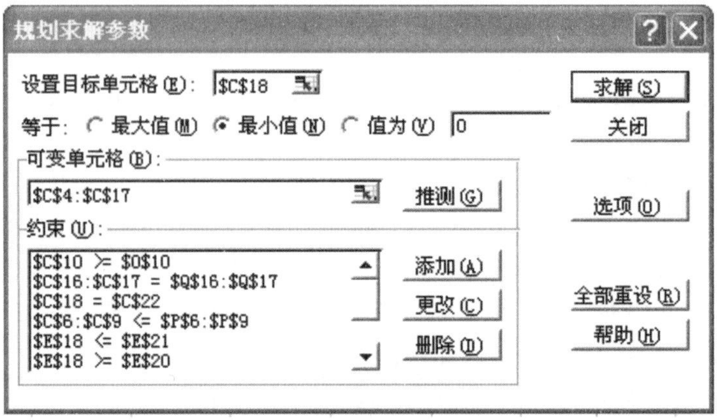

图 4-4 设置参数后结果

对于约束条件可分为以下五种:①不设约束条件的,如个别原料的用量不设上下限;②既设上限的又设下限的(≤,≥),如某种原料给出一个范围的用量;③只设上限的(≤),如杂粕,限制其最大用量;④只设下限的(≥),如价格较高的原料,保证其最低用量;⑤设等值的(=)如食盐、预混料的用量,设等值约束。所有限制都应为非负值。

依次设定以下约束条件:

设定日粮配方总量值(=100):$C$18=$C$22。

设定鱼粉用量下限值(≥3):$C$10>=$O$10)。

设定食盐和预混料的用量(食盐=0.3,预混料=1):$C$16:$C$17=$Q$16:$Q$17。

设定米糠、豆粕、菜粕、棉粕的上限值:$C$6:$C$9<=$P$6:$P$9。

设定日粮营养指标粗蛋白含量的下限值(CP≥15):$E$18>=$E$20。

设定日粮营养指标粗蛋白含量上限值(CP≤18):$E$18<=$E$21。

设定日粮营养指标消化能含量的下限值(DE≥13.4):$F$18>=$F$20。

设定日粮营养指标粗脂肪和粗纤维的上限值:$G$18:$H$18<=$G$21:$H$21。

设定日粮营养指标钙、总磷、氨基酸的下限值(其中蛋+胱、苏氨酸和色氨酸为理想氨基酸模式,即它们各自占赖氨酸的比例):$I$18:$N$18>=$I$20:$N$20。

(3)规划求解结果。设定完所有的约束条件后,单击【求解】,进入【规划求解结果】对话框,见图 4-5。

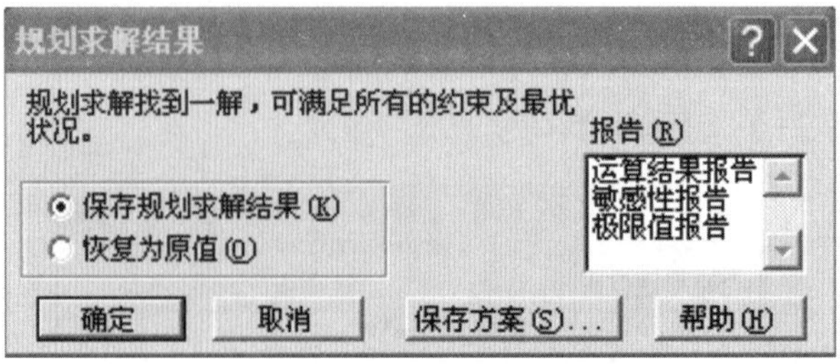

图 4-5 规划求解结果对话框

有最优解时，则提示“规划求解找到一解，可满足所有的约束及最优状况”。在该对话框中可以做以下的选择。

①保存规划求解结果。

②恢复为原值。此时单击报告栏中的 3 项报告（运算结果报告、敏感性报告、极限值报告），并点击【确定】即可得到配方结果，并可根据 3 份报告进行进一步分析。按以上的约束条件得到的计算结果见图 4-6。

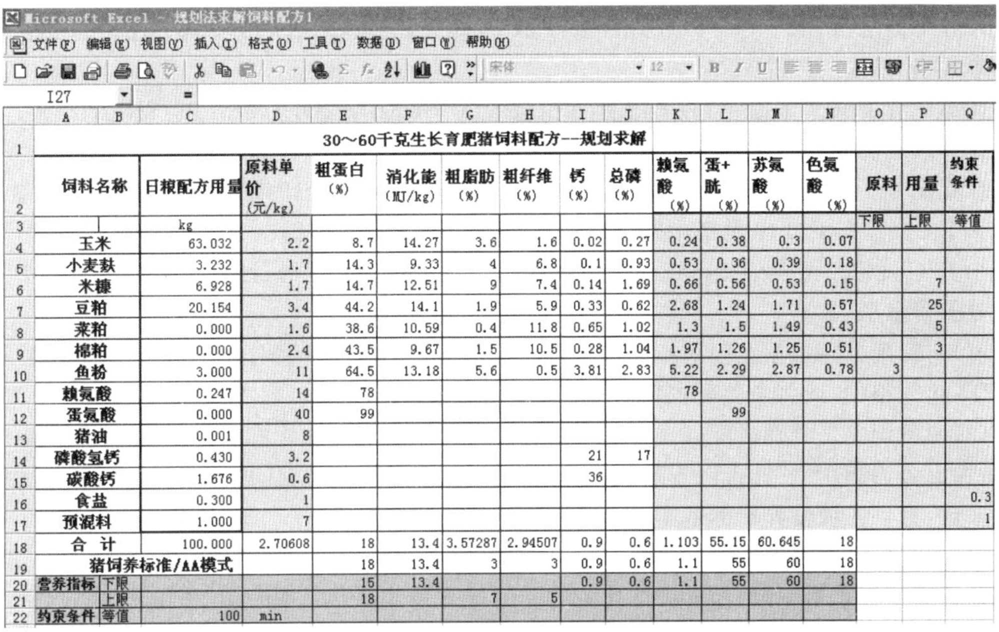

Microsoft Excel - 规划法求解饲料配方1

	A	B	C	D	E	F	G	H	I	J	K	L	M	N	O	P	Q
1	30～60千克生长育肥猪饲料配方--规划求解																
2	饲料名称		日粮配方用量	原料单价（元/kg）	粗蛋白（%）	消化能（MJ/kg）	粗脂肪（%）	粗纤维（%）	钙（%）	总磷（%）	赖氨酸（%）	蛋+胱（%）	苏氨酸（%）	色氨酸（%）	原料	用量	约束条件
3			kg												下限	上限	等值
4	玉米		63.032	2.2	8.7	14.27	3.6	1.6	0.02	0.27	0.24	0.38	0.3	0.07			
5	小麦麸		3.232	1.7	14.3	9.33	4	6.8	0.1	0.93	0.53	0.36	0.39	0.18			
6	米糠		6.928	1.7	14.7	12.51	9	7.4	0.14	1.69	0.66	0.56	0.53	0.15		7	
7	豆粕		20.154	3.4	44.2	14.1	1.9	5.9	0.33	0.62	2.68	1.24	1.71	0.57		25	
8	菜粕		0.000	1.6	38.6	10.59	0.4	11.8	0.65	1.02	1.3	1.5	1.49	0.43		5	
9	棉粕		0.000	2.4	43.5	9.67	1.5	10.5	0.28	1.04	1.97	1.26	1.25	0.51		3	
10	鱼粉		3.000	11	64.5	13.18	5.6	0.5	3.81	2.83	5.22	2.29	2.87	0.78	3		
11	赖氨酸		0.247	14	78						78						
12	蛋氨酸		0.000	40	99							99					
13	猪油		0.001	8													
14	磷酸氢钙		0.430	3.2					21	17							
15	碳酸钙		1.676	0.6					36								
16	食盐		0.300	1													0.3
17	预混料		1.000	7													1
18	合　计		100.000	2.70608	18	13.4	3.57287	2.94507	0.9	0.6	1.103	55.15	60.645	18			
19	猪饲养标准/AA模式				18	13.4	3	3	0.9	0.6	1.1	55	60	18			
20	营养指标	下限			15	13.4			0.9	0.6	1.1	55	60	18			
21		上限			18		7	5									
22	约束条件	等值	100	min													

图 4-6　饲料配方求解结果

在图 4-6 的“可变单元格”一列（C4∶C17）输出的便是满足现有条件的最优解。当改变原料单价或约束条件，重新运算，直到满意为止。

实践证明，利用 Excel 的规划求解功能求解最低成本饲料配方是完全可行的。该方法与饲料配方软件相比其优点是：运算思路清晰明了，便于理解；参与计算的数据在同一页面，数据易于修改；模型建立好以后下次再计算同类配方时，在此基础上修改即可或拷贝后修改，使用方便；可直接进行人工调整。缺点是：必须有一定专业知识才能合理地设计各种约束条件；所有约束条件必须一一输入，效率相对较低；约束条件设置不合理时，常无解。

3. 利用 Excel 试差法求解饲料配方

利用 Excel 中的“规划求解”工具可以计算出营养相对全面、价格最低的饲料配方。缺点是操作专业性强、配方缺乏灵活性。试差法是手工计算饲料配方的经典方法、容易掌握，一般饲料生产者都可以用来设计配方。在 Excel 中使用试差法，可以使数据计算大大简化，减少工作量。根据饲料配方求解原理设计好计算表格公式，当改变某一原料时，各养分含量计算公式会自动更新。将更新后的结果和饲养标准进行对比，若有某养分的值超过或低于标准时，即可通过减少或增加相应原料的用量进行调整。这样通过多次调试不同原料的用量和比照标准值就可以得到需要配方。

实例演示：选用玉米、小麦、米糠粕、统糠、豆粕、棉粕、菜粕、氨基酸等原料，利用 Excel 的 SUMPRODUCT 函数，为 3～5 周龄肉鸭配制两个饲料配方。

(1)构建配方计算表。

输入原料名称：在 A3∶A15 单元格分别输入饲料原料的名称。

输入原料价格：在 B3∶B15 单元格分别输入每一种原料的单价。

输入饲料原料营养成分含量：在 E3∶P15 单元格中输入每种原料营养成分含量。

输入营养标准：在 E19∶P19 单元格输入配方各营养指标应达到的营养标准。

计算配方总量、成本和营养成分含量：在 C16 单元格输入"＝SUM(C3∶C15)"并复制此公式到单元格 D16。

计算配方 1、配方 2 总量：在 C17 单元格输入"＝SUMPRODUCT($B3∶$B15，C3∶C15)"，并将此公式复制到 D17 单元格。

计算配方 1、配方 2 饲料成本：在 E20 单元格输入"＝SUMPRODUCT(E3∶E15，$C3∶$C15)/$C16"，在 E21 单元格中输入"＝SUMPRODUCT(E3∶E15，$D3∶$D15)/$D16"，同时选中 E20 和 E21 两个单元格按住鼠标左键向右拖至 P21 单元格，计算配方 1、配方 2 中各营养成分的含量。

(2)初拟配方。根据经验初步确定各种原料在饲料中所占的百分比，将各原料的用量填入 C3∶C15 单元格中，或将经验配方输入 C3∶D15 单元格。

(3)调试配方。分别将配方 1 和配方 2 各项营养指标与营养标准值进行对比，如代谢能不足，增加混合油脂用量；如蛋白不足，增加豆粕、棉粕等用量；钙不足，增加碳酸钙用量。反复调整原来比，直到各项营养指标基本符合营养标准值为止。

(4)确定配方。经反复调整各原料用量后，配方 1 和配方 2 营养指标均符合营养标准，且配方的营养指标基本一致，但配方 2 比配方 1 的成本每吨低 30 多元，用户可根据实际情况选用。结果见图 4-7。

Microsoft Excel - 视差法求解饲料配方

文件(F) 编辑(E) 视图(V) 插入(I) 格式(O) 工具(T) 数据(D) 窗口(W) 帮助(H)

H26 =

	A	B	C	D	E	F	G	H	I	J	K	L	M	N	O	P
1	3～5周龄肉鸭饲料配方															
2		原料单价(元/kg)	配方1	配方2	代谢能(MJ/kg)	粗蛋白(%)	粗脂肪(%)	粗纤维(%)	粗灰分(%)	钙(%)	真蛋白(%)	赖氨酸(%)	蛋氨酸(%)	蛋+胱(%)	苏氨酸(%)	色氨酸(%)
3	玉米	2.15	450	332.7	13.81	8	3.42	1.58	1.37	0.02	0.27	0.24	0.16	0.34	0.3	0.07
4	小麦	2.1	200	215	13.64	12	1.7	1.9	1.9	0.17	0.41	0.31	0.18	0.39	0.35	0.13
5	米糠粕	1.71	120	230	8.79	16	1.4	7.5	8.8	0.15	1.82	0.72	0.28	0.56	0.57	0.17
6	统糠	0.6	18	6	2.93	3	12	45	14.7	0.05	0.1	0.1	0.05	0.15	0.1	0.02
7	豆粕	3.3	100	52	9.62	43	1.9	5.1	6	0.32	0.61	2.38	0.6	1.3	1.88	0.68
8	棉粕	2.5	75	50	8.45	45	0.58	9.5	6.3	0.21	0.83	1.6	0.55	1.03	0.96	0.33
9	菜粕	1.8		58	7.41	38	1.4	11.8	7.3	0.65	1.02	1.3	0.63	1.5	1.49	0.42
10	混合脂	6.5		20	36.2		98									
11	赖氨酸	8	2.4	2.7	19.25							78				
12	蛋氨酸	30	1.7	1.6	15.06								99	99		
13	碳酸钙	0.2	18	20					99	38						
14	磷酸氢钙	2.5	2.9						99	22	16					
15	预混料	5	12	12												
16	配方总量（kg）		1000	1000												
17	配方成本（元/T）		2262.05	2228.31												
18	营养指标				ME(MJ/kg)	CP(%)	EE(%)	CF(%)	Ash(%)	Ca(%)	TP(%)	Lys(%)	Met(%)	M+C(%)	Thr(%)	Trp(%)
19	营养标准				≧11.72	≧16	≧2.5	≦6	≦9	0.8～1.5	≧0.6	≧0.8	≧0.36	≧0.69	≧0.54	≧0.16
20	配方1				11.71759	15.649	2.4965	4.0235	5.4587	0.85745	0.59335	0.8034	0.41205	0.67645	0.5352	0.17101
21	配方2				11.71906	15.6296	4.06633	4.35377	6.0069	0.90284	0.72956	0.80246	0.41027	0.67645	0.53894	0.16668

图 4-7 试差法计算日粮配方图

4. 计算机配方软件使用方法介绍

随着分析手段的进展和营养科学研究的深入，饲养标准中规定的指标也逐渐增多，由原来的几项增加到几十项。在这种情况下靠手工计算几乎不可能。采用电子计算机来优选动物的最佳饲料配方，可有效降低动物生产成本。用计算机设计配方是针对各种原料在配合饲料中的用量或比例进行决策的过程。通过数学规划技术，不但可以确定现有条件下配方原料的组成比例，还可以进一步通过灵敏度分析对该配方在未来环境中是否需要调整、变更做出相应预测，具有传统手工配方计算方法无法达到的功能。

线性规划及多目标规划是通过大量重复性的数学迭代运算来完成的，即使用相对先进的计算方法来进行问题的优化求解，对多变量问题也难以用手工来完成。因此，规划决策模型的求解通常是借助计算机来进行的。

计算机设计饲料配方可克服手工法设计配方时指标的局限性，简化设计人员的计算过程，全面合理平衡饲料营养、成本和经济效益的关系，最大限度地降低饲料成本，大大提高配方设计的工作效率和配方准确性。应用计算机设计饲料配方，还能够提供更多的参考信息，保证生产、经营、决策的科学性。

应用饲料配方软件进行配方设计时一般的几个步骤。

(1)根据饲养对象(鸡、猪、牛等)和生产阶段，选择合适的饲养标准，并依据实际饲养环境，进行营养需要量的确定。

(2)根据现有饲料资源选择饲料原料，并根据实际分析结果，修改饲料原料营养成分含量和价格，确定饲料原料大致使用量范围，并注意原料的搭配。

(3)进行优化计算，获得理想配方，对配方结果进行必要的分析判断，以预测该配方在生产实践中的效果。

(4)依据实践生产情况，进行实际配方转换，获得实践可行的生产配方。

运用计算机设计配合饲料的配方时应注意的事项。

(1)合理地选择饲料配方软件。饲料配方软件较多，具体操作各异，初学者应选择操作简便、易学的饲料配方软件，运用时要先阅读使用手册，循序渐进，多实践，不断积累经验。

(2)正确处理"无解"情况。运用计算机设计饲料配方常出现无解的情况，造成这种情况的主要原因包括原料营养成分含量间相互矛盾；饲养标准定得过高，而原料选择太差；约束条件过多，且互相冲突等。初学者运用计算机设计配方时，不要过多给出约束条件，同时根据经验合理选择饲料原料种类，不能太少、太单调，并且合理地运用饲养标准。也可以先试算后根据结果调整对原料用量的限制。

(3)认真做好后期调整工作。运用计算机计算出配方后，并非工作已经完成，要认真研究配方，必要时应适当调整，以更好地适应当地生产和市场的情况，更加符合设计目标。

查阅资料完成习题

(一)填空题

1. 全价配合饲料是由矿物质饲料、添加剂预混料、________及________按一定比例混合而成。

2. 蛋白质浓缩饲料是由矿物质饲料、________和________构成的。

3. 浓缩饲料加入________后就成为全价饲料。

4. 配合饲料按照其营养特点可分全价配合饲料、蛋白质浓缩料、________和________。

5. 用玉米粉、小麦麸、少量矿物质饲料和一些青饲料混合后饲喂普通生长猪，这种混合料还应该补充________才能改善饲喂效果。

(二)不定项选择题

1. 精料补充饲料用于饲喂(   )。

A. 猪　B. 牛　C. 兔　D. 鸡

2. 产蛋鸡配方设计中一般要求钙磷比例为(   )。

A. (1～2)∶1　B. (3～4)∶1　C. (4～6)∶1　D. (5～6)∶1

3. 为了提高仔猪消化道消化酶活性，提高饲料利用率及仔猪日增重，通常添加(   )。

A. 酶制剂　B. 抗氧化剂　C. 益生素　D. 酸制剂

4. 配制添加剂预混料时应考虑(   )。

A. 营养需要　B. 原料的纯度

C. 原料中的有效成分含量　D. 在配合饲料中的百分含量

(三)判断题

1. 预混料和浓缩料均是半成品，可以单独饲喂家畜。(   )

2. 浓缩饲料中占比最高的成分是蛋白质饲料原料。(   )

3. 在奶牛的精料中可用尿素代替大部分蛋白质饲料。(   )

4. 猪的全价饲料包括精饲料和青粗饲料。(   )

5. 浓缩饲料是可以直接饲喂畜禽的。(   )

6. 饲料添加剂预混料是由不同的饲料添加剂原料和载体或稀释剂按比例组成的。(   )

7. 反刍动物的饲粮中必须含有一定比例的青粗饲料。(   )

8. 不同动物添加剂预混料的组成成分没有区别，因此可以混喂。(   )

(四)简答题

1. 简述饲料配方设计的原则。

2. 如何区分日粮、饲粮的概念?

3. 简述试差法进行饲料配方设计的步骤。

4. 根据已知配方，从哪些方面进行评定饲料配方?

(五)讨论题

1. 如果你是一位农场主，选用配合饲料时，你会考虑哪些问题? 如何选择配合饲料?

2. 结合实例说明全价配合饲料配方设计的方法与技巧。

3. 运用计算机设计配合饲料配方应注意哪些问题?

二维码 4-2　习题参考答案

任务实施效果评价

按照以下评价表的内容，与你的团队成员和指导教师一起讨论，对学习任务 2 的实施效果进行实事求是的评价。

评价项目	评价标准	满分	评价结果			得分
			优	良	及格	
完成习题情况	准确、完整、全面	20				
任务计划书	条理清晰、方法正确、内容全面	10				
断奶仔猪日粮配方设计	饲养标准营养指标选择正确，饲料原料使用合理，配方计算结果合理、符合要求、价格优化	20				
产蛋鸡日粮配方设计	饲养标准营养指标选择正确，饲料原料使用合理，配方计算结果合理、符合要求、价格优化	20				
参与度、合作情况、态度	制订工作计划、准确操作、分工合作、密切配合、认真严谨、实事求是	20				
任务总结报告	按时完成总结报告、内容齐全、书写规范	10				
总　分	100					
自我评价						
小组评价						
教师评价						

拓展知识

精准营养

一、精准营养概念的发展

2009年,Reddy等将精准动物营养定义为:给动物提供的饲料能够精确地满足其营养需要,以实现最佳的生产效率、生产出高质量的动物产品(奶、肉和蛋)、有助于环境更加清洁,并保证较好的盈利。

2014年,在英国养猪协会创新大会上,Richard Hopper和Phil Stephenson提出通过个性化定制精准饲料满足母猪和育肥猪的精确营养需求,提供个性化定制化精准配料能够降低每头猪的饲料成本、降低劳动密度、减少饲料浪费。

2018年,中国科学院亚热带农业生态研究所印遇龙院士在畜博论坛暨中国畜牧科技创新论坛上将精准营养定义为:精准营养也称精准饲养,是基于群内动物的年龄、体重和生产潜能等方面的不同,以个体不同营养需要的事实为依据在恰当的时间给群体中的每个个体供给成分适当、数量适宜饲粮的饲养技术。

2022年,深圳比利美英伟营养饲料有限公司周琳认为动物精准营养或者说精准饲喂,是指在基于集群信息化系统基础上,为健康动物饲养实现特定生产性能、养殖效益、肉品特性及环境转归而提供最优化的营养需求。

二、实施精准营养的意义

随着现代动物营养学的研究进展,"精准营养技术"已在奶牛、单胃动物猪、禽及水产动物的日粮配制中广泛应用,在提高养殖动物生产水平、节约生产成本、降低养殖排泄物氮磷水平、保障畜产品质量安全等方面发挥着重要的作用。

三、精准营养成功实施的条件

1.精确评估动物的营养需要量

按动物体重、品种、季节、健康状况,精准确定动物的营养需要,最好有营养需要评估的动态模型,而且评估营养需要的指标要全面且精准。如我国现行猪营养需要(GB/T 39235—2020)相比旧版猪饲养标准(NY/T 65—2004),能量需求评价从之前的消化能和代谢能体系转变为净能体系,增加了后备公猪和后备母猪的营养需要。

2.准确评定饲料原料的营养价值

大规模饲料企业可通过近红外分析技术快速并准确测定饲料中养分。仿生消化法快速评定新技术也已经用于猪、鸡、鸭饲料有效能值及营养物质可利用性的评定。随着饲料营养价值评定技术的提高饲料原料数据库不断更新,饲料原料种类不断增加,尤其是一些地方性的饲料原料,并能给出饲料原料氨基酸和有效能值的预测模型。

3.饲料原料精准加工技术

原料的生物预处理,将原料的抗性降到最低,同时在生物处理过程中可以得到很多微生物的次级代谢产物,提高营养成分利用率。

4.精准配方技术

(1)采用净能体系。

(2)采用低蛋白、可消化氨基酸或回肠末端可消化氨基酸和理想蛋白氨基酸平衡模式,同时添加单体氨基酸。将之前常用的3种氨基酸(赖氨酸、蛋氨酸、苏氨酸)添加到6种(增加了色氨酸、缬氨酸和异亮氨酸等3种氨基酸)。在使用杂粕及非常规饲料原料时实时检测基础日粮中氨基酸的实际含量,并根据相关回归公式估计有效氨基酸含量,在此基础上优化确定氨基酸添加量。

(3)降低总磷,用可消化磷做指标,同时添加高效植酸酶。

(4)关注脂肪营养中脂肪的组成,更多关注脂肪酸的平衡,即不饱和脂肪酸和饱和脂肪酸的比值,甚至关注ω-3多不饱和脂肪酸与ω-6多不饱和脂肪酸的比值。

(5)合理使用营养调控制剂:如酶制剂、益生素、抗氧化剂、霉菌抑制剂等。

(6)替抗产品的选择,如生物活性肽、植物提取物、酸化剂、微生态制剂、葡萄糖氧化酶等。

5.精准养殖技术

(1)精准饲养技术,如母猪分胎次饲养技术、生长猪分性别饲养技术以及蛋鸭笼养技术。

(2)精准养殖设施,如奶牛数字化精准饲养装置、Velos自动化母猪饲养管理系统以及鸡饲养精准自动称重系统。

(3)养殖场数字化管理、对标管理。

参考文献:

[1] 冯光德.精准营养与鸭营养数据库的研发与构建[A].2010中国鸭业发展峰会会刊——把脉谋变破局[C].

[2] 张吉鹍.运用猪营养工程技术,高效实施精准营养.中国养猪,2018,(7):24-28.

[3]方热军,胡胜军,方成堃,等.浅谈精准营养下畜禽饲料配方设计的几个问题.饲料工业,2019,40(9):1-5.

[4]周琳.精准营养在养猪生产中的应用与探讨.猪业科学,2022,39(7):38-40.

学习任务3

反刍动物日粮配方设计

【任务描述】

反刍动物在饲料配方设计上最大的特点是：青粗饲料是反刍动物饲粮的主要成分，饲喂青粗饲料后，不足的养分则由精料补充。在生产中，反刍动物特别是牛的配合饲料，通常大致分为代乳料、精料补充料两种类型，代乳料的设计方法与猪类似，这里重点学习精料补充料的设计。实施下列任务，完成任务实施评价表。

【任务实施】(任务单)

根据查阅牛的饲养标准，利用 Excel 的试差法，设计成年牛平衡日粮。

反刍动物日粮配方设计相关知识

一、成年牛饲料设计特点

1. 奶牛　在设计时，应根据产奶量和奶品质的要求，确定合理的精粗饲料的比例。在产奶高峰期，适当增加饲粮营养物质浓度，在高峰期以后，可适当降低。在产奶期尽量少用影响奶品质的饲料原料，如菜籽饼、鱼粉等，不用或尽可能少用非蛋白氮饲料。若缺乏优质粗饲料时，或精饲料饲喂量过高时，应添加小苏打、氧化镁等缓冲剂，以提高乳脂率。

2. 肉牛　一般肉牛饲料中粗饲料占日粮的 45%～55%，精料补充料中粗纤维以不低于10%为宜；在原料选择方面应着重考虑体积大，能维护瘤胃功能的饲料，如大麦、糠麸类、糟渣类等饲料。可适当添加瘤胃缓冲剂、瘤胃素、尿素等添加剂。

二、案例展示

某奶牛场成年奶牛平均体重为 600 kg，日产奶量 20 kg，乳脂率 4%。该场有东北羊草、玉米青贮、玉米、大豆粕、麸皮、磷酸氢钙、石粉和食盐等饲料。试为此奶牛场成年奶牛设计配制平衡日粮。

计算方法步骤如下。

1. 查奶牛饲养标准，计算奶牛总营养需要量(表 4-10)。

表 4-10　体重 600 kg，日产乳脂 4%的乳 20 kg 的奶牛饲养标准

营养需要	干物质采食量/kg	可消化粗蛋白/g	产奶净能/MJ	钙/g	磷/g	胡萝卜素/mg
维持体重 600 kg	7.52	364	43.10	36	27	64
日产奶 20 kg	8～9	1 100	62.8	90	60	—
合计	15.52～16.52	1 464	105.90	126	87	64

2.查阅饲料成分及营养价值表或根据实测值，得知东北羊草、玉米青贮、玉米、豆饼、麸皮、磷酸氢钙、石粉和食盐各种饲料所含的养分(表 4-11)。

表 4-11　饲料营养成分含量

饲料名称	可消化粗蛋白/%	产奶净能/(MJ/kg)	钙/%	磷/%	胡萝卜素/(mg/kg)
东北羊草	3.7	4.31	0.37	0.18	4.8
玉米青贮	0.3	1.68	0.10	0.02	11.7
玉米	5.9	7.70	0.08	0.21	2.36
豆饼	35.5	7.32	0.31	0.49	0.17
麸皮	11.7	6.11	0.14	0.54	—
磷酸氢钙	—	—	23.2	18	—
石粉	—	—	36	—	—

资料来源：中国饲料成分及营养价值表(第 15 版)，2004。

3.先满足奶牛青粗饲料的需要。根据产奶牛的生理特点及饲养习惯，通常其日粮的组成原则是用青粗饲料满足其维持部分，产奶所需靠混合精料来满足。按这一原则先满足乳牛对青粗饲料需要。

按乳牛青粗饲料干物质占体重 1%～2%计算，可给 6～12 kg 干草或相当于这一数量的其他粗饲料，现取中等用量给 9 kg，用东北羊草 3 kg，玉米青贮饲料 18 kg(3 kg 青贮折合 1 kg 干草)。计算东北羊草、玉米青贮饲料所提供的营养成分(表 4-12)。

表 4-12　计算青粗饲料营养成分

饲料	可消化粗蛋白/g	产奶净能/MJ	钙/g	磷/g	胡萝卜/(mg/kg)
东北羊草 3 kg	3.7%×3×1 000 =111	4.31×3 =12.93	0.37%×3×1 000 =11.1	0.18%×3×1 000 =5.4	4.8×3 =14.4
玉米青贮 18 kg	0.3%×18×1 000 =54	1.68×18 =30.24	0.10%×18×1 000 =18	0.02%×18×1 000 =3.6	11.7×18 =210.6
合计	165	43.17	29.1	9.0	225
饲养标准	1 464	105.90	126	87	64
与标准比较	−1 299	−62.73	−96.9	−78	+161

将表 4-12 中青粗饲料可供给的营养成分与总的营养需要量比较后，不足的养分再由混合精饲料来满足。

4. 试配混合精饲料。先用含 70％玉米和 30％的麸皮组成的能量混合精饲料（每千克含产奶净能为 7.223 MJ），且 62.73÷7.223＝8.68 (kg)。其中玉米为 8.67×0.70＝6.08 (kg)，麸皮为 8.67×0.30＝2.60 (kg)。经补充能量混合精饲料后，与营养需要相比，其日粮中产奶净能已满足需要（表 4-13），但可消化粗蛋白质还差 636.08 g(1299－662.92)。

表 4-13 试配混合精饲料提供营养成分

精料	可消化粗蛋白/g	产奶净能/MJ	钙/g	磷/g
玉米 6.08 kg	358.72	46.82	4.86	12.77
麸皮 2.60 kg	304.2	15.89	3.64	14.04
合计	662.92	62.71	8.5	26.81
需精料补充的养分	1 299	62.73	96.9	78

5. 调整。用含蛋白质高的豆饼代替部分玉米，即每千克豆饼与玉米可消化粗蛋白质之差为 355－59＝296 (g)，则豆饼替代量为 636.08÷296＝2.15 (kg)。故用 2.15 kg 豆饼替代等量玉米，其混合精饲料提供养分见表 4-14。

表 4-14 第一次调整后混合精饲料提供营养成分

精料	可消化粗蛋白/g	产奶净能/MJ	钙/g	磷/g
玉米 3.93 kg	231.87	30.26	3.14	8.25
麸皮 2.60 kg	304.2	15.89	3.64	14.04
豆饼 2.15 kg	763.25	15.74	6.67	10.54
合计	1 299.32	61.89	13.45	32.83

从表 4-14 可知，能值偏低，故进行第二次调整，调整玉米为 4.25 kg，第二次调整后混合精饲料提供营养成分见表 4-15。

表 4-15 第二次调整后混合精饲料提供营养成分值

精料	可消化粗蛋白/g	产奶净能/MJ	钙/g	磷/g
玉米 4.25 kg	250.75	32.73	3.40	8.93
麸皮 2.60 kg	304.2	15.89	3.64	14.04
豆饼 2.15 kg	763.25	15.74	6.67	10.54
合计	1 318.2	64.36	13.71	33.51
青粗饲料	165	43.17	29.1	9.0
合计	1 483.2	107.53	42.81	42.51
饲养标准	1 464	105.90	126	87
与标准比较	＋19.2	＋1.63	－83.19	－44.49

经计算，产奶净能和可消化粗蛋白都高于饲养标准，并且在 10%范围内，日粮中尚缺钙 83.19 g，缺磷 44.49 g，可用磷酸氢钙 44.49÷18%＝247 (g)补充磷的不足，同时提供钙为 247×23.2%＝57.30 (g)。尚缺钙 83.19－57.30＝25.89 (g)，可用石粉 25.89÷36%＝71.92 (g) 补充。另外，食盐的喂量按每 100 千克体重给 3 g，每产 1 kg 乳脂率 4%标准乳给 1.2 g 计算，故需补充食盐 42 g(3×6＋1.2×20)。

至此该奶牛群的日粮组成见表 4-16。

表 4-16　奶牛群的日粮组成

日粮组成	可消化粗蛋白/g	产奶净能/MJ	钙/g	磷/g	胡萝卜素/mg
东北羊草 3 kg	111	12.93	11.1	5.4	14.4
玉米青贮 18 kg	54	30.24	18	3.6	210.6
玉米 4.25 kg	250.75	32.73	3.40	8.93	10.03
麸皮 2.60 kg	304.2	15.89	3.64	14.04	—
豆饼 2.15 kg	763.25	15.74	6.67	10.54	0.44
磷酸氢钙 247 g	—	—	57.30	44.49	—
石粉 71.92 g	—	—	25.89	—	—
食盐 42 g	—	—	—	101.2	—
合计	1 483.2	107.53	126	87	235.74

其上述日粮组成已基本满足奶牛需要。但在实际生产中，为考虑损耗部分，各种养分含量应高于需要量的 10%左右。此配方中干物质采食量约为 18 kg(青贮按干草进行折算，其余精饲料的干物质按 100%)，在实际生产中考虑饲料原料干物质含量，奶牛实际干物质采食量应高于标准规定 10%，此配方中干物质采食量约为 18 kg，在考虑范围之内。

查阅资料完成习题

(一)讨论题

归纳总结反刍动物饲料配方设计技术要点。

(二)配方设计题

为体重 600 kg 成年奶牛(日产 4%标准乳 32 kg)设计精料补充料配方。

二维码 4-3　习题参考答案

任务实施效果评价

按照以下评价表的内容，与你的团队成员和指导教师一起讨论，对学习任务 3 的实施效果进行实事求是的评价。

评价项目	评 价 标 准	满分	评价结果			得分
			优	良	及格	
技术要点	归纳全面、条理清晰	30				
奶牛日粮配方设计	饲养标准营养指标选择正确，饲料原料使用合理，配方计算结果合理、符合要求、价格优化	30				
参与度、合作情况、态度	制订工作计划、准确操作、分工合作、密切配合、认真严谨、实事求是	30				
任务总结报告	按时完成总结报告、内容齐全、书写规范	10				
总　分	100					
自我评价						
小组评价						
教师评价						

二维码 4-4　猪营养需要量（GB/T 39235—2020）

二维码 4-5　中国饲料营养成分及营养价值表（2020 年第 31 版，节选）

Learning situations 5

Learning situations 5

学习情境五

配合饲料加工与质量管理

Learning situations 5

Learning situations 5

知识目标

1. 了解配合饲料的种类及其特点。
2. 了解配合饲料的加工工艺流程。
3. 了解配合饲料主要加工设备结构和工作原理。
4. 了解饲料企业质量管理项目和内容。
5. 了解饲养试验方案设计的基本原则和要求。
6. 熟悉猪、禽、牛、羊饲料产品质量标准。
7. 熟悉国家对饲料标签的规定。
8. 掌握饲养实验设计方法。
9. 掌握浓缩料、预混料的使用原理和方法。
10. 掌握畜禽饲养效果市场调查的方法和程序。

技能目标

1. 能根据配合饲料的种类确定适宜的加工产品类型。
2. 能看懂配合饲料生产工艺流程图，识别配合饲料生产设备和加工工序。
3. 能根据实际情况选择配合饲料适宜的加工工艺生产配合饲料。
4. 能正确选用浓缩饲料和添加剂预混料产品生产全价配合饲料。
5. 能识别饲料标签。
6. 能进行配合饲料感官鉴定。
7. 能进行配合饲料混合均匀度测定。
8. 能对早期断奶仔猪等畜禽进行全价配合饲料饲养试验设计，制订任务计划书。
9. 能对畜禽饲养效果进行市场调查任务计划、实施计划设计。
10. 能进行饲养试验结果分析。

思政目标

1. 培养学生饲料生产加工中的安全意识和节能意识。
2. 培养学生遵纪守法的意识。
3. 引导学生理解量变与质变的辩证关系，把握适度原则。
4. 培养学生热爱生命，敬畏自然的意识。
5. 培养学生科学严谨、实事求是的工作态度。

学习任务

1. 配合饲料加工。
2. 配合饲料质量管理。
3. 日粮饲喂效果检查。

学习任务1 配合饲料加工

【任务描述】

针对万吨配合饲料加工厂，了解生产产品种类，采用的生产工艺，各工序设备名称、性能，评价生产不同饲料的工艺与设备特点，提出合理使用配合饲料、浓缩饲料和添加剂预混料的技术，实施以下工作任务，完成任务实施评价表。

【任务实施】(任务单)

1. 参观饲料厂，绘制工艺流程示意图，并标示各生产工序的生产设备名称、型号、技术参数。

2. 参观饲料厂中控车间，模拟操作一种中控设备，叙述该企业中控设备操作程序，包括开启、关闭配合饲料车间的生产设备一般程序。

3. 收集饲料厂浓缩饲料质量标准，分析产品构成特点，结合当地能量饲料来源特点和养殖场(户)状况，制定浓缩饲料的应用方案。

4. 参观饲料厂复合预混料生产流程，总结复合预混料加工特点。收集饲料厂复合预混料的质量标准，分析产品构成特点，结合当地能量饲料与蛋白质饲料来源特点和养殖场(户)状况，制定复合预混料的应用方案。

配合饲料加工相关知识

配合饲料的生产已工业化、专业化和商品化。其加工工艺流程是决定饲料厂产品质量和生产效率的重要因素之一。只有先进合理的工艺流程才能生产出优质的产品带来高效率。选配先进的机器设备，是提高产量、保证质量、节约能耗的基础。

一、配合饲料加工的基本工艺流程

配合饲料加工的基本工艺，根据粉碎和配料的组合形式分为三种：先粉碎后配料的加工工艺、先配料后粉碎的加工工艺、先粉碎后配料再粉碎的加工工艺。

(一)先粉碎后配料的加工工艺

将原料仓中需要粉碎的原料，通过粉碎设备逐一粉碎至要求粒度后，分别进入各自的中间配料仓；按照饲料配方的配比，对这些粉状的能量饲料、蛋白饲料和添加剂饲料逐一计量后，进入混合设备进行充分混合，即成粉状配合饲料。如需压粒，就进入压粒系统加工成颗粒饲料（图 5-1）。

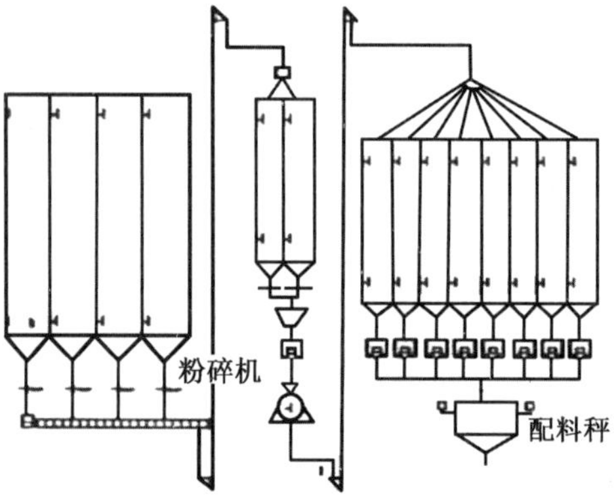

图 5-1 先粉碎后配料的加工工艺

这种配合饲料加工工艺的优点是单一品种饲料原料进行粉碎时，可针对原料的不同物理特性及饲料配方中的粒度要求选择调整粉碎机，使粉状配合饲料的粒度质量达到最好，粉碎机的工作效率最高。缺点是生产工艺复杂，当需要粉碎的原料种类较多时，各种原料的物理性能区别较大及原料频繁变化时，粉碎机的操作控制较难；所需料仓数量多，建设投资大。这种加工工艺适合生产规模较大、配比要求与混合均匀度高、原料品种多的大型饲料厂。

（二）先配料后粉碎的加工工艺

先将各种原料（不包括维生素和微量元素）按照饲料配方的配比，采用计量的方法配合在一起，然后进行粉碎，粉碎后的粉料进入混合设备进行分批混合或连续混合。并在混合开始时将被稀释过的维生素、微量元素等添加剂加入。混合均匀后即为粉状配合饲料。如果需要将粉状配合饲料压制成颗粒饲料时，将粉状饲料经过蒸汽调和，加热使之软化后进入压粒机进行压粒，然后再经冷却即为颗粒饲料（图 5-2）。

这种加工工艺的优点是工艺流程简单，结构紧凑，投资少，节省动力和料仓数量。缺点是所有基础原料同时进入粉碎机进行粉碎，使得部分粉状饲料经粉碎后粒度过细，一方面影响粉碎效率和产量，另一方面过度粉碎造成能耗浪费，成本高；粉碎作业处于配合和混合之间，一旦粉碎机运行发生故障，将会造成前后工段的停产；粒度、容重不同的物料易发生分级，配料误差大，产品质量不易保证。这种工艺多见于小型饲料加工厂。

以上这两种工艺在饲料工业中均被采用，具体选用时应根据拟建厂的原料情况、产品品种进行考虑。当主要产品的主要原料为玉米、大麦、高粱时，可采用先粉碎后配料工艺；而当配方中谷物代用品种类较多时，可采用先配料后粉碎工艺。一般来说畜禽饲料采用先粉碎后配料工艺，鱼虾饲料采用先配料后粉碎工艺。

（三）先粉碎后配料再粉碎的加工工艺

综合性饲料厂生产时往往品种较多，有些厂商既要生产粗一点的畜禽饲料，又要生产细一点的水产饲料。因此，要先粗粉碎后细粉碎，由此引出了先粉碎后配料再粉碎工艺（图 5-3）。这种工艺的优点是保留了前两种工艺特点，工艺灵活，可生产各种不同的产品，特别适用于饲料产品品种多样的饲料厂。缺点是设备较多，投资成本高。

该工艺流程的设计比较完善，能生产质量较高的全价配合饲料。主原料从卸料坑用刮板输送机运进筒仓，再运至主车间；副料由两条输送线从副料加工间运进主车间，一条输送不需要粉碎的原料；另一条输送经粉碎加工的原料。粉碎工段采用闭路循环粉碎工艺，以提高产量和降低电耗，预混合工段采用大比例稀释微量添加物，使这类预混合添加剂进配料秤参加配料。为生产中变换配方方便，设置了 4～6 个仓分别存放不同的预混合添加剂。配料秤采用两台并联使用，大成分称量进入大配料秤，小成分称量进入小配料秤，从而提高了配料精度，省去了人工投料的繁重体力劳动。该工艺的配料混合系统还实现了自动化控制。除生产粉料外，还可生产颗粒饲料。

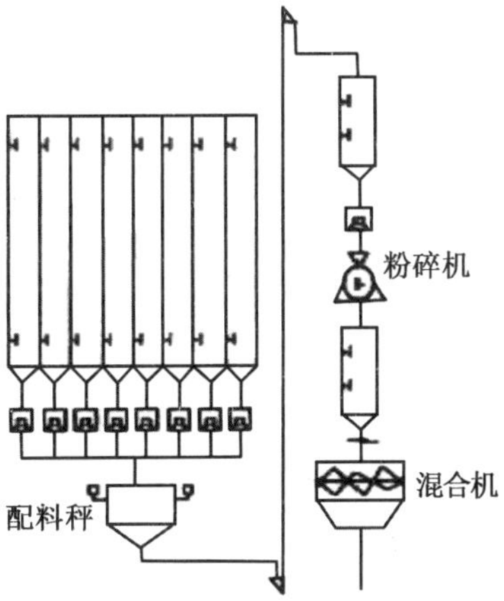

图 5-2　先配料后粉碎的加工工艺

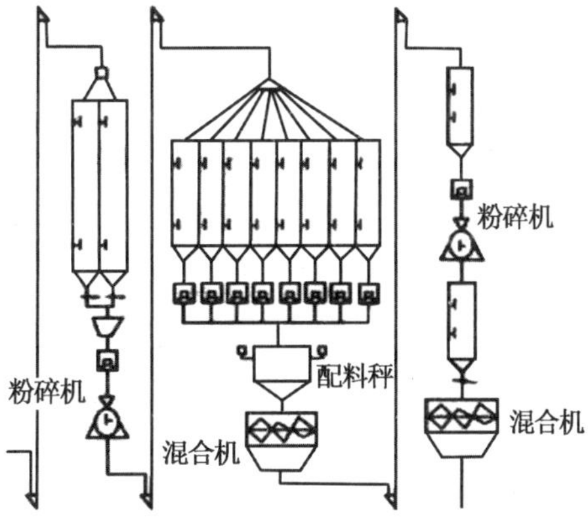

图 5-3　先粉碎后配料再粉碎的加工工艺

二、全价配合饲料的加工工序与工艺

配合饲料加工流程只是配合饲料厂基本的生产过程，实际上，还会因机械设备及生产技术人员的操作不同，各加工工序有不同的工艺。全价配合饲料粉料加工主要包括原料接收、原料清理、饲料粉碎、配料计量、饲料混合、产品包装与贮运等工序，若是颗粒全价配合饲料，混合工序之后，尚有制粒、冷却、破碎、筛分等工序。因此，必须完善生产各工序的加工工艺。

二维码 5-1　饲料加工工艺流程展示

（一）原料的接收与贮藏

原料接收系统要处理的原料按加工特性可分为以下几类：①需进行粉碎的粒状物料，如玉米、饼粕等；②粉状的谷物及动物加工副产品，如麸皮、次粉、鱼粉和血浆蛋白粉等；③容重较大的矿物质饲料，如磷酸氢钙、麦饭石和食盐等；④液体物料，如油脂、糖蜜等；⑤微量组分，如药物等各种添加剂或预混料。原料接收有如下特点：瞬间接收量大，饲料原料形态繁多，包装形式各异和运输方式多样化。因此，在设计原料接收工艺时，必须考虑接收能力、速度、能耗、成本和劳动强度等，以满足生产需要。

1. 原料接收工艺

原料接收工艺可按原料的包装方式，分为散装、袋装和罐装接收。无论何种接收工艺，都必须对原料进行质检。原料接收时，首先进行检测，检测项目依原料而异，如液体原料主要进行检测的内容有：颜色、气味、密度、浓度等，了解各种原料的规格质量是否和生产要求及来源标签或合同上的数值相符，经检验合格的原料方可卸下贮藏。

散装接收：散装物料成本低，便于机械化作业，工作效率高，使用除尘装置时工作卫生条件好。所以，对于能散装运输及存放的原料应尽量采用散装。谷物籽实及其加工副产品多为散装接收。

袋装接收：配方中用量少的原料如矿物质、微量元素、维生素和药物等常用袋装或瓶装；生产能力较低的厂家，进谷实类主原料时，也常常用袋装料，这时则按原来的形式接收贮藏。

液体原料的接收：液体原料需用桶装或罐车装运。桶装的液体原料可类似袋装接收，用人工接收或机械接收。罐车装运的液体原料运至厂内后，由接收泵将液体原料泵入贮藏罐，在进入罐体之前的管路要加装过滤阀，以减少进入罐体的杂质。

2. 原料的称量

称量是原料接收工序的一项工作内容。接收车辆运输原料时，用地衡称量，每次称量为吨以上；接收袋装原料时，多用台秤进行称量，也可用地衡称量再去除袋皮重量；接收散装原料时，则采用自动秤或电子计量秤称量；液体物料使用流量计、液体秤计量或根据液体物料的密度及体积获知物料的总重。

3. 原料的贮藏

在饲料厂，原料的贮藏直接影响原料的质量和生产的正常进行。原料贮藏仓型有房式仓与立筒仓。散装原料贮藏于钢筋混凝土立筒仓或钢板立筒仓中，优点是便于进仓机械化，操作管理方便，但施工技术要求高，造价高，适于存放谷实等粒状原料。袋装原料贮藏于房式仓库中，房式仓库造价低，但装卸工作机械化程度也低，操作管理较困难。液体原料用贮罐存放，如油脂的贮藏罐通常用普通碳素钢制成，壁厚 3～5 mm，罐底为斜底或锥底，常设有加热配置和搅拌器，以及排污阀。使用时先适当搅拌加热，使其流动性增强，再用工作泵送到车间。在存放其他具有腐蚀性的液体原料如液体蛋氨酸时，应使用防腐的塑胶罐。原料在贮藏时，还要注意根据各种原料的特点，调整贮藏环境，如温度、湿度等以及存放时间，保证原料的质量安全。

（二）原料的清理

在配合饲料厂使用的各种原料中，动物性蛋白质原料（如鱼粉、肉骨粉等）、矿物质原料（如磷酸氢钙、贝壳粉、食盐等）及微量元素和药物等添加剂的清理及防疫问题已在原料加工厂做了处理，进入配合饲料厂后，可重复清理除去运输、贮藏过程中产生的杂质，也可不需要清理而直接进入下一生产工序。油脂等液体原料在卸料或加料的管路中，设置过滤器进行清理。原料中的谷物及加工副产品则含有石块、泥土、皮屑、绳头、麻袋片、铁钉、螺丝、垫圈、钢珠、铁块等杂质。为了保证饲料成品质量，减少机械设备的损耗，避免金属杂质混入加工设备后，相互摩擦可能产生火星而引起粉尘爆炸事故，可以采取筛选和磁选设备清除杂质。筛选设备的技术要求是，饲料除杂率大于 95%，磁选设备的技术要求是，饲料中的磁性金属杂质的除杂率必须达到 98%以上。

（三）原料的粉碎

配合饲料组分的粒度及其均匀度是重要的加工与质量指标。通常粉碎机动力配备占饲料厂总配套功率的1/3或更多。粉碎工艺有一次粉碎与二次粉碎工艺。

1. 一次粉碎工艺

一次粉碎工艺为原料先进入贮料仓，经过磁选装置后进入粉碎机，粉碎产品直接送入配料仓(图5-4)。该工艺设备简单，投资小，但所用筛片的筛孔必须小到使粉碎物达到要求的成品粒度，物料在粉碎机内停留较长时间，造成重复粉碎，粉碎产品粒度均匀性差，电耗高，产量低。

图5-4　一次粉碎工艺

2. 二次粉碎工艺

二次粉碎工艺分为单一循环粉碎工艺和组合式二次粉碎工艺。单一循环粉碎工艺是为了弥补一次工艺的不足(图5-5)，仅在一次粉碎工艺的基础上，增加1台分级筛和一些溜管，粉碎机的筛孔可适当加大。第一次粉碎后，将物料筛分，已达粒度要求的产品直接送入粉料仓，未达粒度要求的粗粒再进行第二次粉碎。与一次粉碎工艺相比，该工艺减少了物料在粉碎机内的停留时间，避免了重复粉碎，粉碎产品粒度均匀性一致，电耗节省30%～40%，产量提高30%～60%，普遍为大型厂家所采用。组合式二次粉碎工艺与单一循环粉碎工艺的区别是前后两次粉碎采用两台不同规格的粉碎机，这样在一次粉碎时可以粗一点，二次粉碎时细一点，这种工艺多用于生产高档乳猪饲料和水产饲料。

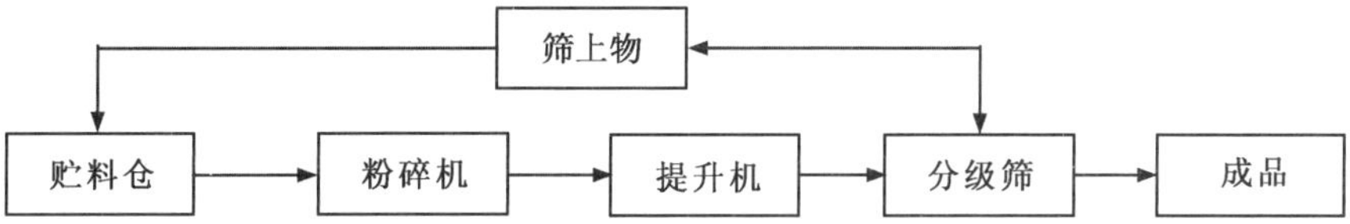

图5-5　单一循环粉碎工艺

(四)配料计量

配料计量工序要求在配料周期规定的计量时间内，完成配料任务并保持要求的计量精度及计量稳定可靠。根据配料方式可分为：人工批量配料(人工操作方式)，自动一仓一秤配料工艺、自动多仓一秤和多秤配料工艺、多料多秤和单秤连续式配料工艺。从目前的发展趋势来看，小型饲料厂和小机组采用人工批量配料，工厂化、规模化生产均采用多料多秤的分批自动配料工艺。

分批重量式配料装置虽然设备费用较大，维修要求较高，但计量精度高，稳定可靠，调换配方容易，自动化程度高，因而被多数饲料厂采用。它主要由配料仓、给料装置、配料秤、输送机、控制系统等组成。需配制的各种原料分别存放在配料仓中，每一种组分分别通过给料装置按顺序称量，所有组分称完后才完成这一批料的计量操作，送入下一道工序。通用的配料工艺见图5-6。

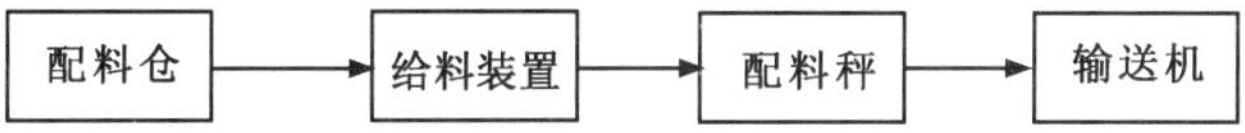

图5-6　配料工艺

配料工艺设计不同，则所需设备、配料的精度及速度也会有差异。根据配料仓与秤的组合形式不同，可分为以下几种：

1. 多仓多秤配料工艺

多仓多秤配料工艺是将配料仓分组，各组使用不同容量的称量设备，分别称取配比量相近的物料，如：

(1)多仓两秤配料工艺，应用于大型配合饲料厂。各种组分根据配比率分成两组称量，配比率大于10%(或5%)的大料在主料秤中称量；配比率1%～10%(或5%)的小料由称量为大秤1/5～1/4的小秤称量；配比率小于1%的通过预混料加入或人工投入。

(2)多仓三秤配料工艺，工艺流程中应用3台不同容量的称重设备，分别称取大料、小料及微量物料。适用于添加剂预混料厂和浓缩饲料厂。

例如，某40 t/h先配料后粉碎再混合工艺见图5-7。该工艺的特点是选用多料多秤分批混合工艺，适宜畜禽饲料生产，工艺配置中主料仓16～36个，主要存放主原料和副料，仓容30～50 m^3。小批量原料及添加剂预混料仓4～8个，小批量原料仓容10～20 m^3，添加剂预混料仓容1～2 m^3。配料秤配备4台，分别为2 000 kg/批、1 000 kg/批、500 kg/批和50～100 kg/批，每批配料量为3 t，配料比例根据配比依次为：>20%、5%～20%、1%～5%和<1%，配料周期比常规工艺缩短1/3时间。采用预先分级开路粉碎工艺提高粉碎效率和速度，采用3 000 kg/批卧式双轴桨叶式混合机实现快速混合，整个系统由30 t/h提高到40 t/h。

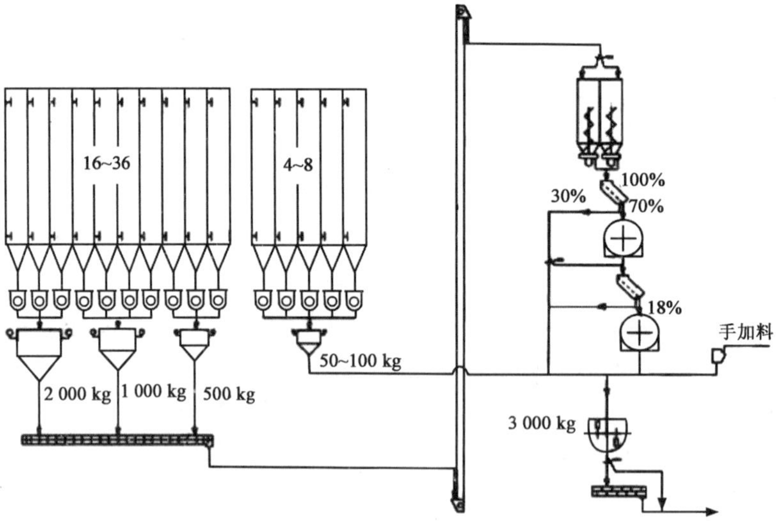

图5-7 多仓多秤分批配料工艺

2. 一仓一秤配料工艺

在每个配料仓的下面装置一台配料秤，原料集中于一条输送机送往混合机。由于各种物料的用量不相同，所选配的配料秤的形式及称量范围也不相同。称量时，每台秤每个生产周期只称量一种组分，可同时完成各种原料的给料、称量和卸料等程序，每个称量周期仅需1 min左右，从而缩短了配料周期，速度快，精度高。但配料装置多，投资费用高，不便于维修、调试、管理和实现自动化控制。此种工艺的缺点是配料秤需经常自动校验。

3. 多仓一秤配料工艺

目前,中小型饲料厂应用最广的就是多仓一秤配料工艺。配料仓可根据需要设置8～24个,分别存放各种主、辅料;每个配料仓下的给料器大小与各物料配比率相适应,以便既能满足给料速度的要求,又能在给料达到要求而停止转动时,不会因使用过大的给料器而导致过多地偶然撒落物料量;所有物料称量共用一台秤。如果料仓的个数允许,配比率为1%～3%的小料既可作为单一组分参加配料,也可以制成预混料参与配料或人工加入混合机中。该配料工艺简单,计量设备少,设备的调节、维修、管理方便,易于实现自动化。但是配料周期较长,累计称量过程中,产生的误差不易控制,导致配料精度不稳定。

(五)饲料的混合

混合工序是确保饲料产品质量的重要环节之一,也是决定全车间产量的关键部位,其生产能力也就决定了饲料厂的生产规模。配合饲料生产工艺对混合工序的要求是混合周期短,混合质量高,出料快,混合机中的残留率低及密闭性好,无外溢粉尘。

1. 混合工艺

饲料的混合工艺有分批混合和连续混合两种。分批混合,就是将所有组分同一批放入混合机,混合完成后同时卸料,形成一个完整的混合周期,每一个周期生产出一批混合好的饲料。这种混合方式,改换配方比较方便,每批之间的相互混杂较少,是目前普遍使用的一种工艺,但操作比较频繁,最好能进行自动化程序控制。相对而言,连续混合工艺混合质量不高,较少见。

2. 混合效果

在混合过程中,混合程度随着混合时间的延长而迅速增加,一直达到最佳均匀状态,通常称为动力学均衡。当物料已充分混合时,若再延长混合过程,就有分离倾向,使混合均匀度反而降低,这种现象称为过度混合。当混合越充分,则分离的潜在性越大。所以应该在达到最佳混合程度之前将混合机内物料排出,否则将会在以后的输送过程中出现分离现象。

3. 对混合机的要求

对混合机的主要要求有:①混合均匀度高,物料残留少。②结构简单、坚固,操作方便,便于检测、取样和清理。③应有足够大的生产容量,以便和整个饲料生产机组的生产率配套。④混合周期要短(混合周期包括进料时间、混合时间和卸料时间)。⑤应有足够的配套动力。⑥卸料门不漏料,动作准确,灵活可靠,自动程度高。

4. 对混合机的操作要求

为保证混合质量,应按工艺要求进行以下操作:①混合机装料量适宜。不同的混合机工作性能不同,其工作状态良好时,机体内的物料装填程度也不相同,料位控制得好,则混合质量高。混合机内装入的物料容积与混合机容积的比值称为装满系数,如卧式螺带(环带)混合机适宜的装满系数为60%,卧式桨叶式混合机装满系数为20%～80%,立式绞龙混合机装满系数为80%～85%。②混合时间恰当。混合时间不但影响混合质量,还会影响生产的产量和能耗。设计混合时间时,要考虑混合机的机型、需混合的物料的物理特性。如物料的流动性好,易于混合;流动性差,所需混合时间长,能耗大。卧式混合机混合时间较短,立式混合机混合时间较长,同样是卧式混合机,螺带式混合机易产生过度混合,而桨叶式混合机则不易产生过度混合现象。③混合机的进料顺序。进料原则是配比量大的物料先进入混合机，再加入配比量少的物料；粒度大的物料先加入混合机，然后是粒度小的物料；密度小的物料先加入机内，后加入密度大的物料，微量添加剂要制成预混料后，在其他原料进入混合机后再加入，如果需要在混合机中添加液体原料，则需要在其他原料包括添加剂部分加入以后启动混合机干混合 10～20 s 后再进行喷液。④减少各组分之间的离析。混合时的物料运动，一方面各组分互相掺和，另一方面由于物料间存在密度、粒度等特性的差异而引起物料分级，破坏物料的均匀状态，这就是“离析”。为避免离析，应注意：力求混合物各组分粒度相同，或添加液体物料；勿混合过度；混合后尽量少搬运，勿堆放过高，避免气力运输；混合后如需制粒，水平输送尽可能采用刮板输送，以免使用绞龙输送造成过度混合，之后立即制粒。

5. 液体原料的添加

在饲料中添加液体原料，可利于加工制粒，完善饲料的营养价值，改善颗粒饲料的物理性状，提高颗粒饲料的产量和质量。配合饲料中添加的液体原料主要是油脂、氯化胆碱等，油脂的添加要在干料混合完成后进行。添加方式有三种：在混合机中添加、在制粒前的调质器中添加、颗粒成型后喷涂于颗粒饲料表面。如果需要添加的油脂量为 1%～3%，可在颗粒饲料成型前添加；油脂添加量超 3%时，则在制粒后喷涂，否则饲料过于软化，甚至难以成型。

6. 微量成分的预混合

微量成分的预混合是将饲料配方所需要的各种微量成分如维生素、矿物微量元素、氨基酸及各种非营养性添加剂，与一定量的载体、稀释剂，采用一定的工艺混合成为预混料，作为配合饲料的一种组分添加到配合饲料中。由于预混料中原料种类多，各种组分理化性质差异大、用量悬殊，加工工艺要求更高。

微量成分的预混合要求尽量采用简短的工艺流程，要选用高效、低残留、混合均匀度高的混合机，比如双轴双桨叶高效混合机，并对原料的理化特性做必要的改良，使混合均匀度的变异系数不大于 10%。活性组分与载体混合时，混合的作用不仅是使活性组分分布均匀，还要使活性组分进入载体粒子表面的绒毛或孔隙中，于是活性组分黏合在载体表面，载体的承载能力得到提高，在运输、流动或其他加工过程中，活性组分和载体的分离状况得到明显改善。

(六)制粒与碎粒

制粒设备的主要构成部件有喂料器、调质器、制粒机构、稳定器（或熟化器）、冷却器（或干燥器）、破碎机、颗粒分级筛和油脂喷涂器等。饲料制粒工序的工艺流程见图 5-8。

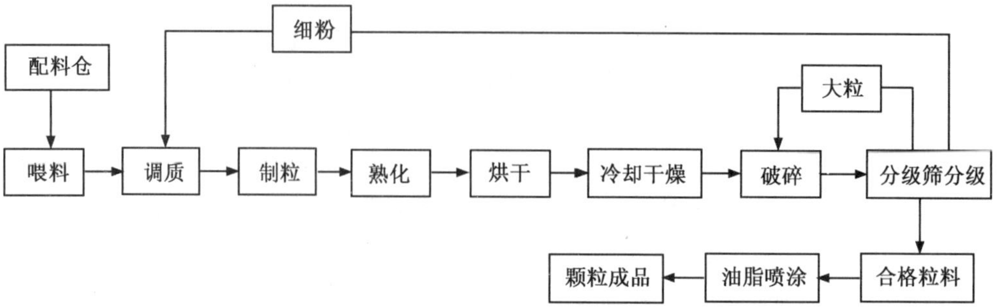

图 5-8 制粒生产工艺流程

1. 调质

饲料的调质是颗粒压制的准备工作，配料混合后的粉状饲料，含水量为13%左右，由喂料器控制，以一定流量匀速进入调质器。调质器内由蒸汽供给系统输入蒸汽，并与粉状饲料搅拌混合，使水分含量达到16%～17%。经过调质后的饲料能增加饲料的黏结力，有利于颗粒成型；调质能软化饲料，减少压模和压辊的磨损，提高饲料通过环模的速率，降低颗粒机的工作压力；调质过程中热和水的作用可使饲料中的淀粉糊化，提高饲料的利用率和适口性；高温调质还能有效杀灭饲料中的有害菌。调质效果好坏与调制设备类型、调质时间、蒸汽质量、环境温度湿度和饲料原料的组成及粒度等因素密切相关。

调质器是生产颗粒饲料最常用的调质设备，它以主转轴和桨叶式调质刀为主体，可以通过调整桨叶刀的角度来保证进出料均匀，同时保证物料有足够的调质时间。调质桨叶刀顶端线速度达到7～9 m/s时，具有比较好的调质效果。为保证调质过程中蒸汽及液体饲料组分的添加量，控制喂料速度很重要。为保证饲料在调质器内有足够的停留时间，调质器的大小应按物料的体积进行计算。物料在普通调制器内的停留时间较短，通常只有15～20 s。调质器的混合作用有利于饲料与添加组分的互相拌合。为提高混合效率，应尽可能降低主轴的转速。

在颗粒饲料压制过程中，充足而均衡地供应蒸汽可以增强糖蜜、油脂的流动性，促使淀粉部分糊化、破裂、使粉料容易黏合，从而提高成型颗粒的硬度，压粒的适宜温度为80～85 ℃，因为饲料通过压模孔的时间只有7～8 s，所以，对饲料营养价值影响不大。

饲料压粒时，蒸汽从调质器的背部送进。这个部位能保持较充足的物料，使蒸汽不得不进入物料内并穿过物料。由于物料的每一颗粒全部暴露于蒸汽之中，搅拌桨叶的转动就使蒸汽连续不断地进入物料里。

蒸汽送进调质器，压力要稳定，不能产生冷凝的现象。冷凝水进入调质器，会使物料水分过大导致压粒机堵塞。因此，蒸汽系统通常设置有防止冷凝水进入制粒机调质室的汽水分离器。汽水分离器应尽可能靠近调制室。这样可以阻止蒸汽在进入调质室前形成冷凝水。

2. 制粒

物料调质后直接送入制粒机的压力机构挤压成型。环模制粒机的压粒机构主要由压模、压辊、匀料板、刮料刀和切刀等构成。压模的模孔直径决定了制出颗粒的粒径大小；压模所包围的空隙称压制室，内有2～3个处于同一垂直面的圆形压辊和长、短匀料板；压模与压辊的间隙影响制粒的产量和质量，通常模辊间隙以0.1～0.3 mm为宜。工作时，传动机构带动压模转动，进入压制室的物料，经匀料板推移沿压模与压辊间分布，并被压模与压辊连续挤压，不断地从环模的圆形模孔成型挤出，被安装在压模外围的切刀切成长度适宜的圆柱体。

3. 成型后处理

颗粒稳定器也叫后熟化器。为使颗粒饲料中的淀粉得到进一步糊化，提高颗粒的稳定性，将刚成型的温度为70～90 ℃、水分含量为14%～17%的湿热颗粒置于稳定器内闷一段时间。接着采用蒸汽烘干，烘干时间正常为20～30 min，烘干的温度根据水分高低来调节，正常控制在40～80 ℃为佳。然后送入颗粒冷却器进行干燥冷却，以降低颗粒的温度和湿度。

制造小粒径的颗粒饲料时，如果对产品的粒度形状要求不高，可先制成大颗粒，经过破碎机破碎后，用分级筛筛选出粒径符合规格要求的饲料成品。这样，既能提高产量，又能降低电耗。实验表明，压制大颗粒（直径为4.5～6.0 mm）再破碎成小颗粒（直径为2.0～2.5 mm）饲料比直接用压粒机压制小颗粒，可提高产量，减少电耗 5%～10%。

干燥冷却后的颗粒饲料，或破碎后筛选合格的碎粒料根据需要送至喷涂机进行油脂、维生素、香味剂等喷涂。经过喷涂，补充了必要的饲料成分，颗粒表面质量也有明显提高。最后送入成品仓，完成制粒工序。

(七)成品的包装贮运

饲料的包装贮运是饲料生产工艺流程的最后一道工序，它的任务是对生产线上下来的合格产品进行称量打包，每一袋饲料都要附上合格的标签，并送入成品仓堆码存放或应客户需要发送出厂。该工序包括称重、装袋、封袋口、贴标签、编码、码垛、贮藏和运送等操作。

1. 称量包装

中小型饲料厂的称量包装作业采用自动化或人工操作，机械或人工计量，人工缝口，机械或人工搬运，劳动强度大，工作效率低。大型饲料厂采用自动称量包装装置，包装工艺见图 5-9。

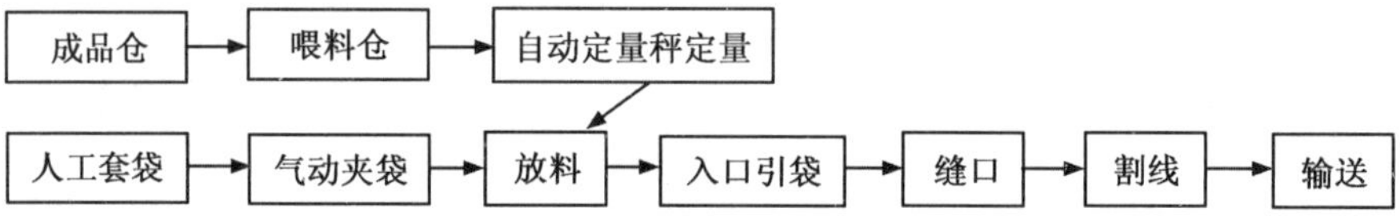

图 5-9　自动称量包装工艺

自动称量包装设备的主要工作构件有：喂料器、自动定量秤、夹袋机构、缝口机和输送机等。自动定量秤是该系统的关键部件，有机械式和电子式两种，相对而言，由于电子自动包装秤具有以下优点而应用越来越广泛：①计量精度高。静态精度 $FS\leqslant0.1\%$，动态精度 $FS\leqslant0.2\%$，即达到 OIML 国际建议的中标准度等级Ⅲ级秤(商业衡器)要求。②包装速度快。每小时可称量包装 240～410 袋。③称重范围广。称重量在 10～100 kg。④智能化显示器。能显示饲料的重量、批次和产量，并能对这些数据实现停电保护。⑤自动控制系统。具有仪表自我诊断及对外部电器检测功能；对缺料、秤门未到位、定量超偏差、夹袋未到位等提示报警。

2. 贮藏

贮藏中影响配合饲料产品质量的主要因素有：①饲料本身的变化，如发热、脂肪氧化和维生素效价降低等；②环境因素，如温度、湿度和光照等；③生物因素，如霉变、虫害和鼠害。成品仓库应能防热、防潮、防晒和防渗漏，既通风良好，必要时又可以密闭。袋装饲料在仓库中要按产品规格及生产日期整齐码放，袋口朝里，离墙码垛，地面要做好防潮铺垫。日常管理要做好卫生及通风干燥散热工作，并做好产品的出入仓库登记工作。

3. 发送

饲料发送时，由于散装运输机械化自动化程度高，免除了工人装卸料袋的繁重体力劳动，直接将饲料从饲料厂成品仓运送到养殖场，卸入投喂料塔，工序比袋装运输简化了 3/4 以上，并可节省大量装袋材料和库房，使运输成本相对袋装降低 60%及以上，工作效率大为提高。美国饲料散装运输车保有量很大，日本饲料总量的 65%用散装运输车运输。我国目前饲料运输主要还是采用袋装运输。但随着今后规模养殖越来越多，散装运输直接运送到大型养殖场也将成为一种趋势。饲料发送要坚持“先进先出”的原则。

配合饲料产品的运输可视为一种“动态贮藏”，除要注意仓储中的事项外，特别要注意运输途中防止化学物质及微生物等有害成分的污染和夹杂，以免降低配合饲料质量，或引起特种反应并产生毒性。

（八）20 t/h（年班产 4 万 t）畜禽饲料厂工艺

该工艺由原料接收、清理、粉碎、配料、混合、预混合稀释、制粒、打包及液体添加等工序组成。属于先粉碎、后配料工艺，其工艺完整，是较典型的中型饲料厂工艺之一，有如下工序（图 5-10）。

1. 原料接收与清理工序

有 3 条原料接收线，分别用于主料、粕料和粉料的接收。

第一条接收线：汽车散装主料经汽车液压翻板（或包装主料人工拆包）倒入卸料坑，进入初清筛，去除大杂后由提升机、埋刮板输送机至 3 只钢板原料筒仓，仓容 5 000 t。根据需要，玉米等主原料可由该埋刮板输送机直接进入主车间待粉碎仓。工艺路线灵活，使用方便。仓筒内的原料也可经过筒下仓出料经埋刮板输送机、提升机输送至主车间待粉碎仓或进行倒仓。

第二条接收线：设置在辅料库内，接收饼粕料。饼粕料破碎后经埋刮板输送机、提升机输送至主车间进行清理、除铁后入待粉碎仓。

第三条接收线：设置在副料库内，接收包装粉料，有 3 个卸料坑，人工拆包后投入卸料坑，经埋刮板输送机、提升机输送至主车间进行粉碎清理后直接进配料仓。

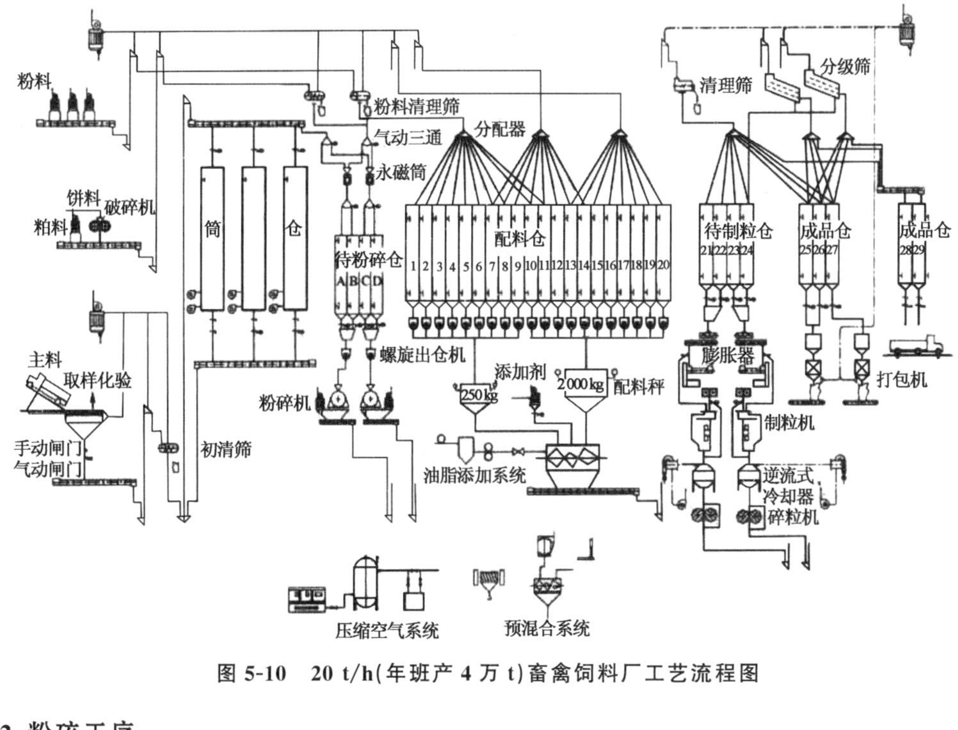

图 5-10　20 t/h（年班产 4 万 t）畜禽饲料厂工艺流程图

2. 粉碎工序

在配合饲料的配方中，主副原料的粉碎量一般在 80%左右，根据该饲料厂的生产能力，配置了两台锤片粉碎机，可同时粉碎同一品种的原料，也可单独粉碎玉米、饼粕料等不同品种的原料，方便灵活。粉碎机、给料机采用无级变速电机的螺旋喂料机，实现满负荷工作，降低电耗且稳定可靠。粉碎机布置在楼面上，粉碎机下安装一个较大尺寸的卸料斗，粉碎机和脉冲除尘器设置在斗的上部，使粉碎后的物料沉积在斗内，再经螺旋输送机、提升机、分配器进入配料仓。设有 4 个待粉碎仓，仓容约为 66 m^3，可装料 46 t。

3. 预混料的配制

在车间内设有预混料配置室。外购各类微量成分（如矿物质微量元素、维生素、抗生素、促生长剂等），然后在配制室采用人工电子秤，利用配料仓内的稀释剂，制成预混料添加剂。人工电子秤可设定各种配比值，当人工称量失误时，自动报警，以保证产品质量。预混料可直接加入主混合机，也可作为成品打包外销。

4. 配料混合工序

它是保证产品质量的关键工段，由计算机控制，为了提高配料精度，选用两台配料秤（2 000 kg/批、250 kg/批各一台）。配方中小于秤满量程比例 3%的物料不参与配料，用量少的微量组分经简易预混合后直接人工加入混合机内。共有 20 只配料仓，仓容为 394 m^3，约可装料 177 t，满足一个班的生产。分别配置单螺旋、双螺旋给料机，以减少结拱。选用桨叶式高效混合机，配有油脂添加装置，采用分批配料工艺，混合过程柔和，时间短（90 s/批），均匀度高（变异系数 $CV\leqslant5\%$），采用全底式大开门式结构，放料速度快，物料残留率低。混合机下设有较大的缓冲斗，使后道输送设备流量均衡。在斗内设有料位器，能避免在缓冲斗内由于堵塞或排空不供料等现象而引起的事故，提高劳动生产率。混合后的物料经粉料筛去除大粒和结块料后，进入待制粒仓。

5. 制粒工序

通过选用不同孔径的压模制成各种不同直径的颗粒，经冷却、碎粒、分级得到合格产品。在制粒前设有调质器、膨胀器。设有 4 个待制粒仓，仓容约为 88 m^3，装料约 44 t，可使两台制粒机同时生产两个多小时。

6. 成品打包发放

粉料和颗粒料经计量打包后送入成品库，也可经汽车直接散装发放。

三、全价配合饲料加工的常用设备

全价配合饲料加工主要需要粉碎设备、配料计量设备、混合设备和制粒设备等。上述设备在设计选用时，必须考虑功率及生产能力互相匹配，以组成合理的饲料加工成套设备。

1. 原料接收设备和设施

主要有刮板输送机、带式输送机、螺旋输送机、斗式提升机、气力输送机以及附属设备和设施（如地中衡、台秤、自动秤等称量设备、存仓及卸货台、卸料坑设施等）。接收设备应根据原料的特性、数量、输送距离、能耗等来选用。例如，刮板输送机和螺旋输送机一般做水平输送，但前者多用于远距离，后者宜用近距离。气力输送机宜作容重小的物料的水平和垂直输送。斗式提升机主要用于提升散装物料。

台秤多用于包装原料进厂的称重，自动秤则适合于散装原料的称重。地中衡用于以公路运输为主的饲料厂的自动车辆接受原料和发放产品的称量。

原料储存仓通常采用立筒仓、房式仓等形式。立筒仓主要用来存放粒状原料像玉米，小麦；房式仓主要用来存放各种包装原料；液态饲料一般采用液罐存放。

饲料厂原料接收和成品输出的吞吐量大，特别是瞬时接受量大，故接收能力一般要求是饲料厂生产能力的 3～5 倍。

2. 原料清理设备

主要是筛选除杂和磁选清理设备，磁选设备宜设置在筛选之后。原料进筒仓贮藏之前应经初清，副料经清理后方可进配料仓。此外，在饲料生产重要工序（粉碎、制粒等）前还要安装磁选设备。

筛选是根据物料与杂质的宽厚尺寸或粒度大小不同进行筛理，小于筛面筛孔的物料穿过筛孔为清净物料（筛下物），大于筛孔的杂质不能通过筛孔而被清理出来（筛上物）。常用的设备有圆筒初清筛、粉料初清筛。其中，圆筒初清筛结构简单，筛网开孔率大，筒体呈圆筒状，单位筛理面积产量大，清理大杂效果好，适用于清理颗粒原料。粉料初清筛筒体呈锥体，进口小、出口大，内带刮料毛刷或刮料板，适用于清理粉状原料。

磁选是利用饲料原料与磁性金属（如钢、铸铁、镍及其合金）杂质在磁化率上的差异来清除磁性金属杂质的。磁选设备主要有溜管磁板、永磁筒和永磁滚筒及初清磁选机。永磁筒和永磁滚筒是常用磁选设备，吸铁效果好，永磁滚筒能自动排铁。初清磁选机是圆筒筛和永磁滚筒的组合设备，兼有两者的功能。

3. 粉碎设备

常用的饲料粉碎设备有锤片粉碎机、对辊粉碎机、爪式粉碎机、碎饼机和超微粉碎机。根据饲料厂的规模及粉碎的原料品种，可选择相应的粉碎机型。粉碎谷物原料，宜选用大包角的锤片粉碎机；粉碎粗纤维含量较高的原料，宜用齿板和孔板兼顾的粉碎机；饼粕原料，宜用滚刀式碎饼机粉碎（其每小时产量应大于用量一倍以上为宜），粉碎矿物盐或特种水产饲料如虾蟹料的原料，宜用带有风送排料系统的无筛超微粉碎机或球磨机。

目前饲料行业所使用的锤片粉碎机主要是卧式的，此类锤片粉碎机种类很多，型号各异。饲料行业中目前使用最多的是 FSP 型及其改进型 SFSP 两大系列锤片粉碎机，其中以后者的使用更为广泛。我国目前已研制成功立式锤片粉碎机，是目前国际上近几年研制的新一代粉碎机，与卧式锤片粉碎机相比，做了重大改革，极大地提高了粉碎效率，产量可提高 30%～50%，同时无须配套辅助吸风系统，大大简化了饲料加工工艺。

按照物料进入粉碎室的方向，锤片粉碎机可以分为切向喂入式、轴向喂入式和径向喂入式（图 5-11）。

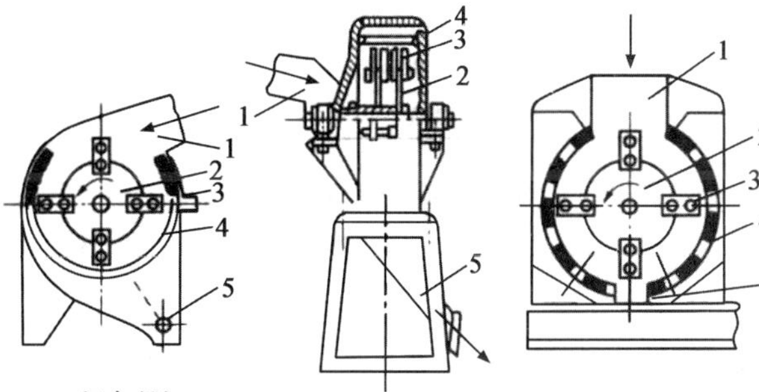

1. 进料口　2. 转子　3. 锤片　4. 筛片　5. 出料口

图 5-11　锤片粉碎机类型

4. 配料计量设备

根据配料的计量原理，可分为重量式和容积式计量两类。近年我国配料计量设备发展很快，容积式计量已被淘汰，机电秤（字盘秤）也逐渐被电子秤取代。电子配料秤由秤体、喂料器、称重传感器，数模转换输出控制器、强弱电柜等组成，量程范围 50～4 000 kg，与此相对应的配料工艺有一仓一秤工艺，多仓一秤工艺，多仓多秤工艺。目前大型饲料厂多采用多仓多秤工艺，此工艺具有配料速度快，维护方便，一次投资成本不高等优点，配料计量批重量应与混合批重量相同。

5. 饲料混合设备

各种饲料产品经计量配料后，需要经混合机混合均匀，使之达到混合均匀度。因此混合机是确保饲料质量的重要生产环节，如果配合饲料中的各种组分混合不均匀，将严重影响畜禽的生长发育，轻者降低饲养效果，重者造成畜禽死亡。

按混合机布置形式，可分为卧式和立式两类（表 5-1）。根据其适应的饲料种类，可分为干粉料、湿拌料和稀饲料混合机。按其结构和工作原理，分为回转筒式（内无搅拌部件）和固定腔式两类。根据被混合物料状态的不同、采用不同的搅拌部件。用于干粉料混合的有螺旋式、叶片式和环带式；用于稀饲料搅拌的螺旋式、桨叶式和叶片式；对于湿拌料则用螺旋式和叶片式。根据称量方式不同有分批式混合和连续式混合机。分批式混合机混合质量好，且易于控制，在大型饲料厂中得到广泛应用。连续式混合机多用于小型饲料厂。

表 5-1　混合机类型

分批式混合			连续式混合
卧式	螺旋带式		卧式桨叶式
	桨叶式	双轴、单轴	卧式滚筒式
立式	锥形行星式	双螺旋绞龙、单螺旋绞龙	卧式绞带型
	锥形直绞龙式	双轴、单轴	卧式行星搅拌型
整体转动型	V 形		
	鼓形	拨齿型、固定板型、双转桶型	

卧式螺带混合机是目前饲料厂常用的一种分批式混合机。它具有混合效率高、批混合量大、质量好、卸料时间短、残留量少等优点。每批料混合时间为 2～6 min，混合均匀度高，变异系数一般不会超过 7%，最低可达到 3%，但需要配套动力大。立式混合机造价低，配套动力小，但混合周期长，一般为 15～20 min，混合均匀度较差，变异系数达 10%左右。当前饲料厂多使用分批卧式螺带混合机（图 5-12），据螺带的数量可分为内外两条螺带的卧式双螺带混合机和卧式三螺带混合机。前者应用广泛，后者最适宜微量矿物质元素的综合预混料的生产。此外，还有内外各两条的卧式双轴双螺带混合机。根据机体的截面又分为 O 型、U 型和 W 型混合机。出料口的设置有的为大开口装置，即混合机底部完全开口，除两边有 3 cm 左右的死角外，其余部分都可出料，故残留的物料很少，排料时间短。但造价高，易漏料，所以，常配有缓冲仓和回风管装置；另一种为底部设有单个出料口（小开口）或多个出料口（多扇门）装置的混合机，其特点为结构简单，不易漏料，但出料速度慢，残留量较大。

卧式螺带混合机的工作原理为：当配好的各种原料进入运转的混合机后，物料在内外螺带的推动下，按逆流原理进行充分混合。即物料在外螺带的作用下，由右向左做螺旋式的翻动；在内螺带把物料向相反方向推动，从而使物料在扩散、对流、剪切的综合作用下进行均匀的混合。

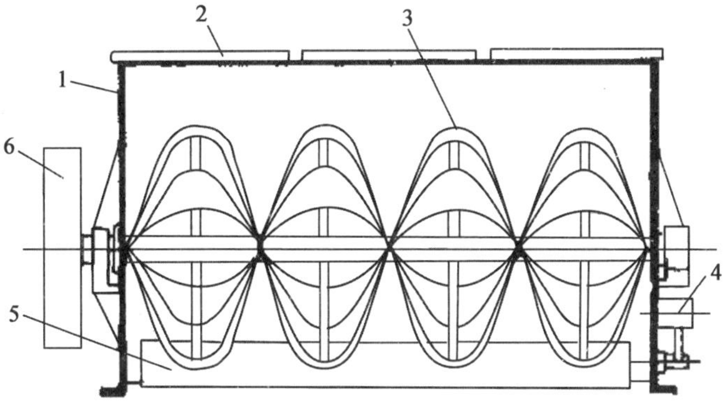

1.机壳　2.进料口　3.叶片转子　4.出料门控制机构　5.出料门　6.传动机构

图 5-12　卧式螺带混合机示意图

卧式桨叶混合机(图 5-13)。又分为双轴双桨叶混机、双轴单桨叶混合机、单轴双桨叶混合机、单轴单桨叶混合机。其中双轴双桨叶混合机在大型全价料饲料生产企业运用最为广泛，与螺带混合机相比，混合时间短，每批混合时间为 0.5～2.5 min；混合均匀度高，变异系数 $CV\leqslant5\%$，残留少；对相对密度、粒度、形状等性状差异较大的物料在混合时不易产生偏析；全长双开门结构，排料速度快(5 s)，无残留；进料量不受限制，一般有混合机容量的 20%即可，而螺带混合机带料量须在总容量的 60%以上，最好物料要盖过螺带才能有效混合。桨叶混合机也有它的局限性，仅能在转子轴中间的位置进料，而螺带混合机可以在沿转子方向的任一位置进料。

双轴桨叶式混合机工作原理为：混合机有两个旋转相反的转子，转子上焊有多组桨叶，桨叶带动物料一方面沿着机槽内壁逆时针旋转，另一方面带动物料左右翻动。在两转子的交叉重叠处，形成一个失重区，在此区域内，物料上浮，处于瞬间失重状态，以此使物料在机槽内形成全方位连续循环翻动，相互交错剪切，从而达到快速掺和、混合均匀的效果。

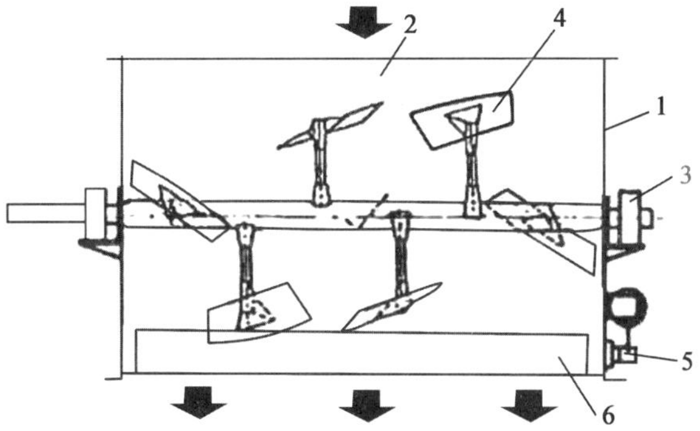

1.机壳　2.进料口　3.主轴转子　4.桨叶　5.传动机构　6.出料门

图 5-13　卧式桨叶混合机示意图

6. 制粒设备

制粒设备主要由制粒机、冷却器、碎粒机、颗粒分级筛和涂油设备组成。

饲料制粒机主要有卧环模和立式平模两类，前者主要由料斗、螺旋供料器、搅拌调制器、压粒器、电机及减速传动装置组成，多用于大、中型饲料厂，后者主要由水平圆盘压膜及其相配的压辊组成，多用于小型饲料厂或机组，目前应用已经很少。

冷却器主要有立式和卧式两种，立式冷却器占地面积小，结构简单，动力消耗小，缺点是易出碎粒，冷却不太均匀，要求厂房高度较高；卧式冷却器占地面积大，通风量也大，冷却效果较好，颗粒不易破碎，要求厂房高度低。

碎粒机是将冷却后的较大颗粒破碎成较小的碎粒。其目的有二：一是满足饲喂幼雏等家禽和幼小动物的要求；二是根据制粒原理，压制小颗粒产量低、能耗大，且难以成型，故通常压成大颗粒后再破碎成小碎粒。碎粒机由轴承固定的快辊、可调节的慢辊、轧距调节机构、喂料装置、传动系统等组成，对破碎要求较高的还可使用双破碎辊破碎机。

颗粒分级筛的作用是将已冷却的颗粒或由破碎机破碎的碎粒，经过分级筛提取合格的产品，把不合格的小碎粒和粉末筛理出来返回重新制粒，不合格大颗粒再经破碎机破碎成合格的碎粒。颗粒分级筛有振动式和回转式两种结构形式。

涂油设备有转盘式涂油机和卧式转筒涂油机两种形式，由于油脂添加较多的配方在制粒过程中不易成型，且外形不够鲜亮，所以常将一部分油脂在制粒之后，冷却之前用油脂喷涂机喷涂于物料表面，其间要注意对喷涂均匀度的控制。另外部分热敏感的液体原料如一些酶制剂，需在冷却之后再做喷涂。

7. 计量包装设备

计量包装设备有地中秤（衡）、机械自动秤、饲料称重打包封口机（包装组合机）、输送带。机械自动秤适用于粉料、颗粒料包装前的计量；饲料称重打包封口机是饲料厂包装工段主要设备，用于成品粉料、颗粒料的自动定量称重、打包封口并输送，除人工套袋、扶袋外，全部机械化和自动化，减轻劳动强度，称量精度高（±0.3%）。

8. 计算机自动化控制设备

自动控制是指应用控制装置自动控制生产设备，按预先确定的规则运行并实现规定的生产目标的过程。饲料厂操作过程通常包括原料接收清理、分配输送、粉碎、配料、混合、调制制粒、喷涂、包装计数和入库等基本单元。计算机自动控制系统的作用，就是控制以上生产过程中各部分设备按规定的时间和顺序协调和高效地运行。饲料厂计算机自动控制系统一般由计算机主机、接口电路、常规外围设备和中央操作控制台组成。

四、浓缩饲料使用技术

1. 按固定比例配制

生产厂商都具有其建议的用量，如某厂 30%蛋鸡浓缩料的建议配比为：玉米 63%、浓缩料 30%、石粉（钙≥35%）7%，此时较易满足动物的营养需要，质量控制也易于进行。

2. 按灵活比例配制

通用型浓缩料常推荐有各种比例。但有时即使按固定比例设计的专门配方生产出的浓缩料，客户因原料材料变化或为其他目的也不按固定比例进行。此时作为手工计算，可用十字交叉法或凑数法，将浓缩饲料作为单独一种原料，照顾主要指标进行配方设计，如可能形成玉米 62.1%、浓缩料 28%、石粉 7%、麸皮 2.9%，构成一个近似的蛋鸡饲料配方。

3. 推广销售中的技术服务

由于浓缩料的使用毕竟比全价配合饲料复杂，且推广面大，在面向广大农户或小型养殖场时，生产商应有代表性地走访该用户，指导使用，收集建议或信息，进行应用试验等。完善的技术服务甚至包括协助购买原料或进行兽医指导。尤其是精料（用量 10%以下）的推广更需要全方位的技术服务以协助销售。

五、添加剂预混料使用技术

1. 依据养殖对象选用添加剂预混料产品

添加剂预混料产品是针对特定动物的某个生理阶段的营养需要而设计，针对性强。因此，养殖场(户)应根据养殖对象选择对应的添加剂预混料产品。

2. 依据养殖规模和设备条件选择适宜添加比例的产品

养殖规模大，使用添加剂的数量多，加工设备性能好的养殖场，若当地矿物质原料容易采购，为降低成本，可选择添加比例较小的产品，如0.5%、1%、2%。反之，可选择添加比例较大的产品，如4%、5%。

3. 准确把握自购原料的品质

添加剂预混料只有与一定质量的能量饲料和蛋白质饲料等原料按照一定比例配制后才能构成全价配合饲料。若与之配合的自购原料的质量不能达到相应的质量要求，即使按照厂家要求配合仍然构不成全价日粮。因此，必须确保自购原料的品质符合要求。

4. 适宜的混合方法

为确保混合均匀，应采用合适的原料添加顺序及混合时间。一般说来，原料添加顺序是由大到小，即配比最大的组分先加，其次加入的是配比第二大的组分，再次是配比占第三的，依此类推，最后加入的是微量成分。当然还要考虑粒度与比重的问题。通常粒度大的先加，粒度小的后加；比重小的先加，比重大的后加。

5. 贮藏与保管

分类贮藏：可采用分组包装，如维生素和矿物质元素分别用小包装，从而尽量减少微量元素和维生素之间相互接触的机会，减少活性成分的损失，延长成品的使用期。

成品贮藏：要求通风、干燥、低温、隔热，避免直接的日光照射。仓库最高温度一般不得超过31 ℃，仓库的墙顶需要有隔热措施，高温季节应有强制通风装置，以保证添加剂预混料的质量。

6. 严格控制使用期

在贮藏过程中，添加剂预混料中某些微量成分的活性受到贮藏温度、湿度、酸碱度、载体的含水量、贮藏时间等多种因素的影响，为了避免活性成分的损失，可通过超量使用和选用优质原料的办法来控制使用期。一般要求添加剂(包括微量元素)预混料在生产后1个月内用完，最长不能超过3个月，把超量降至最低点，以降低成本，提高经济效益。

查阅资料完成习题

(一)填空题

1. 根据粉碎和配料的组合形式不同，配合饲料加工的基本工艺，分为________、________和________三种。

2. 全价配合饲料粉料加工主要包括________、________、________、________、________和________等工序，若是颗粒全价配合饲料，混合工序之后，尚有________、________、________、________等工序。

3. 全价配合饲料加工主要需要________、________、________和________等设备。上述

设备在设计选用时，必须考虑功率及生产性能相匹配，以组成合理的饲料加工成套设备。

4. 原料接收工艺按原料的包装方式，分为________、________和________。

5. 原料粉碎工艺有________和________。

6. 根据配料仓与秤的组合形式不同，配料工艺分为________、________和________。

7. 饲料的混合工艺有________和________两种。

8. 制粒设备的主要构成部件有________、________、________、________、________、________、________、________等。

9. 压粒的适宜温度为________。

10. 压模与压辊的间隙影响制粒的产量和质量，通常模辊间隙以________为宜。

(二)选择题

1. 适合生产规模较大、配比要求与混合均匀度高、原料品种多的大型饲料厂的配合饲料加工的基本工艺是(　　)。

A. 先粉碎后配料的生产工艺　　B. 先配料后粉碎的生产工艺

C. 先粉碎后配料再粉碎的生产工艺

2. 多用于生产高档乳猪饲料和水产饲料的饲料粉碎工艺是(　　)。

A. 一次粉碎工艺　　B. 二次粉碎工艺

3. 应用于大型配合饲料厂的多仓多秤配料工艺是(　　)。

A. 多仓两秤配料工艺　　B. 多仓三秤配料工艺

4. 粉碎谷物原料宜选用(　　)，粉碎粗纤维含量较高的原料宜选用(　　)，粉碎饼粕原料宜选用(　　)，粉碎矿物盐宜选用(　　)。

A. 大包角的锤片粉碎机

B. 齿板和孔板兼顾的粉碎机

C. 小时产量应大于用量一倍以上的滚刀式碎饼机

D. 带有风送排料系统的无筛微粉碎机或球磨机

5. 下列适合加工成碎粒料的为(　　)。

A. 仔猪全价配合饲料　　B. 雏鸡配合饲料

C. 生长育肥猪配合饲料　　D. 产蛋鸡配合饲料

(三)判断题

1. 一般来说畜禽饲料采用先粉碎后配料工艺，鱼虾饲料采用先配料后粉碎工艺。(　　)

2. 筛选设备的技术要求是，饲料除杂率大于95%，磁选设备的技术要求是，饲料中的磁性金属杂质的除杂率必须达到98%以上。(　　)

3. 微量成分的预混合要求尽量采用简单的工艺流程，要选用高效、低残留、混合均匀度高的混合机，并对原料的理化特性做必要的改良，使混合均匀度的变异系数不大于10%。(　　)

4. 调质效果好坏与调质设备类型、调质时间、蒸汽质量、环境温湿度和饲料原料的组成及粒度等因素密切相关。(　　)

(四)简答题

1. 请对先粉碎后配料生产工艺、先配料后粉碎的生产工艺和先粉碎后配料再粉碎的生产工艺进行简单评价。

2. 对混合机的主要要求都有哪些？

3. 对混合机的操作要求都有哪些？

4. 简要说明颗粒饲料的制粒条件。
5. 如何合理使用浓缩饲料?
6. 养殖户使用复合添加剂预混料时,你能给他们提供一些什么建议?

二维码 5-2　习题参考答案

任务实施效果评价

按照以下评价表的内容与你的团队成员和指导教师一起讨论,对学习任务 1 的实施效果进行实事求是的评价。

评价项目	评价标准	满分	评价结果			得分
			优	良	及格	
完成习题情况	准确、完整、全面	20				
任务计划书	条理清晰、方法正确、内容全面	10				
配合饲料加工工序及设备	对参观饲料厂的工艺流程示意图绘制合理,标示各生产工序的生产设备名称、型号、选正确,技术参数准确、符合要求	15				
参观饲料厂中控车间	模拟操作中控设备,操作程序正确,开启、关闭配合饲料车间的生产设备程序准确	10				
浓缩饲料使用	饲养标准营养指标选择正确,计算准确、符合要求	15				
复合预混料加工与使用	总结复合预混合饲料加工特点正确;饲养标准营养指标选择正确,计算准确、符合要求	10				
参与度、合作情况、态度	制订工作计划、准确操作、分工合作、密切配合、认真严谨、实事求是	10				
任务总结报告	按时完成总结报告、内容齐全、书写规范	10				
总　分	100					
自我评价						
小组评价						
教师评价						

学习任务2
配合饲料质量管理

【任务描述】

学生按5人一组分组，针对配合饲料生产企业生产的粉状和颗粒配合饲料，制定加工质量鉴定计划，按照计划完成下列品质鉴定任务，并完成任务实施评价表。

【任务实施】(任务单)

1. 上网查阅饲料标签法与国标《饲料标签》(GB 10648—2013 含第1号修改单)等资料，并结合所参观饲料厂的某个产品的饲料标签，叙述其要点内容。

2. 请参考表5-2列出感官鉴定粉状配合饲料需要的材料清单与工作计划。并对参观的饲料厂所加工的配合饲料进行采样和感官鉴定，写出感官鉴定报告。

表5-2 (饲料产品名称)感官鉴定材料与工作计划单

项目	内容
仪器与材料	
试样制备	
视觉鉴别	
嗅觉鉴别	
口舌鉴别	
触觉与听觉鉴别	

3. 请参考表5-3列出应用氯离子选择电极法测定混合均匀度需要的材料清单与工作计划。并对参观的饲料厂所加工的粉状配合饲料进行采样和混合均匀度测定，写出测定评价报告。

表5-3 (饲料产品名称)混合均匀度测定材料与工作计划单

项目	内容
试剂及要求	
仪器及要求	
采样与试样制备	
分析步骤	
结果计算与表述	

配合饲料质量管理相关知识

一、企业配合饲料的质量管理

配合饲料的质量关系到养殖者的利益，因而决定饲料企业的信誉与兴衰，是饲料生产企业的生命，质量管理应贯穿饲料配方设计、原料进厂、饲料生产和产品销售的整个过程。

（一）饲料配方的设计管理

饲料配方设计质量对饲料成品的质量起着决定性的作用。配方一旦经设计、审定、批准投入生产后，就应严格执行，任何人不能随意变动。生产中如遇有不能执行的情况，应立即报告质量控制机构，以便采取相应的技术措施。饲料配方的设计质量也是一个循序渐进的过程。一个好的饲料配方不是一次就能设计成功的，它需要在生产实践中经过试用、修改、验证、再调整这样一个持续循环的过程。所有的原始配方或更改后的配方都应按序号留存归档，以便日后查用。

（二）原料质量控制

饲料原料质量的好坏是决定饲料产品质量的基础，饲料企业反映的产品质量或配方使用效果问题，往往是由饲料或添加剂的原料引起，生产统计分析表明，饲料产品营养成分及质量的差异，40％～70％来源于原料质量的差异。

1. 原料的选购与验收入库

原料的采购管理在全面质量管理中占有举足轻重的地位。我国已经制定了多种饲料原料的质量等级标准，原料的质量标准包括原料的主要营养成分最低值、加工方法、物理形状、杂质最高限量及特别注意事项。作为原料采购人员，需注意：

(1)应掌握本厂规定的原料质量标准，对欲购原料，要核对其标签和生产日期，进行取样分析，检查原料的色泽、气味、新鲜度、容重、掺杂物、霉变、结块和虫蛀等，测定原料的水分、粗蛋白质和尿素酶活性等理化指标，选择质量等级标准符合配方设计要求的原料，尤其是添加剂等副料，还要看其是否具有省级以上部门颁发的生产许可证。

(2)要了解本厂生产情况，原料的库存、仓容及用量，进料量适当，避免原料积压或停产待料，出现产供销脱节的局面。

(3)要与原料供应商订立明确的质量指标和赔偿责任合同，合同用语要准确无误，认真对待易混淆的名词，如豆饼与豆粕、花生仁饼与花生饼、脱脂骨粉与蒸煮骨粉等。

2. 原料贮藏

原料存放要保证整齐有序，堆放高度及宽度适当。仓储设备、管理、仓储期都影响贮藏期间的饲料品质的变化。当环境温度高于15.5℃时，会引起害虫的生长繁殖，导致料温升高；饲料水分含量高和空气相对湿度大，易引起霉菌等微生物的繁殖；光照和氧气会引起脂肪氧化，破坏维生素、蛋白质的生物价值也会发生变化。因此，要注意对仓库的环境条件进行监控，尤其注意监控温度、湿度、光线、氧气的变化及虫害、微生物的繁殖；建立安全保护措施，防止老鼠、昆虫的啮咬;对物料的加工余热要注意散热控制、定期盘点、检查原料,对有异状者及时做出处理。

(三)加工工艺质量控制

饲料生产过程中质量控制要坚持以防为主,防检结合。生产操作人员应具有一定的文化程度和良好的专业技能。应全面了解生产工艺的组织情况、工作程序;操作设备的结构形式、工艺性能;生产产品的营养特性、加工特性。要定期检查设备,根据各设备的特点进行必要的维护、保养和维修,保证设备的正常运转和良好的生产性能。要严格按规定上料、查仓、配料和投料等,进行标准化作业,加强规范化管理。

1. 进料

进料虽然是一道较简单的工序,如稍有疏忽也会出现问题。一般说来,为防止较大的杂质进入配合饲料中,在投料口处设置一栅网,以清除大杂质。在进料时,负责原料的质检人员应察看进入的原料是不是按配料工序负责人通知的品种,以确保进料的准确,并且保证原料先进先出。此外,质检人员还要记录当班所进各种原料的产地、到货日期;使用数量及用在哪一种配合饲料内;并将每天的记录情况归类存档,以便日后出现质量问题时有档可查。

2. 清理

饲料原料中总是夹杂一些杂质或块状物通过进料口处的栅网,进入生产管道线中,需要进行清杂除铁。清理标准必须达到生产配合饲料的工艺要求,如有机物杂质不得超过 0.2 g/kg,直径不大于 10 mm;磁性杂质不得超过 50 mg/kg,直径不大于 2 mm。

实际生产中,清理的过程是自动进行的,操作人员往往容易忽视这一环节。质检人员应定期察看清杂情况,尤其要检查初清筛有无破损或堵塞现象,每天清理初清筛内筒。对磁选设备的功效更应定期检查,及时清除吸附的铁质,并经常提请该工序操作人员注意。

3. 粉碎

粉碎工序主要控制粉碎粒度及均匀度。配合饲料品种不同,对原料粉碎的粒度要求不同。应根据需要更换锤片式粉碎机的筛片,以达到不同配合饲料产品设计的要求。作为生产过程中的质检人员应保证 20 min 对粉碎的质量检查一次,据此判断粉碎的粒度和筛片是否有破损的情况。一旦发现粉碎的粒度不正常,应马上责令停机检查,予以纠正,并将已经产生的不合格粉碎原料放出重新处理。

4. 配料

配料工序的质量控制目标是配料的准确性也就是配料精度。配料精度是指配料过程中,各种原料的实际称量值对配方给定值的偏差或是误差,它直接影响到饲料加工的质量。配料秤动态精度的高低直接影响到饲料配比的准确性和饲料产品的质量。一般要求配合饲料在静态计量时的配料精度要达到 0.2%～0.3%。预混饲料中的微量成分在静态计量时的配料精度要达到 0.01%～0.03%,配料秤静态精度的高低对动态精度有着决定性的影响,配料秤的动态精度都不可能高于其静态精度。只有配料秤的静态精度高,其动态精度才有可能高。电子配料秤或其他衡器必须做到在使用前校验检查,对称的灵敏度和准确度至少每月进行一次校正。称量时必须准确无误,称量值应经过复查,负责称量的人员应认真填写生产记录,并在有关表格上签名。做到称量系统专人负责,定期校准。生产负责人每天应检查记录,定期检查库存,核对产品用量。

5. 混合

混合工序的质量控制目标是饲料混合的均匀度，要求混合均匀度的变异系数粉料不大于10%，预混料不大于7%。生产人员应严格按照产品设计规定的装填量、混合时间、投料次序进行生产，及时清理在叶片、轴或混合机内壁的某些"死角"上形成的"料垢"。对于卧式混合机而言，充满系数在0.7左右；不得随意延长或缩短混合周期，以免影响物料混合的均匀度；加工投料程序由大宗原料投起，而后按配比用量由大到小进行添加，最小量物料添加量应不小于1%，否则需预混到1%后才能加入；往混合机内放料时，混合机应处在运转状态，待最后一种料投完后才开始计算混合时间，如需添加液体需在干混合后20 s后再喷液，液体喷完以后再计算混合时间。混合成品输送，距离尽量缩短，避免用风力输送。生产过程中的质检人员应根据生产工艺特点，确定本厂混合机的最佳混合时间，而不能简单凭借一台混合机在出厂时对混合性能的说明。这是因为大多数混合机的混合性能的测定是在混合机内进行的且是单一品种的原料，而在实际生产中，饲料厂需把混合好了的饲料经过一段距离的运输才能到达成品仓，然后进入制粒或打包工段。由于各厂工艺设计的不同，这一段距离的长短不一，混合好的饲料在后段的运输中又要进行一次"混合"或分级；而且在实际饲养中，只有打包口处的饲料的均匀性对畜禽有意义，也就是说，混合机内的均匀性不能完全代表打包处的饲料的均匀性，虽然二者的关系十分密切。因此，应从打包口处抽样测定饲料产品在最佳混合均匀度下的混合时间。另外，虽然饲料混合均匀的程度与混合机的性能相关，但饲料原料的品种和状态对混合效果也有影响，如比重差异较大的原料配合在一起，相对比重相近的原料配合在一起难以混合；原料间粒度差异较大的也较难以混合。因此在实际生产中，如果配方，原料或生产的品种有较大的变化时，应重新测定最佳状态下的混合时间。

6. 制粒

按不同饲料原料的成型性能和配合饲料的产品质量要求进行调质与制粒，控制好蒸汽流量、压力、温度、成品水分和冷却时间等，以保证颗粒成型率和颗粒产品的品质、外观、粒度、含粉、气味、硬度等达到设计的质量要求。

另外，由于长时间的生产，在生产线的各管道或料仓内难免会有些饲料残留，这些残留一部分是残料，一部分是残垢。因此，对生产线要定期冲洗或清理，以保证每种成品料的质量。严格说来，生产过程中更换饲料品种时应视情况对生产线进行冲洗，以便清除上一种料的残余对下一种料的污染，尤其是在生产加药饲料时更应注意，清洗的料应单独存放，并报告给营养师做相应的处理。

（四）产品质量控制

配合饲料产品质量检测是饲料企业质量管理的重要环节之一，常规检测主要着重于部分物理性状和化学成分的检测，包括粒度、粉化率、含粉率、混合均匀度、水分、粗蛋白、粗脂肪、粗纤维、粗灰分、钙、磷和食盐等含量的检测。产品从生产线上下来，进行称重打包后存入成品仓。经检验合格的产品，应及时填写合格证并附产品标签，注明产品名称、商标名称、饲料主要成分保证值、净重、生产日期、产品有效期、使用说明、生产厂家和地址等。成品仓库要保持通风干燥，防止发生霉变和虫、鼠害。饲料产品出厂实行"先进先出、推陈贮新"的原则，控制饲料成品在仓库的贮藏期限。如果全价料成品在库内的存放期超过1个月时，浓缩料成品存放超过 2 个月，预混料成品超过 3 个月时，质检人员及时报告给营养师，以便采取相应的措施。

(五)售后服务

产品质量的好坏主要是来自用户的评价，全面质量管理必须从生产过程延伸到使用过程。需要向客户认真介绍产品的性能，热情周到，做好咨询工作。产品运输要及时准确、安全经济。技术人员要做好服务工作，深入养殖场和养殖专业户中具体指导，或者把用户请来进行技术培训，帮助他们掌握正确的饲养方法和用量，使配合饲料达到最高的使用效率。建立定期访问用户、站柜台和召开用户座谈会等制度，收集、分析、处理产品使用阶段的各种质量信息，与国内外同类产品比较，了解本厂产品的缺陷和问题，及时反馈到设计、生产的各个环节，不断改善产品的质量。对因用户使用不当或其他原因造成的损失，技术人员要做好解释指导工作；对因产品质量而给用户造成损失的，应根据具体情况，及时进行经济赔偿处理，确保企业信誉不受损害。

二、饲料产品质量标准

截止到 2020 年 3 月，已发布的国家和行业产品标准 52 项，限于篇幅本教材仅以仔猪、生长育肥猪配合饲料质量标准中的技术要求作用做简要介绍。其他相关标准可查阅资料。

GB/T 5915—2020 规定了仔猪、生长育肥猪配合饲料的要求、试验方法、检验规则及标签、包装、运输和贮藏的要求。该标准适用于瘦肉型仔猪、生长育肥猪配合饲料。

(一)要求

感官：无霉变、结块及异味、异臭。

水分：不高于 14.0%。

混合均匀度：产品混合均匀度变异系数应不大于 10%。

营养成分指标：见表 5-4。

卫生指标：应符合 GB 13078 的要求。

采样：按 GB/T 14699.1 规定执行。

表 5-4 仔猪、生长育肥猪配合饲料主要营养成分含量 %

产品名称		粗蛋白质	粗纤维≥	粗灰分≥	钙	总磷	食盐(以水溶性氯化物计)	赖氨酸≥	蛋氨酸≥	苏氨酸≥	色氨酸≥	缬氨酸≥
仔猪饲料	3～10 kg	17.0～20.0	5.0	7.0	0.50～0.80	0.50～0.75	0.30～1.00	1.40	0.39	0.87	0.24	0.90
	10～25 kg	15.0～18.0	6.0	7.0	0.60～0.90	0.45～0.70	0.30～1.00	1.20	0.34	0.74	0.20	0.77
生长育肥猪饲料	25～50 kg	14.0～16.0	8.0	7.5	0.60～0.90	0.40～0.65	0.30～0.80	0.98	0.27	0.58	0.17	0.63
	50～75 kg	13.0～15.5	8.0	7.5	0.55～0.80	0.30～0.60	0.30～0.80	0.87	0.24	0.54	0.15	0.56
	75～100 kg	11.0～14.0	10.0	7.5	0.50～0.80	0.25～0.55	0.30～0.80	0.75	0.21	0.47	0.13	0.48
	100 kg 至出栏	11.0～13.0	10.0	7.5	0.50～0.80	0.20～0.50	0.30～0.80	0.65	0.18	0.38	0.11	0.42

注：①总磷含量已经考虑了植酸酶的使用。②表中蛋氨酸的含量可以是蛋氨酸＋蛋氨酸羟基类似物及其盐折算为蛋氨酸的含量，如使用蛋氨酸羟基类似物及其盐，应在产品标签上标注蛋氨酸折算系数。

(二)试验方法

感官检验:取适量样品置于清洁、干燥的白瓷盘或培养皿中,在自然光线下观察其色泽和形态,嗅其气味;水分按 GB/T 6435 执行;混合均匀度按 GB/T 5918 执行;粗蛋白质按 GB/T 6432 执行;粗纤维按 GB/T 6434 执行;粗灰分按 GB/T 6438 执行;钙按 GB/T 6436 执行;总磷按 GB/T 6437 执行;蛋氨酸按 GB/T 18246 执行;蛋氨酸羟基类似物按 GB/T 19371.2 执行;赖氨酸按 GB/T 18246 执行;食盐按 GB/T 6439 执行。

(三)检验规则

组批:以相同原料、相同生产工艺、连续生产或同一班次生产的同一规格的产品为一批,但每批产品不得超过 200 t。

出厂检验:外观与性状、水分、粗蛋白质和粗灰分含量为出厂检验项目。

型式检验:型式检验项目为要求的全部项目。正常生产情况下每 6 个月进行 1 次型式检验。在有下列情况之一时,应进行型式检验:产品定型投产时;生产工艺、配方或主要原料来源有较大改变,可能影响产品质量时;停产 3 个月以上重新恢复生产时;出厂检验结果与上次型式检验结果有较大差异时;饲料行政管理部门提出检验要求时。

判定规则:所检项目全部合格判定为该批次产品合格。检验结果中如有一项指标不符合本标准要求时,应自同批产品中重新加一倍抽样进行复检,复检结果如仍有一项指标不符合标准要求,则判定该批产品不合格。微生物指标不得复检。检验结果判定的允许误差的按 GB/T 18823 规定执行(卫生指标除外)。各项目指标的极限数值判定按 GB/T 8170 中全数值比较法执行。

(四)标签、包装、运输和贮藏

标签应符合 GB 10648 的要求。包装材料应无毒、无害、防潮。运输中防止包装破损、日晒、雨淋,禁止与有毒有害物质共运。贮藏时防止日晒、雨淋,禁止与有毒有害物质混贮。

三、饲料标签标准

饲料标签是以文字、图形、符号说明饲料内容的一切附签及其他说明物。《饲料标签》(GB 10648—2013 含第 1 号修改单)是设计商品饲料和饲料添加剂和饲料原料(包括进口产品)标签的依据。它规定了饲料标签设计制作的基本原则、要求以及标签标示的基本内容和方法。可饲用原粮、药物饲料添加剂和养殖者自行配制使用的饲料除外。其主要内容请上网查阅。

四、配合饲料加工质量测定方法

(一)配合饲料的感官鉴定

1. 原理

配合饲料的感官鉴定,主要是借助鉴定者的视觉、嗅觉、味觉和触觉功能,参照各种配合饲料标准样品和杂质样品的外形、色泽、硬度、气味等，对样品的种类、品质进行鉴别和评价。

2. 仪器与材料

筛子：可套在一起的孔径 2.00 mm、0.84 mm、0.42 mm、0.25 mm、0.177 mm 的筛及底盘；尖头镊子、尖头探针；试样，正常样品；烧杯；培养皿；研钵等。

3. 试样制备

(1)分样。将样品充分混匀，用四分法分取到检查所需量，一般 10～15 g 即可。

(2)筛分。根据样品粒度情况，选用适当组筛，将最大孔径筛置最上面，最小孔径筛置下面，最下是筛底盘。将四分法分取的样品置于套筛上充分振摇后，用药勺从每层筛面及筛底各取部分样品，分别平摊于培养皿中。

(3)颗粒饲料样品处理。置几粒于研钵中，用研杆碾压使其分散成各种组分，但不要再将组分本身研碎。初步研磨后过孔径为 0.45 mm 的筛。

4. 鉴定方法

(1)视觉鉴别。将配合饲料样品摊放于白纸上，在充足的自然光或灯光下，通过肉眼或放大镜对样品的形态、颜色、光泽度、粉碎细度以及虫害和霉变等进行观察，必要时以正常样品在同一光源下对比。观察的目的在于识别样品标示物质的特征，注意掺杂物、热损、霉变、结块、虫蚀、活昆虫等。检查有无污染物及有害微生物感染，以判断配合饲料是否正常。

例如，在检验过程中发现样品有结块，可能是由于配合饲料发霉或者水分含量过大，也可能是其他结块原因。如粉碎时，样品过细结成球状物没有分离，但轻轻一捻就成粉状；这还可能是由于配合饲料中有脂肪性或黏性液体的存在导致结块。

应该注意的是，配合饲料中的活虫体在实验室适宜条件下仍会生长繁殖，故在检查样品中有无活虫体存在时，必须在样品收到时就进行。

(2)嗅觉鉴别。嗅气味时应避免环境中其他气味的干扰。嗅觉检查的目的在于判断被检样品标示物质的固有气味，并确定有无腐败、酸败、霉变、氨臭、焦煳等其他不良气味。

(3)口舌鉴别。口舌鉴别是将配合饲料样品通过检验者的舌头和牙齿来鉴别其味道是否正常，判断是否有砂粒，是否酸败，适口性好坏等。鉴定时应先漱口。鉴定过程中要注意避免样品对人体健康的影响，如坚硬的组分用牙齿咬时应试探性地轻咬，鉴别完后应用水漱口。

(4)触觉与听觉鉴别。配合饲料水分的概略含量可以通过手捻来判断。从手捻而发出的声音和手感来判断配合饲料的干燥与潮湿程度。如粉状配合饲料手捻发出干脆的声音，且有扎手感觉，表明水分含量较少；若有疲钝之声，手感柔和，无扎手感觉，表示略有潮湿。对于颗粒饲料，可以用牙咬来鉴别干脆和疲钝。

5. 结果表示

结果表示应包括样品的外观、色泽、气味，并给出所检样品是否与送检名称相符合的结论。

6. 报表填写

配合饲料感官鉴别报告按表 5-5 格式填写。

表 5-5　×××饲料公司配合饲料感官鉴别报告单

产品名称		生产日期		批次	
抽样人		送检时间		检验时间	
检验项目	检验方法		检验结果		备注
1.外观					
2.色泽					
3.气味					
结论					

检验员：　　　　　　　　　　　　主管经理：
日　期：　　　　　　　　　　　　日　　期：

(二)配合饲料混合均匀度的测定(氯离子选择电极法、仲裁法)

混合质量评定的指标是混合均匀度，目前用统计上的变异系数 *CV* 表示。

把各种组分的混合物完全混合均匀，这好像是要把各种组分的每一个分子均匀地、按比例地镶嵌成有规律的结构体。也就是说，在混合物的任何一个部位截取一个很小容积的样品，在其中也应该按比例包含每一个组分。实际上，这种理想的完全混合状态是不存在的。处在混合物整体中不同部位的各个小容积中所含各组分的比例不可能绝对相等，而往往都是与规定的标准量有一定的差异。因此，对混合物均匀度的评价只能是基于统计学分析方法的基础上。

二维码 5-3　饲料产品混合均匀度的测定——氯离子选择电极法

一般评定混合均匀度的方法是：在混合机内若干指定的位置或在混合机的出口(或成品仓出口)以一定的时间间隔截取若干个一定数量的样品，每批试验物料的取样数量不得少于 10 个，每个样本质量为 100～150 g。分别测定每个样品的含量。然后，以统计学上的变异系数作为混合均匀度的一种指标。

GB/T 5918—2008 规定了饲料产品混合均匀度的两种测定方法，即氯离子选择电极法和甲基紫法。本标准适用于配合饲料、浓缩饲料、精料补充料混合均匀度的检测，也适用于混合机混合性能的测试。

1. 原理

通过氯离子选择电极的电极电位对溶液中氯离子的选择性响应来测定氯离子的含量，以同一批次饲料的不同试样中氯离子含量的差异来反映饲料的混合均匀度。

2. 试剂

以下试剂除特别注明外，均为分析纯，水为蒸馏水，符合 GB/T 6682 的三级用水规定。

(1)硝酸溶液：浓度约为 0.5 mol/L，吸取浓硝酸 35 mL，用水稀释至 1 000 mL。

(2)硝酸钾溶液：浓度约为 2.5 mol/L，称取 252.75 g 硝酸钾于烧杯中，加水微热溶解，用水稀释至 1 000 mL。

(3)氯离子标准溶液：称取经 550 ℃灼烧 1 h 冷却后的氯化钠 8.244 0 g 于烧杯中，加水微热溶解，转入 1 000 mL 容量瓶中，用水稀释至刻度，摇匀，溶液中含氯离子 5 mg/mL。

3. 仪器

氯离子选择电极；双盐桥甘汞电极；酸度计或电位计，精度 0.2 mV；磁力搅拌器；烧杯；

100 mL,250 mL;移液管:1 mL、5 mL、10 mL;容量瓶:50 mL;分析天平:感量 0.000 1 g。

4. 采样

本法所需样品应单独采取。每一批饲料产品抽取 10 个有代表性的原始样品,每个样品采样量约 200 g,取样点的确定应考虑各方位的深度,袋数或料流的代表性,但每一个样品应由一点集中抽样,取样时不允许有任何翻动或混合。

5. 试样制备

将每个样品在实验室内充分混匀。颗粒饲料样品需粉碎通过 1.40 mm 筛孔。

6. 分析步骤

标准曲线绘制:精确量取氯离子标准工作液 0.1 mL,0.2 mL,0.4 mL,0.6 mL,1.2 mL,2.0 mL,4.0 mL 和 5.0 mL 于 50 mL 容量瓶中,加入 5 mL 硝酸溶液和 10 mL 硝酸钾溶液,用水稀释至刻度,摇匀,每 50 mL 即可得到 0.50 mg,1.00 mg,2.00 mg,3.00 mg,6.00 mg,10.00 mg,20.00 mg 和 30.00 mg 的氯离子标准系列,将它们倒入 100 mL 的干燥烧杯中,放入磁力搅拌子 1 粒,以氯离子选择电极法为指示电极,甘汞电极为参比电极,搅拌 3 min。在酸度计或电位计上读取电位值(mV),以溶液的电极值为纵标,氯离子浓度为横坐标,在半对数坐标纸上绘制出标准曲线。

试液制备:准确称取试样(10.00±0.05) g 置于 250 mL 烧杯中,准确加入 100 mL 水搅拌 10 min,静置澄清,用干燥的中速定性滤纸过滤,滤液作为试液备用。

试液的测定:准确称取试样 10 mL,置于 50 mL 容量瓶中,加入 5 mL 硝酸溶液和 10 mL 硝酸钾溶液,用水稀释至刻度,摇匀,然后倒入 100 mL 的干燥烧杯中,放入磁力搅拌子一粒,以氯离子选择电极为指示电极,甘汞电极为参比电极,搅拌 3 min,在酸度计或电位计上读取电位值(mV),从标准曲线上求得氯离子浓度的对应值 X,按此步骤测定出同一批次的 10 个试液中的氯离子浓度 X_1,X_2, X_3,…, X_{10}。

7. 结果计算

试液氯离子浓度平均值 $\overline{X}$。试液氯离子浓度平均值按下式计算:

$$\overline{X} = \frac{X_1 + X_2 + X_2 + \cdots + X_{10}}{10}$$

试液氯离子浓度的标准差 S。试液氯离子浓度的标准差 S 按下式计算:

$$S = \sqrt{\frac{(X_1 - \overline{X})^2 + (X_2 - \overline{X})^2 + (X_3 - \overline{X})^2 + \cdots + (X_{10} - \overline{X})^2}{10 - 1}}$$

混合均匀度值。混合均匀度值以同一批次的 10 个试液中氯离子浓度的变异系数 CV 值表示,CV 值越大,混合均匀度越差。

10 个试液中氯离子浓度的变异系数 CV 值按下式计算:

$$CV = \frac{S}{\overline{X}} \times 100\%$$

计算结果精确到小数点后 2 位。

8. 报表填写

配合饲料混合均匀度检验报告按表 5-6 格式填写。

表 5-6　×××饲料公司配合饲料混合均匀度检验报告单

产品名称		生产日期					批次			
抽样人		送检时间					检验时间			
测试方法										
标准曲线制作容量瓶号		1	2	3	4	5	6	7	8	
氯含量										
氯含量对数										
电位值										
标准曲线	回归方程						R^2			
样品编号	1	2	3	4	5	6	7	8	9	10
样品质量										
电位值										
氯百分含量										
平均值										
标准差										
变异系数										
混合均匀度标准值										
结论										

检验员：　　　　　　　　　　　　主管经理：

日　期：　　　　　　　　　　　　日　　期：

查阅资料完成习题

(一)填空题

1. 配合饲料的质量是饲料企业的生命，质量管理应贯穿________、________、________至________的整个过程。

2. 反映粉状配合饲料加工质量的指标有________和________。

3. 仔猪、生长育肥猪配合饲料的出厂检验项目包括________、________、________和________。

4. 配合饲料感官鉴定的项目主要包括________、________、________等。

5. 配合饲料混合质量评定的指标是________，________为仲裁法。

(二)不定项选择题

1. 在(　　)情况下，需进行型式检验。

A. 出现改变配方　　　　B. 正常生产每半年

C. 国家技术监督部门提出要求　　　　D. 停产半年后恢复生产

E. 出现改变生产工艺

2. 测定饲料混合均匀度时，每批饲料产品需抽取(　　)个有代表性的原始样品，每个样品采样量约 200 g。

A. 3　　B. 5　　C. 10　　D. 15

3. 饲料标签的基本要求有(　　)。

A. 不得与包装物分离

B. 印制材料应结实耐用；文字、符号、图形清晰醒目

C. 标准的计量单位，必须采用法定的计量单位

D. 印制内容不得在流通过程中变得模糊不清甚至脱落，必须保证用户在购买和使用时清晰易辨

(三)判断题

1. 饲料标签必须标有“本产品符合饲料卫生标准”字样，以明示产品符合 GB 13078 的规定。(　　)

2. 产品成分分析保证值是生产者根据规定的保证值项目，对其产品成分必须做出的明示承诺和保证，保证在保证期内，采用规定的分析方法均能分析得到的、符合标准要求的产品成分值。(　　)

3. 一个饲料标签只标示一种饲料产品，不可一个标签上同时标示数个饲料产品。(　　)

4. 饲料标签必须使用规范的汉字；可以同时使用有对应关系的汉语拼音及其他文字。(　　)

(四)简答题

1. 比较仔猪、生长育肥猪配合饲料，产蛋鸡配合饲料和奶牛精料补充料加工质量标准的异同点。

2. 简要说明配合饲料感官鉴定的原理。

3. 简要说明配合饲料混合均匀度的测定原理。

二维码 5-4　习题参考答案

学习任务3

日粮饲喂效果检查

【任务描述】

学生按6人一组分组，针对探讨三种仔猪全价配合饲料及三种产蛋鸡全价配合饲料在早期断奶仔猪和产蛋鸡中应用效果的问题，进行饲养试验设计与任务计划书和实施计划的制定，并举例对饲养试验结果分析。另外，针对调查某饲料企业教槽料在养殖户中的饲养效果问题，进行任务计划设计、实施计划设计及相关表格设计。并完成任务实施评价表。

【任务实施】（任务单）

1. 您的任务是用饲养试验的方法，对三种早期断奶仔猪全价配合饲料进行饲喂效果评价，请参考下列信息中的问题，编制饲养试验任务设计书。

(1)对试验猪场有何要求？

(2)对试验用的断奶仔猪的选择有何具体要求？

(3)对选用的断奶仔猪采用什么样的分组方法？试验期多长时间比较适宜？

(4)本试验衡量饲喂效果需要设计哪些评价指标？设计这些评价指标的测试记录表格。

(5)各组试验期间饲料采食量如何测定？各组饲料样品如何采集？营养物质采食如何计算？

(6)对试验用仔猪称重日期的确定，如何称重？

(7)对实验数据如何统计处理，结果分析。

请参考表5-7列出您的饲养试验设计的实施计划，需要准备的材料清单。

表5-7　早期断奶仔猪三种配合饲料饲养试验材料与工作计划单

材料	数　　量
饲料	
器材	
表格	
人员	

2. 您的任务是用饲养试验的方法，对三种产蛋鸡全价配合饲料进行饲喂效果评价，请参考下列信息中的问题，编制饲养试验任务设计书。

(1)对试验蛋鸡场有何要求？

(2)对试验用产蛋鸡的选择有何具体要求？

(3)对选用的产蛋鸡采用什么样的分组方法?试验期多长时间比较适宜?

(4)本试验衡量饲喂效果需要设计哪些评价指标?设计这些评价指标的测试记录表格。

(5)各组试验期间饲料采食量如何测定?各组饲料样品如何采集?营养物质采食如何计算?

(6)对各组产蛋鸡产蛋量如何测定?

(7)对实验数据如何处理,结果分析。

请参考表5-8列出您的饲养试验设计的实施计划,需要准备的材料清单。

表5-8 产蛋鸡三种配合饲料饲养试验材料与工作计划单

材料	数 量
饲料	
器材	
表格	
人员	

3.您的任务是针对调查某饲料企业教槽料在养殖户中的饲养效果问题,请参考下列信息中的问题,进行调查任务计划设计、实施计划设计及相关表格设计。

(1)本调查可采用什么方法进行?

(2)教槽料的饲养效果主要通过哪些指标来体现?

(3)影响教槽料饲养效果的因素有哪些?

(4)设计一个调查教槽料饲养效果的表格。

日粮饲喂效果检查相关知识

一、饲养试验设计的方法

饲养试验是在生产(或模拟生产)条件下,通过饲喂动物已知营养物质含量的饲粮或饲料,对其增重、产蛋、产奶、耗料、每千克增重耗料及血液生化指标等进行测定,有时也包括观察缺乏症状出现的程度,确定动物对养分的需要量或比较饲粮或饲料的优劣。饲养试验既是饲料与营养研究中常用的方法,同时,作为畜牧生产技术和成果转化为畜禽生产力和效益的重要环节,也是推广工作中进行应用性探讨不可缺少的手段。

(一)饲养试验的基本要求

由于饲养试验周期较长,受到的干扰因素较多(如试验动物本身存在的差异、自然环境管理条件存在差异以及试验人员操作技术上存在的差异等),情况复杂。因此,在进行饲养试验之前必须符合以下几点基本要求,以保证饲养试验有较高的质量,使所获取的结果能够在科研和生产中加以应用。

1.试验的代表性

试验的代表性包括两个方面的含义。其一,试验动物本身要具有代表性,也就是说参试动物要能代表其所在的总体，并且要有足够的数量。其二，试验条件要有代表性，是指试验条件应该能代表将来准备采用这个试验结果的地区的自然条件。这对于推广试验结果具有重要意义。另外，试验的代表性除应考虑目前生产的情况外，还应考虑将来发展的前途，使试验结果既能符合当前需要，又不落后于生产发展的要求。

2. 试验的正确性

试验的正确性包括准确性和精确性两个方面。一是试验要最大限度地准确，即试验结果要接近客观真值；二是试验要精确，即将试验误差控制在允许范围内，使处理间的差异能精确地表现出来。这就要求试验设计必须合理、完善。只有正确的试验，才能起到指导生产和促进生产的作用。

3. 试验的重演性

试验的重演性是指在同一条件下进行相同试验时，能获得相似的结果。一个好的技术措施如果只能在试验中表现出来而在生产上却不能重演出来，试验就失去其使用价值。为保证试验的重演性，必须严格要求试验中的各个环节，保证试验的正确性和代表性。

4. 试验的合理性

试验的合理性是要求饲养试验要符合生物统计原理，以保证试验数据可以进行统计分析；试验误差可以估计；试验指标可比；试验结果可以统计推断。这对保证试验结果的有效性具有重要意义。若试验指标和欲取代事物的指标不同类或条件不一致，即指标间无可比性，若试验结果不能进行统计分析和估计误差，则无法对试验结果的优劣下结论，试验就失去意义。为保证试验的合理性，就要求在试验设计时必须遵守生物统计学的原理和要求，对一系列技术性问题进行周密考虑。

(二)饲养试验设计的基本原则

广义的饲养试验设计是指在科研工作开始进行之前，依据统计学原理，按照试验的目的要求和试验动物的具体条件，对试验的选题、试验方案、设计方法以及相应的资料收集、整理和统计分析方法等一整套的内容进行的周密而全面的设计。而狭义的试验设计仅指试验方案的设计。试验方案是指试验中用来做比较的各种处理的确定与安排的总称。试验方案确定之后，结合试验条件需进一步确立采用何种设计方法。饲养试验设计的目的，就是要突出处理的效应，尽量地控制和降低试验误差，以提高试验的精确性，得出正确的结论。因此，在饲养试验设计时必须遵循以下三个基本原则。

1. 重复原则

重复原则是指在同一处理之内安排两个或两个以上的试验单位。设置重复的作用有两点：一是估计试验误差。试验误差是通过同一处理内观察值的变异而估计的，如每个处理只有一个试验单位，也即只有一个观察值，将无法分析处理内的差异，因而也就无法估计误差。二是降低试验误差。误差的大小与重复数的平方根成反比，故增加重复次数可以降低试验误差。由于随机误差不可避免，因此，设置重复就成为分离误差和提高试验精确度的主要方法。样本容量越大试验误差就越小，但是相应的投入也就越大，因此，样本容量应该在满足误差要求的前提下越小越好。在一个试验中，重复数应为多少，可根据试验条件和要求来确定。一般来讲，如供试对象间差异较小，则重复数可少些；如差异较大，则重复数应多些。

2. 随机原则

饲养试验中，对试验单位的抽样、分组、实施处理及其试验顺序等都应该遵守随机原则，以避免人为主观因素的影响。统计学方法要求所分析样本必须是随机样本，因此，随机原则是统计分析的基础。随机原则的主要作用是避免系统误差，保证得到无偏的试验误差估计值。

3. 局部控制原则

控制是指在饲养试验时，采用各种技术措施，控制和减少处理因素以外其他各种因素对试验结果的影响，使试验误差降低到最小，以保证试验结果的正确、可靠。进行局部控制可从以下几个方面考虑。

(1)试验对象的选择要尽量一致。如选用品种、性别、年龄、胎次相同，生理状况、生产性能及体质量相近的动物做试验。

(2)施加的非处理条件要一样。对接受同一处理的个体，应给予完全相同的条件。例如，同一试验组的家畜应争取放在同一圈或条件完全相同的畜舍内饲养，喂料、打扫应争取在同一时间进行，供试动物应由同一人饲养等，以降低由于接受的饲养管理条件及操作技术不一致引起的误差。

(3)严格控制各种外来干扰因素。试验过程中，要严格控制各种外来因素的干扰，如饲料的突然改变，疾病的侵袭，饲养环境条件的改变等。

综上所述，一个良好的饲养试验设计，只有遵循重复、随机和局部控制三项原则，才能获得真实的处理效应和无偏的试验误差估计值，从而对各处理的比较做出可靠的结论。

(三)饲养试验的设计方法

常用的饲养试验设计方法主要有完全随机设计、配对设计、随机单位组设计、拉丁方设计、交叉设计以及正交设计六种。

1. 完全随机设计

随机设计又称简单随机设计，是指每个试验单位都有相同的机会进入任何一个处理组中去，也即每个试验动物都有同样的机会接受某一种处理，而不受试验人员主观因素的影响。完全随机设计的实质就是对试验动物的随机分组问题。常用的随机方法有抽签、拈阄、利用随机数字表或利用计算器的随机数发生功能等。随机数字表是由 0～9 这 10 个数字随机排列组成的，任一数字出现在表中的任一位置都是随机的。该表可以根据需要作为任意位数来使用。应用随机数字表分组时，可以随机地从表中某一位置开始，向某一个方向查数字，可以顺查，也可间隔查，一次可以查二位，也可以查三位、四位。但一切都必须在查表前规定好，而不能主观地有选择地规定。

试验结果的分析方法：完全随机试验设计试验结果的统计分析方法，因为分组的多少不同，因而分析方法也不同。如试验仅分为两组，在分析两组平均数之间差异是否显著时，可用非配对试验的 t 检验法；若试验分为三组或三组以上，则用单因素方差分析法进行 F 检验。

适用范围：随机设计是最基本的一种设计方法，一般用于单因子试验。它主要适用于以下几种情况：一是试验动物个体差异较小时。若试验动物本身差异太大时，不宜用完全随机分组，尤其是个体数较少时，它们的均衡性差，会出现严重偏性。二是对试验因素以外的其他因素的影响尚不了解时。三是试验动物不多的小规模试验，因为这种设计进行方差分析时的误差自由度最大。

优缺点：随机设计的优点是设计与试验都比较简单，且可使方差分析时的误差自由度最大；处理数不受限制，遵守随机和重复原则，能使影响试验结果的非处理因素在各组的影响都基本相同，从而使这些因素的作用相互抵消，达到突出处理效应的目的，同时能够估计出试验误差的大小。缺点是这种设计没有采用局部控制措施，非试验因素的影响都归入试验误差，试验误差增大，试验的精确性相对降低，因而要求试验过程中要尽可能地使各种非试验因素都相当的均匀一致。

2. 配对设计

配对设计是将性质相同或相近的试验单位配成一对，然后将同一对内的两个试验单位完全随机地分配到两个不同的处理中，一对就是一个重复。试验时配成对的试验动物要有明显的标记。配对试验要求同一对内的两个试验单位要尽可能地一致，不同对之间允许有差异。配对的形式有两种，一种为同源配对，如将同窝、同性别、同体质量的两个试验单位配成对子；另一种为自身配对，如将试验单位试验前、后的数据配成对子。

分组方法：首先将试验单位编号，然后利用随机数字表进行随机分组。

分析方法：若试验结果为计量资料，则按配对试验资料的 t 检验法进行统计分析，若试验结果为次数资料，则按配对资料 χ^2 检验法进行统计分析。

优缺点：配对设计的优点是分析简单，同时由于应用了局部控制原则，每对供试动物的差异甚小，所以试验误差较完全随机设计小，试验的精确度也高。其缺点是对试验单位的条件要求严格，有时难以找到合适的动物，而且只适用于两组的试验。

3. 随机单位组设计

单位组设计是配对试验设计的扩展，配对试验设计适用于两个处理的单因子试验。因配对试验设计可以提高试验的精确度，根据这一原理，当试验处理为多个时，可将配对的试验单位扩大为多个，使之形成一组，也即把条件尽可能一致的多个试验单位归为一个单位组，每一单位组内试验单位数等于处理数，并将试验单位随机分配到各处理组，此种设计即为随机单位组设计。这个组在动物的试验上可称为窝组或单位组。在进行随机单位组设计时，对同一单位组内各试验单位采用随机的方法分配处理，也即随机化只在单位组内进行，一个单位组就是一次重复。

随机单位组设计要求：一是对试验单位的要求，随机单位组设计同配对设计的要求相同，即要求同一单位组内试验单位的条件要尽可能一致，不同单位组间要保持一定的差异；二是每一组内所包含的试验单位数要等于处理数（若试验单位数少于处理数时，称为不完全单位组设计）；三是在每个单位组内每种处理都必须出现且仅出现一次，每个试验单位随机地接受一种处理；四是单位组与处理之间不存在交互作用。

分组方法：随机单位组设计的分组要求是各处理在同一单位组内是完整的，排列是随机的；不同单位组间试验是独立进行的。

分析方法：随机单位组试验结果的分析是采用两因子无重复观察值的方差分析，把单位组看成一个因素。

应用范围：随机单位组设计的应用范围极其广泛，在有两个以上处理的单因素试验中，如果存在对试验指标影响较大的干扰因素（如操作人员的不同，试验时间、地点的差异以及试验单位的性别、年龄等的差别），都可以将这些干扰因素作为单位组，进行局部控制，以提高试验的精确性。在饲养试验中，可以作为单位组划分的有以下几种情况：第一，以地域为区组，以消除不同地域的环境差异的影响。这个地域可以是不同的牧场，也可以是不同的圈舍，还可以是不同的地区，其他如年龄、性别、家系、品种上不同等已知影响因素，只要不是研究因素，都可以作为单位组加以“局部控制”。可设的单位组很多，但只能择其主要项目设一个单位组。第二，以时间段为区组，把“时间”划分为单位组，加以重复，最后取得试验结果。对于不能在同一时间内完成，只能分批完成，不同时间的环境条件可能存在差异，以时间为区组可以消除这种差异的影响。但要注意在随机单位组试验过程中，在没有得到完整的结论之前，不要随意修改试验计划。因为人们常常在第一次试验结束时，针对出现的问题修改设计方案，第二次试验后还要修改，这样就成了几次不同的试验，而不是同一个试验内的几次重复。失去了“单位组”的意义。第三，大家畜做试验时，畜群小，不宜随机抽样，可以把生理阶段、年龄、性别以及生产性能记录等方面比较一致的个体选为一个“单位组”，单位组间可以有差别。

随机单位组设计的优点：一是设计简单，易掌握。二是富于弹性，可用于单因素和多因素试验。三是完全遵循了试验设计的三项基本原则，因此试验设计精确度高。随机单位组设计与完全随机设计相比，其相对效率一般较高，因为其通过方差分析将单位组间的差异从误差均方中分离出来了。因此，如果单位组间的差异较大，则应以随机单位组设计为宜，否则，应以完全随机试验设计为宜。四是对试验的处理数及重复数没有严格限制，处理数一般 2～20 个，但以 15 个以下为适宜；重复数可有 4～6 次，如个体差异较大或处理数较少时，重复数可增加到 8～10 次。五是统计分析比较简单，如由于某些意外的原因丢失了一两个数据还可以进行估算，而不致使整个试验报废。随机单位组设计的缺点：一是当处理数过多时，各单位组试验动物的选择有困难。二是当处理因素和单位组有交互作用时，则不能采用此设计方法。

二、市场调查畜禽饲养效果的方法和程序

饲养效果是配合饲料质量、饲养技术等多种饲养因素通过饲养过程集中体现出来的。只有当平衡日粮与饲养技术完美结合时，畜禽的正常生长发育、健康和食欲才得以保证。在此基础上，畜禽才能发挥最大的遗传潜力，把日粮高效率地用于生长和生产。因而，饲养效果能够综合地、客观地反映配合日粮是否完善，饲养技术和其他管理措施是否合理。市场调查饲养效果的目的就是基于对畜禽的群体状态、食欲与采食量、繁殖、生产、经济效益分析等方面的考查，综合剖析和全面评价各饲养要素，发现不足和存在问题，并在此基础上制定出相应的改进日粮和饲养的方案。从而推动饲养技术和日粮配合质量以及畜禽的生产水平不断提高。

畜禽饲养效果的市场调查就是深入养殖场，采用座谈会和问答及现场观察等方式了解情况，做好笔录。积极索取有关记录材料并做好畜（禽）群现场观察记录。在市场调查中，注意使用群众的通俗语言，不要使用他们难以理解的专业术语。

（一）一般情况了解

采用座谈和问答形式，通过养殖场管理人员或技术人员、饲养员了解该场的基本情况。包括以下内容：

1. 建场历史

所有制形式与经营管理体制；技术人员的组成与水平；畜禽品种与结构；环境控制与疫病

防治措施。

2. 养殖品种与饲养阶段的划分

以母猪为例，自出生后有哺乳、生长、妊娠和泌乳等阶段。实践中所采用的日粮和饲养技术，应与这些阶段密切适应。以及该场生产工艺的划分，调查内容有养殖品种、品种来源、商品场或种畜场、该品种的生产性能等。

3. 饲料粒度与料型

饲料粒度和料型是影响畜禽采食量及消化率的重要因素之一，并由此进一步制约生长发育和其他生产性能。由于消化生理特点不同，各类畜禽对饲料的粒度有不同的要求。如牛等大家畜精料中的玉米，既不宜采用整粒，也不宜粉碎过细。整粒饲喂易引起消化不完全；过细容易致食糜过快通过消化道，从而使消化率降低。全价配合饲料的料型有粉料和颗粒料两种。颗粒料饲养效果好于相应的粉状料。

4. 日粮给饲方式

(1)干料与湿料。干料省工，易掌握用量，便于机械化操作，可促进唾液分泌，夏季不易霉变，适用于多数畜禽。使用干料要注意饮水的供应。湿料和稀料是用不同比例的水分调制的饲料。湿料不便于机械化操作，且在夏季易发霉，冬季易冻结。但炎热夏季，适当加水的湿料对某些畜禽不无好处。

(2)熟喂与生喂。多数饲料生喂效果比熟喂好。这是因为饲料加热后，部分蛋白质变性，引起消化率降低；部分维生素失效并伴随其他养分损失或流失；加热过程消耗能源；青饲料加热不当易产生有毒物质。多数饲料煮熟后，营养价值降低 10%。但熟化处理有时在饲养中是必要的，其主要作用在于：破坏饲料中有害物质或抗营养因子（如大豆的抗胰蛋白酶）；杀灭饲料中的病原体；使淀粉糊化，增大吸收量，从而有利于消化酶的作用；产生特有的香味，用于小猪开食。

(3)精粗料分喂。以奶牛为例，除采用全混合日粮（TMR）以外，也可把精料与粗料分开饲喂。在我国，这是一种广泛采用的方式，其某些优越性是应肯定的。如将个体精料配给量与其产奶量挂钩，则可达到节省精料的目的。这是全混合日粮所不易做到的。

5. 饲喂次数

饲喂次数的确定应考虑如下因素：畜禽种类与年龄，饲料性质，生产水平，劳动组织，牧场设施等。饲喂次数过多，生产效果未必好，在以下几种情况下，应酌情增加饲喂次数：一是幼龄畜禽消化道体积小，因此一次采食量较少；二是进入肥育期的畜禽，不仅饲喂次数应增加，而且夜间采食时间也应适当地延长；三是某些必要的时候，如母猪产仔后的一段时间。群众在长期生产中积累的丰富的经验，如“少喂勤添”“马要吃夜草”等，包含着深刻的科学道理，至今仍有借鉴与启发作用。

6. 给饲数量与质量的控制

(1)根据生产水平的变化给料。如针对奶牛个体产奶量及增减趋势，确定精料补充料的配给量。实验证明，为个体分别制定饲喂程序，并在计算机和识别系统辅助下，可以做到准确按照个体的定额给料。这样，达到相同生产水平，可节省一定量的精料。

(2)根据气温的变化调整日粮。夏季炎热时节，畜禽采食量明显减少，各种养分的日摄入量降低，并伴随生产力下降，针对这一现象，应增加饲粮中蛋白质等养分的浓度，以确保生长发育速度和健康高产。在严寒的冬季，动物维持体温消耗能量较多，应适当提高日粮能量水平，并采取保温措施，以避免能量的无为消耗和饲粮转化率明显降低。

(3)自由采食与限饲。自由采食是保持料槽内经常有料，完全满足畜禽的食欲。自由采食适用于采食量大、增重快的肉用畜禽以及家畜的粗料供给。限饲是根据畜禽的生长发育、生产需要或特定的培育目的，为避免肥胖或体质量过大而维持正常繁殖或其他性能采用的一种饲喂制度。限饲适用于种用畜禽和蛋鸡的生长阶段以及瘦肉型猪的后期饲养。限饲常通过两个途径实现。其一，从数量上限制，即规定每天的给料量，要求少于自由采食量。其二，从质量上限制，即适当使用一些含能量和蛋白较低的数量原料，以使日粮的能量和蛋白质水平适当降低。这样，虽然采食量增加，但摄取的能量和蛋白质的总量没有明显地增加。这种限饲法可使动物产生一定的饱感，并可减少饥饿感引起的不安或恶癖，如鸡的互啄现象。应该注意的是，无论采取哪一种限饲方式，限饲是针对能量与蛋白质的总摄入量，而维生素、矿物质及其他微量成分的总摄入量不可减少。否则，畜禽的生长发育与繁殖性能等方面将受到不利影响。此外，限饲还要做到两点：一是随着畜禽的生长、生产或繁殖的营养需要变化，合理增减料量；二是对于群饲的畜禽，应保证每个个体有均等的采食机会。

7.饲料更换

饲养实践中，由于畜禽进入不同的生长(生产)阶段、季节更替，原料供应发生改变或远距离引种等原因，不得不改变日粮的来源、组成或配比等。由于长时间采食某种日粮，畜禽的消化器官已对其产生适应性。如果骤然对日粮做较大的变动，则畜禽会因来不及适应这种变化而出现采食量减少、消化机能紊乱、便秘或下痢等现象，甚至发育和生产也受到严重影响。因此，更换饲料必须稳妥进行。

(1)要有 5～7 d 过渡期，以便畜禽逐渐适应。

(2)选择适当的时间。特别是更换饲料种类时，应尽量避开快速生长期、生产高峰期、幼龄期和发病期。从外地引进畜禽时，如有必要，应带回一些当时正在使用的饲料，以便逐渐过渡到完全使用本地饲料。

8.饲养日程与操作规程

饲养日程是对每天以饲喂为中心的各项饲养操作在时间顺序上所做的规定。制定饲养日程，应首先确定饲喂次数和时间，然后穿插安排其他日常操作，如除粪、冲刷、运动、刷试、集蛋、挤奶、称重及必要时的兽医措施等。还要充分考虑季节、畜禽种类、生产性能、消化生理特点、饲料的性质及给料方式、饲养人员的生活及其他。饲养日程一经实施，应严格执行，不可随意改动。这样做会带来很多好处。

(1)使畜禽建立一定的条件反射，并形成良好的节奏性，这对于保持消化系统功能旺盛尤为必要。

(2)有利于充分发挥其生产潜力。

(3)便于对饲养人员进行监督检查，从而使各项生产活动有条不紊。

饲养操作规程是对饲养日程的细化，即对某些操作的环节做进一步规定。它的不断完善和严格实施是规范化畜禽生产管理的重要部分。如奶牛的饲喂涉及：喂前饲料质量检查及准备、料槽卫生检查、精粗料循序投喂、采食及粪便观察、饮水、料槽清理等。操作规程的全面贯彻,不仅有利于生产,而且便于提高员工的效率。另外,为操作考核、人员以至整个企业素质的改善提供了条件。饲养操作规程应保持相对稳定,但也应随科技的发展进行必要的调整和实施。

9. 畜禽的训练与调教

实践中,针对不同种类畜禽的生理特点,利用条件反射,使畜禽形成一些"习惯",这不仅有利于健康和高产,而且可以减少工人的劳动强度。如训练猪定点排泄,使粪便清理变得容易;喂猪前鸣哨,使其消化系统提前做好采食准备,有利于改善养分的消化和吸收。

10. 出栏率(量)、存养量、生产水平、饲料转化率和经济效益等。

(二)现场观察

由技术人员带领,观察和了解场内的各个部位。

1. 厂区

地理位置、平面设计及面积;各个小区及其房舍与设施的布局。

2. 畜舍环境条件与饲养密度

畜舍温度、湿度、通风和光照条件以及饲养密度均会影响动物的生产性能。

3. 畜禽的群体状态

群体状态是指畜禽群体静态和动态的一般表现。这种表现具有直观性,并在一定的程度上反映畜禽的健康和生产力以及饲养管理技术的质量。具体应从以下几方面观察。

(1)营养状况。一是多数个体是否达到预期体质量范围,种用畜禽的体况是否过肥或过瘦,生长发育的整齐度如何。二是被毛是否光亮、平滑,皮肤和黏膜有无不正常表征等。

(2)健康状态。良好的营养状况为畜禽的健康提供了保证,而精神状态在一定程度上反映了畜禽的健康状况。良好的健康状态主要表现在以下几个方面:一是畜禽保持良好的精神状态和行为状态。表现为眼明有神,警觉性高,对周围异常变化反应敏锐。二是生长发育正常,生产水平达到特定品种的要求。三是对疾病的抵抗能力较强。另外,在观察畜禽健康状况时,还应考虑病原体对畜禽已经或正在造成的危害。

4. 食欲与采食量

畜禽有旺盛的食欲,才能达到期望的采食量,而一定的采食量是维持其生长发育速度或高产的基本保证。食欲的好坏既是健康的标志,也在一定程度上反映了配合日粮的综合质量,即配方技术、原料种类的选择及其品质直至加工质量和保存质量。诸如饲料中含有适口性较差的成分(如某些药物、异味成分或毒素等)、霉变原料或饲料的物理性状不适应特定畜禽的生物学特征(如蛋鸡料过细)以及病原体污染等因素,都会影响食欲。表现为大量剩料或槽外浪费。

异嗜癖是食欲不正常的表现,潜藏着一定的内在原因。生产实践中所见的异嗜癖,大多是由日粮中长期缺乏某些养分引起。当畜禽体内某些养分不能满足生长发育或生产需要时,它们能在一定程度上本能地啃食或啄食那些可能含有自身急需养分的物体。如日粮缺钙使蛋鸡啄食蛋壳和石灰等;生长猪舔食泥土和石头等则可能与钙、磷、食盐等缺乏有关。

5. 粪便状况

粪便状况与消化和健康密切相关。如饲养不合理可引起粪便多种异常的变化。

6. 繁殖

种公畜的性欲、精液品质，母畜的发情、排卵、受胎、妊娠、产仔数、初生重和泌乳量等，均与饲料和营养尤其蛋白质和维生素密切有关。

7. 生产

(1)饲料转化率及单产。饲料转化率是指生产 1 kg 畜禽产品或增重 1 kg 所需要的配合饲料量。它是衡量养殖业生产水平和经济效益的一个重要指标。在生产中，不同种类畜禽，甚至同一品种不同群体间饲料转化率存在较大的差异，是一个普遍的现象。这与多种因素有关，应着重通过调整日粮结构和合理使用添加剂以及正确的饲养，来达到提高饲料转化率的目的。其他影响因素如体质量，是生产中应注意的方面。在生产水平和增重相同时，体质量越大，用于维持的养分在摄取的养分总量中的比例越大，因而饲料转化率也越低。此外，疾病或滥用抗生素类等药物严重危害畜禽健康，也是影响饲料转化率的重要方面。畜禽的单产，如奶牛个体产奶量、蛋鸡的个体产蛋量，是标志畜禽遗传进展的重要指标。能否使畜禽发挥出其生产潜力，也是检查饲养效果的重要尺度。但是，在追求个体单产时必须考虑饲料转化率以至最终的经济效益。应该注意，第一，短期内日粮营养不平衡或采食量不足，机体可动用自身贮备，从而在一定时间内维持较高产量。泌乳初期的母畜出现这一现象是不可避免的。然而对于产蛋家禽，如果在产蛋前期饲喂不平衡日粮，往往会引起产蛋高峰持续期缩短和体重减轻等现象。第二，某些畜禽采食不平衡日粮，虽能维持较高产量，却以增加采食量为代价，这势必降低饲料转化率。

(2)畜禽产品的质量。畜禽的种质是影响其产品质量的主要因素，而饲料因素同样是不容忽视的。后者影响诸如产品的组成、风味以及其他感官性状等内在和外在质量指标。当畜禽产品的质量因不合理的饲养受到不良影响时，其商品等级和市场竞争力下降，有时可造成更为严重的经济损失。

(3)体质量。正常体质量，即标准体质量，对于畜禽的生长发育、繁殖性能以及经济效益都十分重要。一定周龄或年龄的个体，如果实际体质量偏离正常体质量达到一定程度，则意味着过瘦或过肥，过大或过小。这对其当前或日后的利用价值有不利影响。

8. 饲养效益分析

饲养效益是养殖业的全部产出与全部投入之差，是饲养效果的集中表现。在投入部分中，饲料及饲养技术占一半以上。在生产组织形式合理、畜禽品种优良、饲料原料和畜禽产品价格有利，以及成活率和生产水平等要素正常的条件下，如果计划进一步提高饲养的效益，则应主要在饲料及饲养技术方面进行探讨，寻求突破。实际上，养殖业效益的持续提高是饲养技术的不断投入，饲料转化率的不断提高和饲养管理成本的不断降低的结果。

（三）记录与其他资料的索取

尽量收集各类资料，包括：生产记录、规章制度和操作规程、经济核算方面的资料。

（四）调查报告

用所获得的资料写一篇市场调查报告，就饲养效果加以分析，就目前存在的问题进行剖析，提出具有可操作性的新工作方案。

查阅资料完成习题

(一)填空题

1. 饲养试验周期长,受到的干扰因素较多,情况复杂。因此,在进行饲养试验之前必须符合＿＿＿＿＿＿、＿＿＿＿＿＿、＿＿＿＿＿＿和＿＿＿＿＿＿四项基本要求,以保证饲养试验有较高的质量,使获取的结果能够在科研和生产中加以应用。

2. 饲养试验设计时必须遵循的三项基本原则分别是＿＿＿＿＿＿、＿＿＿＿＿＿和＿＿＿＿＿＿。

3. 常用的饲养试验设计方法主要有六种,它们是＿＿＿＿＿＿、＿＿＿＿＿＿、＿＿＿＿＿＿、＿＿＿＿＿＿、＿＿＿＿＿＿和＿＿＿＿＿＿。

4. 完全随机设计试验结果的统计分析方法,因为分组的多少不同,分析方法也有所不同。如果试验仅分为两组,在分析两组平均数之间差异是否显著时,可用＿＿＿＿＿＿;如试验分为 3 组或 3 组以上,则用＿＿＿＿＿＿。

(二)多选题

1. 完全随机设计是一种最基本的饲养试验设计方法,一般用于单因子试验。它主要适用于(　　)。

A. 试验动物个体差异较小时

B. 对试验因素以外的其他影响因素尚不了解时

C. 试验动物不多的小规模试验

2. 在饲养试验中,可以作为单位组划分的情形有(　　)。

A. 地域

B. 时间

C. 大家畜群体小,不易随机抽样,可以把生理阶段、年龄、性别以及生产性能记录等方面比较一致的个体选为一个"单位组"

(三)判断题

1. 完全随机设计的缺点是没有采用局部控制措施,非试验因素的影响都归入试验误差,试验误差增大,试验的精确性相对降低,因而要求试验过程中尽可能使各种非试验因素都相当。(　　)

2. 随机单位组设计的缺点,一是当处理组过多时,各单位组实验动物的选择有困难;二是当处理因素有交互作用时,则不能采用此设计方法。(　　)

3. 畜禽饲养效果的市场调查就是深入养殖场,采用座谈会、问答及现场观察等方式了解情况,做好记录。(　　)

(四)简答题

1. 什么是饲养试验? 开展饲养试验的目的是什么?

2. 简单评价随机单位组设计的优缺点。

3. 简要说明市场调查饲养效果的方法与程序。

4. 比较四种不同饲料对仔猪增重的影响,从 5 头母猪中每窝选性别相同、体重大小相近的仔猪 4 头，共 20 头仔猪。通过饲养试验得到的实验结果列于表 5-9。你的任务是针对这一饲养试验结果进行分析，请回答下列信息中的问题。

表 5-9 四种饲料饲养仔猪结果 kg

单位组(n)	饲料 A	饲料 B	饲料 C	饲料 D	单位组合计
1	19.7	19.8	19.9	20.1	
2	20.5	20.4	20.7	21.1	
3	20.3	20.3	20.2	20.2	
4	20.1	20.3	20.1	20.4	
5	20.0	20.2	20.3	20.2	
饲料合计					
平均值					

(1)本饲养试验属于什么类型的设计方法？

(2)本饲养试验结果的统计分析应计算哪些参数？

(3)请你把表 5-9 填写完整，并填写表 5-10。

表 5-10 方差分析表

变异原因	平方和(SS)	自由度(df)	样本方差(MS)	F	F_a
饲料间					$F_{0.05(3,12)}=3.49$
单位组间					$F_{0.01(4,12)}=5.41$
误差					
总和					

(4)从方差分析表中可以看出饲料间增重差异显著吗？你根据方差分析结果可以得出什么结论？

二维码 5-5 习题参考答案

任务实施效果评价

按照下表的内容与你的团队成员和指导教师一起讨论，对学习任务的实施效果进行分项评价。

序号	评价项目	评价标准	满分	评价结果			得分
				优	良	及格	
1	完成习题情况	准确、完整、全面	15				
2	饲养试验设计方案	条理清晰、方法正确、内容全面	20				
3	任务计划书	条理清晰、方法正确、内容全面	15				
4	实施计划设计与相关表格设计	条理清晰、方法正确、内容全面	15				
5	饲养试验结果分析	计算方法正确、结果符合要求	15				
6	参与度、合作情况、态度	制订工作计划、准确操作、分工合作、密切配合、认真严谨、实事求是	10				
7	任务总结报告	按时完成总结报告、内容齐全、书写规范	10				
总分		100					
自我评价							
小组评价							
教师评价							

拓展知识

一、生长育肥猪全价配合饲料、浓缩饲料生物学综合评定技术规程

本规程适用于生长育肥猪各生长阶段全价配合饲料和浓缩饲料的生物学综合评定。

1.供试饲料

(1)由评定主持单位按参照饲料产品说明，在参评饲料生产厂家或其代销点随机抽取所需要阶段的饲料。

(2)必须符合生产厂家使用的饲料标志及国家有关法规。

(3)浓缩饲料的评定应根据参评饲料厂家提出的技术资料配制全价配合饲料。

(4)须标明产品登记号或批准文号、产品名称、适用生长阶段、生产日期、有效期限、厂名、厂址、价格等。

(5)加入药物时，需标明药品的化学名称，准确含量及注意事项。

2.评定现场

(1)应符合兽医卫生要求。

(2)应为技术水平较高、经济效益较好、具有一定规模的养猪场。

(3)应有严格的饲养管理和防疫措施。

(4)试验猪应由技术熟练的工人饲养管理，并由具有一定经验的技术人员现场指导。

(5)应接近常规生产条件。

3.试验动物

(1)应为二元(二个瘦肉型品种)或三元(其中二个瘦肉型品种)杂交仔猪，同批测定生长育肥猪的杂交组合应相同。

(2)应来自饲养管理规范和防疫措施严格的猪群。

(3)应来自2～4胎母猪后代，同批提供的试验猪出生日期相差不超过7 d，体重在处理组间和重复组间差异不超过平均体重5%，公母比例相同。

(4)在季节产仔的猪场，试验猪应一次供齐。在全年均衡产仔的猪场可分为2～4批提供，每批头数应不低于处理数(含参评饲料及对照日粮组)和重复组数之积，每批之间不超过7 d。

(5)单独参评生长育肥后期配合饲料时，试验猪应来自前期饲养管理条件及饲喂日粮一致的猪群。

(6)试验猪70日龄进入育肥猪舍，公猪在70日龄前去势，70日龄至体重(25±1.0) kg，采食70日龄前的饲料，并驱除体内外寄生虫。

4.试验设计

(1)采用完全随机的按体重随机区组的单因子设计，将试验猪按体重大小排列，划分区组。区组数就是重复组内的猪数，区组内猪的头数就是重复组数(试验组和对照组的和)。将每个区组内的猪随机分配到每个重复组内，然后将重复组随机分为实验和对照组。

(2)参评饲料组的设置，试验设对照组与试验处理组，每种饲料为一处理组，每个处理组最少7个重复组或误差自由度不少于12，每个重复组8头猪。

(3)试验组平均体重(25±1.0) kg时按(1)进行分组，各组间的平均体重差异不显著。

(4)对照组日粮为全价配合饲料，其营养水平参照我国《瘦肉型猪饲养标准》，也可根据试验目的适当调整。为"玉米-豆粕(饼)"型无鱼粉型日粮。料型为粉料。

(5)对照饲料和浓缩饲料配制全价饲料的原料必须达到国标二级以上，混合均匀度变异系数不大于10%。

(6)试验期从(25±1.0)～(90±2.0) kg，分为两阶段进行，(25±1.0)～(60±1.5) kg为前期，(60±1.5)～(90±2.0) kg为后期。饲喂不同的饲料。更换饲料不需过渡，必须按重复组平均体重及时转换。

5.饲养管理

(1)人工投料，自由采食，自由饮水。

(2)试验猪按常规免疫程序进行防疫。

(3)试验猪舍饲为水泥地面。饲养密度依常规确定。

(4)各处理组除采食饲料不同外，其他试验条件应相同。

6.测试指标及测定方法

(1)试验猪在体重(25±1.0) kg、(60±1.5) kg、(90±2.0) kg时，以重复组为单位对全群进行个体称重，称重前停食12 h。先将全猪哄起活动10 min，待其排出粪尿后，逐头进行个体称重。

(2)试验猪在体重(60±1.5) kg、(90±2.0) kg时，按重复组结算饲料消耗量。

$$\text{耗料量}=\text{投料量}-\text{剩料量}$$

(3)试验猪如有死亡或淘汰时不必补充，但应称个体重及结算饲料，以便评定结束时，将该猪体重和饲料消耗剔除。

(4)以各重复组体重、日增重、耗料比等测值计算处理组相应指标的平均值和标准差。

(5)生长速度计算公式。结果增重保留小数点后2位，日增重保留整数。

$$\text{增重(kg/头)}=\text{末重(kg/头)}-\text{初重(kg/头)}$$

$$\text{日增重(g/头)}=\frac{\text{增重(kg/头)}}{\text{饲养日数}}\times 1\,000$$

(6)耗料比计算公式。结果保留小数点后2位。

$$\text{耗料比}=\frac{\text{全期总耗料量(kg)}}{\text{全期总增重(kg)}}$$

7.数据处理

(1)以重复组增重和耗料比的测值计算处理相应指标的平均值、标准差和处理最小显著差值。

(2)所有数据均进行方差分析或 t 检验，以 $\alpha=0.05$ 为显著水平。

(3)计算耗料比及增重的饲料成本时，对死亡、淘汰猪的耗料量和增重值进行校正。

(4)据下列公式计算试验组和对照组间各项测值的最小显著差值($LSD_{0.05}$)。

$$LSD_{0.05}=t_{0.05}(df_e)\cdot\sqrt{\frac{2S^2}{n}}$$

式中：$LSD_{0.05}$ 为两个平均数绝对相差的最小显著差数，其单位与相应测值一致；df_e 为误差自由度；n 为每个处理内的重复组数；S 为标准差；S^2 为误差均方，当试验设置 k 个处理时：

$$S^2=\frac{S_1^2+S_2^2+\cdots+S_k^2}{k}$$

8.生物学综合评定

(1)生物学综合评定指标包括日增重和耗料比。

(2)以参评饲料(全价配合饲料或由浓缩饲料配制而成的全价配合饲料)组的日增重和耗料比测定值(A)同对照组相应指标测定值(B)之比计算生物学综合评定值。公式为：

$$\text{生物学综合评定值}=\frac{\frac{\text{日增重}(A)}{\text{日增重}(B)}\times b_1+\frac{\text{耗料比}(B)}{\text{耗料比}(A)}\times b_2}{2}\times 100\%$$

式中：b_1、b_2 为对应指标的权重值，$b_1+b_2=2$，各项指标的权重值由评定工作主持单位根据其相对重要性于试验前确定，若不考虑各项指标间的重要性的差别，则权重值均取“1”。

计算时，某项测试指标的测定值(A)与对照组相应测定值(B)相比，差异不显著($P>0.05$)时，其比值按“1”计算，反之($P\leqslant 0.05$)，以其实际比值计算。结果保留小数点后2位。

(3)以生物学综合评定值判定综合评定结果。此比值等于100时，表示参评饲料效果与对照组日粮相同；大于100时，表示参评饲料效果优于对照组日粮；小于100时，表示参评饲料效果低于对照组日粮。

9.经济效益评定

以增重饲料成本为指标，进行经济效益评定，按重复组计算，公式为：

$$\text{增重饲料成本(元/kg)}=\frac{\text{全期平均耗料量(kg/头)}\times\text{饲料单价(元/kg)}}{\text{全期平均增重(kg/头)}}$$

然后计算各处理组该指标的平均值及标准差。结果保留小数点后2位。

10.生物学综合评定结果的报告格式

见表5-11至表5-13。

表 5-11　生长育肥猪全价配合饲料(浓缩饲料)生物学综合评定报告(一)

编号　　　　　　　　　　　　　　　　　　　　　　　　年　月　日

评定主持单位及主持人		
试验日期		年　月　日至　年　月　日　共　天
试验场所		
参评饲料	生产厂家	
	饲料名称	
	产品登记号或批准文号	
	料型	
	适用生长阶段	
	生产日期	
	价格/(元/kg)	
	用法用量	

评定主持单位(盖章)　　　　　　　　负责人(签字)

表 5-12　生长育肥猪全价配合饲料(浓缩饲料)生物学综合评定报告(二)

编号　　　　　　　　　　　　　　　　　　　　　　　　年　月　日

畜禽品种		
饲养舍类型		
饲养方式		
试验期		
试验组	动物总数	
	重复总数	
	平均始重/g	
	平均末重/g	
对照组	动物总数	
	重复总数	
	平均始重/g	
	平均末重/g	

评定主持单位(盖章)　　　　　　　　负责人(签字)

表 5-13　生长育肥猪全价配合饲料(浓缩饲料)生物学综合评定报告(三)

编号　　　　　　　　　　　　　　　　　　　　　　　　　　　　　年　　月　　日

生物学综合评定结果		
指标	日增重/(g/头)	耗料比
试验组(A)		
对照组(B)		
$LSD_{0.05}$		
权重值(b)		
生物学综合评定值/%		
经济效益评定结果		
增重饲料成本/(元/kg)	试验组	
评语	对照组	

评定主持单位(盖章)　　　　　　　　　　　　　　　　负责人(签字)

二、产蛋鸡全价配合饲料、浓缩饲料生物学综合评定技术规程

本规程适用于产蛋鸡全价配合饲料和浓缩饲料的生物学综合评定。

1.供试饲料

(1)由评定工作主持单位按参评饲料产品说明,在参评饲料生产厂家或其代销点随机抽取所需阶段的饲料。

(2)浓缩饲料的评定应根据参评饲料厂家提出的技术资料配制全价配合饲料,其混合均匀度的变异系数不大于10%,配制时,所选用的能量饲料要达到国标的二级以上。

(3)必须符合生产厂家使用的饲料标志及国家有关法规。

(4)须标明产品登记或批准文号,产品名称,适用阶段(或产蛋率),粗蛋白、粗纤维、粗灰分、钙、磷、食盐、水分等营养成分分析保证值,用法和用量,生产日期,有效期限,厂名,厂址,价格等。

(5)加入药物时,需标明药品的化学名称,准确含量及注意事项。

2.评定现场

(1)应符合兽医卫生要求。

(2)应为技术水平较高、经济效益较好、具有一定规模的养鸡(殖)场。

(3)应有严格的饲养管理制度和防疫制度。

(4)试验鸡应由技术熟练的工人饲养管理,并有具有一定经验的技术人员现场指导。

(5)应接近常规生产条件。

3.试验动物

(1)应为蛋鸡系商品代产蛋鸡。

(2)应来自饲养管理规范和防疫措施严格的鸡群。

(3)应自前期饲养管理条件及饲喂日粮一致、生长正常、生产水平达到或接近品种标准的鸡群中选择试验鸡,其产蛋阶段(或产蛋率)应符合参评饲料标明的适用阶段。

4.试验设计

(1)采用完全随机的单因子设计或单因子随机区组设计。

(2)对照组和试验组的设置,试验设对照组和试验组两个处理,以每种饲料为一个处理,各处理的试验鸡数原则上相等,且一般不少于2 000只,重复数(或区组数)的设置应作等重复设计,误差自由度一般不小于12。

(3)对照组和试验组日粮。对照组日粮采用全价配合饲料,其营养水平参照我国现行产蛋鸡饲养标准或根据试验目的选择特定的日粮为对照日粮;参评全价配合饲料或由参评浓缩饲料按使用说明配制的全价配合饲料即为试验组日粮。

(4)试验鸡按参评饲料分阶段饲养。

(5)预试期2周,适应期5 d,正试期8周。在预试期内,进行健康检查,免疫接种,剔除停产鸡,对各处理组的生产性能进行统计分析,组间差异应不显著,且达到或接近品种标准,否则要进行适当的调整;预试期结束后,用3 d时间以逐步过渡的方法改为试验料,再适应2 d后,进入正式试验期。

5.饲养管理方式

(1)人工投料、自由采食、自由饮水。

(2)采用笼养方式,饲养密度参照试验鸡品种的饲养管理要求。

(3)试验鸡舍的温度、湿度和光照依常规规定。

(4)试验鸡按常规进行免疫接种。

(5)试验中试验鸡发病,应在不影响评定结果的条件下,依常规处理。

6.测试指标及测定方法

(1)试验开始后,以重复为单位,每天记录产蛋枚数、破蛋枚数、产蛋重量、死亡淘汰鸡数、存笼鸡数等。

(2)以重复组为单位,每天记录耗料量,也可用清箱底法,于试验结束时结料。

$$\text{耗料量}=\text{投料量}-\text{剩料量}$$

(3)必要时,以常规方法,于试验结束前3 d从每个重复组内随机抽取10枚蛋,测定蛋壳厚度、哈夫单位等指标。

(4)试验结束后,以重复为单位,计算产蛋率、耗料比、平均蛋重、存活率和破蛋率。

(5)产蛋率的计算公式,结果保留小数点后1位。

$$\text{产蛋率}=\frac{\text{试验期内总产蛋枚数}}{\text{试验期每日母鸡存笼数总和}}\times 100\%$$

注:总蛋重和总产蛋枚数包括破蛋在内,以下同。

(6)耗料比的计算公式,结果保留小数点后2位。

$$\text{耗料比}=\frac{\text{试验期内总耗料量(kg)}}{\text{试验期内总产蛋重(kg)}}$$

(7)存活率的计算公式,结果保留小数点后1位。

$$\text{存活率}=\frac{\text{试验结束时存笼鸡数(只)}}{\text{试验时存笼鸡数(只)}}\times 100\%$$

(8)平均蛋重的计算公式,结果保留小数点后1位。

$$平均蛋重(g/枚)=\frac{试验期内总产蛋量(kg)}{试验期内总产蛋数(枚)}\times 1\,000$$

(9)破蛋率的计算公式,结果保留小数点后1位。

$$破蛋率=\frac{试验期内破蛋总数(枚)}{试验期内总产蛋数(枚)}\times 100\%$$

注:破蛋包括破损蛋壳蛋和软壳蛋。

7.数据处理

(1)以重复组的产蛋率、耗料比、平均蛋重、存活率等计算各处理组相应指标的平均值和标准差。

(2)对有关数据进行方差分析或 t 检验,以 $\alpha=0.05$ 为显著水平。当产蛋率、存活率大于70%或破蛋率小于30%时,须经反正弦变化后,再进行方差分析。

(3)根据下列公式计算试验组和对照组间各项指标的最小显著差值($LSD_{0.05}$)。

$$LSD_{0.05}=t_{0.05}(df_e)\cdot\sqrt{\frac{2S^2}{n}}$$

式中:$LSD_{0.05}$ 为两个平均数绝对相差的最小显著差数,其单位与相应测定值一致;df_e 为误差自由度;n 为每个处理内的重复数;S 为标准差;S^2 为误差均方,当试验设置 k 个处理时:

$$S^2=\frac{S_1^2+S_2^2+\cdots+S_k^2}{k}$$

8.生物学综合评定

(1)生物学综合评定的指标有产蛋率、平均蛋重、耗料比、存活率和蛋品质等。

(2)以参评饲料组的产蛋率、平均蛋重、耗料比、存活率测定值(A)与对照组相应指标的测定值(B)之比,计算参评饲料的生物学综合评定值。公式为:

$$生物学综合评定值=\frac{\frac{产蛋率(A)}{产蛋率(B)}\times b_1+\frac{平均蛋重(A)}{平均蛋重(B)}\times b_2+\frac{耗料比(A)}{耗料比(B)}\times b_3+\frac{存活率(A)}{存活率(B)}\times b_4}{4}\times 100\%$$

式中:b_1、b_2、b_3、b_4 为对应指标的权重值,$b_1+b_2+b_3+b_4=4$。各项指标的权重值由评定工作主持单位根据其相对重要性事先来确定;若不考虑各项指标间重要性的差别,则权重值均取"1"。

计算时,如某项指标的测定值(A)与品种生产指标或对照组相应指标的测定值(B)差异不显著($P>0.05$)时,其比值按"1"计算。反之($P\leqslant 0.05$)时,按实际比值计算。结果保留小数点后2位。

(3)以生物学综合评定值判定综合评定结果。此值等于100时,表示参评饲料与对照组日粮效果相同;大于100时,表示参评饲料效果优于对照组日粮;小于100时,表示参评饲料效果低于对照组日粮。

(4)根据上述生物学综合评定值难以比较两种或两种以上参评饲料品质时,可用蛋品质或其他指标为参考指标。

9. 经济效益判定

以产蛋饲料成本为指标进行经济效益评定，按重复组计算。公式为：

$$\text{产蛋饲料成本(元/kg)}=\frac{\text{试验期间饲料总费用(元)}}{\text{试验期总产蛋量(kg)}}$$

然后，计算各处理组该指标的平均值及标准差。

结果保留小数点后 2 位。

10. 生物学综合评定结果的报告格式

见表 5-14 和表 5-15。

表 5-14　产蛋鸡全价饲料(浓缩饲料)生物学综合评定报告(一)

编号　　　　　　　　　　　　　　　　　　　　年　　月　　日

评定主持单位及主持人		
饲养试验日期		年　月　日　至　　年　月　日　　　共　　天
饲养试验场所		
参评饲料	生产厂家	
	饲料名称	
	产品登记号或批准文号	
	料型	
	浓缩饲料用法用量	
	适用阶段(产蛋率)	
	生产日期	
	价格/(元/kg)	
试验动物	品种(系)	
	试鸡来源	
	周龄	
	鸡舍类型	
	饲养方式	
	试验处理数	
饲养试验日期		年　月　日　至　　年　月　日　　　共　　天
饲养试验场所		
试验组	试验鸡总数	
	重复数	
对照组	试验鸡总数	
	重复数	

评定主持单位(盖章)　　　　　　　　　　负责人(签字)

表 5-15 产蛋鸡全价饲料(浓缩饲料)生物学综合评定报告(二)

编号　　　　　　　　　　　　　　　　　　　　　　年　　月　　日

生物学综合评定结果				
指标	产蛋率/%	蛋重/(g/枚)	耗料比	存活率/%
试验组(A)				
对照组(B)				
$LSD_{0.05}$				
权重值(b)				
生物学综合评定值/%				
经济效益评定结果				
增重饲料成本/(元/kg)	试验组			
	对照组			
评语				

评定主持单位(盖章)　　　　　　　　　　　　负责人(签字)

Learning situations 6

Learning situations 6

学习情境六

饲料样品采集制备与实验室常规分析

Learning situations 6

Learning situations 6

知识目标

1. 了解饲料分析与检测的任务、内容和方法。

2. 掌握饲料原料采样、制样的原理和方法。

3. 熟悉饲料相关法规和饲料工业标准。

4. 了解国标法测定各常规成分的适用范围和测定方法。

5. 理解国标法测定各常规成分的测定原理。

技能目标

1. 能正确使用各种采样器采集各类饲料样本。

2. 能对采集样本制备分析试样、保存、送检和填写报告单。

3. 掌握饲料常规分析所用仪器的使用方法。

4. 掌握饲料常规分析所用试剂的配制方法。

5. 掌握饲料常规成分(水分、粗蛋白质、粗脂肪、粗纤维、粗灰分、无氮浸出物、钙、磷、水溶性氯化物)测定的方法。

6. 掌握饲料分析记录和检验结果报告的填写方法。

7. 能够分析各测定项目中产生实验误差的因素。

思政目标

1. 培养学生遵守国家规范、规程和标准的习惯。

2. 培养学生良好的职业道德和职业素养。

3. 培养学生科学严谨的作风和实事求是的工作态度。

4. 帮助学生培养生态环保意识和节约意识。

5. 养成学生热爱劳动的品德,激发学生科技报国的家国情怀和使命担当。

学习任务

1. 饲料样品采集与分析试样制备。

2. 饲料实验室常规分析(水分、粗蛋白质、粗脂肪、粗纤维、粗灰分、无氮浸出物、钙、磷、水溶性氯化物的含量测定)。

学习任务1

饲料样品采集与分析试样制备

【任务描述】

学生按5人一组分组，查阅相关资料，完成相关题目。制定饲料采样计划任务书及其实施任务书，提出并进行饲料的采样操作技术；按照采样计划到饲料厂采集各类饲料样本；对所采样品进行登记、封装、保管、填写采样报告。任务完成后进行总结汇报，并完成任务实施效果评价表。

【任务实施】(任务单)

到饲料厂实施以下采样任务实操。

1. 完成运货汽车或火车车厢中的散装饲料的样品采集任务

(1)采样点数的确定。

(2)采样位置的确定。

(3)采样方法的确定。

(4)样本的包装与签封。

(5)采样记录，样品描述。

2. 完成袋装饲料样品的采集任务

(1)抽样袋数的确定。

(2)抽样部位的确定。

(3)采样方法的确定。

(4)样本的包装与签封。

(5)采样记录，样品描述。

3. 仓装饲料的采样

(1)确定采样点和采样位置，进行仓房取样和圆仓取样。

(2)采样方法的确定。

(3)样本的包装与签封。

(4)采样记录，样品描述。

4. 液体或半固体饲料(包括油脂、糖蜜等)样品的采集

(1)采样点的确定。

(2)采样数量的确定。

(3)采样操作。

(4)样本的包装与签封。

(5)采样记录,样品描述。

5. 对采集好的饲料样品完成下列任务

(1)针对所采集的饲料样品提出制样操作技术,准备操作仪器。

(2)对所采集的风干样品进行制样,对新鲜样品测定样品的初水分然后制样,登记与保管。

(3)把所采集的样本制成分析样品和留存样品。

【信息途径】

图书馆、网络、教学视频、教师。

饲料样品采集

样品的采集是饲料分析的第一步,采样的根本目的是通过对样品理化指标的分析,客观反映受检饲料原料或饲料产品品质。对于饲料企业和养殖企业而言,采样是质量控制非常重要的环节,它比饲料分析更重要。

一、采样与分样

饲料分析中采样和分样是两个极为重要的步骤,在制定整个品质控制方案中,如何获得有代表性的样品是最关键的一个步骤。采集的样品必须具有代表性,遵照饲料采样(GB/T 14699.1—2005/ISO 6497：2002)执行。

1. 采样与分样

饲料组分的可变性很大,因此,正确采样应该从受检的饲料原料现场如饲料仓库、车辆、田间、牧地、青贮窖等大批饲料原料或产品中的各个不同部位,不同深度和广度,采集能代表该批饲料特性的样品,这个过程称为采样,采集的样品混合后称为总份样。

对所获得的总份样经过混匀、缩分、再混匀、再缩分,然后再从中分出一小部分作为实验室样本之用,这样的过程叫分样。

2. 采样与分析相关术语和定义

(1)交付物:一次给予、发送或收到的某个特定量的饲料的总称。可能由一批或多批饲料组成。

(2)批次:假定特性一致的某个确定量的交付物的总称。

(3)份样:一次从一批产品的一个点所取的样品。

(4)总份样:通过合并和混合来自同一批次产品的所有份样得到的样品。

(5)缩分样:总份样通过连续分样和缩减过程得到的数量或体积近似于试样的样品,具有代表总份样的特征。

(6)实验室样品:由缩分样分取的部分样品,用于分析和其他检测用,并且能够代表该批次产品的质量和状况。注意:所取每种样品,一般分 3 份或 4 份实验室样品,一份提交检验,至少一份保存用于复核,如果要求超过 4 份实验室样品,需要增加缩分样,以满足最小实验室样品量的要求。

3. 样本采集通则

(1)代表性采样

代表性采样的目的是从一批产品中获得小部分样品,而测定这小部分样品的任何特性均可代表该批产品的平均值。

(2)选择性采样

如果被采样的一批(批次)样品的某部分在质量上明显不同于其他部分,则这部分产品应区别对待,单独作为一批产品进行采样,并在采样报告中加以说明。

二、采样与分样的基本方法

1. 几何采样法

从批量(或大数量)饲料中,按照不同的部位即深度和广度采取,保证每一小部分的成分与其全部的成分完全相同,这样的采样方法称为几何采样法。它是指把整个一堆物品看成一种有规则的几何形状(如立方体、圆柱体、圆锥体)。采样时就可将该立体形状假想分为若干体积相等的部分,这些部分必须在全体中分布均匀。然后从这些部分中选取 5 个以上不同部位的点采样,每点采样 200 g 左右,这些部分的样品称为份样,份样混合后即得总份样。

几何采样法要针对不同的饲料原料的运输仓储形式灵活应用,如散装饲料仓、散装饲料运输罐、袋装饲料垛、袋装饲料车皮等。

2. 样本的缩分(分样)方法

总份样一般体积和重量都较大,不能直接作为实验室样品。需经缩分后,取其中的一部分作为实验室样品。缩分方法常用的有四分法、正方形法和分样器法。

(1)四分法。四分法常用于小批量样品和均匀样品的采样或从总份样中分出缩分样或实验室样品的分样用。一般来说对于均匀性物料,即单项的液体或搅拌均匀的颗粒籽实、磨成粉末的各种糠麸等饲料以及研碎的物品,可用"四分法"来缩减总份样。

分样时将总份样置于一张方形纸或塑料布(大小视原始样品的多少而定)上,提起纸的一角,使饲料反复移动混合均匀,然后将饲料展平,铺成圆形或方形薄层(1～2 cm),用分样板(图 6-1)或药铲,从中画一对角线连接,将样品分成 4 等份,除去对角的两份,将剩余的两份,如前述混合均匀后,重复上述过程,直到剩余样品数量与所需要的实验室样品需要量相接近时为止,见图 6-2。

图 6-1　十字分样板

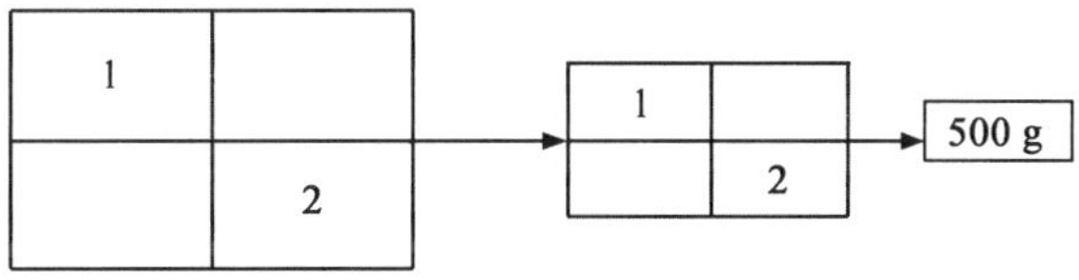

图 6-2　四分法

大量颗粒及籽实、粉末也可在洁净的地板上堆成锥形,然后,用铲将堆移至另一处,移动时将每一铲饲料倒于前一铲饲料之上,这样使颗粒及籽实、粉末由堆顶向下流动到堆的周围,如此反复移动 3 次以上,即可混合均匀。最后,将饲料堆成圆锥形,将顶部压平使呈圆台状,再从上部中间分割为十字形的 4 等份,弃去对角线的两部分,缩减 1/2;反复按照上述步骤进行,直至缩分至所需要的实验室样品量即可。

（2）正方形法。将混匀后的样品摊成长方形薄层，然后用直尺将样品分成若干个正方形，也可以用分样板，见图 6-3，取其中一个或几个小块作为正样或副样，只要方格的完整性没有破坏，就可以从中取出一个或几个试样，这种方法常用于缩分的最后阶段。

（3）分样器法。将混匀后的总份样采用槽式分样器（图 6-4）进行缩分，可省去混匀的手续。槽式分样器的内部并排焊接着一些隔板，这些隔板形成多个一左一右交替开口的隔槽，试样倒入后，分别由槽底两侧的开口流出，从而形成两等份试样。分样器的槽口越窄，缩分的准确性越高，但要保证试样不堵塞隔槽。

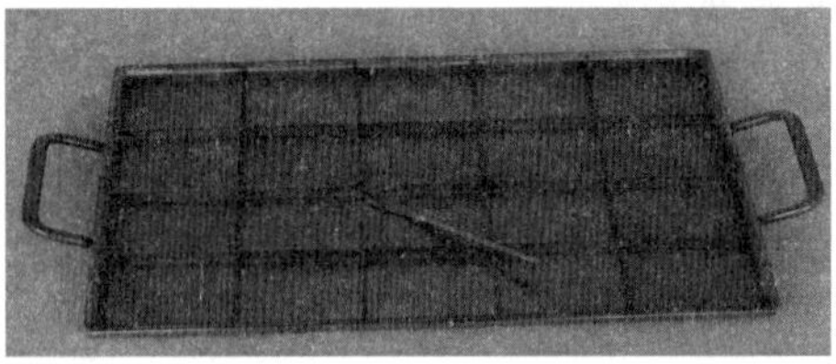

图 6-3　20 格分样板

图 6-4　槽式分样器

三、常用采样工具及用途

1. 管抽样器

管抽样器（图 6-5）适用于包装货物的抽样。使用时应根据包装袋的规格选择适宜的抽样器大小。将抽样器槽口向下插入装有饲料的包装袋中，然后旋转 180°，使饲料样品进入槽中，拔出抽样器，慢慢倾斜抽样器，从手柄处将槽中饲料倒入采样袋。

二维码 6-1　套管式采样器的使用

2. 双套管抽样器和槽形盛受器

适用于散装货物的抽样。

手持双套管抽样器（图 6-6），关闭流样口，保持流样口向上，用力将抽样器与货物表面垂直的方向插入，旋转抽样器手柄约 180°，打开流样口，紧握探管上下转动几次，然后回旋手柄关闭流样口，从货层中拔出抽样器，旋开流样口，将抽取的样品无损失地倒入槽形盛受器中。然后，再关闭流样口，继续抽取第二、第三和其他采样点的样品。槽形盛受器用铁皮或铝皮制，长 100 cm，呈半圆柱形，开口宽 10 cm。或者使用足够长度的帆布收集样品。

3. 底部抽样器

底部抽样器（图 6-7）适用于从罐（舱）装油脂等液态样品底部抽取样品。使用时，将活塞关闭，以系于 A、B 环上的金属链缓缓沉入油中至抽样部位，拉动 C 环，活塞打开，油即可注入。待充满后，放下 C 环，活塞关闭。以 A、B 环的金属链缓缓向上提拉抽样器。拉动 C 环，将样品放入盛样桶。

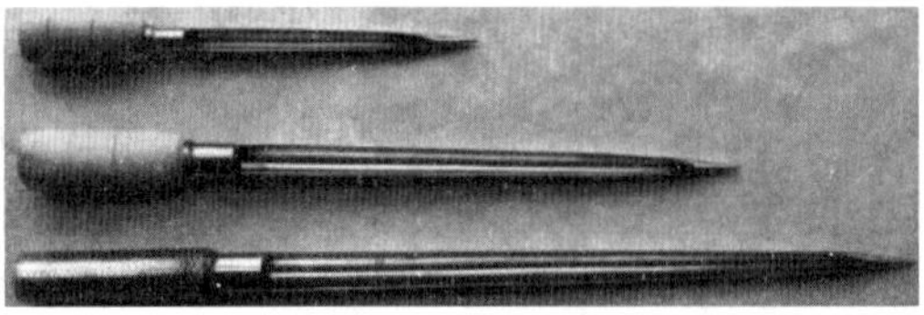

图 6-5　管抽样器

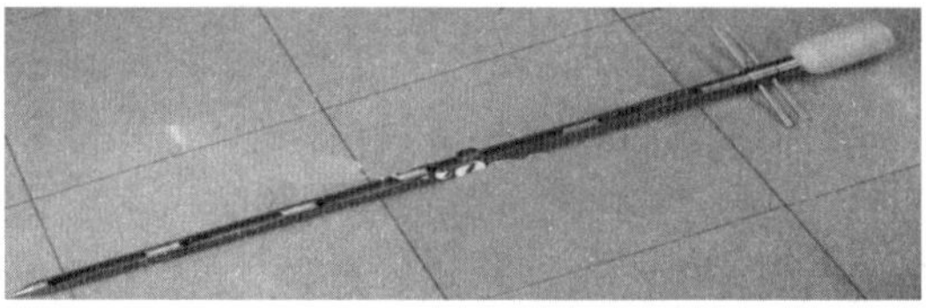

图 6-6　双套管抽样器

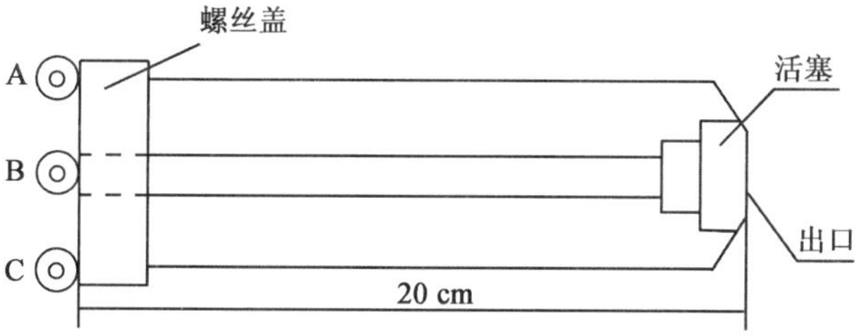

图 6-7　底部抽样器

4. 瓶式抽样器

瓶式抽样器(图 6-8)适用于从罐(舱)中抽取油脂等液态样品。瓶式抽样器用时可任意将其放入油中的不同深度,急速提动,移开塞子或盖,油即充满容器。

5. 抽样探子

抽样探子(图 6-9)由不锈钢制成。适用于糊状或软固体油脂抽样。

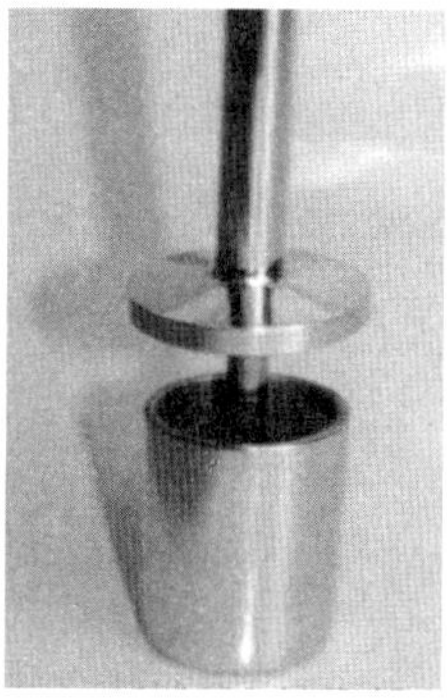

图 6-8　瓶式抽样器

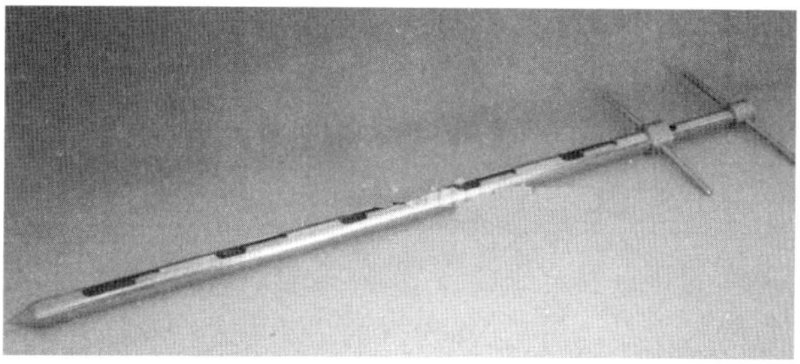

图 6-9　抽样探子

6. 抽样管

抽样管(图 6-10)由厚壁玻璃管或不锈钢制成,适用于油脂等液体类货物抽样。先将抽样管用拇指堵住上口插入油桶底部,检查底部有无明水、杂质,然后将桶中的油脂充分混合均匀,将抽样管斜插入桶底,堵住上口,缓缓取出,将样品注入混样桶中。

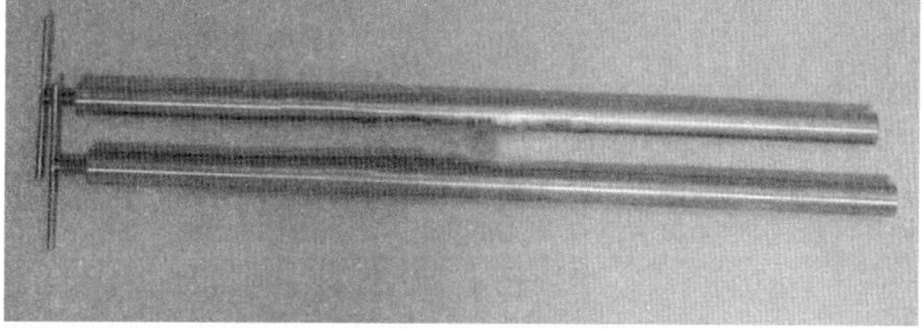

图 6-10　抽样管

7. 装样容器

装样品的容器应确保样品特性不变直至检测完成。样品容器的大小以样品完全充满容器为宜、容器应当始终封口,只有检测时才能打开。样品容器应清洁、干燥、不受外界气味的影响。制造样品容器的材料应不影响样品的品质。

(1)固体产品的样品容器。固体产品的样品容器及盖子应是防水和防脂材料制成的(如玻璃、不锈钢、锡或合适的塑料),应是广口的,最好是圆柱形的,并与所装样品多少相配套。合适的塑料袋也可以。容器应是牢固和防水的。如果样品用来测定像维生素 A、维生素 D_3、维生素 B_2、维生素 C 和叶酸等对光敏感的物质和像维生素 K_3、维生素 B_6 和维生素 B_{12} 等对光轻微敏感的物质,容器应是不透明的。

(2)液体和半液体产品的样品容器。容器应由合适材料制成(最好是玻璃或塑料),并要求容量合适、密闭、深色。

四、不同产品采样的具体步骤

1. 谷物、种子、豆类、颗粒状产品的采样

该类产品具体包括:谷物,玉米、小麦、大麦、燕麦、水稻和高粱等;油料籽食,向日葵籽食、花生、油菜籽、大豆、棉籽和亚麻籽等;片状物,豆类等;颗粒产品,颗粒形态的饲料。

(1)批次产品量

对于袋装的产品,批次量是由包装袋的数量决定和包装袋的容量确定。对于散装的产品,批次量是由盛放该散样的容器数量决定的,或由满装该产品的容器的最小数量。如果一个容器内装的产品量已超过一个批次产品的最大量时,该容器内产品即为一个批次。如果一批次散装产品形态上出现明显的分级,则需要分成不同的批次。

(2)份样数量

要得到能代表整个批次产品的样品,就必须设置足够的份样数量。根据批次产品数量和实际采样的特点制定采样计划,在采样计划中确定需采的份样数量和重量。对于贮藏于罐或类似容器的产品,随机选择份样的最小数量见表 6-1。

表 6-1　随机选择份样的最小数量

批次的重量 m/t	份样的最小数量
≤2.5	7
>2.5	$(20\,m)^{1/2}$,不超过 100

如果产品包装于袋中,随机选择份样的最小数量见下面两张表。

①如果总量小于 1 kg,见表 6-2。②如果总量大于 1 kg,见表 6-3。

表 6-2　随机选择份样的最小数量($m<1$ kg)

批次的包装袋数 n	份样的最小数量
1～6	每袋取样
7～24	6
>24	$(2\,n)^{1/2}$,不超过 100

表 6-3　随机选择份样的最小数量($m>1$ kg)

批次的包装袋数 n	份样的最小数量
1～4	每袋取样
5～16	4
>16	$(2\,n)^{1/2}$,不超过 100

(3)样品量

最小的样品量见表 6-4。

表 6-4　最小样品量

批次产品总量/t	最小的总份样量/kg	最小的缩分样量 a /kg	最小的实验室样品量/kg
1	4	2	0.5
1～5	8	2	0.5
5～50	16	2	0.5
50～100	32	2	0.5
100～500	64	2	0.5

注：a 最小量应可供 4 个实验室样品。

(4)采样程序

在条件许可的情况下，采样应在不受诸如潮湿空气、灰尘或煤烟等外来污染危害影响的地方进行。条件许可时，采样应在装货或卸货中进行。如果流动中的饲料不能进行采样，被采样的饲料应安排在能使每一部分都容易接触到，以便取到有代表性的实验室样品。

①从散装产品中采样：如果是从堆状等散装产品中取样，根据以上(1)中的最少份样数，决定本次取样的份样数。然后随机选取每份样的位置，应使该批次的产品的每个部位都被覆盖到。

在产品流水线上取样时，根据流动的速度，在一定的时间间隔内，人工或机械地在流水线的某一截面取样。根据流动速度和本批次产品的量，计算产品通过采样点的时间，该时间除以所需采样的份样数，即得到采样的时间间隔。

②从袋装产品中采样：根据以上(1)的最小份样数来确定采样的包装袋总数量，随机选择需采样的包装袋，打开包装袋，用相应的器具采取每个份样。注意所选采样的包装袋应覆盖到每个部位。

如果是在密闭的包装袋中取样，则需要取样器。采样时不管是水平还是垂直，都必须经过包装物的对角线。份样可以从包装物的整个深度，或是表面、中间、底部这 3 个水平取得。在采样完成后，将包装袋上的采样孔封闭。

(5)实验室样品的制备

采样完成后立即将所有份样集中后进行充分混合得到总份样，将总份样经过分样获得重量不小于 2 kg 的缩分样。

充分将缩分样混合分成 3 个或 4 个实验室样品放入适当的容器中，供实验室分析用，每个实验室样品重量最好相近，但不能小于 0.5 kg。

2. 粉状产品的采样

这些产品是对下列物料进行加工(如粉碎、碾磨或干燥)获得的，其粒度远小于未加工处理的单种物料或混合物，具体包括以下样品。

植物源性的粉状物：整粒或部分谷物，未加工、加工或浸提的油料籽食，未加工、加工或浸提的豆科籽食，干苜蓿或干草，植物蛋白浓缩物，淀粉和酵母等。

动物源性的粉状物：鱼粉、血粉、肉粉、肉骨粉、骨粉、奶粉和乳清粉。

饲料添加剂：预混合饲料、矿物质饲料和配合饲料。

有机物：维生素和维生素制剂、药物和药物制剂、抗氧化剂、氨基酸和香味剂等。

还有无机化合物。

(1)批次产品量的大小:不论交付量有多少,一个批次内产品的量不宜超过 100 t。

(2)最小的份样数量:同谷物、种子、豆类和颗粒产品的采样规定。

(3)样品量:同谷物、种子、豆类和颗粒产品的采样规定。

(4)采样时的注意事项:由于干的粉状饲料中粉尘的一致性高,采样时应防止其爆炸。由于产品是经加工处理的,因此受微生物侵害腐败的可能性增加。在预先检查整个批次产品时,应特别注意有无异常。如有异常,应将这部分与其他部分分开。

粉状物易于结块,有时需要添加抗结块剂。当发生结块时,应进行额外的处理或分开采样。如果产品产生较严重的分级,则应分步采样。散装或袋装中采粉样的步骤参照谷物、种子、豆类和颗粒产品的相应的采样规定。

(5)实验室样品的制备:见谷物、种子、豆类和颗粒产品的采样相应部分。

3. 粗饲料的采样

这类产品具体包括鲜青绿饲料(如苜蓿、牧草、玉米)、青贮青绿饲料(如苜蓿、牧草、玉米)、干草(如苜蓿、牧草等)、秸秆、饲用甜菜、干糖蜜、块根和块茎(如马铃薯)。

(1)批次产品量

由于产品遗传因素变化大,加上贮藏方式上的不同,粗饲料产品的特性变化很大,量大时更是如此。在量大的一批次粗饲料产品间,要求其均匀性是非常困难的。

(2)采样时份样数的确定

通常粗饲料在贮藏和搬运时为散装的,采样时的最小份样数规定见表 6-5。

表 6-5 最小采样份数

批次的质量 m/t	份样的最小数量
≤5	10
>5	$\sqrt{40\ m}$,不超过 50

(3)样品的质量

样品的质量见表 6-6。

表 6-6 样品质量 kg

产品种类	最小的总份样量	最小的缩分样量	最小的实验室样品量
青绿饲料、甜菜、块根、块茎、青贮粗饲料	16	4	1
干燥的粗饲料、块根、块茎	8	4	1

(4)采样程序

粗饲料采样时通常是靠手工获得每一个份样。

①田间采样:对于田间生长的产品或收获后仍放置于田间的产品,其采样程序根据土质不同参见 ISO 10381—6。

②堆积产品、青贮窖、青贮堆内产品的采样:进行堆积产品、青贮窖、青贮堆内产品的采样时,可按颗粒饲料计算需采样的份样数,随机布置各份样点,但应保证产品的各层均被覆盖。青贮塔内产品的采样应注意安全,最好在搬运过程中采样。

③捆状产品的采样：按颗粒饲料计算需采样的份样数，随机布置各份样点，每一捆取一个份样，应采集一个完整的截面。

④流动中的产品采样：参照颗粒饲料从散装产品中采样方法。

⑤实验室样品的制备：在采样完成后应尽快处理，以避免样品质量发生变化或被污染。在混合总份样时应注重其可操作性，通常应将样品切成小块。总份样经过逐步分取获得重量不小于 4 kg 的缩分样。对于大块块状产品，将总份样的块数减半，随机选择其中的块构建成缩分样。除非必须，不要在缩分阶段将总份样切短。

充分将缩分样混合后分成 3 个或 4 个实验室样品放入适当的容器中，供实验室分析用。每个实验室样品重量最好相近，但不能小于 0.5 kg。置每个实验室样品于合适容器中。

4. 块状、砖状产品的采样

如矿物质的舔砖、舔块等。

(1)批次产品量

该类产品一个批次量不应超过 10 t。

(2)采样时份样数的确定

采样时以该类产品的单位数计算最小份样数，规定见表 6-7。

表 6-7　最小采样份数

批次内含的产品单位数 n	最小的份样数(产品单位数)
≤25	4
26～100	7
>100	$\sqrt{n}$，不超过 40

(3)样品的重量

样品的重量见表 6-8。

表 6-8　样品重量　　kg

最小的总份样量	最小的缩分样量 a	最小的实验室样品量
4	2	0.5

注：a 最小的缩分样量应可供取 4 个实验室样品。

(4)采样程序

按上述(2)计算所需的最少采样的份样数。如果舔砖、舔块较小，则整个舔砖或舔块作为一个份样。

(5)实验室样品的制备

如果用整个或大部分舔砖(块)作为份样，则需打碎。

将所得到的每个份样进行充分混合后得到总份样，将总份样重复缩分获得适当的缩分样，其重量不应小于 2 kg。

充分将缩分样混合后分成 3 个或 4 个实验室样品放入适当的容器中。每个实验室样品重量最好相近，不能小于 0.5 kg。

5. 液体产品的采样

液体产品包括两类，一类是低黏度产品，该类产品易于搅拌混合；另一类是高黏度产品，该类产品不易搅拌混合。

(1)批次产品量

该类产品一批次通常在 60 t 或 60 000 L 以内。如果一个容器含量超过 10 t 或 10 000 L 时，这一容器产品即为一个批次。

(2)份样数的确定

二维码 6-2 液体饲料原料的采样过程

随机选择份样时，最小份样的数量规定如下。

①散装产品最小采样份数见表 6-9。

表 6-9 散装产品最小采样份数

批次产品量		最小份样数
重量/t	体积/L	
≤2.5	2 500	4
>2.5	2 500	7

如果不能保证产品的均匀性，则应该增加份样数量以保证实验室样品的代表性。

②对于贮藏容器体积不超过 200 L 的产品，采样时抽取容器的数量计算如下。

a. 如果容器的体积不超过 1 L(含 1 L)，则最小抽取容器数见表 6-10。

b. 如果容器的体积超过 1 L，则最小抽取容器数见表 6-11。

表 6-10 最小抽样容器数(V≤1 L)

批次内含的容器数 n	最小的抽取容器数
≤16	4
>16	$\sqrt{n}$，不超过 50

表 6-11 最小抽样容器数(V>1 L)

批次内含的容器数 n	最小的抽取容器数
1～4	逐个
5～16	4
>16	$\sqrt{n}$，不超过 50

(3)样品的重量

采样样品的重量见表 6-12。

表 6-12 采样样品重量

最小的总份样量		最小的缩分样量 a		最小的实验室样品量	
重量/kg	体积/L	重量/kg	体积/L	重量/kg	体积/L
8	8	2	2	0.5	0.5

注：a 最小量应取可供 4 个实验室样品。

(4)采样程序

①如果产品贮藏于罐中，则可能不均匀。采样前需要搅动混合，用适当的器具从表面至内部采样。如果采样前不可能搅动，则在产品装罐或卸罐过程中采样。如果在产品流动过程中不能采样，则整个批次产品多取份样，以保证获得有代表性的实验室样品。

在产品特性不变的前提下，有时加热会提高样品的一致性。

②桶装产品的采样。采样前需对随机选取产品进行振动、搅动等，使其混合，混合后再采样。如果采样前不能进行混合，则每个桶至少在不同的方向、两个层面取 2 个份样。

③小容器装产品的采样。随机选择容器，混合后进行采样；如果容器很小，则每一个容器内的产品可作为一个份样。

(5)实验室样品的制备

将所有份样放入适当的容器内即获得总份样，充分混合后取其中部分形成缩分样，每个缩分样不应小于 2 kg 或 2 L，对于不容易混合的产品，使用下列的缩分样程序。

—将总份样分成 2 部分，分别为 A 和 B。

—再将 A 分成 2 部分，分别为 C 和 D。

—对 B 重复上述过程，形成 E 和 F。

—随机选择 C 和 D，E 和 F 中的之一。

—将两者放在一起，充分混合。

—重复该过程，直至获得 2～4 kg(L)的缩分样。

—尽可能充分地混合缩分样，将其分成 3～4 个部分(即为实验室样品)，每个实验室样品不应少于 0.5 kg 或 0.5 L。

—置每份实验室样品于适当容器内。

如果需制备的实验室样品超过 4 份，则缩分样的数量做适当的增加。

6. 半液体(半固体)产品的采样

此类产品如脂肪、脂类产品、加氢油脂、皂角等。

(1)批次产品量

同液体产品的采样。

(2)采样时份样数的确定

同液体产品的采样。

(3)样品的重量

同液体产品的采样。

(4)采样

如有可能，产品应在液态下进行采样。

①液态产品的采样。可参照液体产品采样(4)进行。

②半液体(半固体)产品的采样。在产品装入或搬运过程中，使用可对角线插入罐底部的适当设备，至少在 3 个深度取样，有可能的情况下，取整个截面。采样后，将采样孔填补好。

如果不可能混合，也不可能在产品的流动中采样，则根据容器对角线的长度，每隔 30 cm 采样作为一个份样。

③实验室样品的制备。将获得的总份样充分混合。将总份样放入可加热的容器中，采用加热或其他方法使其融化。如果加热对样品有不良影响，则使用其他方法。

缩分样和实验室样品的制备可参见液体产品的采样(5)。

五、采样标签及采样记录

1. 采样标签

实验室样本应装入无污染、不易破损的容器中，同时要在袋(瓶)上贴上标签，注明样品名称、采样地点、采样日期、制样人和制样日期等。将印有采样人签章的标签随样本一同放入，外加结实的布袋或牛皮纸袋，扎紧以防松散。贴上加盖有采样单位和被检单位公章(或负责人签字)及采样人签章的采样封条，用透明胶条封好，置通风干燥、冷暗处保存。标签、采样封条参照《饲料采样》(GB/T 14699.1—2005)执行。

采样标签

采样单位	样品编号	标　签(公章) 年　月　日

采样封条

样品编号	受检单位(公章)
日期	采样单位(公章)

2. 采样记录

采样后要及时填写采样单，应详细描述样品的特征。记录样品名称、规格型号、批号、产地、采样基数、采样部位、采样人、采样日期、生产厂家名称及详细通信地址等内容，采样单格式如下：

采　样　单

样品编号：

产品名称(商品名)________　规格型号________　注册商标________

生产厂家________　通信地址________　邮政编码 □□□□□□

受检地点________　通信地址________　邮政编码 □□□□□□

采样地点________　采样日期________　采样基数________

生产日期________　批　　号________　产品依据标准________

有效成分及含量________________　检验目的________

检测项目____________

采样人仔细阅读以下句子，然后签字：

我认真负责地填写了该样品采样单，承认以上填写的合法性，被该采样单位所证实的样品系按照采样方法取得的，该样品具有代表性、真实性和公正性。

代表单位(章) 签　字	代表单位(章) 签　字
日期　　年　月　日	日期　　年　月　日

备注

采取的样品贴上采样封条，由专人妥善保存并尽快送达指定地点。注意防潮、防损。

分析试样制备

一、制样

样品的制备是指把采集到实验室的样品进行烘干、粉碎及混匀的过程。其目的在于保证样品的均匀性，从而在分析时取任何部分都能充分代表待测饲料的品质。样品的制备分为风干样品的制备和半干样品的制备两种。

1. 风干样品

饲料中水分有三种存在形式：游离水（单独存在于饲料中）、吸附水（吸附在蛋白质、淀粉及细胞膜上的水）、结合水（与糖和盐结合的水）。风干样品是指饲料样品中不含游离水，只含有少量吸附水，且吸附水的含量在15%以下的样品。包括籽实、糠麸、油饼、干草、鱼粉、乳粉、肉骨粉、稿秆、血粉等。

2. 半干样品

饲料原始样品测定初水分后得到的样品即为半干样品。由于新鲜样品中水分含量高，不易粉碎和保存，通常要将其制备成半干样品。

3. 初水分

将新鲜样品置于60～65 ℃恒温干燥箱中烘8～12 h，然后回潮使其与周围环境条件的空气湿度保持平衡，在这种条件下样品中失去的水分称为初水分。

4. 样本粒度

样品粒度的表示方法有两种：一种以通过筛孔后颗粒的平均直径表示；另一种则以筛孔大小即以单位面积内筛孔数表示。

二维码 6-3　分析试样的制备

二、制样方法

1. 风干样品的制备

将获得的一份实验室样本，用样本粉碎机粉碎，过筛并混匀即得分析样本。一般情况下，风干样品制备时需要通过40～60目标准筛（筛孔直径0.42～0.25 mm）。如果粉碎过程中有难以通过筛孔的残渣，如饲料秸秆渣屑等，应尽力剪碎弄细，然后将其一并混匀在粉碎的样品中，防止将其弃除而引起误差。若需测定酶活、维生素含量等，则应选择不产生强热的粉碎机。粉碎后的样品置于磨口广口瓶中保存并贴上对应标签。

2. 半干样品的制备

测定初水分后的样品用饲料粉碎机粉碎，然后通过40目标准筛，密封保存于磨口广口瓶中，贴上标签，注明样品名称、采样地点、采样日期、制样人和制样日期等，即制备成为半干分析样品。

留样及留样观察

一、留样

留样的目的主要是为了确定成品质量的稳定性，以及为确定物料的贮藏期提供数据。

1. 样品保留量：样品保留量要根据样品全分析用量而定，不少于 2 次全分析量。一般固体成品或原料保留 500 g 左右。

2. 留样标识：留样样品应有标识，内容包括样品名称、生产日期、批号、保质期、采样数量、采样日期等，原料还需注明厂家。

3. 将另外两份实验室样品送留样室保存，要按批次或先后顺序摆放整齐以便查找。留样室要求阴凉、干燥、通风、防鼠、防虫，并由专人负责。

二、留样观察

对留样样品，应按照保质期要求，在达到保质期后再保存 2 个月。并进行产品留样观察，记录要求保存 2 年。配合饲料在 20 d 后，浓缩料在 30 d 后，预混料在 45 d 后，第二次做比较观察。饲料产品留样观察记录见表 6-13。

表 6-13 饲料产品留样观察记录

样品名称	生产日期	留样编号	采样日期	采样人	样品产地	检验结果	观察日期	观察情况	观察人	处理日期

查阅资料完成习题

（一）填空题

1. 采样单应记录________、________、________、________、________、________、________及________等。

2. 饲料中水分有三种存在形式：________、________、________。

（二）选择题

1. 初水分测定时，将新鲜样品置于（　　）恒温干燥箱中烘。

A. 60～65 ℃　　B. 70～75 ℃　　C. 80～85 ℃　　D. 105 ℃

2. 风干样品指其吸附水的含量在（　　）以下的样品。

A. 70%　　B. 45%　　C. 15%　　D. 5%

3. 一份实验室样品一般不少于（　　）。

A. 200 g　　B. 500 g　　C. 50 g　　D. 20 g

4. 实验室样品包括（　　）和留样样品。

A. 原始样品　　B. 分析样品　　C. 初级样品　　D. 风干样品

(三)简答题

1. 试设计一种饲料的标签。

2. 什么是风干样品?

3. 什么是总份样、缩分样、分析样品?

(四)讨论题

1. 请叙述仓房饲料和圆仓饲料如何进行采样?取样量如何确定?取样点如何确定?用什么工具取样?

2. 请叙述液体饲料(散装油脂、桶装油脂)如何进行采样?取样量如何确定?取样点如何确定?用什么工具取样?

(五)分析题

1. 假如有一车 20 t 的散装玉米到饲料厂卸货,需要品管员进行采样,请回答下列信息中的问题。

(1)采样的要求是什么?

(2)采样点数如何确定?

(3)采样位置如何确定?

(4)如何进行取样?

(5)采样用什么工具取样?

(6)取样量如何确定?

(7)每次取得的样叫什么样?把每次取得的样混匀所得的样是什么样?

(8)如何采集分析样品?

(9)请设计采样报告单。

2. 假如有一批袋装饲料到饲料厂卸货,需要品管员采集原始样本,请回答下列信息中的问题。

(1)采样的要求是什么?

(2)每批取样袋数如何确定?

(3)如果是玉米取样袋数如何确定?如果装有粉状饲料取样袋数如何确定?

(4)如果在 100 袋以下取样袋数应该是多少?每增加 100 袋需增加多少袋取样?

(5)抽样部位如何确定?

(6)取样袋如何抽取?

(7)如何从包装袋中取样?

(8)用什么取样工具?

(9)取样量如何确定?

(10)每次取得样叫什么样?把每次取的样混匀所得的样是什么样?

(11)如何采集分析样品?

(12)请设计采样报告单。

二维码 6-4 习题参考答案

任务实施效果评价

按照以下评价表的内容，与你的团队成员和指导教师一起讨论，对学习任务1的实施效果进行实事求是的评价。

评价项目	评价标准	满分	评价			得分
			优	良	及格	
完成习题情况	准确性、完整性	30				
任务计划书	方法正确、步骤完整、材料齐全、符合要求	10				
对不同类型原料采样计划实施过程记录	采样操作方法正确、饲料样品描述、分类准确，准确描述各类饲料特点，利用特点	20				
采样记录符合标准情况	实施过程记录完整，准确描述采集饲料原料分类特性及利用特点，对采样进行登记、封装	10				
成员参与程度、合作情况、责任心	学生的学习兴趣，参与的积极性，学习方法的运用，提出、解决及分析问题的能力	20				
任务总结报告	操作方法、操作过程、感官鉴定分析总结，填写采样报告，写出任务实施报告	10				
总　　分	100					
自我评价						
小组评价						
教师评价						

学习任务2

饲料实验室常规分析

【任务描述】

学生按2人一组分组，在实训室，与主讲教师一起学习下列各任务的测定原理、实验操作示范；实施下列学习任务，设计下列各学习任务的实验方案，按照分析方案准备本实验所需要的仪器和试剂，并按实验方案采用正确方法进行分析测定，计算出实验结果，正确填写原始记录和饲料检验报告单。对分析任务实施效果进行评价。

【任务实施】(任务单)

1. 分析所制备饲料样品的水分含量。
2. 分析所制备饲料样品的粗蛋白质含量。
3. 分析所制备饲料样品的粗脂肪含量。
4. 分析所制备饲料样品的粗纤维含量。
5. 分析所制备饲料样品的粗灰分含量。
6. 计算所分析饲料样品的无氮浸出物含量。
7. 分析所制备饲料样品的钙含量。
8. 分析所制备饲料样品的总磷含量。
9. 分析所制备饲料样品的水溶性氯化物含量。

饲料分析相关知识

一、饲料分析与检测的任务

饲料分析与检测的目的是对饲料质量做出正确的评估，其任务主要有以下几个方面。

1. 对饲料产品生产过程的监测

饲料产品是否符合质量标准，是以饲料分析与检测的数据为依据，按企业产品标准规定的质量指标进行评定。为了确保饲料的质量，必须对饲料的原料、半成品、成品、进货、储运、销售及使用等各个环节认真地进行质量的检验、监督与管理。

通过对原料的分析和检测，可以判断是否达到采购要求，确定品质和价格，为采购合格原料提供可靠依据。饲料产品生产工艺也是影响质量的重要因素之一。生产中如要了解工艺调整的效果，也必须通过饲料检测来实现。通过对饲料产品的检测，可以确定产品是否可以出厂。经检验合格的产品出厂后，可以放心接受管理部门质量监督检查。销售人员也可根据检测数据，进行产品的宣传和指导用户正确使用产品。如有质量纠纷时，也可通过检测来提供可靠的技术数据，分析查找原因，妥善处理。

2. 对进出口饲料产品的检测

在国际贸易中，必须检验饲料（包括原料、饲料添加剂、添加剂预混料、浓缩饲料与配合饲料等）是否符合国家卫生质量标准的规定以及合同规定的质量要求。

3. 对饲料产品的市场监管

在饲料产品市政管理过程中，要辨别产品的真假与质量优劣，是否有掺假、掺杂和伪造行为，饲料质量是否符合国家卫生法规，是否有变质现象，是否被污染，以及说明污染的原因、种类、程度、途径和危害等，也必须对饲料进行分析检测。

4. 对饲料产品使用效果的监测

在动物饲养过程中，饲料产品中的各种成分含量及其变化规律，对动物产品质量的影响，以及对动物健康的生长过程与疾病成因的探索，也都离不开饲料分析与检测这一基本手段。

二、饲料分析与检测的内容

1. 饲料中概略养分分析

主要是测定饲料中水分、粗灰分、粗蛋白质、粗脂肪、粗纤维，并计算无氮浸出物含量。

2. 饲料中矿物质元素的检测

对饲养动物有益的金属和非金属元素含量的测定。如测定饲料及其原料中钙、磷、镁、钾、钠、氯、铁、铜、锌、锰、铬、钼、硒、碘等元素的含量。

3. 饲料中维生素的检测

对饲料原料、配合饲料产品中脂溶性维生素 A、维生素 D、维生素 E、维生素 K 以及水溶性 B 族维生素类及维生素 C 含量的测定。

4. 饲料添加剂的检测

根据添加剂的质量标准与卫生标准对营养性饲料添加剂、一般性饲料添加剂进行分析检测。

5. 饲料中有毒、有害物质的检测

主要对有机磷、有机氯等农药残留量、氢氰酸、棉酚、亚硝酸盐、黄曲霉毒素以及铅、汞、镉、氟、砷等天然毒物与污染毒物的测定。

6. 饲料中微生物的检测

包括对饲料产品中有益微生物的测定，如对益生菌制剂中的益生菌的有效活菌数测定；对饲料中有害微生物的测定，如对饲料中细菌总数测定、霉菌总数测定、沙门菌检测等。

7. 饲料加工指标的检测

对粉碎、混合、制粒等饲料加工的效果进行测定，包括对粉碎粒度、添加剂预混料混合均匀度、饲料产品混合均匀度、颗粒饲料硬度、颗粒饲料含粉率、颗粒饲料粉化率等指标的测定。

8. 饲料中杂质及掺假掺杂检测

饲料及其原料中有意无意地掺入杂质，对饲料的品质影响很大。因此，在饲料生产与流通的各个环节都有必要对饲料中杂质进行认真地分析与鉴别。特别是在当前市场经济管理体制还不够健全的条件下，饲料原料及其产品的掺假掺杂时有发生，为了保障饲养业的正常发展与广大消费者的经济利益，必须严厉打击掺假的不法行为，所以对饲料掺假掺杂进行分析也是饲料分析的一个重要方面。

三、饲料概略养分分析概述

饲料概略养分分析，通常又称为饲料常规成分分析。100 多年来，人们沿用德国 Henneberg 与 Stohmann 两位科学家在 Weende 试验站创立的方法来分析饲料概略养分。它把饲料分为水分、粗灰分、粗蛋白质、粗脂肪、粗纤维与无氮浸出物 6 个组分，各种粗养分中的成分见表 6-14。

表 6-14　概略养分分析法中各种粗养分中的成分

粗养分	测定过程	主要成分
水分	以刚刚超过水的沸点温度(100 ℃)	水和挥发性物质
干物质(DM)	加热至恒重，所减少的质量即为水分含量	DM＝1－水分含量
粗灰分(Ash)	在 500～600 ℃燃烧 2～3 h	多种矿物质元素的氧化物和化合物
粗蛋白质(CP)	凯氏定氮，$CP=N\times6.25$	蛋白质、氨基酸及其他含氮物质
粗脂肪(EE)	乙醚浸提	脂肪、蜡质、色素、树脂等
粗纤维(CF)	酸碱处理，残渣烘干称重、灼烧等	纤维素、半纤维素、木质素
无氮浸出物(NFE)	$\omega(NFE)=1-\omega(H_2O)-\omega(CP)-\omega(EE)-\omega(CF)-\omega(Ash)$	淀粉、糖、果胶、有机酸、水溶性维生素等

四、饲料法规及饲料工业标准化

(一)饲料法规

近年来，我国所发生的“瘦肉精、苏丹红、三聚氰胺”等重大食品安全事件，都与饲料有着密切联系，于是，饲料安全乃至动物产品安全已成为人们的广泛共识。因而，加强饲料生产企业规范化管理，狠抓饲料原料和养殖环节非法添加物监管，组织开展饲料质量安全整治行动，努力确保不发生重大食品卫生安全事件，是基层饲料质量安全监管部门长期的目标任务。而有法可依、依法治料是确保目标实现的前提。

1. 我国饲料业管理法律法规体系

我国现行饲料管理法规体系主要由以下几部分构成。

(1)行政法规：国务院颁布的《饲料和饲料添加剂管理条例》(以下简称《条例》)。

(2)配套规章：主要是农业农村部令，即《饲料添加剂和添加剂预混合饲料生产许可证管理办法》《饲料添加剂和添加剂预混合饲料产品批准文号管理办法》《新饲料和新饲料添加剂管理办法》《进口饲料和饲料添加剂登记管理办法》《动物源性饲料产品安全卫生管理办法》《饲料生产企业审查办法》等。

(3)规范性文件:主要是农业农村部以公告形式发布的《饲料药物添加剂使用规范》《禁止在饲料和动物饮用水中使用的药物品种目录》《投入品等物质使用规定》《单一饲料产品目录》《饲料添加剂品种目录》《饲料原料和饲料产品中三聚氰胺限量值的规定》《饲料添加剂安全使用规范》等。

(4)强制性国家标准:主要是《饲料标签》和《饲料卫生标准》。

(5)其他相关法律法规:主要有《中华人民共和国农产品质量安全法》《中华人民共和国畜牧法》《中华人民共和国标准化法》,国家市场监督管理总局发布的《饲料和饲料添加剂进出口检验检疫监督管理办法》和最高人民法院、最高人民检察院《关于办理非法生产、销售、使用禁止在饲料和动物饮用水中使用的药品等刑事案件具体应用法律若干问题的解释》。

2. 饲料管理法律法规的应用

《饲料和饲料添加剂管理条例》是我国目前饲料行业管理的最高行政法规,是饲料业管理法规体系的核心。农业农村部令或公告是最高行业规章或规范性文件。强制性国家标准是不可逾越的最高标准。国务院《条例》和农业农村部令、公告以及强制性国家标准系列法规在全国范围内适用,具有普遍的约束力。换而言之,凡是在中华人民共和国境内从事饲料和饲料添加剂研制、生产、经营、使用以及质检和执法监管等一切行为活动,都应当严格遵守。我们通常所说的饲料行政执法,就是应用上述系列法律法规去管理和规范饲料行业相关的方方面面。而在实际工作中的适用原则是,以《条例》为适用主体法,以行业规章和规范性文件及其国家强制性标准为《条例》中某一条款或某一方面的具体补充,以其他有关法律法规为辅助参考。从适用原则来看,《条例》是"纲",而农业农村部规章和规范性文件是"目",即《条例》中有许多纲领性以及不便于细化的内容,则由农业农村部制定规章和规范性文件进行细化和补充完善,以便基层执法人员理解、把握和操作。因此,在实际执法工作中,农业农村部规章和规范性文件在细化和定量等依据方面更具可操作性。所以说,健全和完善饲料管理法规配套规章,对于开展好饲料行业及其产品质量安全监管工作具有十分重要意义。

(二)饲料工业标准化

1. 饲料工业标准等级

我国饲料工业标准分为四级:国家标准、行业标准、地方标准和企业标准。

(1)国家标准:是要在全国范围内统一的技术要求,由国务院标准化行政主管部门制定,如GB 10648—2013《饲料标签》和 GB 13078—2017《饲料卫生标准》等。

(2)行业标准:是在没有国家标准的情况下,需要在某个行业范围内统一的技术要求,由国务院有关行政部门制定,并报国务院标准化行政主管部门备案,如农业部颁发的 NY/T 685—2003《饲料用玉米蛋白粉》等。当公布了国家标准,相应的行业标准即行废止。

(3)地方标准:是在没有国家标准和行业标准的情况下,需要在省、自治区和直辖市范围内统一的工业产品安全、卫生要求,由省、自治区和直辖市有关行政部门制定,并报国务院标准化行政主管部门和国务院有关行政主管部门备案。

(4)企业标准:是企业根据已有国家标准或行业标准,制定的严于国家标准或行业标准,或在没有国家标准或行业标准情况下，企业制定的标准，主要包括产品标准和检测方法标准，仅适用于企业内部。

2. 标准的性质

国家标准或行业标准按其性质又可分为强制性标准、推荐性标准和指导性技术文件。

(1)强制性标准：保障人体健康、人身安全、财产安全的标准和法律、行政法规规定强制执行的标准为强制性标准，如《饲料标签》和《饲料卫生标准》，这些标准一般为国家标准。国家强制性标准的代号为GB。

(2)推荐性标准：一般为行业标准和非强制性国家标准，如饲料原料标准、检测方法标准等。国家推荐性标准的代号为GB/T。

(3)指导性技术文件：如饲料和食品链的可追溯性体系设计与实施指南、GB/T 22000—2006在饲料加工企业的应用指南等。

3. 我国饲料和饲料添加剂相关标准制订的现状

截至2020年3月发布饲料和饲料添加剂相关的国家标准和行业标准共762项，其中：基础规范25项、卫生指标限量1项、检测方法311项、研制评价技术规程16项、饲料原料76项、饲料添加剂124项、饲料产品52项、宠物9项、无公害绿色3项、进出口74项、实验动物8项、饲料机械55项、化学试剂8项。

学习任务2.1　饲料中水分的测定

一、饲料中水分的测定方法(GB/T 6435—2014)

(一)测定原理

根据试样性质选择在1个标准大气压(103±2)℃烘箱内或(80±2)℃真空干燥箱内烘干，直至恒重，逸失的重量为水分。

二维码6-5　饲料中水分的测定

(二)仪器设备

(1)实验室用样品粉碎机或研钵。

(2)分样筛：孔径0.42 mm(40目)。

(3)分析天平：感量0.001 g。

(4)电热式恒温烘箱：可控制温度为(103±2)℃。

(5)电热真空干燥箱：温度可控制在(80±2)℃，真空度可达13 kPa以下。应备有通入干燥空气导入装置或以氧化钙(CaO)为干燥剂的装置(20个样品需300 g氧化钙)。

(6)称样皿：玻璃或铝质，直径50 mm，高30 mm，或直径70 mm，高35 mm，或能使样品铺开约0.3 g/cm^{2}规格的其他耐腐蚀金属称样皿。

(7)干燥器：用变色硅胶作为干燥剂。

(三)试样的采集和制备

见学习情境六的学习任务1饲料样品采集与分析试样制备。

(四)操作步骤

1. 直接干燥法——固体样品

(1)称量瓶准备　将称量瓶洗净，称量瓶(带盖，盖半开)放入103 ℃的干燥箱内干燥(30±1) min后取出。放在干燥皿中冷却至室温，称重，质量记为m_1。

(2)称取试样　称取5 g试样于称量瓶中，并摊匀，试样称取量记为m_2。

(3)烘干　将称量瓶(带盖，盖半开)放入103 ℃的干燥箱内(建议平均每升干燥箱空间最多放一个称量瓶)，当温度达到103 ℃后，干燥(4±1) h。将盖盖上，从干燥箱中取出，在干燥皿中冷却至室温，称量，质量记为m_3。再于103 ℃的干燥箱内干燥(30±1) min。从干燥箱中取出，在干燥皿中冷却至室温，称量。如果两次称量的结果相差小于或等于试样质量的0.1%，以第一次称量的质量计算；如果大于0.1%，在干燥箱中于103 ℃再次干燥称量瓶和试样，时间为(2±0.1) h。在干燥器中冷却至室温，称量。如果此次干燥后与第二次干燥后质量变化小于或等于试样质量的0.2%，以第一次称量的质量计算，如果经第二次干燥后质量变化大于试样质量的0.2%，则按减压干燥法的测定步骤进行。

2. 直接干燥法——半固体、液体或含脂肪高的样品

(1)称量瓶准备　将洗净干燥的称量瓶内放一薄层砂和一根玻璃棒。将称量瓶及内容物和盖一并放入103 ℃的干燥箱内干燥(30±1) min。盖好称量瓶盖，从干燥箱中取出，放在干燥器中冷却至室温称其质量，准确至1 mg。

(2)称取试样　称取10 g试样于称量瓶中，准确至1 mg。用玻璃棒将试样与砂充分混合，玻璃棒留在称量瓶中。

(3)烘干　将称量瓶放入103 ℃的干燥箱内，干燥(4±0.1) h，将盖盖上，从干燥箱中取出，在干燥皿中冷却至室温，称量。再于103 ℃的干燥箱内干燥(30±1) min。从干燥箱中取出，在干燥皿中冷却至室温，称量。如果两次称量的结果相差小于或等于试样质量的0.1%，以第一次称量的质量计算；如果大于0.1%，在干燥箱中于103 ℃再次干燥称量瓶和试样，时间为(2±0.1) h。在干燥器中冷却至室温，称量。如果此次干燥后与第二次干燥后质量变化小于或等于试样质量的0.2%，以第一次称量的质量计算，如果经第二次干燥后质量变化大于试样质量的0.2%，则按减压干燥法的测定步骤进行。

3. 减压干燥法

按直接干燥法称取试样，将称量瓶放入80 ℃的真空干燥箱中，减压至13 kPa。通入干燥空气或放置干燥剂干燥试样。在放置干燥剂的情况下，当达到设定的压力后断开真空泵。在干燥过程中保持所设定的压力。当干燥箱温度达到80 ℃后，加热(4±0.1) h。小心将干燥箱恢复至常压。打开干燥箱，立即将称量瓶盖盖上，从干燥箱中取出。放入干燥器中冷却至室温称量。将试样再次放入80 ℃的真空干燥箱中干燥(30±1) min，直至连续两次干燥质量变化之差小于其质量的0.2%，以最后一次干燥称量值m_3计算水分含量。

(五)结果计算

1. 计算公式

$$\omega(H_2O)=\frac{m_2-(m_3-m_1)}{m_2}\times 100\%$$

式中：m_1为已恒重的称量瓶(带盖)质量，如使用砂和玻璃棒，也包括砂和玻璃棒的质量，g；m_2为试样质量，g；m_3为烘干后试样及称量瓶(带盖)质量，如使用砂和玻璃棒，也包括砂和玻璃棒的质量，g。

2. 结果表示

每个试样应取 2 个平行样进行测定，取 2 次平行测定的算术平均值作为结果，结果精确至 0.1%。

直接干燥法：两个平行测定的结果，水分含量<15%的样品绝对差值不大于 0.2%，水分含量≥15%的样品相对偏差不大于 1.0%。

减压干燥法：两个平行测定的结果，水分含量的绝对差值不大于 0.2%。

(六)注意事项

(1)如果已按多汁鲜样进行过预先干燥处理，则应按下式计算原来试样中的水分含量。

$$\omega(\text{原试样总水分})=\omega(\text{预干燥减重})+[1-\omega(\text{预干燥减重})]\times\omega(\text{风干试样水分})$$

(2)加热时试样中有挥发性物质可能与试样中水分一起损失，如青贮料中的挥发性脂肪酸，因而烘干过程中损失的质量除水分外还包括挥发性物质。

(3)本测定方法不适用于：①奶制品；②矿物质；③含有相当数量的奶制品和矿物质的混合物，如代乳品；④含有保湿剂(如丙二醇)的动物饲料；⑤下列单一动物饲料：动植物油脂(按 GB/T 9696—2008 的方法 A 测定)、油料(GB/T 14489.1—2008 的方法测定)、油料饼粕(按 GB/T 10358—2008 的方法测定)、谷物(不包括玉米)及谷物产品(按 GB/T 21305—2007 的方法测定)、玉米(按 GB/T 10362—2008 的方法测定)。

(4)样品粉碎时若采用超高速粉碎机，因粉碎过程产热量较大，长时间粉碎样品，会造成所测的水分含量偏低。

(5)称量样品时，要用干燥滤纸条或戴干燥洁净的细纱手套。

(6)干燥器中的干燥剂为变色硅胶，当吸水失效时颜色变为无色或粉红色，因而需要判断其吸附水的程度，及时将变色硅胶放入 103 ℃烘箱中，使其失去水分重新变为蓝色，保证干燥效果。戴手套，禁止直接用手操作，以免造成偶然误差。

(7)恒温箱内的温度分布往往不均匀，所以需要预先在恒温箱内摆满一层相同的试样，观察测定值的变化幅度，找出可以使用的位置。否则，由于温度不均匀也会影响测定结果。

二、原始记录及检验报告单的填写(表6-15、表6-16)

表6-15 饲料中水分的测定原始记录示例

样品名称	检验日期		检测依据
	年 月 日		GB/T 6435—
主要仪器名称及型号			
试样编号	1#		2#
称样皿重 m_1/g			
试样重 m_2/g			
烘干后试样及称样皿重 m_3/g			
试样中水分含量 H_2O/%			
平均值/%			
绝对差/%			
计算公式/%	$\omega(H_2O)=\frac{m_2-(m_3-m_1)}{m_2}\times100\%$		
检验结论	该样品经检验,水分含量为 %		
备注			

检验人:(检验人签名) 审核人:(审核人签名)

表6-16 饲料检验报告单示例

样品名称			样品编号			
规 格			生产日期	年 月 日		
生产单位						
抽样人	(抽样人签名)		抽样地点			
检验日期	年 月 日		报告日期	年 月 日		
检测项目	饲料中水分的含量					
检测依据	GB/T 6435—					
判定依据	Q/ ;GB/T 18823—					
主要仪器名称及型号						
检验结果	检验项目	计量单位	标准值	判断值	检验结果	单项判定
	水分	%				
			以下空白			
检验结论	样品经检验,所检项目符合 Q/ 质量要求,判定合格					

检验人:(检验人签名) 审核人:(审核人签名)

学习任务 2.2　饲料中粗蛋白的测定

一、饲料中粗蛋白的测定方法(GB/T 6432—2018)

(一)测定原理

饲料中的有机物质在还原性催化剂的作用下，用浓硫酸进行消化，其中的蛋白质和其他有机态的氮都转化为铵离子(NH_4^+)并与硫酸化合成硫酸铵，而非含氮的物质则以二氧化碳、水和二氧化硫的气体状态被逸出。消化液在强碱的作用下进行蒸馏，放出氨态的氮，用硼酸吸收并结合成硼酸铵，以甲基红-溴甲酚绿作为混合指示剂，用已知浓度的盐酸标准溶液进行滴定，根据消耗盐酸的体积，计算氮的含量，根据不同的饲料乘以一定的系数(通常为 6.25)，即为粗蛋白的含量。上述过程的化学反应如下(以丙氨酸为例)。

$$2CH_3CHNH_2COOH + 13H_2SO_4 \longrightarrow (NH_4)_2SO_4 + 6CO_2\uparrow + 12SO_2\uparrow + 16H_2O$$

$$(NH_4)_2SO_4 + 2NaOH \longrightarrow 2NH_3\uparrow + 2H_2O + Na_2SO_4$$

$$H_3BO_3 + NH_3 \longrightarrow NH_4H_2BO_3$$

$$NH_4H_2BO_3 + HCl \longrightarrow H_3BO_3 + NH_4Cl$$

(二)仪器设备

(1)实验室用样品粉碎机。
(2)分样筛：孔径 0.42 mm(40 目)。
(3)分析天平或电子天平，感量 0.001 g。
(4)凯氏烧瓶：250 mL。
(5)消煮管：250 mL。
(6)消化炉或消解仪(图 6-11)。
(7)凯氏定氮蒸馏装置(图 6-12)。
(8)定氮仪 (图 6-13)。
(9)滴定管：25 mL 或 50 mL。
(10)其他实验室常用玻璃仪器，如锥形瓶(100 mL 或 250 mL)、移液管(10 mL)、容量瓶(100 mL)等。

二维码 6-6　饲料中粗蛋白的测定

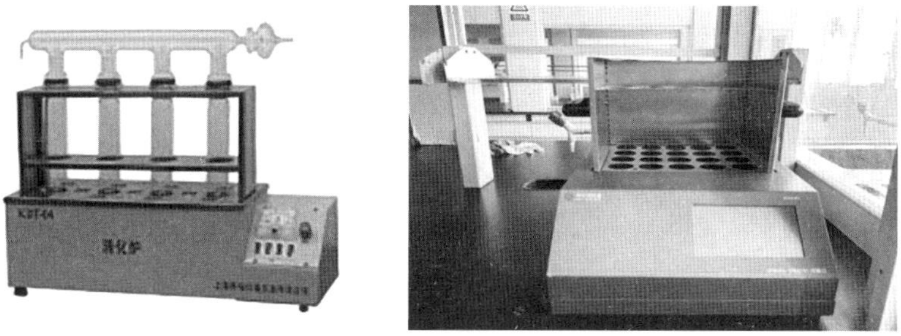

图 6-11　消化炉和消解仪

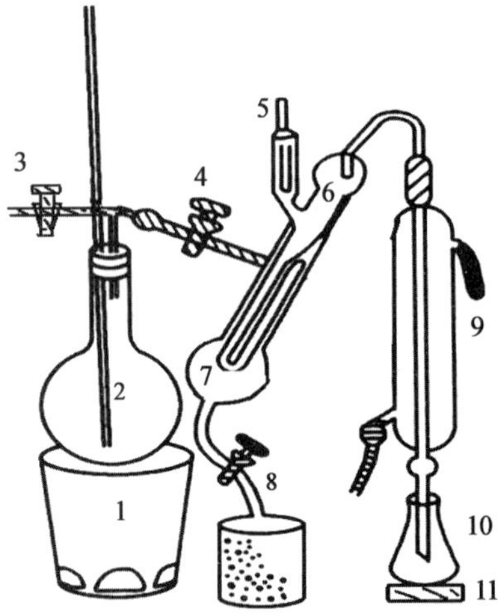

1. 可调电炉　2. 蒸汽发生器　3、4、8. 螺丝夹
5. 小玻杯及棒状玻塞　6. 反应室　7. 反应室外层
9. 冷凝管　10. 锥形瓶　11. 升降台

图 6-12　凯氏定氮蒸馏装置

图 6-13　定氮仪

(三)试剂配制

本方法除注明外，试剂均为分析纯，水为蒸馏水。

(1)浓硫酸：含量为 98%，无氮。

(2)混合催化剂：0.4 g 硫酸铜(含 5 个结晶水)，6 g 硫酸钾或硫酸钠，均为化学纯，磨碎混匀。

(3)400 g/L 氢氧化钠溶液：40 g 氢氧化钠溶于 100 mL 水中。

(4)20 g/L 硼酸吸收液Ⅰ：2 g 硼酸溶于 100 mL 水中。

(5)混合指示剂：甲基红 1 g/L 乙醇溶液；溴甲酚绿 5 g/L 乙醇溶液。两溶液等体积混合，在阴凉处保存 3 个月。

(6)盐酸标准溶液：无水碳酸钠法标定。

0.1 mol/L 盐酸标准溶液：8.3 mL 盐酸，注入 1 000 mL 水中。

0.02 mol/L 盐酸标准溶液：1.67 mL 盐酸，注入 1 000 mL 水中。

(7)蔗糖：分析纯，干燥。

(8)硫酸铵：分析纯，干燥。

(9) 硼酸吸收液Ⅱ：1%硼酸水溶液 1 000 mL，加入 0.1%溴甲酚绿乙醇溶液 10 mL，0.1%甲基红乙醇溶液 7 mL，4%氢氧化钠水溶液 0.5 mL，混匀，室温保存期为 1 个月。(全自动程序用)

(四)试样的选取和制备

选取有代表性试样用四分法缩减至 200 g，粉碎至 40 目，装入密封容器中，防止试样成分的变化或变质。

(五)操作步骤

1. 消化

(1)准备凯氏烧瓶或消化管：将凯氏烧瓶或消化管洗净、烘干、编号。

(2)称样:准确称取样品 0.5～2 g(含氮量为 5～80 mg),准确至 0.002 g 无损地转移到凯氏烧瓶或消化管中。

(3)加催化剂:在上述凯氏烧瓶或消化管中加入混合催化剂 6.4 g。硫酸铜的作用主要是为催化反应的进行,并且在有机物质全部消化后,使溶液呈蓝绿色,在蒸馏时的碱性反应中又可变为红褐色而起到指示剂的作用。加入硫酸钾或无水硫酸钠的目的是提高浓硫酸的沸点,提高消化速度。

(4)加浓硫酸:将 12 mL 浓硫酸缓缓加入凯氏烧瓶或消化管中,硫酸以其强酸性和强氧化性使有机物分解而可作为样品消化的分解剂。

(5)加热消化:在上述凯氏烧瓶中加一小漏斗,放到通风柜中的电炉上低温加热(100～200 ℃),注意防止泡沫溢出。待泡沫消失后提高电炉温度(360～410 ℃)。消化至溶液澄清无黑点并呈蓝绿色,再继续加热 2 h。或将消化管放在消化炉上,接好排废气的管子,将排废气的管子另一端接皮管,皮管接到自来水龙头上,先打开自来水,再打开消化炉电源,于 420 ℃消煮炉上消化 1 h。取出冷却至室温。

2. 蒸馏、吸收

方法一:半微量水蒸气蒸馏法(图 6-12)

(1)定容:将冷却的消化液加入蒸馏水 20 mL,冷却后将消化液转移到 100 mL 的容量瓶中,然后用蒸馏水反复多次洗涤凯氏烧瓶,洗液并入容量瓶,直至消化液全部转入容量瓶中。将溶液冷却到室温后加蒸馏水至容量瓶的刻度,摇匀。

(2)吸收液的准备:取 20 mL 20 g/L 的硼酸吸收液于 100 mL 的锥形瓶中,加入甲基红-溴甲酚绿混合指示剂 2 滴,摇匀后颜色应为红色,若颜色为蓝绿色则需要检查锥形瓶和硼酸溶液是否污染。

(3)在凯氏定氮蒸馏装置烧瓶中加入蒸馏水,在水中加入甲基红指示剂数滴与硫酸数滴,使溶液为玫红色,并注意在蒸馏过程中保持该颜色,否则补加硫酸。仪器安装连接好后打开电炉,等烧瓶中水沸腾后检查蒸馏装置是否漏气。

(4)洗涤蒸馏装置:从蒸馏装置的加液口加入适量蒸馏水(必要时可先用重铬酸钾洗液,以消除反应室可能存在的氮),使其流入反应室,塞好玻璃塞,打开蒸汽通道,用蒸汽发生器内产生的热蒸汽加热反应室,使反应室内的水沸腾 1～2 min。关闭蒸汽通道。由缓冲室内的温度下降蒸汽凝缩而产生的负压使反应室内的洗涤液吸入缓冲室。然后松开位于缓冲室的废液排出口将废液排除,重复此操作 2～3 次。

(5)将盛有 20 g/L 的硼酸吸收液的锥形瓶置于蒸馏装置冷凝管的末端,并将冷凝管末端插入此接收液液面下 2/3 处,以免蒸馏产生的氨气逸出。

(6)用移液管准确吸取容量瓶中的消化液 10～20 mL,通过加液口注入蒸馏装置的反应室中,用少量水冲洗加液口,塞好入口玻璃塞。

(7)加入 400 g/L 氢氧化钠 10 mL,小心提起玻璃塞使之流入反应室,用少量蒸馏水冲洗加液口后,将加液口的玻璃塞塞好,并将加液口用水封住。在将氢氧化钠溶液和冲洗蒸馏水放入反应室的过程中,始终要用溶液封住加液口而慢慢放入,防止反应室氨气从加液口逸出。

(8)打开蒸汽发生器与蒸馏装置的蒸汽通道开始蒸馏,当溶液由红色变为蓝绿色时,开始计时,蒸馏 4 min。将冷凝管末端离开锥形瓶中的吸收液面,继续蒸馏 1 min。用蒸馏水冲洗冷凝管末端,洗液并入吸收液中,然后停止蒸馏。

(9)取下锥形瓶,关闭蒸汽通道,使反应室内的反应液吸入缓冲室。然后松开位于缓冲室的废液排除口将废液排出。重复步骤(4)洗涤蒸馏装置。

方法二:常量直接蒸馏法

常量直接蒸馏法一般采用定氮仪蒸馏。

(1)等消化管中消化液冷却后,将消化管固定到定氮仪上,并向冷却的消化液中加水20 mL,摇匀、冷却。

(2)将冷凝管的末端浸入盛有 50 mL 硼酸吸收液和 2 滴混合指示剂的 250 mL 的锥形瓶中。

(3)在消化管中加入 400 g/L 氢氧化钠溶液直至溶液变黑,再加少许。

(4)设置蒸馏时间和蒸汽强度等参数,打开加热蒸馏按钮开始蒸馏,直至 250 mL 的锥形瓶中的溶液体积为 150 mL 或蒸馏时间达 4 min。

(5)将冷凝管末端离开锥形瓶中的吸收液面,继续蒸馏 1～2 min。用蒸馏水冲洗冷凝管末端,洗液并入吸收液中,然后停止蒸馏。

3. 滴定

吸收氨后的吸收液立即用盐酸标准溶液进行滴定(常量直接蒸馏法常用 0.1 mol/L 的盐酸标准溶液,半微量水蒸气蒸馏法常用 0.02 mol/L 盐酸标准溶液),至溶液由蓝绿色变为灰红色,即为终点,记录消耗的盐酸溶液的体积。

4. 空白测定

在进行样品测定的同时,要进行空白测定。另取凯氏烧瓶或消化管一个,以 0.5 g 蔗糖替代试样,其余的操作步骤与试样完全相同。空白测定所用 0.02 mol/L 盐酸标准溶液的体积一般不得超过 0.3 mL。

5. 测定步骤的检验

精确称取 0.2 g 硫酸铵,代替试样,按试样相同的操作步骤进行蒸馏和滴定,测得的硫酸铵的含氮量应为 21.19%±0.2%,否则应检查加碱、蒸馏和滴定各步骤是否正确。

(六)结果计算

1. 计算公式

$$\omega(\mathrm{CP})=\frac{(V-V_0)\times c\times 0.0140\times 6.25}{m}\times\frac{V_1}{V_2}\times 100\%$$

式中:V 为滴定样品时消耗的盐酸标准溶液的体积,mL;V_0 为滴定空白时消耗的盐酸标准溶液的体积,mL;c 为盐酸标准溶液的浓度,mol/L;V_1 为试样分解液的体积,mL;V_2 为蒸馏时吸取的试样分解液的体积,mL;0.014 0 为与 1.00 mL、浓度为 1.000 mol/L 盐酸标准溶液相当的氮的质量,g;6.25 为氮换算成蛋白质的平均系数。

2. 重复性

每个样品取两个平行样进行测定,如果测定结果的相对平均偏差在范围之内,结果取其算术平均值。

粗蛋白质含量在 25%以上时,允许相对偏差为 1%;粗蛋白质含量在 10%～25%时,允许相对偏差为 2%;粗蛋白质含量在 10%以下时,允许相对偏差为 3%。

(七)注意事项

(1)样品消化过程中,一定要将凯氏烧瓶放入通风柜中,并注意控制好消化温度,不要将消化液溢出或蒸干。消煮的温度以硫酸蒸汽在瓶颈上部 1/3 处冷却回流为宜。如果瓶壁沾有黑色固体，小心取下凯氏烧瓶冷却后，轻轻摇动凯氏烧瓶，使其内的消化液将黑色固体洗下，或用少量蒸馏水冲洗后再加热。

(2)消化时硫酸的用量以刚没过样品为宜，但脂肪含量高的样品应适当增加用量。在消化过程中如果硫酸消耗过多，将影响试样的消化，一般在凯氏烧瓶口插入一个小漏斗，以减少硫酸的损失。

(3)蒸馏前应将盛有吸收液的锥形瓶首先放入冷凝管下，防止反应产生的氨气损失；而蒸馏完毕后应先将锥形瓶取下，然后关闭蒸汽，以免吸收液倒流。

(4)蒸汽发生器的塞子上应设有两个蒸汽通道，在操作中注意两个通道不能同时关闭(图 6-12 中“3”和“4”)。

(5)各种饲料中粗蛋白的含氮量差异很大，一般为 14.7%～19.5%，平均为 16%。凡饲料中粗蛋白的含氮量尚未确定的，可用 6.25 平均系数作为含氮量与粗蛋白含量的换算系数。如果饲料的含氮量已经确定，可用其实际系数来换算，如荞麦、玉米用系数 6.00，箭舌豌豆、大豆、蚕豆、燕麦、小麦、黑麦用系数 5.70，牛奶用系数 6.38。

二、原始记录及检验报告单的填写(表 6-17、表 6-18)

表 6-17 饲料中粗蛋白的测定原始记录示例

样品名称	检验日期	检测依据
	年 月 日	GB/T 6432—
主要仪器名称及型号		
试样编号	1#	2#
试样质量 m/g		
试样分解液的总体积 V_1/mL		
蒸馏用试样分解液体积 V_2/mL		
滴定空白时消耗的盐酸标准溶液的体积 V_0/mL		
滴定样品时消耗的盐酸标准溶液的体积 V/mL		
盐酸标准溶液的浓度 c/(mol/L)		
粗蛋白质含量/%		
平均值/%		
相对平均偏差/%		
计算公式/%	$\omega(\mathrm{CP})=\dfrac{(V-V_0)\times c\times 0.0140\times 6.25}{m}\times\dfrac{V_1}{V_2}\times 100\%$	
检验结论	该样品经检验，粗蛋白质含量为	
备 注		

检验人：(检验人签名) 审核人：(审核人签名)

表 6-18　饲料检验报告单示例

<table>
<tr><td>样品名称</td><td colspan="3"></td><td colspan="2">样品编号</td><td></td></tr>
<tr><td>规 格</td><td colspan="3"></td><td colspan="2">生产日期</td><td>年　月　日</td></tr>
<tr><td>生产单位</td><td colspan="6"></td></tr>
<tr><td>抽样人</td><td colspan="3">（抽样人签名）</td><td colspan="2">抽样地点</td><td></td></tr>
<tr><td>检验日期</td><td colspan="3">年　月　日</td><td colspan="2">报告日期</td><td>年　月　日</td></tr>
<tr><td>检测项目</td><td colspan="6">饲料中粗蛋白的含量</td></tr>
<tr><td>检测依据</td><td colspan="6">GB/T 6432—</td></tr>
<tr><td>判定依据</td><td colspan="6">Q/　　　　　　　　;GB/T 18823—</td></tr>
<tr><td>主要仪器名称及型号</td><td colspan="6"></td></tr>
<tr><td rowspan="3">检验结果</td><td>检验项目</td><td>计量单位</td><td>标准值</td><td>判断值</td><td>检验结果</td><td>单项判定</td></tr>
<tr><td>粗蛋白质</td><td>%</td><td></td><td></td><td></td><td></td></tr>
<tr><td></td><td></td><td>以下空白</td><td></td><td></td><td></td></tr>
<tr><td>检验结论</td><td colspan="6">样品经检验，所检项目符合　　　　　　　　质量要求，判定合格</td></tr>
</table>

检验人：（检验人签名）　　　　　　审核人：（审核人签名）

学习任务 2.3　饲料中粗脂肪的测定

一、饲料中粗脂肪的测定方法（GB/T 6433—2006）

（一）测定范围及测定原理

本方法适用于油籽和油籽残渣以外的动物饲料。将动物饲料分为下列两类：A 类与 B 类，B 类产品的样品提取前需要水解。

B 类：纯动物性饲料，包括乳制品；脂肪不经预先水解不能提取的纯植物性饲料，如谷蛋白、酵母、大豆及马铃薯蛋白以及加热处理的饲料；含有一定数量加工产品的配合饲料，其脂肪含量至少有 20%来自这些加工产品。

A 类：B 类以外的动物饲料。

脂肪含量 200 g/kg 以上的样品预先用石油醚提取；B 类样品用盐酸加热水解，水解溶液冷却、过滤，洗涤残渣并干燥后用石油醚提取，蒸馏、干燥除去溶剂，残渣称量；A 类样品用石油醚提取，通过蒸馏和干燥除去溶剂，残渣称量。

有机溶剂如石油醚反复浸提饲料样品时，使其中的脂肪溶于石油醚，并收集于抽提瓶中，称提取物的重量，除脂肪外，还有有机酸、磷脂、脂溶性维生素、叶绿素等，因而测定结果称粗脂肪或醚提取物。

二维码 6-7　饲料中粗脂肪的测定

(二)仪器设备

(1)实验室用样品粉碎机或研钵。

(2)分样筛:孔径 0.42 mm(40 目)。

(3)分析天平:感量 0.000 1 g。

(4)电热恒温水浴锅、电加热套或其他有温度控制的加热装置,不作为火源。

(5)恒温烘箱,温度能保持在(103±2) ℃

(6)电热真空箱:温度能保持在(80±2) ℃,并减压至 13.3 kPa 以下,配有引入干燥空气的装置,或内盛干燥剂,如氧化钙。

(7)索氏脂肪提取器(图 6-14):250 mL 或 500 mL。

(8)中速滤纸或中速滤纸筒或提取套管:脱脂。

(9)干燥器。

(10)脂肪测定仪。

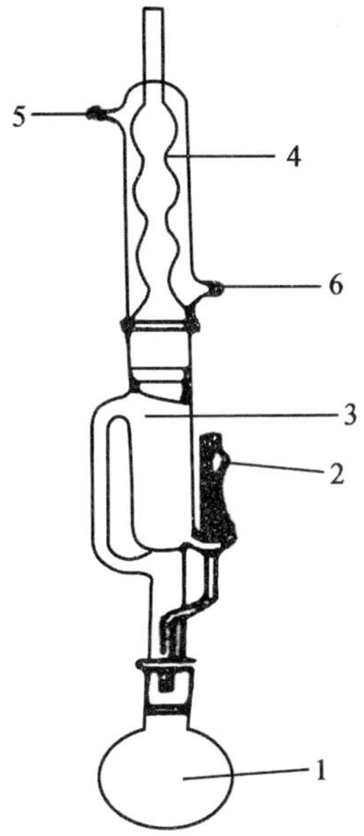

1. 抽提瓶　2. 虹吸管　3. 抽提管
4. 冷凝管　5. 出水口　6. 入水口

图 6-14　索氏提取器

(三)试剂配制

(1)石油醚(分析纯),主要由具有 6 个碳原子的碳氢化合物组成,沸点范围为 40～60 ℃,溴值应低于 1,挥发残渣应小于 20 mg/L。也可使用挥发残渣低于 20 mg/L 的工业乙烷。

(2)无水硫酸钠。

(3)丙酮。

(4)盐酸:$c(HCl)=3$ mol/L。

(5)滤器辅料:如硅藻土,在盐酸[$c(HCl)=6$ mol/L]中消煮 30 min,用水洗至中性,然后在 130 ℃下干燥。

(6)金刚砂或玻璃细珠。

(四)试样的选取和制备

取有代表性试样用四分法缩减至 200 g,粉碎至 40 目,装入密封容器中,防止试样成分的变化或变质。

(五)测定步骤(仲裁法)

根据待测试样的性质,依据下表选择相应的操作步骤。

试样性质		1. 预先提取	2. 水解	3. 提取
脂肪含量 ≥200 g/kg	A 类	√	×	√
	B 类	√	√	√
脂肪含量 <200 g/kg	A 类	×	×	√
	B 类	×	√	√

1. 预先提取

(1)称取至少 20 g 制备的试样(m_0),与 10 g 无水硫酸钠混合,放入提取套管内并用一小块脱脂棉覆盖。

(2)将一些金刚砂放入一干燥烧瓶中,如果随后将对脂肪定性,则使用玻璃细珠取代金刚砂。将烧瓶与提取器连接,收集石油醚提取物。

(3)将提取套管置于提取器中,用石油醚提取 2 h。如果使用索氏提取器,则调节加热装置使每小时至少循环 10 次,如果使用一个相当设备,则控制回流速度每秒至少 5 滴(约 10 mL/min)。

(4)用 500 mL 石油醚稀释烧瓶中的石油醚提取物,充分混合。对一个盛有金刚砂或玻璃细珠的干燥烧瓶进行称量(m_1),吸取 50 mL 石油醚溶液移入此烧瓶中。

(5)蒸馏除去溶剂,直至烧瓶中几乎无溶剂,加 2 mL 丙酮至烧瓶中,转动烧瓶并在加热装置上缓慢加温除去丙酮,吹去痕量丙酮。烧瓶中残渣在 103 ℃干燥箱内干燥(10±0.1) min,在干燥器中冷却,称量(m_2)。

(6)取出提取套管中提取的残渣在空气中干燥,除去残余的溶剂,干燥残渣称量(m_3),将残渣粉碎成 1 mm 大小的颗粒。

2. 水解

(1)称取试样(或为预先提取后的试样)5 g(试样质量记为 m_4),将试料转移至一个 400 mL 烧杯或一个 300 mL 锥形瓶中,加 100 mL 盐酸和金刚砂,用表面皿覆盖,或将锥形瓶与回流冷凝器连接,在火焰上或电热板上加热混合物至微沸,保持 1 h,每 10 min 旋转摇动一次,防止产物黏附于容器壁上。

(2)在环境温度下冷却,加一定量的滤器辅料,防止过滤时脂肪丢失,在布氏漏斗中通过湿润的无脂的双层滤纸过滤,残渣用冷水洗涤至中性。

注:如果在滤液表面出现油或脂,则可能得出错误结果,一种可能的解决办法是减少测定试料或提高酸的浓度重复进行水解。

(3)小心取出滤器并将含有残渣的双层滤纸放入一个提取套管中,在 80 ℃电热真空箱中于真空条件下干燥 60 min,从电热真空箱中取出提取套管并用一小块脱脂棉覆盖。

3. 提取

(1)索氏提取器应干燥无水,抽提瓶在(105±2) ℃烘箱中烘干 1 h,在干燥器中冷却 30 min,称重(质量记为 m_5)。

(2)称取试样(或为预先提取后的试样)1~5 g (试样质量记为 m_4)或用水解后的试样放于滤纸筒中或用滤纸包好(用铅笔做标记)。滤纸包长度应以可全部浸泡于乙醚中为准。

(3)将滤纸包放入抽提管,在抽提管中加石油醚 2 次,第 1 次超过虹吸管高度,使石油醚回流,等回流结束,再加第 2 次石油醚,第 2 次低于虹吸管,高于滤纸包。在 55~75 ℃的水浴(用蒸馏水)或其他加热器上加热,使石油醚回流,控制石油醚回流次数约为 10 次/h,共计提取 6 h。

(4) 取出提取套管,仍用原提取器回收石油醚直至抽提瓶全部抽完,取下抽提瓶在水浴上蒸去残余石油醚,加 2 mL 丙酮至烧瓶中,转动烧瓶并在加热装置上缓慢加温以除去丙酮,吹去痕量丙酮,擦净瓶外壁。

(5)将抽提瓶放入(105±2) ℃烘箱中烘干 2 h，在干燥器中冷却 30 min，称重，质量记为 m_6。或将抽提瓶放入 80 ℃电热真空箱中，真空干燥 1.5 h，在干燥器中冷却后称重，质量记为 m_6。

(六)结果计算

(1)对于有预先提取的试样，试样的脂肪含量 W_1，按下式计算，以克每千克表示。

$$W_1 = \left[\frac{10(m_2 - m_1)}{m_0} + \frac{(m_6 - m_5)}{m_4} \times \frac{m_3}{m_0}\right] \times f$$

式中：m_0 为在预先提取步骤中第一次称取的试样质量，g；m_1 为在预先提取步骤中装有金刚砂的烧瓶的质量，g；m_2 为在预先提取步骤中装有金刚砂的烧瓶的质量和干燥的石油醚提取物残渣的质量，g；m_3 为在预先提取步骤中获得的干燥提取残渣的质量，g；m_4 为试料的质量，g；m_5 为空抽提瓶的质量，g；m_6 为空抽提瓶的质量和获得的石油醚提取干燥残渣的质量，g；f 为校正因子单位，单位为克每千克(g/kg)(f=1 000 g/kg)；结果表示精确至 1 g/kg。

(2)对于无预先提取的测定法，试样的脂肪含量以 W_2 表示，按下式计算，以克每千克表示。

$$W_2 = \frac{m_6 - m_5}{m_4} \times f$$

式中：m_4 为试料的质量，g；m_5 为空抽提瓶的质量，g；m_6 为空抽提瓶的质量和获得的石油醚提取干燥残渣的质量，g；f 为校正因子单位，g/kg(f=1 000 g/kg)；结果表示精确至 1 g/kg。

(3)重复性。用同一方法对相同的实验材料，在同一实验室内，由同一操作人员使用同一设备，在短时间内获得的两个独立的实验结果之间的绝对差值，超过表 6-19 得出的重复性限 r 的情况不大于 5%。

表 6-19　测定结果的重复性限(r)和再现性限(R)

样品	重复性限 r/(g/kg)	再现性限 R/(g/kg)
B 类(需要水解[a])	5.0	12.0[a]
A 类(不需要水解[b])	2.5	7.7[b]

注：a 鱼粉和肉粉除外；b 椰子粉除外。

也可参照以下重复性评价方法：粗脂肪含量在 10%以上(含 10%)时，允许相对偏差为 3%；粗脂肪含量在 10%以下时，允许相对偏差为 5%。

(七)注意事项

(1)全部称量操作及样品包装时要戴乳胶手套或棉手套。

(2)使用石油醚(或乙醚)时需注意其属于易燃、易爆、易挥发化学品，严禁明火加热，保持室内通风良好，抽提时应防止过热而爆炸。

(3)若选用石油醚，应注意其沸点范围以及品质，品质差的石油醚在用水浴锅加热时不能产生回流。

(4)做样品包用的滤纸和棉线应采用脱脂滤纸和脱脂棉线，否则会影响测定结果。

(5)包好的样品应采用铅笔标记样品号，不要用油笔或钢笔等标记，以免影响测定结果。

(6)粗脂肪的测定也可采用脂肪分析仪测定,依各仪器操作说明书进行测定。

二、原始记录及检验报告单的填写(表 6-20、表 6-21)

表 6-20 饲料中粗脂肪的测定原始记录示例

样品名称	检验日期	检测依据
	年 月 日	GB/T 6433—
主要仪器名称及型号		
试样编号	1#	2#
风干试样质量 m_0/g		
预先提取步骤中装有金刚砂的烧瓶的质量 m_1/g		
预先提取步骤中装有金刚砂的烧瓶的质量和干燥的石油醚提取物残渣的质量 m_2/g		
预先提取步骤中获得的干燥提取残渣的质量 m_3/g		
试料的质量 m_4/g		
空抽提瓶质量 m_5/g		
盛有脂肪的抽提瓶质量 m_6/g		
粗脂肪含量/%		
平均值/%		
绝对差 g/kg(或平均相对偏差/%)		
计算公式/%		
检验结论	该样品经检验,粗脂肪含量为	
备注		

检验人:(检验人签名) 审核人:(审核人签名)

表 6-21 饲料检验报告单示例

样品名称		样品编号	
规 格		生产日期	年 月 日
生产单位			
抽样人	(抽样人签名)	抽样地点	
检验日期	年 月 日	报告日期	年 月 日
检测项目	饲料中粗脂肪的含量		
检测依据	GB/T 6433—		
判定依据	Q/ ;GB/T 18823—		

续表 6-21

主要仪器名称及型号						
检验结果	检验项目	计量单位	标准值	判断值	检验结果	单项判定
	粗脂肪					
			以下空白			
检验结论	样品经检验,所检项目符合 Q/　　　　　　　　质量要求,判定					

检验人:(检验人签名)　　　　　　　　　　　　　　审核人:(审核人签名)

学习任务 2.4　饲料中粗纤维的测定

一、饲料中粗纤维的含量测定方法(GB/T 6434—2022)

(一)测定范围及测定原理

本方法适用于粗纤维含量大于 10 g/kg 的饲料。用固定量准确浓度的酸和碱,在特定条件下消煮样品,再用醚、丙酮除去醚溶物,经高温灼烧扣除矿物质的量,所余量称为粗纤维。它不是一个确切的化学实体,只是在公认强制规定的条件下,测出的概略养分。其中以纤维素为主,还有少量半纤维素和木质素。

(二)仪器设备

二维码 6-8　饲料中粗纤维的含量测定

(1)实验用粉碎机。

(2)分样筛:孔径 1.00 mm(18 目)。

(3)分析天平或电子天平:感量 0.000 1 g。

(4)坩埚式过滤器或滤埚:带有烧结的滤板,滤板孔径 40～100 μm(按照 ISO 4793:1980,孔隙度为 P100)。在初次使用前,将新滤埚小心地逐步加温,温度不超过 525 ℃,并在(500±25) ℃ 下保持数分钟。也可使用具有同样性能特性的不锈钢坩埚,其不锈钢筛板的孔径为 90 μm。

(5)陶瓷筛板。

(6)方舟灰化皿,或大小合适的瓷坩埚。

(7)电加热器:可调温电加热套或电炉。

(8)消煮器:有冷凝球的高型烧杯或有冷凝管的锥形瓶。

(9)电热恒温干燥箱:可控温度在(130±2) ℃。

(10)高温炉:温度可调控,在 475～525 ℃条件下,保持滤埚周围温度准至±25 ℃。

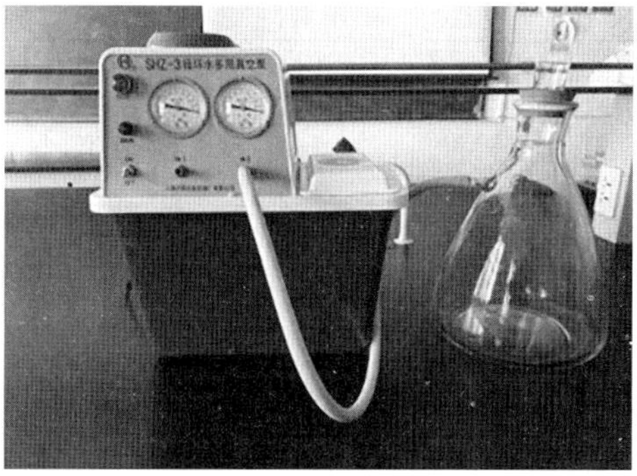

图 6-15　抽滤装置

(11)抽滤装置(图 6-15):包括抽真空装置(真空

泵)、抽滤瓶。

(12)干燥器:以变色硅胶或氯化钙为干燥剂。

(13)粗纤维测定仪。

(三)试剂配制

(1)0.5 mol/L 盐酸溶液。

(2) (0.13±0.005) mol/L 硫酸标准溶液:吸取比重为 1.84 g/mL 的浓硫酸 7.2 mL,注入 800 mL 水中,冷却后稀释至 1 000 mL。用无水碳酸钠法标定。

(3) (0.23±0.005)mol/L 氢氧化钾溶液:称取分析纯氢氧化钾 15.18 g,溶于 100 mL 水中,定容至 1 000 mL。用邻苯二甲酸氢钾法标定。

(4)丙酮。

(5)石油醚:沸点范围 30~60 ℃。

(6)正辛醇(防泡剂):分析纯。

(7)助滤剂:海沙,或硅藻土,或质量相当的其他材料。使用前,海沙用沸腾盐酸(4 mol/L)处理,用水洗至中性,在(500±25) ℃下至少加热 1 h。

(四)试样的选取和制备

取有代表性试样用四分法缩减至 200 g,粉碎至完全通过 18 目筛,装入密封容器中,防止试样成分的变化或变质。

(五)手工操作法测定步骤

根据待测试样的性质,依据表 6-22 选择相应的操作步骤。

表 6-22　手工操作法测定步骤

试样性质		预先脱脂	除去碳酸盐	酸消煮	脱脂	碱消煮	干燥	灰化
脂肪含量≥10%	碳酸盐≥5%	√	√	√	√	√	√	√
	碳酸盐<5%	√	×	√	√	√	√	√
脂肪含量<10%	碳酸盐≥5%	×	√	√	√	√	√	√
	碳酸盐<5%	×	×	√	√	√	√	√

注:碳酸盐含量以碳酸钙计。

1. 称样

准确称取试样 1 g,质量计为 m。

2. 预先脱脂

将称好的试样装入铺有滤器辅料的滤埚中,在抽滤装置中,在真空条件下,试样用石油醚脱脂 3 次,每次用石油醚 30 mL,浸泡 5 min,真空抽干,将残渣装移至一烧杯中。

3. 除去碳酸盐

将称取的试样倒入一 300 mL 的烧杯中,将 100 mL 盐酸(0.5 mol/L)倾注在试样上,连续振摇 5 min，小心将此混合物倾入一滤埚，滤埚底部覆盖一薄层助滤剂。

用水洗涤 2 次，每次用水 100 mL，细心操作最终使尽可能少的物质留在滤器上。将滤埚内容物转移至原来的烧杯中。

4. 酸消煮及抽滤

将称好的试样倒入烧杯中（或用预先脱脂后的试样或去除碳酸盐的试样），将 150 mL 硫酸倾注在试样上，尽快使其沸腾，并保持沸腾状态（30±1）min。

在沸腾开始时，每隔 5 min 转动 1 次烧杯。如果产生泡沫，则加数滴防泡剂。在沸腾期间使用一个适当的冷却装置保持体积恒定。

在滤埚中铺一层助滤剂，其厚度约为滤埚高度的 1/5，滤器辅料上面可盖一筛板以防溅起。

当消煮结束时，将液体通过一个搅拌棒滤至滤埚中，用弱真空抽滤，使 150 mL 几乎全部通过。并将烧杯用热水洗涤 3 次，将残渣无损转移到滤埚中。如果滤器堵塞，则用一个搅拌棒小心地移去覆盖在助滤剂上的粗纤维。

残渣用热水洗涤 5 次，每次约用水 10 mL，要注意使滤埚的过滤板始终有滤器助滤剂，使粗纤维不接触滤板。

停止抽真空，加 30 mL 的丙酮，刚好能覆盖残渣，静置 5 min 后，慢慢抽滤排出丙酮，继续抽真空，使空气通过残渣，使之干燥。

5. 脱脂

在冷提取装置中，在真空条件下，试样用石油醚脱脂 3 次，每次用石油醚 30 mL，浸泡 5 min，真空抽干。

6. 碱消煮及抽滤

将残渣定量转移至酸消煮用的同一烧杯中。

加 150 mL 氢氧化钾溶液，尽快使其沸腾，保持沸腾状态（30±1）min，沸腾开始后每隔 5 min 转动 1 次烧杯，在沸腾期间用一适当的冷却装置使溶液体积保持恒定。

烧杯内容物通过滤埚过滤，在滤埚内铺有一层助滤剂，其厚度约为滤埚高度的 1/5，上盖一筛板以防溅起。

残渣用热水洗至中性。

残渣在真空条件下用丙酮洗涤 3 次，每次用丙酮 30 mL，浸泡 5 min，真空抽干。

7. 干燥

将滤埚置于灰化皿中，灰化皿及其内容物在 130 ℃干燥箱中至少干燥 2 h。

在灰化或冷却过程中，滤埚的烧结滤板可能有些部分变得松散，从而可能导致分析结果错误，因此，将滤埚置于灰化皿中。

滤埚和灰化皿在干燥器中冷却，从干燥器中取出后，立即对滤埚和灰化皿进行称量，质量计为 m_1。

8. 灰化

将滤埚和灰化皿置于马弗炉中，其内容物在（500±25）℃下灰化 30 min 后取出。每次灰化后，让滤埚和灰化皿初步冷却，在尚温热时置于干燥器中完全冷却至室温后称重，质量计为 m_2。直至连续两次称量的差值不超过 2 mg。

根据实验室条件，以上测定也可采用滤埚半自动操作法或滤袋法进行。

9. 空白测定

用大约相同数量的助滤剂辅料，按以上操作进行空白测定，但不加试样。灰化引起的质量损失不应超过 2 mg。

（六）结果计算

1. 计算公式

$$\omega(\mathrm{CF}) = \frac{m_1 - m_2}{m} \times 100\%$$

式中：m_1 为(130±2) ℃烘干后滤埚与残渣的质量，g；m_2 为(550±25) ℃灼烧后滤埚与残渣的质量，g；m 为试样质量，g。

结果四舍五入，精确至 1 g/kg。也可用质量分数(%)表示。

2. 精密度

在重复性条件下获得的 2 次独立测定结果应符合以下要求：粗纤维含量<5%时，其绝对差值不大于 0.6%；粗纤维含量在 5%～10%时，其绝对差值不大于其算术平均值的 10%；粗纤维含量>10%时，其绝对差值不大于其算术平均值的 6%。

也可参照以下重复性评价方法：

粗纤维含量在 10%以上时，允许相对偏差为 4%；粗纤维含量在 10%以下时，允许相差(绝对值)为 0.4。

（七）注意事项

(1)硫酸和氢氧化钾的浓度必须准确，并且经过标定。

(2)样品的粒度必须保证全部通过 18 目的标准筛。

(3)用硫酸和氢氧化钾溶液消煮样品时消煮时间应准确。

(4)在酸、碱处理期间要及时补充水分，保持硫酸和氢氧化钾的浓度不变；试样若离开溶液沾到瓶壁上，应及时处理使试样始终在溶液中。

(5)滤埚中硅藻土厚度应适宜，过厚则抽滤过程中易堵，过浅则试样易进入玻璃筛板内。

二、原始记录及检验报告单的填写(表 6-23、表 6-24)

表 6-23　饲料中粗纤维测定原始记录示例

样品名称	检验日期	检测依据
	年　月　日	GB/T 6434—
主要仪器名称及型号		
试样编号	1#	2#
试样质量 m/g		
烘干后坩埚与残渣的质量 m_1/g		
灼烧后坩埚与残渣的质量 m_2/g		
粗纤维含量/%		
平均值/%		
相对平均偏差/%		
计算公式	$\omega(\mathrm{CF})=\dfrac{m_1-m_2}{m}\times 100\%$	
检验结论	该样品经检验,粗纤维含量为	
备注		

检验人:(检验人签名)　　　　审核人:(审核人签名)

表 6-24　饲料检验报告单示例

样品名称			样品编号			
规 格			生产日期	年　月　日		
生产单位						
抽样人	(抽样人签名)		抽样地点			
检验日期	年　月　日		报告日期	年　月　日		
检测项目	饲料中粗纤维的含量					
检测依据	GB/T 6434—					
判定依据	Q/　　　　;GB/T 18823—					
主要仪器名称及型号						
检验结果	检验项目	计量单位	标准值	判断值	检验结果	单项判定
	粗纤维					
			以下空白			
检验结论	样品经检验,所检项目符合 Q/　　　　质量要求,判定					

检验人:(检验人签名)　　　　审核人:(审核人签名)

学习任务 2.5　饲料中粗灰分的测定

一、饲料中粗灰分的测定方法(GB/T 6438—2007)

(一)测定原理

试样在 550 ℃灼烧后，所得残渣，用质量分数表示。残渣中主要是氧化物、盐类等矿物质，也包括混入饲料中的砂石、土等，故称粗灰分。

(二)仪器设备

(1)实验室用样品粉碎机或研钵。

(2)分样筛:孔径 0.42 mm(40 目)。

(3)分析天平:感量 0.000 1 g。

(4)电加热设备:电陶炉或可调温电炉。

(5)高温炉:可控制炉温在 550～600 ℃，在 550 ℃时温差不超过 20 ℃。

(6)坩埚:50 mL，瓷质。

(7)干燥器:用氯化钙或变色硅胶为干燥剂。

二维码 6-9　饲料中粗灰分的测定

(三)试样的选取和制备

取有代表性的试样用四分法缩减至 200 g，粉碎至 40 目，装入密封容器中，防止试样成分的变化或变质。

(四)测定步骤

(1)将带盖坩埚洗净烘干后，放入高温炉中，于(550±20) ℃下灼烧 30 min，冷却至 200 ℃时，取出，在空气中冷却约 1 min，放入干燥器中冷却 30 min，称重，质量记为 m_0。

(2)在已知质量的坩埚中称取 5 g 试样，质量记为 m_1。将坩埚放在电陶炉或可调温电炉上小心加热至试样炭化，先低温至无烟，再调高温度至基本无炭粒。

(3)炭化后将坩埚移入高温炉中，于(550±20) ℃下灼烧 3 h，观察是否有炭粒，如无炭粒，继续灼烧 1 h，如有炭粒，将坩埚冷却后用蒸馏水湿润，在(103±2) ℃干燥箱中仔细干燥至干，将坩埚置于高温炉继续灼烧 1 h，冷却至 200 ℃时，取出，在空气中冷却约 1 min，放入干燥器中冷却 30 min，称重，质量记为 m_2。

(五)结果计算

1. 计算公式

$$\omega(\text{Ash}) = \frac{m_2 - m_0}{m_1 - m_0} \times 100\%$$

式中：m_0 为恒重空坩埚的质量，g；m_1 为坩埚加试样的质量，g；m_2 为灰化后坩埚加灰分的质量，g。

所得结果应表示至 0.01%。

2. 重复性

用同一方法对相同的实验材料，在同一实验室内，由同一操作人员使用同一设备，在短时间内获得的两个独立的实验结果之间的绝对差值，超过表 6-25 得出的重复性限 r 的情况不大于 5%。

表 6-25　测定结果的重复性限(r)和再现性限(R)　　%

样品	粗灰分	r	R
鱼粉	179.8	2.7	4.4
木薯	59.1	2.4	3.6
肉粉	175.6	2.4	5.6
仔猪饲料	50.2	2.1	3.3
仔鸡饲料	42.7	0.9	2.2
大麦	20.0	1.0	1.9
糖浆	119.9	3.6	9.1
挤压棕榈粕	35.8	0.7	1.6

也可参照以下重复性评价方法：

粗灰分含量在 5%以上时，允许相对偏差为 1%；粗灰分含量在 5%以下时，允许相对偏差为 5%。

(六)注意事项

(1)新坩埚编号，将带盖的坩埚洗净烘干后，用钢笔蘸 5 g/L 氯化铁墨水溶液(称 0.5 g $FeCl_3 \cdot 6H_2O$ 溶于 100 mL 蓝墨水中)编号，然后于高温炉中 550 ℃灼烧 30 min 即可。

(2)试样开始炭化时，应打开部分坩埚盖，便于气流流通；温度应逐渐上升，防止火力过大而使部分样品颗粒被逸出的气体带走。

(3)为了避免试样氧化不足，不应把试样压得过紧，试样应松松地放在坩埚内。

(4)灼烧温度不宜超过 600 ℃，否则会引起磷、硫等盐的挥发。

(5)灼烧残渣颜色与试样中各元素含量有关，含铁高时为红棕色，含锰高时为淡蓝色。但有明显黑色炭粒时，为灰化不完全。

(6)用于微量元素测定时，可选择铂坩埚或石英坩埚。

二、原始记录及检验报告单的填写(表 6-26、表 6-27)

表 6-26 饲料中粗灰分测定原始记录示例

样品名称	检验日期	检测依据
	年 月 日	GB/T 6438—
主要仪器名称及型号		
试样编号	1#	2#
坩埚编号(盖子编号-身子编号)		
空坩埚的质量 m_0/g		
坩埚加试样的质量 m_1/g		
灰化后坩埚加灰分质量 m_2/g		
粗灰分含量/%		
平均值/%		
相对平均偏差/%		
计算公式	$\omega(\mathrm{Ash})=\frac{m_2-m_0}{m_1-m_0}\times 100\%$	
检验结论	该样品经检验,粗灰分含量为	
备注		

检验人:(检验人签名)　　　　审核人:(审核人签名)

表 6-27 饲料检验报告单示例

样品名称			样品编号		
规格			生产日期	年 月 日	
生产单位					
抽样人	(抽样人签名)		抽样地点		
检验日期	年 月 日		报告日期	年 月 日	
检测项目	饲料中粗灰分的含量				
检测依据	GB/T 6438—				
判定依据	Q/ ;GB/T 18823—				
主要仪器名称及型号					

检验结果	检验项目	计量单位	标准值	判断值	检验结果	单项判定
	粗灰分					
			以下空白			
检验结论	样品经检验,所检项目符合 Q/ 质量要求,判定					

检验人:(检验人签名)　　　　审核人:(审核人签名)

学习任务 2.6　饲料中无氮浸出物的计算

一、计算原理

概略养分分析方案中，无氮浸出物是根据计算方法而求得，即在 1 中减去水分、粗蛋白质、粗脂肪、粗纤维、粗灰分等的质量分数，所得之差即为无氮浸出物的质量分数。由于不进行直接测定，因此，只能概括说明饲料中这部分养分的含量。

饲料中无氮浸出物主要指的是淀粉、葡萄糖、果糖、蔗糖、糊精、五碳糖胶、有机酸和不属于纤维素的其他碳水化合物，如半纤维素及一部分木质素(不同来源的饲料，其无氮浸出物中所含木质素的量相差极大)。在植物性饲料中只有少量的有机酸游离存在或与钾、钠、钙等形成盐类。有机酸多为酒石酸、柠檬酸、草酸、苹果酸；发酵过的饲料多含乳酸、醋酸和酪酸等。

二、计算方法

由于不同种类饲料的无氮浸出物所含上述各种养分的比重相差很大(特别是木质素的成分)，因此不同种类饲料无氮浸出物的营养价值相差悬殊。但在新的饲料分析方案未确定之前，无氮浸出物的成分比较复杂，一般不进行实际测定，而根据计算法来求得，暂时仍采用旧方案中规定的计算法。

$$\begin{aligned}\omega(\mathrm{NFE}) &= 1-\omega(\mathrm{H_2O})-\omega(\mathrm{CP})-\omega(\mathrm{EE})-\omega(\mathrm{CF})-\omega(\mathrm{Ash})\\ &= \omega(\mathrm{DM})-\omega(\mathrm{CP})-\omega(\mathrm{EE})-\omega(\mathrm{CF})-\omega(\mathrm{Ash})\end{aligned}$$

学习任务 2.7　饲料中钙的测定

一、饲料中钙的测定方法(GB/T 6436—2018)

二维码 6-10　饲料中钙的含量测定

(一)测定范围及测定原理

本方法适用于饲料原料、配合饲料、浓缩饲料、精料补充料和添加剂预混合饲料中钙的测定。本方法的检出限为 0.015%，定量限为 0.05%。

将试样有机物破坏，钙变成溶于水的离子，并与盐酸反应生成氯化钙，然后在溶液中加入草酸铵溶液，使钙成为草酸钙白色沉淀，然后用硫酸溶液溶解草酸钙，再用高锰酸钾标准溶液滴定游离的草酸根离子。根据高锰酸钾标准溶液的用量，可计算出试样中钙含量。

主要化学反应式如下：

$$CaCl_2+(NH_4)_2C_2O_4 \longrightarrow CaC_2O_4\downarrow+2NH_4Cl$$

$$CaC_2O_4+H_2SO_4 \longrightarrow CaSO_4+H_2C_2O_4$$

$$2KMnO_4+5H_2C_2O_4+3H_2SO_4 \longrightarrow 10CO_2\uparrow+2MnSO_4+8H_2O+K_2SO_4$$

(二)仪器设备

(1)实验室用样品粉碎机或研钵。
(2)分样筛:孔径 0.42 mm(40 目)。
(3)分析天平:感量 0.000 1 g。
(4)高温炉:可控制炉温在(550±20) ℃。
(5)电加热设备:电陶炉或可调温电炉。
(6)坩埚:50 mL,瓷质。
(7)容量瓶:100 mL。
(8)滴定管:酸式,25 mL、50 mL。
(9)玻璃漏斗:直径 6 cm。
(10)定量滤纸:中速,7~9 cm。
(11)移液管:10 mL、20 mL。
(12)烧杯:200 mL。
(13)凯氏烧瓶:250 mL 或 500 mL。
(14)有机微孔滤膜:0.45 mm。

(三)试剂配制

(1)盐酸溶液:1∶3(*V*∶*V*)。
(2)硫酸溶液:1∶3(*V*∶*V*)。
(3)氨水溶液:1∶1(*V*∶*V*)。
(4)42 g/L 草酸铵溶液:溶解 42 g 分析纯草酸铵(HG 3—976)于水中,稀释至 1 000 mL。
(5)甲基红指示剂:0.1 g 分析纯甲基红(HG 3—958)溶于 100 mL 95%乙醇中。
(6)浓硝酸。
(7)高氯酸:70%~72%。
(8)氨水溶液:1∶50(*V*∶*V*)。
(9)高锰酸钾标准溶液:[$c(1/5\ KMnO_4)=0.05$ mol/L]:称取高锰酸钾(GB 643)约 1.6 g 溶于 800 mL 水中,缓缓煮沸 15 min,再用水稀释至 1 000 mL,冷却后置于暗处保存 2 d,用 4 号玻璃滤埚过滤于棕色瓶中,再进行标定。4 号玻璃滤埚预先应以同样的高锰酸钾溶液缓缓煮沸 5 min,棕色瓶也要用此高锰酸钾溶液洗涤 2~3 次。

(四)试样的选取与制备

取具有代表性的试样用四分法缩减至 200 g,粉碎至 40 目,装入密封容器中,防止试样成分的变化或变质。

(五)测定步骤

1. 试样分解液的制备

干法:称取试样 0.5~5.0 g 于坩埚中(精确至 0.000 2 g),在电炉上小心炭化,再放入高温炉中于 550 ℃下燃烧 3 h(或测定粗灰分后连续进行)。在测定灰分的坩埚内加入 1∶3盐酸 10 mL 和浓硝酸数滴,小心煮沸。将此溶液无损转入 100 mL 容量瓶中,并以热蒸馏水洗涤坩埚及漏斗中滤纸,洗液也收集入容量瓶中,将此液冷却至室温,定容,摇匀,为试样分解液。

湿法:称取试样 0.5～5.0 g 于 250 mL 凯氏烧瓶中(精确至 0.000 2 g),加入硝酸 10 mL,小火加热煮沸,至二氧化氮黄烟逸尽,冷却后加入高氯酸 10 mL,小心煮沸至溶液无烟,不得蒸干(危险),冷却后加蒸馏水 50 mL,且煮沸驱逐二氧化氮,冷却后移入 100 mL 容量瓶中,用蒸馏水稀释至刻度,摇匀,为试样分解液。

警示:小火加热煮沸过程中如果溶液变黑需立刻取下,冷却后补加高氯酸,小心煮沸至溶液无色;加入高氯酸后,溶液不得蒸干,蒸干可能发生爆炸。

2. 试样的测定

(1)草酸钙的沉淀:用移液管准确吸取试样液 10～20 mL(钙含量为 20 mg 左右)于 200 mL 烧杯中,加蒸馏水 100 mL,甲基红指示剂 2 滴,滴加 1∶1的氨水溶液至溶液由红变橙黄色,再滴加 1∶3的盐酸溶液至溶液又恰呈红色(pH 为 2.5～3.0)为止。小心煮沸,慢慢滴加草酸铵溶液 10 mL,且不断搅拌。若溶液由红色变橙色,应补滴 1∶3的盐酸溶液至红色,煮沸 2～3 min,使沉淀颗粒增大后,放置过夜使沉淀陈化(或在 80 ℃水浴上加热 2 h)。

(2)沉淀的洗涤:将上述溶液用滤纸过滤,用 1∶50 氨水溶液洗涤沉淀 6～8 次,洗涤沉淀时,应自滤纸的边缘向中心冲洗,使沉淀集中在滤纸的中心,避免损失,在每次洗涤时必须等上一次的洗液全部滤净后才能再加,每次所用的氨水溶液均不应超过滤纸容积的 2/3,洗至无草酸根离子为止。检测草酸铵洗净的方法:用试管接取滤液 2～3 mL,加 1∶3硫酸溶液数滴,加热至 80 ℃,加高锰酸钾溶液 1 滴,溶液呈微红色,且 30 s 不褪色为止。

(3)沉淀的溶解与滴定:将沉淀和滤纸转移入原烧杯中,用玻璃棒将滤纸捣碎,加 1∶3硫酸溶液 10 mL,蒸馏水 50 mL,加热至 75～85 ℃后,立即用高锰酸钾标准溶液滴定至微红色且 30 s 不褪色即可。

(4)空白:在干净烧杯中加滤纸 1 张,加 1∶3硫酸溶液 10 mL,蒸馏水 50 mL,加热至 75～85 ℃ 后,用高锰酸钾标准溶液滴定至微红色且 30 s 不褪色即可。

(六)结果计算

1. 计算公式

$$\omega(\mathrm{Ca})=\frac{(V_3-V_0)\times c\times 0.02\times V_1}{m\times V_2}\times 100\%$$

式中:m 为试样质量,g;V_1 为试样分解液体积,mL;V_2 为测定钙时样品溶液移取用量,mL;V_3 为样品滴定时消耗高锰酸钾标准溶液体积,mL;V_0 为空白滴定时消耗高锰酸钾标准溶液体积,mL;c 为高锰酸钾标准溶液浓度,mol/L;0.02 为与 1.00 mL 高锰酸钾标准溶液 $(1/5\ KMnO_4)=1.000$ mol/L 相当的以 g 表示的钙的质量。

测定结果用平行测定的算术平均值表示,结果保留三位有效数字。

2. 重复性

含钙量 10%以上,两次平行测定绝对差值不大于两个测定值算术平均值的 3%;含钙量

5%～10%，两次平行测定绝对差值不大于两个测定值算术平均值的 5%；含钙量 1%～5%，两次平行测定绝对差值不大于两个测定值算术平均值的 9%；含钙量 1%以下，两次平行测定绝对差值不大于两个测定值算术平均值的 18%。

(七)注意事项

(1)高锰酸钾溶液浓度不稳定，至少每月需要标定 1 次。

(2)每种滤纸空白值不同，消耗高锰酸钾标准溶液的用量不同，至少每盒滤纸做 1 次空白测定。

(3)高锰酸钾与草酸的反应，开始较慢，当形成锰离子后，即有催化作用，反应随之加快，故滴定刚开始时不宜过快，否则未反应的高锰酸钾在酸性溶液中易分解。

(4)常温下，高锰酸钾与草酸的反应较慢，加热可促进反应，但滴定前溶液加热不应超过 80 ℃，否则因温度过高，将造成草酸盐分解。

(5)草酸钙沉淀步骤中 pH 调节是关键步骤，调节到恰变红色为好，否则将会影响草酸钙沉淀的生成量。

二、原始记录及检验报告单的填写(表 6-28、表 6-29)

表 6-28 饲料中钙测定原始记录示例

样品名称	检验日期	检测依据
	年 月 日	GB/T 6436—
主要仪器名称及型号		
试样编号	1#	2#
试样质量		
样品灰化液定容体积 V_1/mL		
测定钙时样品溶液移取用量 V_2/mL		
空白滴定时消耗高锰酸钾标准溶液体积 V_0/mL		
样品滴定时消耗高锰酸钾标准溶液体积 V_3/mL		
高锰酸钾标准溶液浓度 c/(mol/L)		
钙含量/%		
平均值/%		
相对平均偏差/%		
计算公式	$\omega(\mathrm{Ca}) = \frac{(V_3 - V_0) \times c \times 0.02 \times V_1}{m \times V_2} \times 100\%$	
检验结论	该样品经检验，钙含量为	
备注		

检验人：(检验人签名)　　　审核人：(审核人签名)

表 6-29　饲料检验报告单示例

<table>
<tr><td colspan="2">样品名称</td><td colspan="2"></td><td>样品编号</td><td colspan="2"></td></tr>
<tr><td colspan="2">规 格</td><td colspan="2"></td><td>生产日期</td><td colspan="2">年　月　日</td></tr>
<tr><td colspan="2">生产单位</td><td colspan="5"></td></tr>
<tr><td colspan="2">抽样人</td><td colspan="2">(抽样人签名)</td><td>抽样地点</td><td colspan="2"></td></tr>
<tr><td colspan="2">检验日期</td><td colspan="2">年　月　日</td><td>报告日期</td><td colspan="2">年　月　日</td></tr>
<tr><td colspan="2">检测项目</td><td colspan="5">饲料中钙的含量</td></tr>
<tr><td colspan="2">检测依据</td><td colspan="5">GB/T 6436—</td></tr>
<tr><td colspan="2">判定依据</td><td colspan="5">Q/　　　　　　　　　　;GB/T 18823—</td></tr>
<tr><td colspan="2">主要仪器
名称及型号</td><td colspan="5"></td></tr>
<tr><td rowspan="3">检验
结果</td><td>检验项目</td><td>计量单位</td><td>标准值</td><td>判断值</td><td>检验结果</td><td>单项判定</td></tr>
<tr><td>钙</td><td></td><td></td><td></td><td></td><td></td></tr>
<tr><td></td><td></td><td>以下空白</td><td></td><td></td><td></td></tr>
<tr><td colspan="2">检验结论</td><td colspan="5">样品经检验,所检项目符合 Q/　　　　　　　　质量要求,判定</td></tr>
</table>

检验人:(检验人签名)　　　　　　　　　　　审核人:(审核人签名)

学习任务 2.8　饲料中总磷的测定

一、饲料中总磷的测定方法(GB/T 6437—2018)

(一)测定范围及测定原理

本方法适用于饲料原料及饲料产品中磷的测定。当取样量 5 g,定容至 100 mL 时,检出限为 20 mg/kg,定量限为 60 mg/kg。

将试样中有机物破坏,使磷游离出来,在酸性溶液中,用钒钼酸铵处理,生成黄色的钒钼黄 $[(NH_4)_3PO_4 \cdot NH_4VO_3 \cdot 16MoO_3]$络合物。钒钼黄的吸光度与总磷含量成正比。在波长 400 nm 下测定试样溶液中钒钼黄的吸光度值,与标准系列比较定量。

此法测定结果为总磷量,其中包括动物难以吸收利用的植酸磷。

(二)仪器设备

(1)实验室用样品粉碎机或研钵。

(2)分样筛:孔径 0.42 mm(40 目)。

(3)分析天平:感量 0.000 1 g。

(4)高温炉:电加热,有温度计且可控制炉温在(550±20) ℃。

(5)坩埚:50 mL,瓷质。

(6)容量瓶:50 mL、100 mL、1 000 mL。

二维码 6-11　饲料中总磷的含量测定

(7)分光光度计:有 10 mm 比色池,可在波长 400 nm 下进行比色测定。

(8)刻度移液管:1.0 mL、2.0 mL、5.0 mL、10.0 mL、15.0 mL。

(9)电加热设备:电陶炉或可调温电炉。

(10)凯氏烧瓶:250 mL 或 500 mL。

(11)电热式恒温烘箱:可控制温度为(105±2) ℃。

(三)试剂配制

(1)盐酸溶液:1∶1(V∶V)。

(2)浓硝酸。

(3)高氯酸。

(4)钒钼酸铵显色剂:称取偏钒酸铵 1.25 g,加水 200 mL 加热溶解,冷却后再加入硝酸 250 mL;另取钼酸铵 25g,加蒸馏水 400 mL 加热溶解,在冷却条件下将两种溶液混合,且加蒸馏水定容至 1 000 mL,避光保存。如生成沉淀则不能使用。

(5)磷标准溶液:将磷酸二氢钾在 105 ℃干燥 1 h。在干燥器中冷却后称 0.219 5 g,溶解于蒸馏水中,转入 1 000 mL 容量瓶中,加浓硝酸 3 mL,用蒸馏水稀释到刻度,摇匀,即成 50 μg/mL 的磷标准溶液。置聚乙烯瓶中 4 ℃下可贮藏 1 个月。

(四)试样的选取与制备

取具有代表性的试样,用四分法缩减至 200 g,粉碎至 40 目,装入密封容器中,防止试样成分的变化或变质。

(五)测定步骤

1. 试样分解

(1)干法:称取试样 2～5 g 于坩埚中(精确至 0.000 2 g),在电炉上小心炭化,再放入高温炉中于 550 ℃下燃烧 3 h(或测定粗灰分后连续进行)。在测定灰分的坩埚内加入 1∶3盐酸 10 mL 和浓硝酸数滴,小心煮沸约 10 min。冷却后将此溶液无损转入 100 mL 容量瓶中,并以热蒸馏水洗涤坩埚及漏斗中滤纸,洗液也收集入容量瓶中,将此液冷却至室温,定容,摇匀,为试样分解液。

(2)湿法:称取试样 0.5～5.0 g 于凯氏烧瓶中(精确至 0.000 2 g),加入硝酸 30 mL,加热煮沸,至二氧化氮黄烟逸尽,冷却后加入高氯酸 10 mL,继续加热至高氯酸冒白烟(不得蒸干,否则容易爆炸),溶液基本无色。冷却后加蒸馏水 30 mL,且加热煮沸驱逐二氧化氮,冷却后移入 100 mL 容量瓶中,用蒸馏水稀释至刻度,摇匀,为试样分解液。

(3)盐酸溶解法(适用于微量元素预混料):称取试样 0.2～1.0 g(精确至 0.000 2 g)于 100 mL 烧杯中,缓缓加入 1∶1盐酸溶液 10 mL 使其全部溶解,冷却后转入 100 mL 容量瓶中,用水稀释至刻度,摇匀,为试样分解液。

2. 标准曲线的绘制

分别准确移取磷标准溶液 0 mL、1.0 mL、2.0 mL、5.0 mL、10.0 mL、15.0 mL 于 50 mL 容量瓶中,各加钒钼酸铵显色剂 10 mL,用蒸馏水稀释至刻度,摇匀,常温下放置 10 min 以上。

以 0 mL 溶液为参比，用 10 mm 比色池，在 400 nm 波长下，用分光光度计测定各溶液的吸光度。以磷含量为横坐标，吸光度为纵坐标绘制标准曲线，或计算回归方程。

3. 试样的测定

准确移取试样分解液 1～10 mL(含磷量 50～750 μg)于 50 mL 容量瓶中，加入钒钼酸铵显色剂 10 mL，用蒸馏水稀释至刻度，摇匀，放置 10 min 以上。以 0 mL 溶液为参比，用 10 mm 比色池，在 400 nm 波长下，用分光光度计测定溶液的吸光度。在标准曲线上查得试样分解液的含磷量，或代入回归方程计算出试样分解液的含磷量。

(六)结果计算

1. 计算公式

$$\omega(\mathrm{P})=\frac{a\times 10^{-6}}{m}\times\frac{V}{V_1}\times 100\%$$

式中：m 为试样质量，g；V 为试样分解液总体积，mL；V_1 为比色测定时所移取试样分解液体积，mL；a 为由标准曲线查得试样分解液含磷量，μg；10^{-6} 为从 μg 换算为 g 的系数。

每个试样称取 2 个平行样进行测定，以其算术平均值为结果。所得结果应精确至 2 位小数。

2. 重复性

在同一实验室，由同一操作者使用相同设备，按相同的测试方法，并在短时间内对同一饲料样品相互独立进行测试获得的两次独立测试结果的绝对差值，当试样中总磷含量小于或等于 0.5%时，不得大于这两次测定值的算术平均值的 10%；当试样中总磷含量大于 0.5%时，不得大于这两次测定值的算术平均值的 3%。以大于这两次测定值的算术平均值的百分数的情况不超过 5%为前提。

(七)注意事项

(1)比色时待测试样溶液中磷含量不宜过浓，最好控制总含磷在 0.5 mg 以下，因而应根据样品磷含量确定移取试样分解液的体积。

(2)待测液在加入显色剂后需要静置 10 min 以上，再进行比色，但不能静置过久。

二、原始记录及检验报告单的填写(表 6-30、表 6-31)

表 6-30　饲料中总磷测定原始记录示例

样品名称	检验日期	检测依据
	年　月　日	GB/T 6437—
主要仪器名称及型号		
标准曲线制作		

续表 6-30

容量瓶号						
磷标准溶液移取体积/mL						
含磷量/μg						
吸光度						
标准曲线的回归方程(决定系数)						
试样测定						
试样编号	1#			2#		
试样质量						
试样分解液总体积 V/mL						
比色测定时所移取试样分解液体积 V_1/mL						
由标准曲线查得试样分解液含磷量 a/μg						
总磷含量/%						
平均值/%						
相对平均偏差/%						
计算公式	$\omega(\mathrm{P})=\frac{a\times10^{-6}}{m}\times\frac{V}{V_1}\times100\%$					
检验结论	该样品经检验,总磷含量为					
备注						

检验人:(检验人签名) 审核人:(审核人签名)

表 6-31 饲料检验报告单示例

样品名称				样品编号		
规 格				生产日期	年 月 日	
生产单位						
抽样人	(抽样人签名)			抽样地点		
检验日期	年 月 日			报告日期	年 月 日	
检测项目	饲料中总磷的含量					
检测依据	GB/T 6437—					
判定依据	Q/ ;GB/T 18823—					
主要仪器名称及型号						
检验结果	检验项目	计量单位	标准值	判断值	检验结果	单项判定
	总磷					
			以下空白			
检验结论	样品经检验,所检项目符合 Q/ 质量要求,判定					

检验人:(检验人签名) 审核人:(审核人签名)

学习任务 2.9　饲料中水溶性氯化物的测定

一、饲料中水溶性氯化物的测定方法(GB/T 6439—2007)

(一)测定范围及测定原理

本方法规定了以氯化钠表示的饲料中水溶性氯化物含量的测定。

试样中的氯离子溶解于水溶液中，如果试样含有有机物质，需将溶液澄清，然后用硝酸稍加酸化，并加入硝酸银标准溶液使氯化物生成氯化银沉淀，过量的硝酸银溶液用硫氰酸铵或硫氰酸钾标准溶液滴定。

$$Ag^+ + Cl^- \longrightarrow AgCl\downarrow(白色)$$

$$Ag^+ + SCN^- \longrightarrow AgSCN\downarrow(白色)$$

$$SCN^- + Fe^{3+} \longrightarrow [Fe(SCN)]^{2+}(红色)$$

(二)仪器设备

(1)实验室用样品粉碎机或研钵。
(2)分样筛：孔径 0.42 mm(40 目)。
(3)分析天平：感量 0.000 1 g。
(4)刻度移液管：2 mL、5 mL。
(5)移液管：25 mL(或 50 mL)、100 mL。
(6)滴定管：50 mL 棕色和无色各一支。
(7)容量瓶：250 mL、500 mL。
(8)回旋振荡器：35～40 r/min。
(9)滤纸：中速定量。
(10)其他实验室常用琉璃器皿，如锥形瓶、漏斗等。

二维码 6-12　饲料中水溶性氯化物的测定

(三)试剂配制

实验室用水为蒸馏水。使用试剂除特殊规定外应为分析纯。
(1)丙酮。
(2)正己烷。
(3)硝酸：$\rho_{20}(HNO_3)=1.38$ g/mL。
(4)活性炭：不含有氯离子也不能吸收氯离子。
(5)硫酸铁铵饱和溶液：用硫酸铁铵制备$[NH_4Fe(SO_4)_2 \cdot 12H_2O]$。
(6)Carrez Ⅰ称取 10.6 g 亚铁氰化钾$[K_4Fe(CN)_5 \cdot 3H_2O]$，溶解并用水定容至 100 mL。
(7)Carrez Ⅱ称取 21.9 g 乙酸锌$[Zn(CH_3COO)_2 \cdot 2H_2O]$，加 3 mL 冰乙酸，溶解并用水定容至 100 mL。

(8)硫氰酸铵[$c(NH_4CNS)$= 0.1 mol/L]:称取硫氰酸铵 7.9 g 溶于 1 000 mL 水中。按 GB/T 601—2016 方法进行标定。

(9)硝酸银标准溶液[$c(AgNO_3)$=0.1 mol/L]:称取 17.5 g 硝酸银溶于 1 000 mL 水中,贮于密闭的棕色瓶内。按 GB/T 601—2016 方法进行标定。

(四)试样的选取与制备

取具有代表性的试样,用四分法缩减至 500 g,粉碎至 18 目,装入密封容器中,防止试样成分的变化或变质。

(五)测定步骤

1. 试样试液的制备

将待测试样分为三种情况,即不含有机物试样、含有机物试样(但又不包括熟化饲料、亚麻饼粉或富含亚麻饼粉的产品和富含黏液或胶体的物质)及熟化饲料、亚麻饼粉或富含亚麻饼粉的产品和富含黏液或胶体的物质。依据试样情况选择相应的一种试样试液的制备步骤。

(1)不含有机物试样

称取不超过 10 g 试样,试样所含氯化物含量不超过 3 g,转移至 500 mL 容量瓶中,加入 400 mL 温度约 20 ℃的水,混匀,在回旋振荡器中振荡 30 min,用水稀释至刻度(V_i),混匀,过滤,滤液供滴定用。

(2)含有机物试样

称取 5 g 试样(m),精确至 0.001,转移至 500 mL 容量瓶中,加入 1 g 活性炭,加入 400 mL 温度约 20 ℃的水和 5 mL Carrez Ⅰ溶液,搅拌,然后加入 5 mL Carrez Ⅱ溶液混合,在振荡器中摇 30 min,用水稀释至刻度(V_i),混匀,过滤,滤液供滴定用。

(3)熟化饲料、亚麻饼粉或富含亚麻饼粉的产品和富含黏液或胶体的物质

称取 5 g 试样(m),精确至 0.001,转移至 500 mL 容量瓶中,加入 1 g 活性炭,加入 400 mL 温度约 20 ℃的水和 5 mL Carrez Ⅰ溶液,搅拌,然后加入 5 mL Carrez Ⅱ溶液混合,在振荡器中摇 30 min,用水稀释至刻度(V_i),混合。

轻轻倒出(必要时离心),用移液管吸移 100 mL 上清液至 200 mL 容量瓶中,加丙酮混合,稀释至刻度,混匀并过滤,滤液供滴定用。

2. 滴定

用移液管移取一定体积滤液至三角烧瓶中,25～100 mL,其中氯化物含量不超过 150 mg。必要时(移取的滤液少于 50 mL),用水稀释到 50 mL 以上,加 5 mL 硝酸、2 mL 硫酸铁铵饱和溶液,并从加满硫氰酸铵标准滴定溶液至 0 刻度的滴定管中滴加 2 滴硫氰酸铵溶液。

注:剩下的硫氰酸铵标准滴定溶液用于滴定过量的硝酸银溶液。

用硝酸银标准溶液滴定直至红棕色消失,再加入 5 mL 过量的硝酸银溶液(V_{s_1}),剧烈摇动使沉淀凝聚,必要时加入 5 mL 正己烷,以助沉淀凝聚。

用硫氰酸铵溶液滴定过量硝酸银溶液,直至产生红棕色能保持 30 s 不褪色,滴定体积为(V_{t_1})。

3. 空白试验

空白试验需与测定平行进行，用同样的方法和试剂，但不加试料。

(六)结果计算

水溶性氯化物的含量 W_{wc}(以氯化钠计)，数值以%表示。按下式进行计算：

$$W_{wc}=\frac{M\times 0.001\times[(V_{s_t}-V_{s_0})\times c_s\times(V_{t_t}-V_{t_0})\times c_t]}{m}\times\frac{V_i}{V_a}\times f\times 100\%$$

式中：M 为氯化钠的摩尔质量，$M=58.44$ g/mol；V_{s_t} 为测试溶液滴加硝酸银溶液体积，mL；V_{s_0} 为空白溶液滴加硝酸银溶液体积，mL；C_s 为硝酸银标准溶液浓度，mol/L；V_{t_t} 为测试溶液滴加硫氰酸铵溶液体积，mL；V_{t_0} 为空白溶液滴加硫氰酸铵溶液体积，mL；C_t 为硫氰酸铵溶液浓度，mol/L；V_i 为试液的体积，mL；V_a 为移出液的体积，mL；f 为稀释因子($f=2$ 用于熟化饲料、亚麻饼粉或富含亚麻饼粉的产品和富含黏液或胶体的物质；$f=1$ 用于其他饲料)；m 为试样的质量，g。

结果表示为质量分数(%)，报告的结果如下：水溶性氯化物含量小于 1.5%时，精确到 0.05%；水溶性氯化物含量大于或等于 1.5%时，精确到 0.10%。

重复性要求：在同一实验室由同一操作人员，用同样的方法和仪器设备，在很短的时间间隔内对同一样品测定获得的两次独立测试结果的绝对差值，大于下式计算得到的重复性限(r)的概率不超过 5%。

$$r=0.314(\overline{W}_{wc})^{0.521}$$

式中：r 为重复性限，%；$\overline{W}_{wc}$ 为两次测定结果的平均值，%。

(七)注意事项

(1)硝酸银标准滴定溶液不稳定要求用棕色试剂瓶存放，且应定期(1 个月)标定。
(2)硫氰酸铵总用量应包括开始的两滴溶液和后面滴定的用量。
(3)平行样测定时滴定的速度应尽量趋于一致，以防由于滴定时间差异对结果产生影响。
(4)滴定终点颜色的判断是否一致，也会影响测定结果。

二、原始记录及检验报告单的填写(表 6-32、表 6-33)

表 6-32　饲料中水溶性氯化物测定原始记录示例

样品名称	检验日期	检测依据
	年　月　日	GB/T 6439—
主要仪器名称及型号		
试样编号	1#	2#
试样质量 m/g		

续表 6-32

试液体积 V_i/mL		
移出液体积 V_a/mL		
硝酸银标准溶液的浓度 C_s/(mol/L)		
硫氰酸铵标准溶液的浓度 C_t/(mol/L)		
测试溶液滴加硫氰酸铵溶液体积 V_{t_l}/mL		
空白溶液滴加硫氰酸铵溶液体积 V_{t_0}/mL		
测试溶液滴加硝酸银溶液体积 V_{s_l}/mL		
空白溶液滴加硝酸银溶液体积 V_{s_0}/mL		
食盐含量 W_{wc}/%		
平均值/%		
绝对差/%		
重复性限/%		
计算公式	$W_{wc}=\frac{M\times 0.001\times[(V_{s_l}-V_{s_0})\times c_s\times(V_{t_l}-V_{t_0})\times c_t]}{m}\times\frac{V_i}{V_a}\times f\times 100\%$	
检验结论	该样品经检验，食盐含量为	
备注		

检验人：(检验人签名)　　　　审核人：(审核人签名)

表 6-33　饲料检验报告单示例

样品名称			样品编号		
规　格			生产日期	年　月　日	
生产单位					
抽样人	(抽样人签名)		抽样地点		
检验日期	年　月　日		报告日期	年　月　日	
检测项目	饲料中水溶性氯化物的含量				
检测依据	GB/T 6439—				
判定依据	Q/　　　　;GB/T 18823—				
主要仪器名称及型号					

检验结果	检验项目	计量单位	标准值	判断值	检验结果	单项判定
	食盐					
			以下空白			
检验结论	样品经检验，所检项目符合 Q/　　　　质量要求，判定					

检验人：(检验人签名)　　　　审核人：(审核人签名)

任务实施效果评价

按照下表的内容，与你的团队成员和指导教师一起讨论，对学习任务 2.1 至学习任务 2.9 的实施效果实事求是的进行评价。

序号	评价项目	评价标准	满分	评价结果			得分
				优	良	及格	
1	饲料分析方案	条理清晰、方法正确、内容全面	10				
2	实验准备工作	预习充分、仪器设备选用正确、试剂配制方法正确	10				
3	操作过程	操作步骤正确、操作规范	20				
4	实验记录	记录完整、字迹整洁、无涂改	10				
5	实验结果	计算方法正确、实验结果符合要求	15				
6	实验报告	按时完成实验报告、内容齐全、书写规范	15				
7	实验分析	全面、合理、有创新意识	10				
8	实验态度	认真严谨、实事求是	5				
9	团队合作	分工合作、密切配合	5				
总分		100					
自我评价							
小组评价							
教师评价							

拓展知识

一、饲料质量综合分析

1.目的意义

(1)及时、准确、全面地反映饲料生产的产品质量状况,为饲料企业提供科学决策的依据。

(2)及时反映生产过程中出现的问题,随时进行生产工艺的修正和调整。

(3)为营养配方师调整配方提供参考依据。

(4)把好质量关,促进企业经济效益的提高。

(5)及时发现检验化验工作本身出现的系统误差等问题。

2.基本程序和方法(图 6-16)

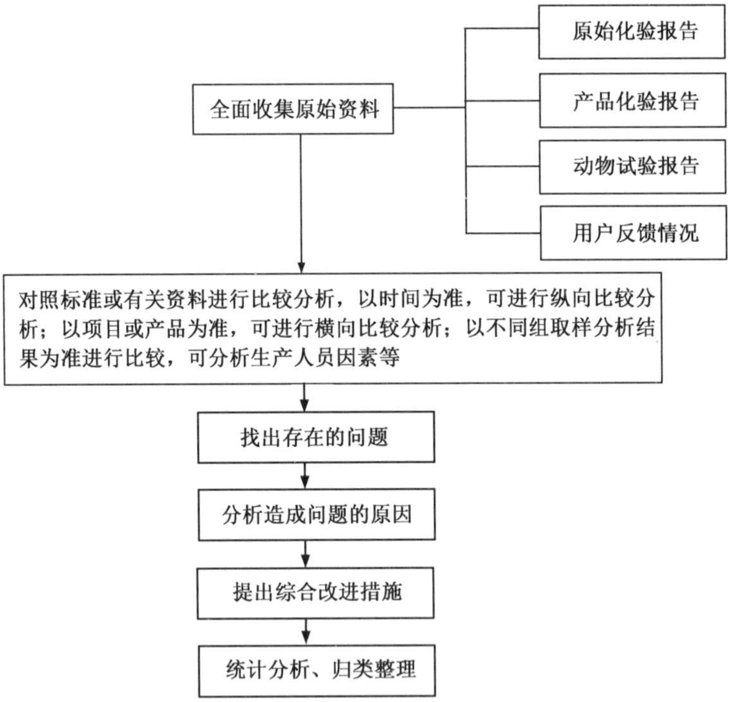

图 6-16 饲料质量综合分析基本程序和方法

二、饲料养分的表示与换算

1.养分的一般表示方法

(1)百分比(%):表示饲料中某养分在饲料中的重量百分比,即在 100 份饲料总量中,某种养分所占的比例。例如:经测定某饲料中粗蛋白质含量为 16.48%,说明 100 g 该饲料中含有 16.48 g 的粗蛋白质。百分比是最为常用的表示方法,主要用以表示概略养分、常量元素和氨基酸的含量。

(2)毫克/千克(mg/kg):表示在 1 kg 饲料总量中某种养分所占的毫克数。通常用以表示微量元素、水溶性维生素等养分的含量。

(3)毫克/磅(mg/lb)：在 1 lb 饲料总量中某种养分所占的毫克数。由于 1 lb = 454 000 mg，因此每磅中的毫克数等于每 454 000 毫克中的毫克数。

(4)国际单位(IU)：常用以表示脂溶性维生素等在饲料中的含量。如 1 IU 维生素 A 相当于 0.3 μg 的视黄醇或相当于 0.6 μg 的 β-胡萝卜素；1 IU 维生素 D 相当于 0.025 μg 的维生素 D_3。

2.养分的表示基础

(1)原样基础(潮湿基础、新鲜基础)　原样基础是指不加以任何处理的基础，一般含有游离水的饲料基础，有时也可能是风干基础。原样基础饲料干物质含量的变化范围很大，一般为 0～100%，不便于进行饲料间的比较。动物获得的干物质量=100%－水分含量。

(2)风干基础(半干基础)　风干基础指空气中自然存放基础或自然干燥状态，也称风干状态，即是实际的或采食干物质含量的基础。其干物质含量约占 90%，一般含有 10%左右的吸附水。绝大多数饲料在风干基础饲喂。

(3)绝干基础　绝干基础指完全无水的状态或 100%干物质状态。绝干基础在自然条件下不存在，在实践中常将干物质含量不一致的原样基础或风干基础下的养分含量换算成绝干基础，以便于比较。

3.不同干物质基础间饲料成分的换算

换算公式：

$$Y_b = X_a \cdot \frac{DM_b}{DM_a}$$

式中：X_a表示 a 基础时某养分含量，%；Y_b表示 b 基础时该养分含量，%；DM_a表示 a 基础时干物质含量，%；DM_b表示 b 基础时干物质含量，%。

利用上式可将饲料中的某养分含量换算为用另一基础表示时的养分含量。

换算举例：某一饲料风干基础时含有 42.80%的粗蛋白质，水分为 13.50%，请问，该饲料在绝干基础时粗蛋白质含量是多少？

解：风干基础时干物质含量为：

$$100\% - 13.50\% = 86.50\%$$

已知绝干基础时干物质含量为 100%，根据公式可得：

$Y_b = 42.80\% \times 100 \div 86.50\% = 49.48\%$

三、误差及其来源

1.系统误差

系统误差是由分析过程某些经常发生的原因造成的，对结果的影响较为固定，在同一条件下重复测定时，它会重复出现。因此，系统误差的大小往往可以估计，也可以设法避免或加以校正。系统误差主要是由以下几种原因产生的。

(1)仪器误差：主要是仪器本身不够精密或未经校正引起的误差，如天平、砝码和量器刻度不够准确等，在使用过程中就会使测定结果产生系统误差。

(2)试剂误差：由试剂不纯或蒸馏水中含有杂质所引起的误差。

(3)方法误差：由分析方法本身所造成的误差。例如重量分析中，由于沉淀的溶解造成损失或因吸附某些杂质而产生的误差。在滴定分析中，因为反应进行不完全或某些离子的干扰以及终点判断不符合要求等，都会系统地影响测定结果，从而产生系统误差。

(4)操作误差：指在正常操作情况下，由于分析人员掌握操作规程与正确控制条件稍有出入而引起的误差。例如滴定管计数偏高或偏低，对某种颜色的变化辨别不够敏感等造成的误差。

系统误差影响测定结果的准确度，应尽量排除，通常通过对照试验、空白试验、校正仪器等方法加以校正。

所谓对照试验就是在分析某试样时，与已知成分较接近的标准试样按同一种方法测定。例如已知某标准试样中某成分的真实含量为99.60%，用被检方法测定的结果为99.40%，说明其分析方法及操作方法的系统误差为−0.20%。

所谓空白试验就是在不加试样的情况下，按照被测试样的分析步骤和条件进行分析的试验，所测得的结果称为“空白值”，从试样的分析结果中减去“空白值”就可以得到更接近于真实含量的分析结果。这些误差是由试剂、蒸馏水、实验器皿和环境带入的杂质所引起的。

2.偶然误差

偶然误差是由某些偶然因素引起的误差，如测定环境温度、湿度等波动、仪器性能的波动等。

偶然误差影响测定结果的精密度，应尽量降低。偶然误差难以察觉，也难以控制。但是，在消除系统误差后，在同样条件下进行多次测定，可发现偶然误差服从正态分布曲线规律，随着测定次数的增加，偶然误差的算术平均值将逐渐接近于零。因此，多次测定的平均值更接近于真实值。多次测定并非测定次数越多越好，因为那样做会浪费很多人力、物力和时间。在一般测定中，通常做2～3次平行测定即可。

四、有效数字及运算规则

1.有效数字的概念

在饲料分析中，为了取得准确的分析结果，不仅要准确进行测量，而且还要正确记录与计算。所谓正确记录是指正确记录数据的位数，因为数据的位数不仅表示数据的大小，也反映测量的准确程度。所谓有效数字，就是实际能测得的数字。

有效数字保留的位数，应根据分析方法和仪器的准确度来决定，一般应使测得的数值中只有最后一位是可疑的。如果在分析天平上称取试样0.500 0 g，这不仅表示试样具体的质量数，还表示称量的准确程度。若将其质量数记录为0.5 g，则表示该试样是在台秤上称量的。因此，记录数据的位数不能任意增减。例如在分析天平上测得称量瓶的质量为13.342 0 g，这个数据有6位有效数字，最后一位是可疑的。因为分析天平只能称准至0.000 2 g，即称量瓶的实际质量应为(13.342 0±0.000 2) g。无论计量仪器多么精密，其最后一位数总是估计出来的。因此，所谓有效数字就是只保留一位不准确数字，其余数字均为准确数字。

2.有效数字中“0”的意义

“0”在有效数字中有两种意义：一种是作为数字定位，另一种为有效数字。例如在分析天平上称得如下质量(表6-34)。

表 6-34　有效数字中"0"的意义

物质	称量瓶	Na_2CO_3	NaOH	称量纸
质量/g	10.734 0	5.904 8	0.450 9	0.012 0
有效数字	6位	5位	4位	3位

在以上数据中的"0"的作用是不同的：在数字 10.734 0 中，其中两个"0"都是有效数字，所以它有 6 位有效数字；在数字 5.904 8 中的"0"也是有效数字，所以它有 5 位有效数字；在数字 0.450 9 中，小数点前面的"0"是定位用的，数字中间的"0"是有效数字，所以它有 4 位有效数字；在数字 0.012 0 中，"1"前面两个"0"都是定位用的，而末尾的"0"是有效数字，所以它只有 3 位有效数字。

综上可知，数字之间的"0"和数字末尾的"0"都是有效数字，而数字前面所有的"0"只起定位作用。以"0"结尾有正整数，其有效数字的位数不确定。例如：在数字 4 500 中，有效数字可能是 2 位、3 位，也可能是 4 位。遇到这种情况，应根据实际有效数字位数书写成：

4.5×10^3　　表示 2 位有效数字

4.50×10^3　　表示 3 位有效数字

4.500×10^3　　表示 4 位有效数字

3.有效数字的运算规则

(1)加减法：在加减法运算中，保留有效数字的位数，以小数点后位数最少的为准，即绝对误差最大的数为准。

(2)乘除法：在乘除法运算中，保留有效数字的位数，以位数最少的数为准，即以相对误差最大的数为准。

(3)自然数：在定量分析运算中，有时会遇到一些倍数或分数的关系，如水的分子量 $=2\times1.008+16.00=18.02$。应注意在这里 2×1.008 中的"2"不能作为一位有效数字，因为它是非测量得到的数，是自然数，可视为无限有效。

(4)在复杂运算时，其中间过程多保留一位，最后结果需取应有位数。

五、数据处理的基本方法

1.准确度

准确度是指测得值与真实值之间的符合程度，通常用误差的大小表示。误差越小表示分析结果越准确，即准确度越高。误差大小可用绝对误差和相对误差两种方式表示。设测得值为 X，真实值为 T，绝对误差为 E，相对误差为 $E\%$，则

$$E = X - T$$

$$E\% = \frac{E}{T}\times100\%$$

因为测得值可大于或小于真实值，所以绝对误差和相对误差都有正和负之分。

对于多次测量，设算术平均数为 $\overline{X}$，测定次数为 n，多次测量时的绝对误差为 E，则

$$\overline{X} = \frac{X_1 + X_2 + \cdots + X_{n-1} + X_n}{n}$$

$$E = \overline{X} - T$$

2.精密度

精密度就是在相同条件下,几次重复测得结果彼此相符合的程度。精密度的大小用偏差表示。

设测得值为 X,n 次测定结果的算术平均数为 $\overline{X}$,绝对偏差为 d,相对偏差为 $d\%$,则

$$d = X - \overline{X}$$

$$d\% = \frac{d}{\overline{X}} \times 100\%$$

绝对偏差和相对偏差都是表示一次测量结果对平均值的偏差,不能表示多次测量结果的数据分散程度。

平均偏差:为了描述多次测量结果的精密度,可以应用平均偏差($\overline{d}$)来表示,相对平均偏差用 $\overline{d}\%$ 表示:

$$\overline{d} = \frac{|d_1| + |d_2| + \cdots + |d_n|}{n} = \frac{\sum |X_i - \overline{X}|}{n}$$

$$\overline{d}\% = \frac{\overline{d}}{\overline{X}} \times 100\%$$

标准偏差:标准偏差又叫均方根偏差,当测定次数 $n \to \infty$ 时,其定义为:

$$\delta = \sqrt{\frac{\sum (x-u)^2}{n}}$$

式中:u 为无限多次测定的平均值。

在分析工作中,在测定次数很多时,$n < 20$ 时,那么标准偏差可按下式计算。

$$S = \sqrt{\frac{\sum d_i^2}{n-1}} = \sqrt{\frac{\sum (x_i - \overline{x})^2}{n-1}}$$

变异系数:相对标准偏差又叫变异系数,即标准偏差在平均值中所占的百分率。

$$变异系数 = \frac{S}{\overline{X}} \times 100\%$$

3.准确度和精密度的关系

准确度和精密度是评价测定结果的两种不同方法,它们之间有一定的关系。准确度是由系统误差和偶然误差所决定的,而精密度是由偶然误差所决定的。在测定过程中,虽然有很高的精密度,也不能说明结果准确,即单从精密度看,不考虑系统误差,仍不能得出正确的结论,只有消除了系统误差之后,精密度才可以作为准确度的量度,用来表示测定结果的好坏。

准确度高,一定需要精密度高,但精密度高不一定需要准确度高。精密度是保证准确度的先决条件。精密度低,说明测定结果不可靠,在这种情况下,自然失去了衡量准确度的前提。因此,对于饲料分析工作者,首先应使自己的测定结果有较高的精密度,才能使测定结果准确可靠。

六、饲料检验原始记录及检验报告的填写

1.饲料检验原始记录的填写

(1)应认真填写饲料检验原始记录,一律用签字笔,字迹要工整,不许涂改,如发生误记,在误记处画一横杠以示无效。在横杠上方空白处更改并签名。测定数据要按实填写,不准伪造,不许任意撕毁。

(2)饲料检验原始记录表中的检验依据是指检测方法的依据。如饲料中粗脂肪的测定方法可填写“GB/T 6433—2006”来代替。

(3)饲料检验原始记录表中检测结果的平均值是否有效,要看测定结果的精密度是否在允许的范围内。例如某实验室某检验员按照GB/T 6432—2018《饲料中粗蛋白的测定》测定豆粕中粗蛋白的含量,2个平行样测定结果分别为43.72%和45.86%。

$$2\text{个测定结果的平均值} = (43.72\% + 45.86\%) \div 2 = 44.79\%。$$

$$\text{平均偏差}\ \bar{d} = \frac{\sum |x_i - \bar{x}|}{n} = \frac{|43.72\% - 44.79\%| + |45.86\% - 44.79\%|}{2} = 1.07\%$$

$$\text{相对平均偏差}\ \bar{d}\ \% = \frac{\bar{d}}{\bar{x}} \times 100\% = \frac{1.07\%}{44.79\%} \times 100\% = 2.39\%$$

按照该方法要求,当粗蛋白质的含量在25%以上时,允许相对偏差为1%。而计算结果超过了规定,因此,不能以该平行测定结果平均值报告测定结果,必须查找原因,重新测定,直至符合要求。

2.检验报告的填写

(1)表中检验仪器是填写测定过程中使用的主要仪器设备,目的是如果测定结果有争议,需重复测定时,使用相同的仪器设备测定,看其结果是否一致。

(2)表中判断依据是指饲料产品质量标准和饲料检测结果判定的允许误差(GB/T 18823—2010)。

(3)表中检测项目对应的标准值是指饲料产品质量标准中规定的某项指标的值。

(4)表中的判定值需要用标准值和饲料检测结果判定的允许误差计算得到。

$$\text{判定值} = \text{标准值} \pm \text{允许误差值}$$

例1:允许误差值为绝对误差的判定值的计算。

某饲料产品质量标准中规定粗蛋白质含量≥16.5%,查GB/T 18823—2010《饲料检测结果判定的允许误差》表中该指标的允许绝对误差为−0.8%,则判定值≥15.7%。

某饲料产品质量标准中规定粗纤维含量≤5.0%,查GB/T 18823—2010《饲料检测结果判定的允许误差》表中该指标的允许绝对误差为+0.6%,则判定值≤5.6%。

例2:允许误差值为相对误差的判定值的计算。

某饲料产品质量标准中规定维生素A含量≥ 8 000 IU/kg,查GB/T 18823—2010《饲料检测结果判定的允许误差》表中该指标的允许相对误差为−40%,则 8 000+8 000×(−40%)=4 800 IU/kg,所以其判定值≥4 800 IU/kg。

某饲料产品质量标准中规定铜为400~500 mg/kg,查GB/T 18823—2010《饲料检测结果

判定的允许误差》表中该指标的允许相对误差为±25%，则判定值的下限为 400+400×(−25%)=300(mg/kg)，判定值的上限为 500+500×25%=625(mg/kg)，所以判定值为 300～625 mg/kg。

例 3：若某检测指标的检测结果的允许误差在《饲料检测结果判定的允许误差》表中没有列出，则该指标的判定值=标准值。

(5)检测结果的单项判定：用实际测定结果与判定值比较，看是否符合。若符合，则判定该指标为合格；若不符合，则判定该指标为不合格。

(6)检测结果的综合结论：若所测指标判定全部合格，则结论为"样品经检验，符合××××××(填产品质量编号)质量要求，判定合格。"若所测指标中只要有一项指标判定为不合格，则结论为"样品经检验，不符合××××××(填产品质量编号)质量要求，判定不合格。"

七、反映产品质量的检验设计

1. 检验设计的基本依据

反映产品质量的检验项目的设计依据主要有以下几个方面。

(1)饲料原料标准：如 GB /T 17890—2008《饲料用玉米标准》、GB/T 19541—2017《饲料用大豆粕标准》、NY/T 140—2002《苜蓿干草粉质量分级》等。

(2)饲料产品质量标准：如 GB/T 5915—2020《仔猪、生长肥育猪配合饲料标准》、GB/T 5916—2020《产蛋后备鸡、产蛋鸡、肉用仔鸡配合饲料标准》、GB/T 20807—2006《绵羊用精饲料标准》等。

(3)饲料标签标准：即 GB 10648—2013，是以文字、图形、符号说明饲料内容物的一切附签及其他说明物。该标准中规定，标签上除必须标示"本产品符合饲料卫生标准"字样外，还必须包括以下内容：表明饲料真实属性的饲料名称、产品成分分析保证值、原料组成、产品标准编号、使用说明、净重、生产日期、保质期、生产者和分装者的名称和地址、生产许可证和产品批准文号等，对于加入药物饲料添加剂的饲料产品，还必须标注"含有药物饲料添加剂"字样，并注明所添加药物的法定名称、准确含量、配伍禁忌、停药期及其他注意事项等。一个标签只标识一种饲料产品，不可在一个标签上同时标示数个饲料产品。

(4)饲料卫生标准：即 GB 13078—2017，该标准规定了饲料、饲料添加剂产品中有害物质及微生物的允许量及其试验方法。主要包括砷、铅、氟、铬、汞、镉、黄曲霉毒素、亚硝酸盐、氰化物、游离棉酚、异硫氰酸酯、恶唑烷硫酮、六六六、滴滴涕、沙门杆菌、细菌总数等有害物质及微生物指标。

(5)饲料检验项目检测方法标准：如 GB/T 6432—2018《饲料中粗蛋白测定方法》、GB/T 5918—2008《饲料产品混合均匀度的测定》等 100 多种标准。

(6)饲料加工工艺检验要求指标：饲料加工工艺包括从原料采购到成品出厂的各个环节，每个环节的操作都与产品的质量密切相关。根据实际需要，可以对饲料生产加工工艺过程进行质量控制分析。

(7)饲料配方验证要求检验指标：饲料生产企业可以参照不同饲料产品标准规定的检验项目，将饲料配方计算值与饲料产品分析值进行对比分析，为优化饲料配方提供依据。

(8)用户要求检验项目：主要是根据不同用户的要求，针对某一检验目的有针对性地进行饲料化验分析。

2.检验设计的一般程序和方法

(1)明确进行检验的目的:如通过检验,判定饲料原料或饲料产品的质量等。

(2)确定必须分析检验的项目:根据检验目的,参考相关标准,确定必须分析检验的项目。

(3)确定待检项目的检测方法:如感官法、化学法、微生物法等。

(4)进行检测结果比较分析,是否达到了检验目的。

(5)提交检验报告和检验相关文件。

3.饲料产品的检验形式

(1)出厂检验:每批产品必须进行出厂检验。应根据产品类型选择快速、准确、能反映产品质量的检验项目,如畜禽配合饲料可选择感官指标、水分、粗蛋白、粉状料成品粒度、颗粒料含粉率、净重、包装等项目检验。出厂检验由生产单位质检部门执行,也可委托正式的检验机构进行。

(2)型式检验:型式检验的项目为饲料产品标准中规定的所有技术指标。有下列情况之一时,一般应进行型式检验:新产品投产;正式生产后,如配方或工艺有较大改变,可能影响产品质量时;出厂检验结果与上次型式检验有较大差异时;国家质量监督机构提出进行型式检验的要求时;正常生产时,每年至少一次周期性检验。

(3)判定规则:

①卫生指标中有一项不合格,该批产品即判为不合格,并不得复检。

②饲料产品标准中如为判定是否合格指标,检验中有不合格项目,应重新取样进行复检,经复检仍有一项不合格者,即判为不合格。如为参考指标,必要时可按产品标准检验或验收。如 GB/T 5915—2020《仔猪、生长肥育猪配合饲料》产品标准中规定:感官指标、水分、混合均匀度、粗蛋白、粗灰分、粗纤维、钙、磷为判定合格指标,消化能、粗脂肪、食盐、成品粒度为参考指标。

③监测与仲裁判定各项指标合格与否时,必须考虑分析允许误差。可按 GB/T 18823—2010《饲料检测结果判定的允许误差》执行。

八、饲料检验质量管理制度

1.质量保证制度

(1)认真贯彻执行国家上级主管部门和公司(厂)有关产品质量监督检验的方针、政策和办法。树立质量第一的思想,强化质量意识,自觉抵制行政或外界压力对质检工作的干扰。

(2)定期对质检人员进行质量教育,使所有质检人员都掌握保证质量的手段和方法。

(3)加强技术培训,有计划地安排质检人员外出进修学习,搞好在岗人员的业务训练,建立日常检验工作的质量档案,定期进行技术考核,对标准、检测方法、计量知识考核合格者方能进入工作岗位。

(4)严格执行各项质量管理制度。做好自检、密码抽检和标样检验,执行全面质量管理,严格按规定标准、规程进行样品验收、加工和检验。

(5)检测用仪器、设备必须是检定合格的。检测前后都应检查仪器是否正常,经常保持仪器设备的完好状态,使测试仪器能正确计量被测样品的结果。

(6)按规定记好检测原始记录,严格执行检验原始记录和报告审查制度。

(7)做好基准物质、标准物质、标准溶液的管理,保证用于测试的基准物质、标准物质、标准溶液的质量。

(8)根据公司(厂)的有关规定,对检测质量优异者给予奖励,对检测质量低劣者给予批评教育,对造成重大责任事故者,给予纪律和经济惩处,直至追究法律责任。

2.样品的抽取、保管和处理制度

(1)质检员根据规定,对原料、成品进行抽样,并及时将样品送给化验室的样品管理者。

(2)样品管理人员在接收时要检查样品的包装、外观和数量,并进行登记、编号,将样品分成两份,一份留存备查,一份按规定粉碎、制备,填写检测通知单,通知检测人员领取样品,并由负责人在送样通知单上签字。

(3)留存的样品进入流转程序时,应办理必要的交接手续。分析检测完成后,应及时将样品归还样品保管人员。

(4)样品一般保留3个月,过期样品由管理人员按规定登记、交由部门负责人签字后处理。

3.检验和复验制度

(1)被检样品采用唯一性编号。每批样品需经质量检查。实行平行双份自检;批次在10个以上的样品,实行不同检验人员同时上岗检测,按照10%~15%的比例,编制密码内检样品和标准样品检查。

(2)检验人员必须严格按照标准、规程认真操作,准确无误地处理数据。对标准中没有规定检验方法的产品,应通过化验室主任(或质检负责人)选用符合产品质量检验要求的检验方法。

(3)检验要有完整的原始记录,原始记录要清洁、整齐,不得涂改,测试数据的精度及误差均按标准规定执行。

(4)平行双份检验结果,密码检查和标样检验结果超过允许误差范围的,应为初检不合格,初检不合格项目,要进行复检。

(5)检测过程中发生故障或出现某种外界干扰(如停电等)应立即中断测试,等排除故障或干扰后,重新检测。

(6)检验结果的原始记录先由检验人员相互校核,室负责人审核签字,并填写报告单。

4.原始记录的填写、保管制度

(1)各种原始记录和报告单统一印制编号,格式要符合检测工作的要求。

(2)原始记录由检测人员认真填写,一律用签字笔,字迹要工整,不许涂改,如发生误记时,在误记处画一横杠以示无效,在横杠上方空白处更改并盖章。测量数据要按实际检测情况填写。不准伪造,不许任意撕毁。

(3)检测完毕后按标准规定的有效位数和误差理论计算结果,并签名确认。经校核者校核签名,将原始记录交室负责人审核签字。

(4)原始记录由专人负责管理。

(5)原始记录只能作为检测记录专用,不能代替检验报告,更不准作为他用,不经室负责人同意,其他人不得随意查阅原始记录。

(6)室负责人应不定期抽查原始记录的记载是否符合规定,发现不符合者及时纠正。

5.检验结果的整理、审核和上报制度

(1)检验报告是评定产品质量的技术依据,各有关人员应严格履行审核手续。

(2)检验报告由专门人员根据原始记录、送检单填写,编制人员签字,交室负责人审核,签字。

(3)检验报告必须用统一的检验报告用纸,字迹要工整、规范,计量单位正确,不得有任何涂抹和改写。每一步骤,经办人必须签字,报告一式两份,一份上报主管领导,一份存档。

九、饲料常规成分分析评价

饲料常规成分分析或饲料概略养分分析是评定饲料营养价值的最基本方法,其内容包括水分、粗蛋白、粗脂肪、粗纤维、粗灰分和无氮浸出物六个项目,它们是饲料或饲粮营养成分的粗略指标。常用的饲料常规成分分析的各种方法各有其特点和局限性。饲料中常规营养成分分析方法有以下的优缺点。

1.主要优点

(1)设备简单,易于操作。

(2)根据测得的化学成分含量及其相互间的关系,可以概略地推定某种饲料的营养价值,并做进一步分析的基础。

2.主要缺点

(1)粗蛋白含量的测定包括了蛋白质、氨基酸、胺类、硝酸盐等物质中的含氮量乘以6.25的计算值,没有区分蛋白质和非蛋白氮(NPN),而它们对反刍动物和单胃动物的营养价值是不同的。各种饲料蛋白质中含氮量为15.5%～18.0%,用含氮量乘以6.25来估算蛋白质含量,并不适合所有饲料。此外,蛋白质的营养价值还取决于其中氨基酸的组成,故真蛋白质含量相同的饲料,其营养价值不一定相同。

(2)粗脂肪测定中乙醚抽提物中的真脂肪、脂肪酸、某些脂类化合物、脂溶性维生素等,对动物具有营养价值。但抽提物中的蜡质、树脂等物质,对动物几乎没有营养价值。所以,粗脂肪含量相同的饲料,其营养价值不一定相同。

(3)粗纤维中各种组分营养价值差异较大,如纤维素和半纤维素易被动物消化而木质素完全不能被消化。在粗纤维的测定方法的设计是假定纤维素、半纤维素、木质素等完全不溶于酸和碱,而实际测定的碱处理时大部分半纤维素和木质素被溶解,故该法不能客观地描述各种饲料的营养特性。

(4)无氮浸出物为估算值,其中淀粉和糖极易被消化,而在分析粗纤维时有相当一部分纤维素和木质素被溶解并被算入无氮浸出物中,故名不符实。其实际上除了包括易被动物消化利用的理论意义上的淀粉和糖,还包括了有机酸、维生素、色素以及动物不能利用的半纤维素、木质素、果胶和单宁等。

(5)粗灰分中除了包括动物必需的矿物质元素,还包括对动物非必需的元素甚至有毒元素和泥沙等杂质,因此粗灰分指标在营养学上意义不大。

(6)概略养分分析法中缺乏维生素指标。

综上所述,概略养分分析方法测定的各种指标的组成复杂,仅能给出饲料中“概略养分”含量的测定值,而未给出其中各种具体营养成分的含量,导致本属于不同养分的化合物划分在同一养分内,使营养价值的评定不准确,因此在评定饲料营养价值方面提供的信息是粗略的,是全面、精确评价饲料营养价值的一个初步指标。

参考文献

[1] 白元生. 饲料原料学[M]. 北京：中国农业出版社，1999.

[2] 蔡辉益. 常用饲料添加剂无公害使用技术[M]. 北京：中国农业出版社，2003.

[4] 中国农业科学院饲料研究所. 中国饲料原料采购指南[M]. 北京：中国农业大学出版社，2008.

[5] 陈伯伦. 鸭病[M]. 北京：中国农业出版社，2008.

[6] 陈代文. 饲料添加剂学[M]. 北京：中国农业出版社，2003.

[7] 彭健，陈喜斌. 饲料学[M]. 2 版. 北京：科学出版社，2010.

[8] 单安山. 饲料与饲养学[M]. 北京：中国农业出版社，2006.

[9] 冯定远. 配合饲料学[M]. 北京：中国农业出版社，2003.

[10] 冯仰廉，陆治年. 奶牛营养需要和饲料成分. 3 版 [M]. 北京：中国农业出版社，2007.

[11] 冯仰廉，王加启，杨红建，等. 中华人民共和国农业行业标准——肉牛饲养标准（NY/T 815—2004）. 北京：中国农业出版社，2005.

[12] 冯仰廉. 反刍动物营养学[M]. 北京：科学出版社，2004.

[13] 马永嘉，王恬. 饲料加工工艺学[M]. 2 版. 北京：中国农业大学出版社，2021.

[14] 郭艳丽，王克健. 怎样应用猪饲养标准与常用饲料成分表[M]. 北京：金盾出版社，2009.

[15] （美）国家科学研究委员会. 奶牛营养需要[M]. 7 版. 孟庆翔，译. 北京：中国农业大学出版社，2002.

[16] （美）国家科学研究委员会. 猪营养需要[M]. 10 版. 谯仕彦，郑春田，姜建阳，等译. 北京：中国农业大学出版社，1998.

[17] 国家职业标准——家禽饲养工. 中华人民共和国劳动和社会保障部，中华人民共和国农业部.

[18] 国家职业标准——家畜饲养工. 中华人民共和国劳动和社会保障部，中华人民共和国农业部.

[19] 国家职业标准——饲料厂中央控制室操作工. 中华人民共和国劳动和社会保障部，中华人民共和国农业部.

[20] 国家职业标准——饲料检验化验员. 中华人民共和国劳动和社会保障部，中华人民共和国农业部.

[21] 郝正里，王小阳. 怎样应用鸡饲养标准与常用饲料成分表[M]. 北京：金盾出版社，2009.

[22] 洪平. 饲料原料要览[M]. 北京：海洋出版社，1996.

[23] 霍启光. 饲料生物学评定技术[M]. 北京：中国农业科学技术出版社，1996.

[24] 霍启光. 饲料原料科学与管理[M]. 北京：中国农业科学技术出版社，2000.

[25] Richard O. Kellems，D. C. Church. 畜禽饲料与饲养学[M]. 5 版. 姜成钢，张辉，译. 北京：中国农业大学出版社，2006.

[26] 李德发，王康宁，谯仕彦，等. 中华人民共和国农业行业标准——猪饲养标准(NY/T 65—2004). 北京：中国农业出版社，2005.
[27] 李德发，龚利敏. 配合饲料制造工艺与技术[M]. 北京：中国农业大学出版社，2003.
[28] 李德发，范石军. 饲料工业手册[M]. 北京：中国农业大学出版社，2002.
[29] 李德发. 现代饲料生产[M]. 北京：中国农业大学出版社，1997.
[30] 李德发. 中国饲料大全[M]. 北京：中国农业出版社，2001.
[31] 刘德芳. 配合饲料学[M]. 北京：中国农业大学出版社，1998.
[32] 刘宗平. 现代动物营养代谢病学[M]. 北京：化学工业出版社，2003.
[33] 娄玉杰，姚军虎. 家畜饲养学[M]. 北京：中国农业出版社，2009.
[34] 农业部人事劳动司，农业职业技能培训教材编审委员会. 家禽饲养工[M]. 北京：中国农业出版社，2007.
[35] 农业部人事劳动司，农业职业技能培训教材编审委员会. 饲料厂中央控制室操作工[M]. 北京：中国农业出版社，2008.
[36] 农业部人事劳动司，农业职业技能培训教材编审委员会. 饲料检验化验员[M]. 北京：中国农业出版社，2010.
[37] 庞声海，郝波. 饲料加工设备与技术[M]. 北京：科学技术文献出版社，2001.
[38] 陈喜斌. 饲料学[M]. 北京：科学出版社，2004.
[39] 饶应昌. 饲料加工工艺与设备[M]. 北京：中国农业出版社，1996.
[40] 崔淑文，陈必芳. 饲料标准资料汇编[M]. 北京：中国标准出版社，1991.
[41] 饲料添加剂品种目录(2008)：农业部 2008 年第 1126 号公告. 2009.
[42] 王成章，王恬. 饲料学[M]. 北京：中国农业出版社，2003.
[43] 王小龙. 畜禽营养代谢病和中毒病[M]. 北京：中国农业出版社，2008.
[44] 农业部人事劳动司. 家畜饲养工[M]. 北京：中国农业出版社，2007.
[45] 文杰，蔡辉益，呙于明，等. 中华人民共和国农业行业标准——鸡饲养标准(NY/T 33—2004). 中华人民共和国农业部.
[46] 杨海鹏. 饲料显微镜检查图谱[M]. 武汉：武汉出版社，2006.
[47] 杨胜. 饲料分析及饲料质量检测技术[M]. 北京：中国农业大学出版社，1993.
[48] 杨振海，蔡辉益. 饲料添加剂安全使用规范[M]. 北京：中国农业出版社，2003.
[49] 余伯良. 发酵饲料生产与应用新技术[M]. 北京：中国农业出版社，1999.
[50] 王芳. 常用饲料原料质量简易鉴别[M]. 北京：金盾出版社，2008.
[51] 张宏福，张子仪. 动物营养参数与饲养标准[M]. 北京：中国农业出版社，2010.
[52] 张丽英. 饲料分析及饲料质量检测技术[M]. 5 版. 北京：中国农业大学出版社，2021.
[53] 张子仪. 中国饲料学[M]. 北京：中国农业出版社，2000.
[54] 中国标准出版社第一编辑室. 饲料工业标准汇编[M]. 3 版. 北京：中国标准出版社，2011.
[55] 周国安，陈代文. 动物营养学[M]. 3 版. 北京：中国农业出版社，2010.
[56] 吴敏. 小肽营养的研究进展[J]. 中国畜禽种业，2013，9(7)：29.
[57] 钟敏，苏州，郭礼荣，等. 小肽营养研究进展[J]. 湖南饲料，2011(4)：20-23，12.
[58] 许青松，杨冰慧，李兵，等. 饲用寡糖添加剂在动物营养中的研究进展[J]. 大连民族大学学报，2021，23(1)：7-10.

[59] 范程瑞,黎佳颖,王雨雨,等.寡糖及其在动物营养中的研究进展[J].饲料工业,2016,37(18):27-31.

[60] 王邱.国内外对膳食反式脂肪酸的研究概况[J].食品研究与开发,2017,38(9):217-221.

[61] 赵晨煜.膳食摄入反式脂肪酸的研究进展[J].农产品加工,2016(20):74-75,78.

[62] 娄成民.实验动物质量管理标准与检验检测技术实用手册[M].贵阳:贵州科技出版社,2003.

[63] 刘欣,刘树全.微生物发酵豆粕对仔猪生长性能及免疫功能的影响[J].粮食与饲料工业,2007(4):39-40.

[64] Bauman E,Adam L Lock . Concepts in Lipid Digestion and Metabolism in Dairy Cows. Proc. Tri-State Dairy Nutr. Conf, 2006:1-14.

[65] McDonald P, Edwards R A,Greenhalgh J F D,et al. Animal Nutrition[M]. 6th ed. London and New York: Longman Scientific Technical Inc,2002.

[66] Rook J A F, Thomas P C. Nutritional Physiology of Farm Animals. Longman London and New York,1983.

[67] NRC. Nutrient Requirements of Dairy Cattle. National Academy Press,Washington,D. C,2001.

[68] Robert S Lowrey,Arthur Edison Cullison, Tilden Wayne Perry. Feeds and Feeding. 6th ed. Pearson College Div,2002,3.

[69] Richard O Kellems,Church D C. Livestock Feeds and Feeding. 5th ed. Prentice Hall, 2001.